高 等 学 校 教 材

新 编 生 物 工 艺 学

下 册

俞俊棠　唐孝宣　邬行彦　李友荣　金青萍

化 学 工 业 出 版 社

教 材 出 版 中 心

·北京·

生物技术是当前优先发展的高新技术之一，它的快速发展和有效应用已给当前的工农业生产、人民健康、社会进步带来了明显的影响，并对人类和社会的加速发展带来了积极的效益。由于生物技术发展势头很快，因此作为生物工程专业的主要专业课的生物工艺学的教材亟须不断加以更新。本书由 27 位老、中、青年教师或专职科研骨干人员，历时两年编写完成。

　　本书以产品生产中共性工艺技术的理论和实践为纲，同时选取若干典型生产过程具体介绍，内容包括成熟的和较新的生物过程的基本原理。全书分上、下两册，上册包括绪论和生物反应过程篇（共 11 章），下册包括生物物质分离和纯化原理篇（共 11 章）以及典型生物过程篇（共 6 章）。

　　本书可做工科生物工程专业的教材，理科生物科学和生物技术专业教学参考书；也可供从事生物技术生产、科研、管理人员的参考阅读。

图书在版编目（CIP）数据

新编生物工艺学（下册）/俞俊棠等. —北京：化学工业出版社，2003.6（2023.8 重印）
高等学校教材
ISBN 978-7-5025-4218-4

Ⅰ. 新…　Ⅱ. 俞…　Ⅲ. 工艺学-高等学校-教材
Ⅳ. TB18

中国版本图书馆 CIP 数据核字（2003）第 035737 号

责任编辑：赵玉清　骆文敏
责任校对：郑　捷　　　　　　　　　　　　　装帧设计：蒋艳君

出版发行：化学工业出版社（北京市东城区青年湖南街 13 号　邮政编码 100011）
印　　装：涿州市般润文化传播有限公司
787mm×1092mm　1/16　印张 17½　字数 429 千字　　2023 年 8 月北京第 1 版第 19 次印刷

购书咨询：010-64518888　　　　　　　　　　售后服务：010-64518899
网　　址：http://www.cip.com.cn
凡购买本书，如有缺损质量问题，本社销售中心负责调换。

定　　价：**29.00 元**　　　　　　　　　　　　　　　　版权所有　违者必究

前　言

利用生物的机体、组织、细胞或其所产生的酶来生产各种传统的、近代的以至现代的生物技术产品的过程可统称为生物生产过程。当然，现代的生物技术产品与传统的或近代生物技术产品在类别和技术先进性上有了很大的差异和进步，但还是有其共同性，即利用生物催化剂和在常温常压下进行生产等特点，且其应用面广、品种繁多，被列为新世纪优先发展的技术之一。

目前，在我国的高等教育专业分类中设立了三个与生命科学相关的专业，即：生物科学、生物技术和生物工程。前两者归属于理科，后者则归属于工科。这三个专业对我国的生物技术的研究、开发、生产方面各有所侧重，大致是：生物科学和生物技术专业偏重于生物技术上游的理论研究和新产品的研究；生物工程专业偏重于生物产品的过程开发，包括生物技术新产品的研制和老产品生产过程的改进。三者之间相辅相成，各有所重。

为了编写一本适用于生物工程专业的工艺学教科书，我们在 1991 年及 1992 年分别编写和出版了《生物工艺学》的上、下册，由当时的华东化工学院出版社出版。该书出版后，师生都感到教和学兼便、教学质量有所保证，非但在本校采用，还被兄弟院校同一专业师生在较广范围内所采用。由于生物技术发展十分迅速，原出版的《生物工艺学》内容已跟不上当前的发展和需要，为此，决定重编此教材，定名为《新编生物工艺学》。1997 年，此重编教材被教育部化学工业教学指导委员会生物化工指导小组列入了"规划教材编写计划"；为此，此新编教材就移至化学工业出版社予以出版。

新编的生物工艺学仍是不以具体产品为纲，而以产品生产中共性工艺技术的理论和实践为纲，但也选取了若干典型生产过程为例在第三篇作专章介绍。因此，本书分上、下两册，除绪论外，分为三篇：生物反应过程原理篇（上册）；生物物质分离和纯化过程篇（下册）；典型生物过程篇（下册）。

参加本书编写的有（基本上以章排列先后为序）：俞俊棠（第 1 章）、叶蕊芳（第 2 章）、李友荣（第 3 章及第 7 章）、宫衡（第 4 章、第 25 章及第 27 章）、陆兵（第 5 章）、谢幸珠（第 6 章）、叶勤（第 8 章）、张元兴（第 10 章）、钟建江（第 11 章）、邬行彦（第 13 章、第 16 章、第 17 章、第 19 章及第 23 章）、刘叶青（第 14 章及第 15 章）、严希康（第 18 章及第 21 章）、储炬（第 24 章）、唐孝宣（第 26 章）、章学钦（第 28 章）、金青萍（第 29 章）；两人或两人以上合编写的有：庄英萍、陈长华（第 9 章）、李元广、王永红、李志勇（第 12 章）、刘坐镇、宁方红、邬行彦（第 20 章）、曹学君、楼一心（第 22 章）。他（她）们都是从事（或曾从事）生物化工教学或科研第一线的骨干教师（部分已离休或退休）。负责对全书确定编写计划和约稿、审稿的是俞俊棠、邬行彦、李友荣、唐孝宣和金青萍。其中唐孝宣同志审了较多的初稿，金青萍同志为全书的统一规格、整理和打印定稿做了很多具体工作。此外，乌锡康同志为本书稿体例的统一、规范花费了不少精力和时间，在此特表示衷心的感谢。

由于生物技术发展得很快，有许多生物技术的新发展、成果还来不及消化吸收将其编入教材，加上编写者的水平及时间的原因，错误和不足之处在所难免，诚恳地希望读者给予批评指正，以便在重印时更正。

谨将本书作为祝贺华东理工大学建校五十周年（1952.10.25～2002.10.25）的一份献礼。

俞俊棠

2002.5

目　　录

生物物质分离和纯化过程篇

典型生物过程篇

生物物质分离和纯化过程篇

13 下游加工过程概论

13.1 下游加工过程在生物技术中的地位

下游加工过程是生物工程的一个组成部分。生物化工产品通过微生物发酵过程、酶反应过程或动植物细胞大量培养获得，从上述发酵液、反应液或培养液中分离、精制有关产品的过程称为下游加工过程（downstream processing）。它由一些化学工程的单元操作组成，但由于生物物质的特性，有其特殊要求，而且其中某些单元操作在一般化学工业中应用较少。

生物工程的最新进展大多集中在基因工程方面，在生物反应器和发酵技术方面也有不少进展，而对下游加工过程，则没有给予应有的重视。有人称它为生物工程的灰姑娘[1]。但是在发酵产品的生产中，分离和精制过程所需的费用占成本的很大部分，例如对传统发酵工业（如抗生素、乙醇、柠檬酸），分离和精制部分占整个工厂投资费用的 60％，而对重组 DNA 生产蛋白质、精制的费用可占整个生产费用的 80％～90％[2]，而且这种偏向还有继续加剧的趋势。从第一个基因工程药物，人胰岛素在 1982 年投产后，人们逐渐认识到下游加工过程的落后有可能会阻碍生物技术的发展，特别是当有其他生产方法与其相竞争时。为此，英国政府工业部，于 1983 年发起生物分离计划（BIOSEP），专门研究下游加工过程，有 7 个国家、50 家公司参加[3]。1987 年英国化学工业会召开了专门讨论下游加工过程的国际会议[4]，以后又召开了两次国际会议。美国 Engineering Foundation（现改名为 United Engineering Foundation）从 1981 年开始连续 9 次召开了生物产品回收的会议。我国也于 1989年在济南召开了一次专门会议。人们逐渐取得了共识：现代生物技术的发展是和下游技术的进步紧密相关的。近 10 年来国内外有关生物分离或蛋白质纯化的专著陆续出版，这也从一个侧面反映了这种情况，其中主要的著作见文献[5～15]。

13.2 传统生化产品和基因工程产品回收方法的比较

如果以产品具有一定的化学组成作为限制条件，则生物技术约有 100 年的历史。早期产品为有机酸、有机溶剂等化学品，由于它们比较稳定，提取方法也比较简单。50 年前，抗生素成为生物技术的主要产品，此外尚有氨基酸、酵母和工业用酶等。由于抗生素在发酵液中浓度低、性质又不稳定，因而对提取技术提出了较高的要求[16]。近年来，由于重组 DNA 和杂交瘤技术的发展，能够获得过去无法得到的、分子结构复杂的大分子物质，更增加了提取和精制的困难，这类复杂物质分离过程的开发和在工业上的放大，是对生化工程师的一个挑战。

传统生化产品和基因工程产品在提取和精制上的差异，主要表现在下列三方面。① 传统生化产品都为小分子（工业用酶除外，但它们对纯度要求不高、提取方法较简单），其理化性能（如平衡关系等）数据都为已知，因此放大比较有根据；相反基因工程产品大多为大分子，必要数据缺乏，放大多凭经验。②由于第一代基因工程产品都以 *E.Coli* 作为宿主，无生物传送系统、故产品处于胞内，提取前需将细胞破碎，细胞内物质释放出来给提取增加了很多困难；而发酵液中的产物，浓度较低，杂质又多，且一般大分子较小分子不稳定（易失活，如对剪切力），故提取较困难。③大分子（蛋白质）的分离主要困难在于杂蛋白的分离，由于蛋白质都由氨基酸所构成，所以性质相似，分离主要依靠高分辨力的精制方法，如色层分离等。目标蛋白质常以活性单位（u）来表示，而单位质量总蛋白中含有的目标蛋白的单位数称为比活（specific activity），单位为 u/mg；精制前后比活提高的倍数即称为纯化因子（purification factor），表示纯度提高的倍数。小分子的分离通常容易些，但是当杂质和目标物质性质相近时，也需要应用色层分离，例如西索米星的分离（见第 20 章）。

13.3 生物技术下游加工过程的特点

培养液（或发酵液）是复杂的多相系统，含有细胞、代谢产物和未用完的培养基等。分散在其中的固体和胶状物质，具可压缩性，其密度又和液体相近，加上黏度很大，属非牛顿性液体，使从培养液中分离固体很困难。

培养液中所含欲提取的生物物质浓度很低（几种不同类型产品的浓度示于表 13-1 中），但杂质含量却很高，特别是利用基因工程方法生产的蛋白质，常常伴有大量性质相近的杂质蛋白。从低浓度的混合物中分离纯组分，需要较大的能量。例如在恒温、恒压下，将理想溶液分离为纯物质的最小能量为[18]

$$W = -RT \sum x_i \ln x_i \tag{13-1}$$

式中 x_i 为组分 i 的摩尔分数；R 为气体常数；T 为热力学温度；W 为 1 摩尔理想溶液分离为纯物质所需的最小能量。

表 13-1 几种典型产品发酵液的浓度[17]

产品	典型浓度/(g/L)	产品	典型浓度/(g/L)
抗生素	25	有机酸	100
氨基酸	100	酶	20
酒精	100	R-DNA 蛋白质	10

由式（13-1）可见，所需能量与浓度的负对数成比例；据 1984 年价格统计，产品的售价大致和原始浓度的负对数成比例（见图 13-1），这与上述从热力学理论推得的结果一致。

1985 年开发的人生长激素，1986 年开发的乙肝疫苗和 1987 年开发的组织血纤维蛋白溶酶原活化因子则不在图中直线上，售价要贵 100～1000 倍，可能由于这些相对较新的产品，成本更高的缘故，因此未在图上示出[10]。

由于起始浓度较低而杂质又较多，最后成品要求达到的纯度又较高，因此常需多步纯化操作。一个包含 6 步操作的纯化过程，即使每步操作都较完善、收率达到 90%，总收率也只有 53%。因此目前基因工程产品的生产，收率达到 30%～40% 就认为已经是相当不错。可见，尽量减少提取步骤是相当重要的。图 13-2 表示提取步骤数和各步收率对总收率的影响。

另一个特点是欲提取的生物物质通常很不稳定、遇热、极端 pH、有机溶剂会引起失活或分解，特别是蛋白质的生物活性与一些辅因子（cofactor）、金属离子的存在和分子的空间构型有关。一般认为剪切力（shear）会影响空间构型和使分子降解，对蛋白质的活性影响很大。最近的研究则表明，当蛋白质分子处于气液交界面上、或与膜结合的蛋白质均对剪切力较敏感，而溶解的蛋白质则受影响较小。

第三个特点是发酵或培养都是分批操作，且微生物总有一定的变异性，故各批发酵液不

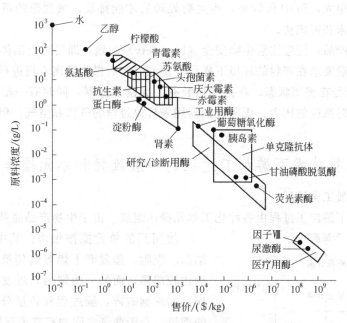

图 13-1 发酵液的浓度和产品价格之间的关系[19]

尽相同，这就要求下游加工有一定的弹性；特别是对染菌的批号，也要求能处理。发酵液的放罐时间、发酵过程中消沫剂的加入都对提取有影响。

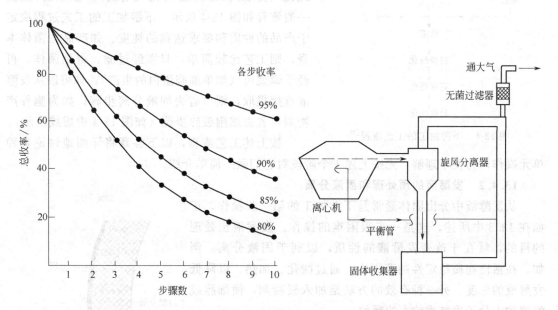

图 13-2 提取步骤数和各步收率对总收率的影响[2]   图 13-3 附有密封的固体排放系统的离心机[20]

发酵液放罐后，由于条件改变，发酵会继续但可能按其他途径代谢从而破坏产品；另一方面，还会感染杂菌，引起产品的破坏；对大分子产品来说，发酵液中存在的蛋白酶或糖苷酶会使目标蛋白破坏，故发酵液不宜存放过久，应尽快进行提取。整个下游加工过程应遵循下列四条原则：①时间短；②温度低；③pH适中（选择在生物物质的稳定范围内）；④严格清洗消毒（包括厂房、设备及管路，特别注意死角），这和传统产品抗生素的生产是一致的[16]。

发酵废液量很大，BOD 值较高，经生物处理后才能排放。最理想的情况是将废液循环使用，但目前尚未获得成功。

对基因工程产品，还应注意生物安全（biosafety）问题，即要防止菌体扩散，特别对前面几步操作，一般要求在密封的环境下操作。例如用密封操作的离心机进行菌体分离（见图 13-3）。整个机器处在密闭状态，在排气口装有一无菌过滤器，同时有一根空气回路以帮助平衡在排放固体时系统的压力，无菌过滤器用来排放过量的气体和空气，但保证微生物不排出到系统外。

13.4 生物技术下游加工过程的一般流程和单元操作

13.4.1 一般工艺流程

如上所述，下游加工过程由各种化工单元操作组成。由于生物产品品种多、性质各异，故用到的单元操作很多，其中如蒸馏、萃取、结晶、吸附、蒸发和干燥等属传统的单元操作，理论比较成熟，而另一些则为新近发展起来的单元操作，如细胞破碎、膜过程和色层分离等，缺乏完整的理论，介于两者之间的有离子交换过程等。

一般说来，下游加工过程可分为 4 个阶段：①培养液（发酵液）的预处理和固液分离；②初步纯化（提取）；③高度纯化（精制）；④最后纯化。一般流程如图 13-4 所示。下游加工的工艺过程决定于产品的性质和要求达到的纯度。如产品为菌体本身，则工艺比较简单，只需经过滤、得到菌体，再经干燥就可（如单细胞蛋白的生产）；如可以从发酵液直接提取，则可省去固液分离步骤；如为胞外产物则可省去细胞破碎步骤（如图 13-4 中虚线所示）。

按上述工艺流程，以下各章将详细地讨论各种单元操作，为便于理解，先按上述 4 个阶段对它们做一简单介绍。

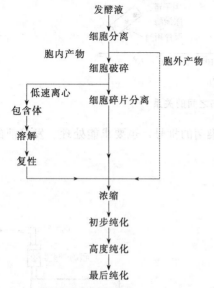

图 13-4 下游加工的工艺流程[21]

13.4.2 发酵液的预处理和固液分离

从发酵液中分出固体通常是下游加工的第一步操作，正如在 13.3 中所述，这是一步很困难的操作。发酵液预处理的目的，就在于改变发酵液的性质，以利于固液分离。例如，在活性物质稳定性的范围内，通过酸化、加热、以降低发酵液的黏度。另一种有效的方法是加入絮凝剂，使细胞或溶解的大分子聚结成较大的颗粒。

在固液分离中，传统的板框压滤机和鼓式真空过滤机在某些场合仍在使用，例如处理较粗大的真菌菌丝体时，但在很多场合会遇到困难。一种较好的解决办法是在鼓式真空过滤机转鼓的表面预先铺一层 2～10 cm 厚的助滤剂层，过滤时形成的滤饼不断地用缓慢前进的刮刀，连同极薄的一层助滤剂（约百分之几毫米厚）一起刮去（见图 13-5），但当滤

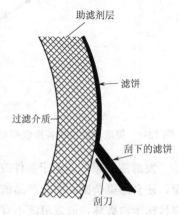

图 13-5 预辅助滤剂层的鼓式过滤机的滤饼去除装置示意图[22]

饼用做饲料时，此法就不能采用。此外，离心分离也是常用的方法，较新的装置是倾析式离心机，适用于含固量较多的发酵液。

一种新的过滤方法是利用微滤膜或超滤膜进行错流过滤，此时无滤饼形成，对细菌悬浮液，滤速达 $67 \sim 118$ L/$(m^2 \cdot h)$[23]，此法的缺点是不能将液固相分离完全。

13.4.3　细胞破碎及其碎片的分离

细胞破碎的方法有机械、生物和化学等方法。大规模生产中常用高压匀浆器（high pressure homogenizer）和球磨机（ball mill）。前者主要利用液相剪切力和与固定表面撞击所产生的应力；后者主要依靠研磨。两者机理不同，可相互补充。

细胞碎片的分离通常用离心分离的方法，但非常困难。一种新的办法是利用两水相萃取法，选择适当的条件，使细胞碎片集中分配在下相。

13.4.4　初步纯化（提取）

经固液分离或细胞破碎及碎片分离后，活性物质存在于滤液中，滤液体积很大，浓度很低，下游加工过程就是浓缩和纯化的过程，常需好几步操作。其中第一步操作最为重要，称为初步纯化或提取，主要目的在于浓缩，也有一些纯化作用，而以后几步操作所处理的体积小，合称为高度纯化或精制。

（1）吸附法　吸附法主要用于抗生素等小分子物质的提取，系利用吸附剂与抗生素之间的分子引力而将抗生素吸附在吸附剂上。吸附剂有活性炭、白土、氧化铝、各种离子交换树脂等。其中以活性炭应用最广，但有很多缺点：如吸附性能不稳定，即使由同一工厂生产的活性炭，也会随批号不同而改变；选择性不高，即有些杂质被一起吸附，然后又一起洗下来；可逆性差，即常常洗不下来；不能连续操作，劳动强度较大；炭粉还会影响环境卫生。其他吸附剂也在不同程度上存在这些缺点，因此吸附法曾几乎被淘汰，只有对新抗生素提取或其他方法都不适用时，才考虑用吸附法。例如维生素 B_{12} 用弱酸 122 树脂吸附，丝裂霉素用活性炭吸附等。但 1957 年后，随着一种性能优良的新型吸附剂——大网格聚合物吸附剂的合成和应用成功，吸附法又被广泛应用。

（2）离子交换法　离子交换法也主要用于小分子的提取。离子交换法系利用离子交换树脂和生物物质之间的化学亲和力，有选择性地将生物物质吸附上去，然后以较少量的洗脱剂将它洗下来。利用此法时，生物物质必须是极性化合物，即在溶液中能形成离子的化合物。如生物物质为碱性，则可用酸性离子交换树脂去提取；如生物物质为酸性，则可用碱性离子交换树脂来提取（例如链霉素是强碱性物质，可用弱酸性树脂来提取）。

当树脂和操作条件选择合适时，虽然杂质的浓度远远超过生物物质的浓度，也能将生物物质有选择性地吸附在树脂上。在洗脱时也具有选择作用。因而经过吸附洗脱后，能达到浓缩和精制的目的。

一般的离子交换树脂的骨架具有疏水性，与蛋白质的疏水部分有吸附作用，而使蛋白质变性失活。以天然糖类为骨架的离子交换剂，由于其骨架具有亲水性，可用来提取蛋白质（例如以纤维素为骨架的离子交换剂可用来提取乳清中的蛋白质）。

（3）沉淀法　沉淀法广泛用于蛋白质的提取中。它主要起浓缩作用，而纯化的效果较差，一般纯化因子只有 3 左右。本法又可分为下列 5 种类型：

（a）盐析　加入高浓度的盐使蛋白质沉淀，其机理为蛋白质分子的水化层被除去，而相互吸引。最常用的盐是硫酸铵，加入的量通常应达到 $20\% \sim 60\%$ 的饱和度。

（b）加入有机溶剂　其机理为加入有机溶剂会使溶液的介电常数降低，从而使水分子的溶解能力降低，在蛋白质分子周围，不易形成水化层。缺点是有机溶剂常引起蛋白质失活。

（c）调 pH 至等电点　此法沉淀能力不强，常同时加入有机溶剂，使沉淀完全。

（d）加入非离子型聚合物　如 PEG，其机理与加入有机溶剂相似。

（e）加入聚电解质　如聚丙烯酸，其机理与盐析作用相似。

沉淀法也用于小分子物质的提取中，但具有不同的机理。通常是加入一些无机、有机离子或分子，能和生物物质形成不溶解的盐或复合物，而沉淀在适宜的条件下，又很易分解。例如四环类抗生素在碱性下能和钙、镁、钡等重金属离子或溴化十五烷吡啶形成沉淀，青霉素可与 N,N'-二苄基乙二胺形成沉淀，新霉素可以和强酸性表面活性剂形成沉淀。另外，对于两性抗生素（如四环素）可调节 pH 至等电点而沉淀；弱酸性抗生素如新生霉素，可调节 pH 至酸性而沉淀。

一般发酵单位越高，利用沉淀法越有利，因残留在溶液中的抗生素浓度是一定的，故发酵单位越高、收率就越高。

（4）溶剂萃取法　由于蛋白质遇有机溶剂会引起变性，故溶剂萃取法一般仅用于抗生素等小分子生物物质的提取。溶剂萃取法的原理在于：当抗生素以不同的化学状态（游离状态或成盐状态）存在时，在水及与水互不相溶的溶剂中有不同的溶解度。例如青霉素在酸性下成游离酸状态，在醋酸丁酯中溶解度较大，因而能从水转移到醋酸丁酯中；而在中性下，成盐状态，在水中溶解度较大，因而能从醋酸丁酯转移到水中。当进行转移时，杂质不能或较少地随着转移，因而能达到浓缩和提纯的目的。有时，一次转移并不能将杂质充分除去，则采用二次萃取（例如红霉素提炼采用二次萃取）。

溶剂萃取法常遇到的困难是分配系数较低。一种解决的方法是利用反应萃取法（reactive extraction）[24]，即利用一种溶剂（通常是有机膦化合物或脂肪胺），能按一定化学计量关系与生物物质形成特异性的溶剂化键或离子对复合物。例如苏元复等[25]，利用此法对柠檬酸的提取。又如青霉素通常在 pH 2 时，用醋酸丁酯进行萃取，但在此 pH 下青霉素易失活；利用仲胺或叔胺作为萃取剂，醋酸丁酯作为稀释剂，则可在 pH 5 下进行萃取，青霉素的损失低于 1%。本法过去也称为带溶剂（carrier）法。

（5）两水相萃取法　两水相萃取法仅适用于蛋白质的提取，近年来也开始研究用于小分子物质。由于聚合物分子的不相容性，两种聚合物的水溶液（含盐或不含盐）可以分成两相。例如聚乙二醇 PEG 与葡聚糖（dextran）的水溶液。一种聚合物如 PEG 和一种盐如磷酸盐也能形成两相。蛋白质分子可在两相间进行分配。影响分配系数的因素很多，如聚合物的种类和浓度、聚合物的分子量、离子的种类、离子强度、pH 和温度等。而且这些因素相互有影响。对这种复杂系统，尚无理论分析，最适条件常需由实验决定。目前已成功地应用在 30 种酶的提取中。

（6）超临界流体萃取　对一般物质，当液相和气相在常压下成平衡时，两相的物理性质如黏度、密度等相差很显著。在较高压力下，这种差别逐渐缩小，当达到某一温度与压力时，两相差别消失，合并成一相，这时称为临界点，其温度和压力分别称为临界温度和临界压力。当温度和压力略超过或靠近临界点时，其性质介于液体和气体之间，称为超临界流体。例如二氧化碳的临界温度为 31.1 ℃，临界压力为 7.3 MPa。

超临界流体的密度和液体相近，黏度和气体相近，溶质在其中的扩散速度可为液体的 100 倍[26]，这是超临界流体的萃取能力和萃取速度优于一般溶剂的原因。而且流体的密度越大，萃取能力也越大，变化温度和压力可改变萃取能力，使对某物质具有选择性。已用于咖啡脱咖啡因，啤酒花脱气味等。常用二氧化碳作为萃取剂，因其临界压力较低，操作较安全、且无毒，适用于萃取非极性物质，对极性物质萃取能力差，但可加入极性的辅助溶剂——称为夹带剂（entrainer）来补救。减压后 CO_2 汽化除去，不会污染产品。本法还具有节约能量等优点，已开始应用在食品工业和生物工程中。

超临界流体还能应用于结晶。将超临界液体溶解到溶液中，使溶液稀释膨胀，降低原溶剂对溶质的溶解能力，在短时间内形成较大的过饱和度而使溶质结晶析出，可制备超细微粒，称为气体抗溶剂结晶（gas antisolvent crystallization）[27]。

有机相
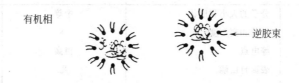
← 逆胶束

← 蛋白质

水相

图 13-6　蛋白质溶解在有机相胶束中的示意图[9]

（7）逆胶束萃取　将水溶液与有机溶剂和表面活性剂混合，并加以搅拌，如系统选择适当，则会形成逆胶束。表面活性剂处在胶束表面，极性端指向胶束内部，而非极性端指向胶束外面。形成含逆胶束的有机相与水相成平衡。蛋白质就在这种有机相与水相之间进行分配，见图 13-6。改变操作条件可以有较高的分配系数。影响分配系数的因素很多，主要是pH。如果选择的是带负电荷的表面活性剂，则调 pH 使蛋白质带正电荷，则依赖静电引力，就能使抗生素移向逆胶束中；如果调 pH 使蛋白质带负电荷，则蛋白质被排斥而移入水相，即达到反萃取。

（8）膜过滤法　膜过滤法包括微滤（MF）、超滤（UF）、纳滤（NF）和反渗透（RO）四种过程。超滤法是利用一定截留分子量的超滤膜进行溶质的分离或浓缩。小于截留值的分子能通过膜，而大于截留值的分子不能通过膜，因而达到分离。这是一个非常简单的过程，不发生相变化，也不需加入化学试剂，消耗的能量也较少。

适用于超滤的物质，相对分子质量在 500～1 000 000 之间，或分子大小近似地在（1～10 nm）之间。

在小分子物质的提取中，超滤主要用于去除大分子杂质。在大分子物质的提取中，超滤主要用于脱盐、浓缩。利用透析过滤法（diafiltration），还可将一种缓冲液换成另一种缓冲液，以利进行色层分离。

微滤主要用于发酵液中除去菌体，反渗透主要用于小分子的浓缩，纳滤也可用于小分子的浓缩，而且所能达到的浓缩程度高于反渗透。膜过滤的主要缺点是浓差极化和膜的污染，膜的寿命较短和通量低，很难用于处理量大的工业中。但这些缺点正在克服，有很好的发展前景。

13.4.5　高度纯化（精制）

经初步纯化后，体积已大大缩小。但纯度提高不多，需要进一步进行精制。大分子（蛋白质）和小分子物质的精制方法有类似之处。但侧重点有所不同，大分子物质的精制依赖于色层分离，而小分子物质的精制常常利用结晶操作。

（1）色层分离 色层分离是一种高效的分离技术，过去仅用于实验室中，后来规模逐渐扩大而应用于工业上。操作是在柱中进行，包含两个相——固定相和移动相，物质在两相间分配情况不同，在柱中的运动速度也不同而获得分离。色层分离是一组相关技术的总称，根据分配机理的不同，可以分为如下几种类型，见表 13-2。

表 13-2　各种层析方法

方　法	机　理	分离能力	容　量
凝胶色谱	分子的大小和形状	中等	小
离子交换色谱	电荷和离解度	高	很大
聚焦色谱	等电点	很高	大
疏水色谱	表面自由能	高	大
亲和色谱（免疫吸附色谱）	特殊的生物作用力	优异	很大

随着 DNA 重组技术的发展，新的蛋白质不断出现，纯化这种蛋白质对色层分离技术提出更高的要求。用于分离无机离子和低分子量有机物质的色层分离介质，由于有非特异性吸附而不能适用。用于分离蛋白质的介质的母体必须有足够的亲水性，以保证有较高的收率，同时应有足够的多孔性，以使大分子能透过；有足够的强度，以便能在大规模柱中应用。此外还应有良好的化学稳定性和能引入各种功能团，如离子交换基团、疏水烃链、特殊的生物配位体或抗体等，以适应不同技术的要求。工业上应用的母体有天然、半合成或合成的高聚物，如纤维素、葡聚糖、琼脂糖、聚丙烯酰胺等。亲水凝胶的一个固有缺点是强度不够，当放入柱中使用时，会发生变形，使压力降增大或流速减小。这个困难可通过改正柱的设计来补救。要增大分离能力，可以增大柱径而不是柱高。分级柱可使压力降在流速高时限制在某一水平。采用均匀、球形的分离介质可使压力降减小，强度较好的分离介质和层析柱设计的化工问题的解决是色层分离法工业化的关键。

（2）结晶 结晶可以认为是沉淀的一种特殊情况，结晶的先决条件是溶液要达到过饱和。要达到过饱和，可用下列方法：①加入某些物质，使溶解平衡发生改变，例如调 pH；②将溶液冷却或将溶剂蒸发。

正确控制温度、溶剂的加入量和加料速度可以控制晶体的生长，以获得粗大的晶体有利于晶体的过滤除去母液。

结晶主要用于低分子量物质的纯化，例如抗生素。青霉素 G 系用醋酸丁酯从发酵液中萃取出来，然后加入醋酸钾的酒精溶液以产生沉淀。柠檬酸在工业上用冷却的方法进行结晶。

13.4.6　最后纯化（polishing）

经过上述初步纯化和高度纯化后，一般能符合成品要求，如果这样那就不需最后纯化这一步。反之，则尚需进一步纯化，最好是选择机理不同的另一种高度纯化操作。蛋白质分子在纯化过程中，常会聚集成二聚体（dimer）或多聚体，特别当浓度较高时；或含有降解产物（由于有蛋白酶的存在）必须将它们除去；有时亲和层析的配基也会脱落，也必须除去。常用的方法是利用基于分子大小不同的凝胶色谱法，这是真正意义上的色层分离法，其处理量小，所以应用于最后纯化很合适，因为此时体积已很小，也可用高效液相色谱法，但费用较高。

13.5 选择纯化方法的依据[8,21]

选择纯化方法应根据目标蛋白质和杂蛋白在物理、化学和生物学方面性质的差异，尤其重要的是表面性质的差异。例如，表面电荷密度（滴定曲线）、对一些配基的生物特异性、表面疏水性、表面金属离子、糖含量、自由巯基数目、分子大小和形状（相对分子质量）、pH 值和稳定性等。

选用的方法应能充分利用目标蛋白质和杂蛋白间上述性能的差异。当几种方法连用时，最好以不同的分离机制为基础，而且经前一种方法处理的液体应能适合于作为后一种方法的料液，不必经过脱盐、浓缩等处理。如经盐析后得到的液体，不适宜于离子交换层析，但对疏水层析，则可直接应用。疏水层析接在离子交换层析后也很合适。

离子交换层析系根据蛋白质表面所带电荷不同而分离。例如 A、B、C 三种蛋白质的电荷与 pH 的关系如图 13-7 所示。分离时应选择在电荷相差最大的 pH 下进行操作。图中蛋白质 A 和 B 有相同的等电点，但 pH 向两侧改变时，其电荷数相差增大。在本例中，可选择 pH 3～4，使 B 从 A 和 C 中分出，然后选择 pH＞8，将 A 和 C 分开。

亲和层析选择性最强，但不能放在第一步。一方面因为杂质多，易使介质污染，使用寿命降低；另一方面，体积较大，需用大量的介质，而亲和层析介质一般较贵。因此亲和层析多放在第二步以后。有时为防止介质中毒，在其前面加一保护柱，通常为不带配基的介质。

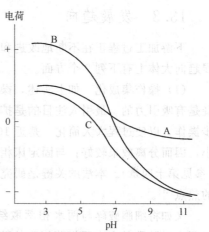

图 13-7　三种蛋白质 A、B 和 C 的滴定曲线

13.6 非蛋白质类杂质的去除[21,28]

非蛋白质类杂质也不应忽视，在纯化过程中，三种可能存在的非蛋白质类杂质需要特别注意，它们是 DNA、热原质和病毒。

（1）DNA 的去除　DNA 在 pH4.0 以上呈阴离子，可用阴离子交换剂吸附除去，但目标蛋白质 pI 值应在 6.0 以上。如蛋白质为强酸性，则可选择条件，使其吸附在阳离子交换剂上，而不令 DNA 吸附上去。利用亲和层析吸附蛋白质，而 DNA 不被吸附，也能分离。疏水层析（HIC）对分离 DNA 也有效，HIC 在上柱时需高盐浓度，会使 DNA-蛋白质结合物离解，蛋白质吸附在柱上，而 DNA 不被吸附。

（2）热原质的去除　注射用药必须无热原质。热原质主要是肠杆菌科所产生的细菌内毒素。内毒素到处存在，它们是革兰阴性细菌细胞壁的组分——脂多糖，在细菌生长或细胞溶解时会释出内毒素，其性质相当稳定，即使经高压灭菌也不失活性。

从蛋白质溶液中去除内毒素是比较困难的，最好的办法是防止产生热原质，整个生产过程在无菌条件下进行。所有层析介质在使用前先除去热原质，操作在 2～8 ℃下进行，洗脱液需先经无菌处理，流出的蛋白质溶液也应无菌处理，即通过 0.2 nm 微滤膜，并在 2～8 ℃下保存。

传统的去除热原质的方法不适用于蛋白质生产。用超滤或反渗透的方法去热原质适用于小分子量的多肽或蛋白质，但对大分子蛋白质无效。

因为脂多糖是阴离子物质，可用阴离子交换层析法去除。此时应调节 pH 使蛋白质不被吸附。脂多糖中脂质是疏水性的，因而也可用疏水层析法去除。另外，还可用亲和层析法去除，配基可用多黏菌素 B、鲎变形细胞溶解物（limulus amebocyte lysate）或广谱的抗体。

（3）病毒的去除　成品中必须检查是否含有病毒，因为病人的免疫能力差，易受病毒感染。病毒最大的来源是由宿主细胞带入，因而对细胞库需经常做病毒检查。经过色层分离（如离子交换层析）一般能将病毒去除，必要时也可用 UV 照射或过滤使病毒失活或除去。

13.7　目标蛋白质的表征和分析方法[21,25]

蛋白质在分离、纯化过程中易发生变化，因此得到的产品应与已知标准品对照，证明为同一物质并检查其纯度。为达此目的，仅用一种分析方法是不够的，常需用几种方法。例如：①HPLC 选用基于不同原理的两种层析系统（如反相层析和离子交换层析），如只得到单个对称峰则表明纯度较高；②聚丙烯酰胺凝胶电泳（PAGE）和等电聚焦；③顺序分列 N-端和 C-端顺序分析可用来表征蛋白质；④其他分析，如氨基酸分析、肽图、免疫化学分析等可进一步提供产品纯度达到均质（homogeneity）和与标准品一致的证明。

13.8　发展趋向

下游加工过程正在不断地改进和变化，新的分离方法不断出现，从近期文献看来，其发展趋向大体上有下列 7 个方面。

（1）操作集成化　如上所述，操作步骤减少，能使收率提高，因此将几个步骤合并，无疑是有吸引力的。最引人注目的是扩张床吸附技术，它能取代液固分离、浓缩和初步纯化三步操作，以使过程大大简化，是近 10 年来研究的热点之一。与流化床相比，它返混程度很小，因而分离效果较好；与固定床相比，它能处理含菌体的悬浮液，可省却困难的过滤操作（参见第十四章）。本法的关键是研究和制备能适用于不同场合的合适吸附剂，更是最近研究的热点[24]。

又如将细胞破碎与两水相萃取结合起来，既将目标产物自胞内释放又达到初步纯化。L-天冬酰胺酶处在大肠杆菌细胞的壁膜间隙（periplasmic space）中，可以用化学渗透法将它释放出来，利用一种中性表面活性剂（聚乙二醇辛基苯基醚）和磷酸盐组成的两水相系统能将酶全部释放出来，而且几乎完全单侧分配在下相（磷酸盐相）这样能和表面活性剂分离，有利于纯化[30]。

（2）方法集成化　这方面发展很多，也在不断发展。例如将亲和作用力与膜分离结合起来，利用了前者的高选择性和后者的高处理能力的优点，弥补了亲和层析的处理量小和膜分离选择性差的缺点，称为亲和膜分离[31]。其他如亲和分配、亲和沉淀、亲和絮凝、膜层析、膜萃取、膜蒸馏、两水相转化等不一一列举。

（3）大分子与小分子分离方法的相互渗透　大分子物质的分离开始时采用高度发展的小分子物质分离的各种单元操作，后加以改进开发出适用于大分子物质的新颖方法，如两水相萃取和逆胶束萃取。近年来则有趋势把这些新颖方法应用于小分子物质[32,33]。有些方法如亲和层析或亲和分配法，过去都用于大分子，现在也研究应用于小分子[34,35]。

（4）亲和技术的推广使用和亲和配基的人工合成　由于亲和层析介质和配基耦合技术的提高，使得亲和介质的成本降低和亲和配基的稳定性提高，尽早使用选择性强的亲和层析，与杂质尽早分离应该有助于下游过程。过去由于亲和层析介质价格较贵和亲和配基不稳定，认为亲和层析不适用于在第一步操作使用，目前这种情况正在改变[36]。

亲和技术的最大难点在于获得合适的配基。有些蛋白质，已从生物代谢或反应中知道其配基，但数量不多，而且其中有些太贵或性质不稳定，缺少实用价值。经过生物化学家和有机合成专家的共同努力，历经几十年，现在用人工合成配基的技术—分子印迹（molecular imprinting），已日趋成熟。其基本原理是将带有各种功能团的烯类单体，在交联剂存在下，与模板分子共同聚合，这种功能团可以是能与模板分子非共价结合（如静电力、疏水力和氢键等），也可以是共价结合（如硼酸与顺式 1,2-二羟基之间的作用），而且这种结合是可逆的。聚合后，再将模板分子洗出，就留下一定的空间结构，对模板分子有特殊的亲和力[37]。

（5）优质层析介质的开发　层析介质经历了天然多糖类化合物（纤维素、葡聚糖、琼脂糖）、人工合成化合物（聚丙烯酰胺凝胶、甲基丙烯酸羟乙酯 HEMA、聚甲基丙烯酰胺 eupergit）和天然、人造混合型（ultrogel AcA、sephacryl、superdex）几个阶段，主要着重于开发亲水性、孔径大、机械强度好的介质。近年来开发的灌注层析法（perfusion chromatography），所用介质称为 Poros（perseptive biosystems）介质，含两类孔，一类为贯流孔，孔径 600~800 nm，流体可以对流形式通过；另一类为扩散孔，孔径 50~100 nm。溶质可以对流形式传入颗粒内，然后以扩散形式传入活性位点，使传质速度大大提高，因而可增高层析柱的线速度而不致使容量或分辨率降低[38]。

（6）基因工程对下游过程的影响　过去上游技术的发展常不考虑下游方面的困难，致使发酵液浓度提高了，却得不到产品。下游方面也强调要服从上游方面的需要，比较被动。现以发展的要求，生物工程作为一个整体，上、中、下游要互相配合。上游方面已开始注意为下游提取方便创造条件，例如将原来是胞内产物变为胞外产物或处于壁膜间隙（periplasmic space）；在细胞中高水平的表达形成细胞包含体（inclusion body），在细胞破碎后，在低离心力下即能沉降，故容易分离；近年来开发出一种融合蛋白（fusion protein）的方法，以利于分离纯化，即利用基因重组的方法，在目标蛋白的基因上，融合上一个尾巴基因，表达后得到的融合蛋白的 C 或 N 端就会接上有利于分离的标记，例如标记为几个精氨酸残基，就可以离子交换法提取；标记为几个组氨酸残基，就可以固定化金属离子亲和层析法提取，最后再将标记切下得到目标蛋白[39]。

（7）发酵与提取相耦合　在发酵过程中，把产物提取出来，以避免反馈抑制作用，其方法很多，如萃取与发酵相耦合的萃取发酵[40]，超临界 CO_2 萃取发酵或膜过滤与发酵相耦合的膜过滤发酵等[41]。

参 考 文 献

1 Smith J E. Biotechnology Principles Van Nostrand Reinhold. UK.：Berkshire，1985

2 Bomben J L.，Frierman M. An Overview of Separation Technology，SRI international Health Industries Center. California：333 Ranenswood Avenue，Menlo Park，1984

3 Norton Mike. Cooperative research in downstream processing in the UK. in "World Biotech Report，1988". London：online publications.

4 Verrall M S.，Hudson K J（eds.）. Separations for Biotechnology. Chichester，1987

5 严希康 编著. 生化分离工程. 北京：化学工业出版社，2001

6 孙彦 编著. 生物分离工程. 北京：化学工业出版社，1998

7 毛忠贵 主编. 生物工业下游技术. 北京：中国轻工业出版社，1999

8 Asenjo J A（ed.）. Separation processes in Biotechnology. New York：Marcel Dekker，1990

9　Wheelwright S M.　Protein Purification.　Design and scale up of Downstream Processing.　Munich：Hanwer Publishers，
　　1991

10　Weatherley L R （ed.）.　Engineering Processes for Bioseparations.　Oxford：Butterworth/Heinemann，1994

11　Scopes R K.　Protein Purification.　3rd ed.　New York：Springer-Verlag，1994

12　Janson J C.，Ryden L.　Protein Purification.　2nd ed.　NewYork：VCH Publishers，1998

13　Sadana A.　Bioseparation of Proteins.　1998 Acedemic Press，San Diego：CA.，1998

14　Dennison C.　A Guide to Protein Isolation.　Dordrecht：Kluwer Academic Publishers，1999

15　Ahuja S （ed.）.　Handbook of Bioseparations.　San Diego：Academic Press，CA 2000

16　邹行彦，熊宗贵，胡章助主编.　抗生素和工艺学.　北京：化学工业出版社，1982

17　Wang D I C.　Separations for Biotechnology，in Ref.　4

18　King C J.　Separation Processes.　2nd ed.　New York：McGraw-Hill，1980.　661

19　Dwyer J L.　Chromatograpgy Bio/Technol.　1984，2：957～964

20　Bjurstrom E.　Chemical Engineering.　1985，92 （4）：126～158

21　邹行彦.　国外医药抗生素分册.　1994，15 （4）：261～267

22　Talcott R M.，et al.　Filtration，in "Kirk-Othmer Encyclopedia of Chemical Technology"，3rd. ed. Vol. 10：284～
　　337

23　Rosen C G.，Datar R.　Primary Separation Steps in fermentation Processes，Biotech′83，Northwod，UK：On
　　line Publications

24　Schügerl K.　Reactive Extraction in Biotechnology.　1987，in Ref.　4：260～269

25　Jian Y M.，Li D C.，Su Y F.　ISEC′80.　Vol 11：517

26　Willson R C.　Supercritical Fluid Extraction，in "Comprehensive Biotechnology" Volume 2.　Cooney C L.　and Hum-
　　phrey A E.　（eds）.　Oxford：Pergamon Press，1985.　567～574

27　蔡建国，杨中文，周展云.　华东理工大学学报.　1944，20 （3）：317～320

28　Seetharam R.，Sharma S K.　Purification and Analysis of Recombinant Proteins Marcel Dekker，New York，1991，
　　（3，29，213）

29　雷引林，姚善泾，刘坐镇，朱自强，功能高分子学报

30　于佳林.　用双水相系统释放大肠杆菌 L-天冬酰胺酶：[上海交通大学硕士学位论文 （指导教师赵风生教授）].　上海：
　　上海交大，2000

31　Cao X J.，Zhu J W.，Wang D W.，et al.　Ann.　N Y Acad.　Sci.　1996，799：454～459

32　Yang W Y.，Chu I M.　Biotechnol.　Tech.　1990，4 （3）：191～194

33　Fadnavis N W.，Satyavathi B.，Deshpande A A.　Biotechnol.　Prog.　1997，13：503～505

34　Godbole P P.，Tsai R.，Clark W M.　Biotechnol.　Bioeng.　1991，38：535～544

35　张慧杰，寇上福，刘坐镇，邹行彦，潘铁英，史新梅.　中国抗生素杂志.　2002，27 （2）：108～110

36　Thømmes S.，Bader A.，Halfar M.，et al.　J.　Chromatgr.　A.　1996，752：111～122

37　Moshach K.，Ramstrom O.　Bio/Technol.　1996，14：163～170

38　Hermanson G T.，Mallia A K.，Smith P K.　Immobilized Affinity Ligand Techniques.　New York：Academic Press，
　　1992

39　Brewer S J.，Glatz C E.，Dickerson C.　Fusion Protein Purification Methods，in "Protein Purification Applications".
　　2nd ed.　by Roe S.　Oxford：2001.　Oxford University Press，2001

40　Daugulis A J.，et al.　Biotechnol.　Letters.　1987，9 （6）：425～430

41　Chu Ju，Giang Jie，Li Yourong，Yu Juntang.　Chinese J.　Ch.　E.　1999，7 （1）：30～37

14 发酵液的预处理和固液分离方法

生化物质分离纯化的第一个必要步骤就是以细胞培养液或发酵液为出发点,设法将细胞(菌体)富集或去除,使所需的目标产物转移到液相中,同时还希望除去其他悬浮颗粒(如培养基残渣、菌体或絮凝体等)以及改善滤液的性状,以利后续各步操作,该过程通常称预处理。对于胞外产物,一般可直接利用过滤或离心方法,将菌体或其他悬浮杂质分离除去。但有些生化物质在发酵结束时部分会沉积或被吸附在菌体中,应采取措施尽可能使其转移到液相中,通常采用调节 pH 至酸性或碱性的方法来达到。例如四环类抗生素,由于其能与钙、镁等离子形成不溶解的化合物,故大部分沉积在菌丝中,用草酸酸化后就能转入水相,再经固-液分离除去细胞(菌体)。对于胞内产物,则应首先收集细胞或菌体,经细胞破碎使生化物质释放到液相中,再将细胞碎片分离除去。通常,以含生化物质的液相为出发点,进行后续提取和精制的各步操作。

14.1 发酵液的预处理

无论胞内还是胞外产物,都要涉及细胞的富集或固体悬浮物的分离除去,常用的固液分离方法主要是过滤和离心方法。但是不同来源的培养液和发酵液其固液分离速度有很大差异,取决于该介质的理化性状,主要影响因素是细胞或菌体的大小和介质的黏度,例如细菌及某些放线菌,菌体细小、液体黏度大,不能直接过滤;若用高速离心,能耗很大、设备昂贵;若用膜分离技术(如微滤)易产生膜污染、通量降低,用于大规模分离在经济上是不可行的。此外,由于菌体自溶,核酸、蛋白质及其他有机黏性物质的存在也会影响固液分离,因而寻找一种经济有效的方法来提高固液分离速度显得十分必要,细胞絮凝技术便是近年来发展很快的一种行之有效的方法。

发酵液中杂质很多,对后步分离影响最大的是高价无机离子(Ca^{2+}、Mg^{2+}、Fe^{3+})和杂蛋白质等。高价无机离子的存在,在采用离子交换法提取时,会干扰树脂对生化物质的交换容量。杂蛋白质的存在,不仅在采用离子交换法和大网格树脂吸附法提取时会降低其吸附能力,而且在采用有机溶剂或两水相提取时,容易产生乳化、使两相分离不清。此外在常规过滤或膜过滤时,还会使滤速下降,膜受到污染。因此,在预处理时,也应尽量除去这些物质。

14.1.1 凝聚和絮凝技术

凝聚和絮凝技术能有效地改变细胞、菌体和蛋白质等胶体粒子的分散状态,使其聚集起来、增大体积,以便于固液分离,常用于菌体细小而且黏度大的发酵液的预处理中。

凝聚和絮凝的概念,过去常常混淆,现已趋于区分开来。凝聚是在中性盐作用下,由于双电层排斥电位的降低,而使胶体体系不稳定的现象。絮凝是指在某些高分子絮凝剂存在下,基于架桥作用,使细胞聚集形成粗大的絮凝团的过程,是一种以物理的集合为主的过程。

发酵液中的细胞、菌体或蛋白质等胶体粒子的表面一般都带有电荷,带电的原因很多,主要是吸附溶液中的离子或自身基团的电离。通常发酵液中细胞或菌体带有负电荷,由于静电引力的作用使溶液中带相反电荷的粒于（即正离子）被吸附在其周围，在界面上形成了双电层。但是这些正离子还受到使它们均匀分布开去的热运动的影响，具有离开胶粒表面的趋势，在这两种相反作用的影响下，双电层就分裂成两部分，在相距胶核表面约一个离子半径的 stern 平面以内，正离子被紧密束缚在胶核表面，称为吸附层或 stern 层；在 stern 平面以外，剩余的正离子则在溶液中扩散开去，距离越远浓度越小，最后达到主体溶液的平均浓度，称为扩散层；这样就形成了扩散双电层的结构模型，如图 14-1 所示。当胶粒在溶液中做相对运动时，总有一薄层液体，随着它一起滑移，这一薄层厚度比吸附层稍大，滑移面（剪切面）在图 14-1 中用波纹线表示。

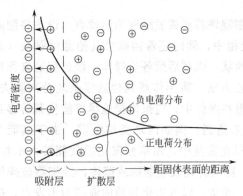

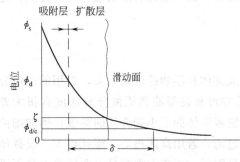

图 14-1　胶体双电层的构造

由于上述结构，在不同的界面上就会形成不同的电位，胶核表面的电位 ϕ_s 是整个双电层的电位；Stern 平面上的电位为 ϕ_d；在滑移面上的电位为 ζ，称 ζ 电位（或称电动电位）。这三种电位中只有 ζ 电位能实际测得，所以可以认为它是控制胶粒间电排斥作用的电位，可用来表征双电层的特征，并作为研究凝聚机理的重要参数。

胶粒能保持分散状态的原因主要是带有相同电荷和扩散双电层的结构，一旦由于布朗（brown）运动使粒子间距离缩小到它们的扩散层部分重叠时，即产生电排斥作用，使两个粒子分开，从而阻止了粒子的聚集。ζ 电位越大，电排斥作用就越强，胶粒的分散程度也越大，此外，由于胶粒表面的水化作用，形成了包围于粒子周围的水化层，也能阻碍胶粒间的直接聚集。

根据静电学基本定理，可导出 ζ 电位的基本公式为：

$$\zeta = \frac{4\pi q\delta}{D} \tag{14-1}$$

式中　D 为水的介电常数；q 为胶体的电动电荷密度，即滑移面上的电荷密度；δ 为扩散层的有效厚度，即为吸附层和扩散层界面处电位 ϕ_d 降低到其值为 $1/e$ 处的距离，不能直接测定

$$\delta = \sqrt{\frac{1000DkT}{4\pi Ne^2}} \cdot \sqrt{\frac{1}{\sum C_i Z_i^2}} \tag{14-2}$$

式中　N 为阿伏伽德罗常数；T 为热力学温度；k 为波尔兹曼常数；e 为电子电荷；Z_i 为 i 种反离子的化合价；C_i 为 i 种离子的摩尔浓度。

由式（14-1）和式（14-2）可知，ζ 电位与扩散层厚度 δ 和电动电荷密度 q 成正比，而扩散层厚度又与溶液中离子强度有关。因此，对带负电性菌体的发酵液，高价阳离子的存在，可压缩扩散层的厚度，促使 ζ 电位迅速降低，而且化合价越高这种影响越显著。当双电层的排斥力不足以抗衡胶粒间的范德华引力时，由于热运动的结果导致胶粒的互相碰撞而聚

集起来。

　　由此可见，在发酵液中加入具有高价阳离子的电解质，由于能降低ζ电位和脱除胶粒表面的水化膜，就能导致胶粒间的凝聚作用。电解质的凝聚能力可用凝聚价或凝聚值来表示，使胶粒发生凝聚作用的最小电解质浓度 mmol/L，称为凝聚价或凝聚值，根据 Schulze-Hardy 法则，反离子的价数越高该值就越小，即凝聚能力越强，阳离子对带负电荷的胶粒凝聚能力的次序为 $Al^{3+} > Fe^{3+} > H^+ > Ca^{2+} > Mg^{2+} > K^+ > Na^+ > Li^+$，常用的凝聚剂电解质有：$Al_2(SO_4)_3 \cdot 18H_2O$（明矾）；$AlCl_3 \cdot 6H_2O$；$FeCl_3$；$ZnSO_4$；$MgCO_3$ 等。

　　采用凝聚方法得到的凝聚体颗粒常比较小，有时还不能有效地进行分离，而采用高分子物质的絮凝法常可形成粗大的絮团。近年来发展了不少种类的高分子聚合物絮凝剂，它们具有长链线状的结构，是一种水溶性的聚合物，分子量可高达数万至一千万以上，在长的链节上含有相当多的活性功能团，可以带有多价电荷（如阴离子或阳离子），也可以不带电性（如非离子型）。它们通过静电引力、范德华分子引力或氢键的作用，强烈地吸附在胶粒的表面，一个高分子聚合物的许多链节分别吸附在不同颗粒的表面上，产生了架桥连接，生成粗大的絮团，这就是絮凝作用。如果胶粒相互间的排斥电位不太高，只要高分子聚合物的链节足够长，跨越的距离超过颗粒间的有效排斥距离，也能把多个胶粒拉在一起，导致架桥絮凝。高分子絮凝剂的吸附架桥作用如图14-2所示[1]。

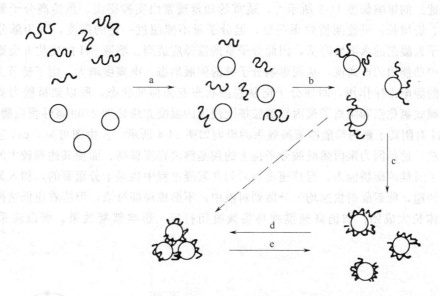

图 14-2　高分子絮凝剂的混合、吸附和絮凝作用示意图

a—聚合物分子在液相中分散、均匀分布在粒子之间；b—聚合物分子链在粒子表面的吸附；
c—被吸附链的重排，最后达到一种平衡构象；d—脱稳粒子互相碰撞，架桥形成絮团；
e—絮团的打碎；···→虚线代表聚合物分子吸附在粒子表面后，直接形成絮团

　　目前最常用的絮凝剂是人工合成高分子聚合物，例如有机合成的聚丙烯酰胺（polyacrylamide）类和聚乙烯亚胺（polyethyleneimine）衍生物，根据活性基团在水中解离情况不同，可分为非离子型、阴离子型（含有羧基）和阳离子型（含有胺基）三类。由于聚丙烯酰胺类絮凝剂具有用量少（一般以 10^{-6} 数量级），絮凝体粗大，分离效果好，絮凝速度快以及种类多等优点，所以适用范围广。近年来还发展了聚丙烯酸类阴离子絮凝剂和聚苯乙烯类衍生物。无机高分子聚合物也是较好的一类絮凝剂，如聚合铝盐和聚合铁盐等。

除此以外，也可采用天然有机高分子絮凝剂，如壳聚糖和葡聚糖等聚糖类，还有明胶、骨胶、海藻酸钠等。微生物絮凝剂是近年来研究和开发的新型絮凝剂，它是一类由微生物产生的具有絮凝细胞功能的物质。主要成分是糖蛋白、黏多糖、纤维素及核酸等高分子物质。微生物絮凝剂和天然絮凝剂与化学合成的絮凝剂相比，最大的优点是安全，无毒和不污染环境，因此发展很快。

对于带负电性菌体或蛋白质来说，阳离子型高分子絮凝剂同时具有降低粒子排斥电位和产生吸附架桥的双重机理，所以可以单独使用。对于非离子型和阴离子型高分子絮凝剂，则主要通过分子间引力和氢键作用产生吸附架桥，它们常与无机电解质凝聚剂搭配使用。首先加入无机电解质，使悬浮粒子间的相互排斥能降低，脱稳而凝聚成微粒，然后再加入絮凝剂。无机电解质的凝聚作用为高分子絮凝剂的架桥创造了良好的条件，从而提高了絮凝效果。这种包括凝聚和絮凝机理的过程，常称为混凝。

影响絮凝的因素很多，絮凝效果与发酵液的性状有关，如细胞浓度、表面电荷的种类和大小等，故对于不同特性发酵液应选择不同种类的絮凝剂。对于一定的发酵液，絮凝效果还与絮凝剂的加量、分子量和类型，溶液的 pH，搅拌速度和时间等因素有关。料液中絮凝剂浓度增加有助于架桥充分，但过多的加量反而会引起吸附饱和，在每个胶粒上形成覆盖层而使胶粒产生再次稳定现象（图 14-2）。如 α-淀粉酶发酵液的絮凝试验中，絮凝剂加量对絮凝效果（滤速）的影响如图 14-3 所示[2]，适宜的加量通常由实验得出。虽然高分子絮凝剂分子量提高、链增长，可使架桥效果明显，但分子量不能超过一定的限度，因为随分子量提高，高分子絮凝剂的水溶性降低，因此分子量的选择应适当。溶液 pH 的变化常会影响离子型絮凝剂中功能团的电离度，从而影响分子链的伸展形态。电离度增大，由于链节上相邻离子基团间的静电排斥作用，而使分子链从卷曲状态变为伸展状态，所以架桥能力提高。例如，采用碱式氯化铝和阴离子聚丙烯酰胺搭配使用的混凝方法处理 2709 碱性蛋白酶发酵液，发酵液 pH 对阴离子聚丙烯酰胺絮凝效果的影响如图 14-4 所示[3]。由图可见，pH 适当提高能增大滤速，这是因为聚丙烯酰胺分子链上的羧基解离程度提高，而使其达到较大的伸展程度，发挥了最佳的架桥能力。搅拌速度和时间在絮凝过程中也是十分重要的，加入絮凝剂的初期应高转速，使絮凝剂快速均匀分散到料液中，不形成局部过浓，但接着应低速搅拌，有利于絮凝体长大成团；如仍高速搅拌易将絮凝团打碎，影响絮凝效果，所以应采用变速搅拌。

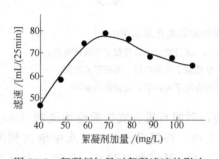

图 14-3　絮凝剂加量对絮凝滤速的影响

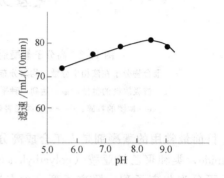

图 14-4　pH 对絮凝液滤速的影响

絮凝技术预处理发酵液的优点不仅在于提高固液分离速度，分离菌体、细胞和细胞碎片等，还在于能有效除去杂蛋白质和固体杂质，提高滤液质量。Persson 和 Lindman[4] 曾报

道在 β-半乳糖苷酶（胞内酶）发酵液中采用絮凝技术除去细胞碎片的方法，利用脱乙酰壳多糖（chitosan）和聚乙烯亚胺（polyethyleneimine）阳离子絮凝剂以及氯化钙无机电解质，分别在细胞破碎前后处理发酵液，有机絮凝剂在破碎前预先加入 640×10^{-6}，氯化钙在破碎后加入 40 mmol/L，并调节一定的 pH，这样可将细微的细胞碎片粒子聚集起来。絮凝处理的结果不仅大大改善了离心分离后滤液的澄清度，使细胞碎片的去除率提高了十倍以上，而且凝固了部分可溶性杂蛋白质，滤液总蛋白的含量降低了 40%，实验还证明，在絮凝过程中，β-半乳糖苷酶的活性并没有受到影响。

亲和絮凝是细胞絮凝技术发展的新动向，其絮凝作用是利用絮凝剂和细胞膜表面某种组分间具有的专一性亲和连接作用而产生吸附架桥。例如 J. Bonnerjea 等人报道[5]，硼酸盐（如四硼酸钠）能与多羟基的糖类化合物（如甘露糖醇、山梨糖醇）发生专一性络合作用，在一定条件下，形成以硼原子为中心的五元螺环型复合物。利用该原理，用于含多羟基的酵母细胞碎片的絮凝，结果表明仅用低速离心，就能使液体澄清。由于专一性强，仅对糖类的组分有络合作用，故酶或蛋白质等生物大分子物质回收率高。在从酵母细胞匀浆液中回收乙醇脱氢酶的例子中，乙醇脱氢酶的收率可达 95% 以上。

14.1.2 杂蛋白质的其他去除方法

蛋白质一般以胶体状态存在于发酵液中，胶体粒子的稳定性和其所带电荷有关。和氨基酸等两性物质一样，蛋白质在酸性溶液中带正电荷，在碱性溶液中带负电荷，而在某一 pH 下净电荷为零、溶解度最小，可使其产生沉淀而除去，称为等电点沉淀法。因为羧基的电离度比氨基大，故蛋白质的酸性性质通常强于碱性，因而很多蛋白质的等电点都在酸性范围（pH4.0～5.5）。在抗生素生产中，常将发酵液 pH 调至偏酸性范围（pH4～5）或较碱性范围（pH7.5～8.5）使蛋白质凝固，一般以酸性下除去的蛋白质较多。

蛋白质从有规则的排列变成不规则结构的过程称为变性，变性蛋白质溶解度较小。最常用的使蛋白质变性的方法是加热，加热还能使液体黏度降低、加快过滤速度。例如链霉素生产中，采用调 pH 至酸性（pH3.0），加热至 70 ℃，维持 0.5 h 的方法来去除蛋白质，能使过滤速度增大 10～100 倍，滤液黏度可降低 1/6。又如柠檬酸发酵液，采用加热至 80 ℃ 以上，使蛋白质变性凝固和降低发酵液黏度，从而大大提高了过滤速度。但是热处理通常对原液质量有影响，特别是会使色素增多，该法只适用于对热较稳定的生化物质，否则容易使其破坏，同时对某些生化物质效果也并不很理想。使蛋白质变性的其他办法还有：大幅度改变 pH，加酒精、丙酮等有机溶剂或表面活性剂等。由于加有机溶剂成本高，通常只适用于处理的液量较少的场合。

利用吸附作用也可除去蛋白质。例如四环类抗生素生产中，采用黄血盐和硫酸锌的协同作用生成亚铁氰化锌钾 $K_2Zn_3[Fe(CN)_5]_2$ 的胶状沉淀来吸附蛋白质，利用此法除蛋白质已取得很好的效果。在枯草杆菌发酵液中，常加入氯化钙和磷酸氢二钠，这两者本身生成庞大的凝胶，把蛋白质、菌体及其他不溶性粒子吸附并包裹在其中而除去，从而加快了过滤速度。

加蛋白质沉淀剂，使形成复合物沉淀，也是一种除去杂蛋白的方法。在酸性溶液中，蛋白质能与一些阴离子如三氯乙酸盐、水杨酸盐、钨酸盐、苦味酸盐、鞣酸盐、过氯酸盐等形成沉淀；在碱性溶液中，能与一些阳离子，如 Ag^+、Cu^{2+}、Zn^{2+}、Fe^{3+} 和 Pb^{2+} 等形成沉淀。

14.1.3 高价无机离子的去除方法[17]

为了去除钙离子，宜加入草酸。但草酸溶解度较小，故用量大时，可用其可溶性盐（如草酸钠)。反应生成的草酸钙还能促使蛋白质凝固,提高滤液(也称为原液)质量。但草酸价格较贵,应注意回收。如四环类抗生素废液中,加入硫酸铅,在 60 ℃下反应生成草酸铅。后者在 90~95 ℃下用硫酸分解,经过滤、冷却、结晶后可以回收草酸。

草酸镁的溶解度较大,故加入草酸不能除尽镁离子。要除去镁离子,可以加入三聚磷酸钠 $Na_5P_3O_{10}$,它和镁离子形成可溶性络合物:

$$Na_5P_3O_{10} + Mg^{2+} \Longleftrightarrow MgNa_3P_3O_{10} + 2Na^+$$

用磷酸盐处理,也能大大降低钙离子和镁离子的浓度。

要除去铁离子,可加入黄血盐,使形成普鲁士蓝沉淀:

$$4Fe^{3+} + 3K_4Fe(CN)_6 \longrightarrow Fe_4[Fe(CN)_6]_3 \downarrow + 12K^+$$

14.2 发酵液的固液分离

固液分离的目的包括两方面:可以是收集胞内产物的细胞或菌体,分离除去液相;或者是收集含生化物质的液相,分离除去固体悬浮物,如细胞、菌体、细胞碎片、蛋白质的沉淀物和它们的絮凝体等。常采用过滤和离心分离等化工单元操作完成。

14.2.1 影响固液分离的因素

发酵液属非牛顿型液体,其流变特性与许多因素有关,主要取决于细胞或菌体的大小和形状,以及介质的黏度。

图 14-5 为发酵液中各种悬浮粒子形状和大小的示意图[6]。通常粒子越小,分离难度越大,费用也越高。由图可见,真菌或经絮凝后的絮凝体,体积最大。如青霉素,为真菌类抗生素,菌体直径可达 10 μm,固液分离就容易,采用常规过滤,如板框过滤或鼓式真空过滤就能达到目的。而细菌和细胞碎片体积最小,常规的离心和过滤效果很差,不能得到澄清的滤液和紧密的滤饼,通常应采用高速离心,或者用各种预处理方法来增大粒子体积,再进行常规的固液分离。

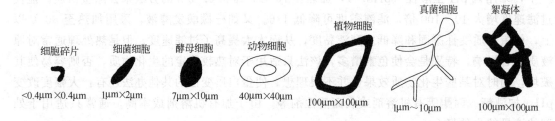

细胞碎片	细菌细胞	酵母细胞	动物细胞	植物细胞	真菌细胞	絮凝体
<0.4μm×0.4μm	1μm×2μm	7μm×10μm	40μm×40μm	100μm×100μm	1μm~10μm	100μm×100μm

图 14-5 发酵液中悬浮粒子的形状和大小

细胞培养液的黏度是另一重要影响因素。固液分离速度通常与黏度成反比,黏度越大固液分离越困难。培养液黏度的大小受很多因素影响:细胞或菌体的种类和浓度是一个重要因素,通常丝状菌、动物或植物细胞悬浮液黏度较大,浓度增大、黏度也提高。培养液(发酵液)中蛋白质、核酸大量存在,会使黏度明显增大,通常细胞破碎或细胞自溶后,胞内的蛋白质、核酸、酶等大量释放,黏度都特别大。因此,细胞破碎的程度应控制,发酵放罐的时间要适宜。培养基成分也是影响黏度的一个因素,如用黄豆粉、花生粉作氮源,淀粉作碳源,黏度都会升高。此外,某些染菌发酵液(如染细菌),则黏度会增大。发酵过程的不正常处理也会影响黏度,如发酵后期加消沫油或发酵液中含大量过剩的培养基,都会使黏度增大。

除上述两个因素外，发酵液的 pH、温度和加热时间都会影响固液分离。通常调节发酵液不同的 pH，固液分离速度会不同。如灰色链丝菌，当 pH 下降，滤速会增加。加热促使蛋白质凝固、黏度降低，有利于固液分离，但要考虑生化物质稳定性，加热温度和时间必须控制好。

14.2.2 过滤

过滤操作是借助于过滤介质，在一定的压力差 Δp 作用下，将悬浮液中的固体粒子截留，而与液体分离的技术。衡量过滤特性的主要指标是滤饼的质量比阻 r_B，它表示单位滤饼厚度的阻力系数，与滤饼的结构特性有关。对于不可压缩性滤饼，比阻值为常数，但对于可压缩性滤饼，比阻 r_B，是操作压力差的函数，一般可用下式表示：

$$r_B = r(\Delta p)^m \tag{14-3}$$

式中 r 为不可压缩滤渣的比阻，对于一定的料液，其值为常数；m 为压缩性指数，一般取 0.5～0.8，对不可压缩性滤饼，m 为 0。

由此可见，滤饼的比阻值是随操作压力差的提高而增大的。因此，开始过滤时应注意不能很快提高压差，通常靠液柱的自然压差进料，并应缓慢地、逐步地升高压力，一般在相当长的时间内，压力差不要超过 0.05 MPa，最后的压差（不包括榨滤）也不超过 0.3～0.4 MPa。实验证明，对于十分难过滤的枯草杆菌酶制剂的发酵液，操作压力的控制必须很小心，据报道[7]，在 BF-7658 α-淀粉酶的压滤实验中，后期压力应以 0.2 MPa 为宜，对 *Asp. awanori* 果胶酶发酵液不应超过 0.3 MPa。如果操作压力控制过高，由于比阻值的急剧增加，会使过滤速度很快下降，以致达到不能继续过滤的程度。

恒压下，可压缩性滤饼的比阻值应为常数。如过滤介质的阻力相对较小可以忽略不计，则恒压下的过滤方程式如下：

$$q^2 = 2 \frac{\Delta p}{\mu r_B X_B} \cdot \tau \tag{14-4}$$

式中 q 为到瞬间 τ，通过单位过滤面积的滤液量，m；Δp 为压力差，Pa；μ 为滤液黏度，Pa·s；r_B 为滤饼的质量比阻，m/kg；X_B 为通过单位体积滤液，所形成的滤渣质量（干重），kg/m³；τ 为过滤时间，s。

质量比阻可根据式 (14-4)，利用图解法求得。以 τ/q 为纵轴，以 q 为横轴所得的直线斜率为 M，则 r_B 可按下式计算：

$$r_B = \frac{2M\Delta p}{\mu X_B} \tag{14-5}$$

根据滤饼的质量比阻值，可衡量各种不同发酵液过滤的难易程度。一般，真菌的菌丝比较粗大，如青霉素的质量比阻为 $(0.15～0.20) \times 10^{12}$ m/kg 左右，发酵液容易过滤，常不需特殊处理。放线菌发酵液菌丝细而分枝，交织成网络状，如链霉素质量比阻为 2000×10^{12} m/kg 左右，过滤较困难，一般需经预处理。

用于生化物质分离的常规过滤设备主要是板框压滤机和鼓式真空过滤机等。板框压滤机的过滤面积大，过滤推动力（压力差）能较大幅度地进行调整，并能耐受较高的压力差，故对不同过滤特性的发酵液适应性强，同时还具有结构简单、价格较低、动力消耗少等优点，目前国内广泛被采用。但是这种设备不能连续操作，设备笨重、劳动强度大、卫生条件差，非生产的辅助时间长（包括解框、卸饼、洗滤布，重新压紧板框等）。自动板框过滤机是一种较新型的压滤设备，它使板框的拆装，滤渣的脱落卸出和滤布的清洗等操作都能自动进行，大大缩短了非生产的辅助时间和减轻了劳动强度。鼓式真空过滤机能连续操作，并能实现自动化控制，但是压差较小，主要适用于霉菌发酵液的过滤。如过滤青霉素的速度可达 800 L/(m² · h)。而对菌体较细或黏稠的发酵液则需在转鼓面上预铺一层助滤剂，操作时，用一把缓慢向鼓面移动的刮刀将滤饼连同极薄的一层助滤剂一起刮去，这样使过滤面积不断更新，以维持正常的过滤速度。放线菌发酵液可采用这种方式过滤。据报道，当预涂的助滤剂为硅藻土，转鼓的转速为 0.5～1.0 r/min，过滤链霉素发酵液（pH2.0～2.2，25～30 ℃）的滤速达 90 L/(m² · h)。

14.2.3　离心分离

离心分离是借助于离心机旋转所产生的离心力的作用，促使不同大小，不同密度的粒子分离的技术。在离心力场中，不同的颗粒沉降速度不同。由离心分离基本原理，可以导出在一定的介质中，颗粒沉降（或漂浮）速度 u_p 的公式为：

$$u_p = \frac{d^2(\rho_p - \rho_m)}{18\eta}\omega^2 r \tag{14-6}$$

式中　d 为颗粒直径；ρ_p 为颗粒密度；ρ_m 为液体介质密度；η 为液体介质黏度；ω 为旋转角速度；r 为离心机转轴中心到颗粒中心距离。

由式（14-6）可见，增大离心力（$\omega^2 r$）可提高沉降速度，对沉降速度小的颗粒，提高转速是有效的方法。在特定的离心力场中，颗粒沉降速度还与如下因素有关：①与颗粒直径有关，大颗粒容易沉降；②与颗粒密度和介质密度之差（$\rho_p - \rho_m$）成正比，当 $\rho_p > \rho_m$ 时，颗粒沿离心力方向沉降，两者相差越大沉降速度越快，当 $\rho_p < \rho_m$ 时，颗粒逆向上浮，当 $\rho_p = \rho_m$ 时，沉降速度为 0，颗粒处于某一位置，达到平衡状态，所以在特定的介质中，不同密度的颗粒沉降速度不同；③随介质黏度增大而减小。

离心机按其分离因素的不同，可分为常速（低速）、高速和超速。常速离心机具有工业规模和实验室规模，主要用于收集细胞、菌体、培养基残渣等较大的固形颗粒。高速离心机用于分离细胞碎片，较大的细胞器，生物大分子盐析沉淀物等较小的固形颗粒。超速离心机用于生物大分子、细胞器、病毒等分子水平和微粒的分离。高速和超速离心机，由于转速快，大多装冷冻设备。

工业生产中，用于固液分离的常速离心机可分为沉降式和过滤式两种。过滤式离心机（即篮式离心机），主要用于晶体的分离。发酵液的固液分离主要是沉降式。常用的离心沉降分离设备有管式和碟片式离心机等。在出渣方式上，除人工间歇出渣外，还可采用自动出渣离心机，它可以连续操作。如瑞典 Alfa Laval 公司制造的 BRPX—213 型离心机，是一种具有活门式自动出渣装置的碟片式离心机，用来分离放线菌发酵液，效果甚佳。

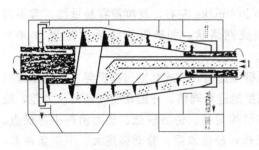

图 14-6　倾析式离心机[8]

对于含固量较多的发酵液，还可采用倾析式（或称螺旋型）离心机（decanter centrifuge），它依靠离心力和螺旋的推进作用自动排渣。该设备由卧式圆柱-圆锥形（或卧式圆锥形）转鼓以及装在转鼓中的螺旋输送器组成，两者以稍有差别的转速同向旋转，发酵液由位于转鼓轴线上的进料管输入并被抛到转鼓壁上，固体颗粒沉积于转鼓内表面，靠螺旋输送向转鼓的锥形部分移动，并借助离心力使其脱水和压实，最后从转鼓末端（直径最狭处）排出，而其中的液体则沿着鼓径较大的方向移动，从溢流口流出。因此，在转鼓内固相和液相的运动方向相反，见图 14-6。近年来开发的三相倾析式离心机可同时分离重液、轻液和固体渣，既有固液分离作用、又有萃取作用，发酵液不需过滤即可萃取，该设备由德国 Westfalia 公司生产。用于青霉素萃取，收率可提高 5％以上。

与常规过滤相比，离心分离具有分离速度快、效率高、操作时卫生条件好等优点，适合于大规模的分离过程。但离心分离的设备投资费用高，能耗较大。

14.3　全发酵液提取

目前，尽管固-液分离技术已得到很大进展，出现了许多新型的离心设备来适应悬浮颗粒细小、黏度大的发酵液或细胞培养液，但是有时固液分离仍常常是一个突出要解决的问题，甚至成为整个分离纯化工艺路线中的制约步骤，因此避开固液分离操作，从悬浮液中直接提取生化物质便成为国内外学者探索的方向。近年来，主要的研究趋向可概括为如下三方面：

（1）用膜技术进行全发酵液的提取　例如膜直接吸附法[9]（详见第 17 章）。经一步膜分离的效果就相当于过滤、浓缩和吸附。该技术的关键是连接的配基容量要大，同时要解决膜孔道的污染问题。

（2）用双水相萃取进行全发酵液的提取[10]　将发酵液或细胞匀浆液直接用于双水相萃取中（详见第 19 章），控制条件，使目标产物与细胞悬浮液颗粒分别分配在不同的两相中，通常是悬浮液颗粒在下相，产物在上相。然后经一般的液-液分离法将两相分开，使固液分离、萃取同时完成。该法的关键是要选择到合适的双水相系统和操作条件，有时显得较困难。

（3）用扩张床吸附进行全发酵液提取[11,12]　扩张床吸附（expanded bed adsorption）是 20 世纪 90 年代初出现的一种将固体颗粒去除和目标蛋白纯化合并在一步完成的新型技术。在装有固体吸附剂的层析柱中，将悬浮液直接从柱下端通入，自下而上流过吸附剂颗粒，在一定的流速下，吸附剂床层松动并扩张，出现流化态，颗粒间距离拉大，悬浮液中细胞、细胞碎片和其他固体粒子就能无阻挡地通过柱，并从柱上端流出，而产物被吸附在吸附剂上。然后以相同的流化方式洗涤滞留在床层中的固体杂质，再按固定床的自上而下方式通入洗脱液将目标产物洗脱下来，吸附剂经再生后重复利用。这样经一步操作即可同时完成料液的澄清、浓缩和初步纯化，不仅减少了操作步骤、缩短了时间，而且降低了成本，提高了收率。

扩张床吸附的关键是要在柱的床层中形成一个使吸附剂间隙距离增大的稳定的流化作用。当颗粒的沉降速度和向上的液体流速之间达到平衡，就可使流化作用稳定。因此料液在柱中的流速很重要。当向上的液体流速达到某一值时，床层开始扩展，这时的流速称最低流化速度（minimum fluidization velocity），用 U_{mf} 表示；以后随流速增大，床层不断扩展，吸附剂颗粒间隙增大，使悬浮液中固体粒子能够通过，但是流速不能过大，应以吸附剂颗粒不被液体带出为限度，即不能大于吸附剂的终端沉降速度 U_t（terminal settling volocity）。因此料液流速 U 应选择在两者之间，并还要大于细胞悬浮液粒子的终端沉降速度，以便将其带出柱外。料液的流速范围取决于吸附剂颗粒性质和流化液体的性质，吸附剂颗粒与流化液体之间的密度差增大，可供选择的料液流速范围也增大。

扩张床是流化床的一种特例，两者的区别在于，流化床中流速快，产生液相和固相的轴向返混，而扩张床中返混程度很低。扩张床中，吸附剂颗粒不是完全均匀一致的，在大小和密度上具有一定的分布，流化过程中，颗粒大的或密度大的颗粒会分布在柱底部，而小粒子向上分布在柱顶端。当条件控制适当时，颗粒分离成层，流化粒子限制在局部范围内运动，不相混合。因而颗粒轴向混合很低，单个颗粒仅在小范围内做圆周运动，而且液体流动为活塞流，这种床层的特性类似于固定床。流化床和扩张床颗粒运动的区别见图14-7[13]，形成稳定的分层床层是扩张床的操作基础。在流化床中，由于轴向返混程度大，其吸附性质类似于搅拌罐中的分批吸附过程，接近于一级平衡过程。对于扩张床，其吸附性能与固定床相似，因此，分离效果、吸附容量和收率都比固定床好，更适合于蛋白质的吸附分离。

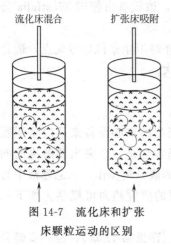

图 14-7 流化床和扩张床颗粒运动的区别

扩张床吸附剂与一般固定床层析介质的不同之处在于前者必须具有较大的密度，以便提供较大的料液流速范围。此外，还应该具有高的交联度和大孔结构，较强的吸附大分子生化物质的能力，同时要有高的化学和机械稳定性，能耐受流化过程中所产生的摩擦作用的影响，以便反复循环使用。Pharmacia Biotech 公司从事这方面的工作已多年，不断推出新的适合多方面用途的介质。为了提高吸附剂密度，该公司发展了用惰性材料作为芯子的复合吸附剂颗粒。例如用琼脂糖和石英砂混合的复合吸附剂，密度可达 1200 kg/cm³，粒径范围 100～300 μm，已成为工业规模使用的基质，商品名为 Streamline DEAE（弱碱性离子交换剂）和 Streamline SP（强酸性离子交换剂）。近年来，还推出了琼脂糖和不锈钢为基质的复合吸附剂，密度达 1400 kg/cm³，由于密度大，允许制成较小的颗粒，有利于颗粒内部传质速度加快。

为了能形成稳定的分层流化床层，扩张床所采用的柱必须满足一些基本要求。其中最关键的是柱进口分布板的结构，要求分布板两侧的压力降必须均匀分布，以使板上各处的流速均匀一致，否则容易造成沟流，影响吸附。分布板一般为多孔板，允许料液中固体粒子能向上通过小孔，但停止操作时，吸附剂颗粒不能从小孔中落下来。设计分布板时，还应考虑料液流过小孔对生物大分子物质引起的剪切力的影响，应尽可能减小，以免某些对剪切力敏感的物质遭到破坏。分布板可采用烧结玻璃板或不锈钢网，目的是使液体分布均匀。Pharmacia 公司推出的 Streamline 50 和 200 柱，柱底部有一特制的分布板，上面覆盖 70μm 厚的不锈钢网，柱顶部也有分布板，可上下移动，贴紧床层表面，使其上面无液柱，避免死体积。

在生物技术中扩张床吸附可应用于从各种类型的发酵液和培养液中初步提纯生物大分子产物，如从细菌、酵母菌等微生物发酵液和哺乳动物细胞培养液中回收不同的蛋白质。其吸附机理涉及各种分离技术，包括离子交换、亲和及疏水作用等。例如 Hansson 等人[14] 报道采用 Streamline DEAE 弱碱性阴离子交换剂从基因工程全发酵液中回收分泌型的重组融合蛋白 ZZ-MS，洗脱收率达 90% 以上，体积减小至 1/16，洗脱液中含固量减少至 1/250。又如 Chang 等人[15] 报道采用染料为配基的扩张床亲和吸附法，从面包酵母匀浆液中回收葡萄糖-6-磷酸脱氢酶（G6PDH）。以 Procion Red H-E7B 染料为配基，耦联到琼脂糖基质上去，制得亲和吸附剂。研究表明，由于酶与染料之间特异的亲和作用，G6PDH 的收率高达 99%，纯化因子达 103。Smith 等人[16] 报道利用疏水作用吸附的扩张床技术，从面包酵母匀浆液中回收乙醇脱氢酶（ADH）。采用含苯基的琼脂糖基质 Streamline Phenyl（low sub）作为吸附剂，收率达 95%，如采用固定床，则收率仅 85%[17]。

参 考 文 献

1　Cregory J. Kinetic Aspects of Polymer Adsorption and Flocculation，in Flocculation in Biotechnology and Separation Systems. Y. A. Attra，ed. Amsterdam：Elsevier，1987. 31～44

2　赵铭，朱树新. 工业微生物. 1987，17（4）：9～16

3　刘叶青等. 工业微生物. 1988，18（1）：6～10

4　Persson I. and Lindman B. Flocculation of Cell Debris for Improved Separation by Centrifugation，in Flocculation in Biotechnology and Separation Systems. Y. A. Attra，ed. Amsterdam Elsevier：1987. 457～466

5　Bonnerjea J.，Jackson J.，et al. Enzyme Microb. Technol. 1988，10：357～360

6　Bomben J. L.，Frierman M. Liquid-Solid Separation，in Biotechnology Program -1984，Vol. 3，An Overview of Separations Technology，SRI International Health Industries Center，Ⅳ-1

7　张树政主编. 酶制剂工业（上册）. 北京：科学出版社，1984. 193

8　Axelsson H. A. C.，Centrifugation in Comprehensive Biotechnology. vol. 2. volume editors，C. L. Cooney and A. E. Humphrey. Oxford Pergamon：1985

9　Kroner K. H.，Krause S.，Deckwer W. D. Bioforum. 1992，15（12）：455～458

10　Kula M. R. Bioseparation. 1990，1(3-4)：181～189

11　Thommes J. Fluidized Bed Adsorption as a Primary Recovery Step in Protein Purification，in Adv. Biochem. Engineering/Biotechnology，Vol. 58，managing Editor，Th. Scheper，1997，185～228

12　刘坐镇，陈士安，邬行彦. 离子交换与吸附. 1999，15（3）：279～288

13　Expanded Bed Adsorption，Principles and Methods，Pharmacia Biotech. Edition AA 18-1124-26

14　Hansson M.，Stahl S.，et al. Bio/Technology. 1994，12（3）：285～288

15　Chase Y. -K.，McCreath G. E.，et al. Biotech. Bioeng. 1995，48：355～366

16　Smith M. P.，Bulmer M.，et al. A Comparative Engineering Study of Expanded Bed and Packed Bed Routes for the Recovery of Labile Proteins from Crude Feedstocks，Proceeding：5th World Congress of Chemical Engineering，July 1996，Vol 2，565～570

17　邬行彦，熊宗贵，胡章助. 抗生素生产工艺学. 北京：化学工业出版社，1982

阅 读 材 料

1　Persson I. and Lindman B. Flocculation in Biotechnology and Separation Systems. Attra Y. A. ed. Amsterdam：Elsevier，1987

2　Cooney C. L. and Humphrey A. E. Comprehensive Biotechnology vol. 2. ed. Pergamon. Oxford，1985

3　Thommes J.，Advance in Biochemical Engineering/Biotechnology. 1997，vol. 58，Th. Scheper，185～228

15　细　胞　破　碎

动物细胞培养的产物大多分泌在细胞外培养液中。微生物的代谢产物有的分泌在细胞外，也有许多是存在于细胞内部，例如大肠杆菌表达的基因工程产物、某些酶制剂（如青霉素酰化酶，碱性磷酸酯酶等）。而植物细胞产物，多为胞内物质。为了提取胞内的蛋白质、酶、多肽和核酸等生化物质，首先必须收集细胞或菌体，进行细胞破碎。细胞破碎就是采用一定的方法，在一定程度上破坏细胞壁和细胞膜，设法使胞内产物最大程度地释放到液相中，破碎后的细胞浆液经固液分离除去细胞碎片后，再采用不同的分离手段进一步纯化。

微生物细胞和植物细胞外层均为细胞壁，细胞壁里面是细胞膜和它所包围的细胞浆合称原生质体。动物细胞没有细胞壁，仅有细胞膜。通常细胞壁较坚韧，细胞膜脆弱，易受渗透压冲击而破碎，因此细胞破碎的阻力主要来自于细胞壁。

基于遗传和环境等因素，不同类型生化物质其细胞壁的结构和组成不完全相同，故壁的机械强度不同，细胞破碎的难易程度也就不同。此外，不同的生化物质其稳定性有较大差别，在破碎过程中应防止变性和被胞内的酶水解，因此，破碎方法的选择和操作条件的优化是十分必要的。

15.1　细胞壁的组成和结构

15.1.1　微生物细胞壁的化学组成和结构

（1）细菌的细胞壁　几乎所有细菌的细胞壁都是由肽聚糖（peptidoglycan）组成，它是难溶性的聚糖链（glycan chain），借助短肽交联而成的网状结构，包围在细胞周围，使细胞具有一定的形状和强度。

短肽一般由四或五个氨基酸组成，如 L-丙氨酰-D-谷氨酰-L-赖氨酰-D-丙氨酸。而且短肽中常有 D-氨基酸与二氨基庚二酸存在。

聚糖链是由 N-乙酰葡萄糖胺（N-acetylglucosamine）和 N-乙酰胞壁酸（N-acetylmuramic acid）交替重复地通过 β-1,4 糖苷键连接而成，短肽首位的 L-丙氨酸的氨基连接在 N-乙酰胞壁酸乳糖残基的羧基上，相邻聚糖链上的短肽又交叉相联，构成了细胞壁的三维网状结构。短肽之间的交联方式和交联程度随细菌种类而有相当大的区别。如革兰氏阴性菌（如大肠杆菌）是由连接在聚糖链上的短肽直接交联，而革兰氏阳性菌（如金黄色葡萄球菌）则通过另一条由甘氨酸组成的五肽与聚糖链上的短肽相联，作为"肽桥"而进行交联。图 15-1 为细菌肽聚糖的结构示意图，图中的垂直圆点表示组成四肽的氨基酸基团，水平圆点表示交联的肽桥。

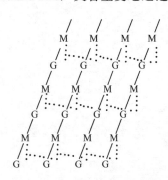

图 15-1　细菌肽聚糖结构示意图
M—N-乙酰胞壁酸；
G—N-乙酰胺基葡萄糖

虽然几乎所有的细菌都含有肽聚糖的网状结构，但是革兰氏阴性菌的细胞壁结构与革兰氏阳性菌有很大不同。革兰氏阴性菌比阳性菌复杂，在电子显微镜超薄切片观察，可见革兰氏阳性菌细胞壁较厚，具有 20～80 nm 的肽聚糖层，约占细胞壁成分的 40%～90%，此外细胞壁还含有大量磷壁酸（teichoic acid）。而革兰氏阴性菌的肽聚糖层较薄，仅 2～3 nm，占细胞壁成分的 10% 左右，由于肽聚糖之间仅由四肽侧链直接连接，缺乏五肽桥，故层较疏松，而且肽聚糖居于细胞壁最内层，紧贴在细胞膜上；在肽聚糖层外面还有一较厚的外壁层（约 8～10 nm），主要成分为脂蛋白、脂多糖和其他脂类，因此革兰氏阴性菌细胞壁中脂类含量较高。

由此可见，破碎细菌的主要阻力是来自于肽聚糖的网状结构，其网结构的致密程度和强度取决于聚糖链上所存在的肽键的数量和其交联的程度，如果交联程度大，则网结构就致密。

（2）酵母菌的细胞壁　与细菌不同，酵母细胞壁由特殊的酵母纤维素构成，它的主要成分为葡聚糖与甘露聚糖以及蛋白质等，比革兰氏阳性菌稍厚，Moor 和 Muhlethaler[1]报道，面包酵母的细胞壁厚度约为 70 nm，而且其厚度随菌龄增加而增加。研究表明，有可能仅有一部分厚度对酵母细胞壁的刚性和强度起重要作用。

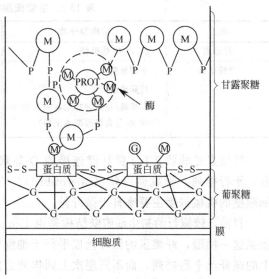

图 15-2　酵母细胞壁的结构示意图
M—甘露聚糖；P—磷酸二酯键；G—葡聚糖

酵母细胞壁的结构示意图如图 15-2 所示，细胞壁的最里层是由葡聚糖的细纤维组成，它构成了细胞壁的刚性骨架，使细胞具有一定的形状；覆盖在细纤维上面的是一层糖蛋白，最外层是甘露聚糖，由 1,6-磷酸二酯键共价连接，形成网状结构。在该层的内部，有甘露聚糖-酶的复合物，它可以共价连接到网状结构上，也可以不连接。

与细菌细胞壁一样，破碎酵母细胞壁的阻力主要决定于壁结构交联的紧密程度和它的厚度。

（3）真菌的细胞壁　真菌的细胞壁较厚，约 100～250 nm，主要由多糖组成，其次还含有较少量的蛋白质和脂类。不同的真菌，细胞壁的组成有很大的不同，其中大多数真菌的多糖壁是由几丁质和葡聚糖构成。几丁质是由数百个 N-乙酰葡萄糖胺分子以 β-1,4 葡萄糖苷链连接而成的多聚糖。少数低等水生真菌的细胞壁由纤维素构成。

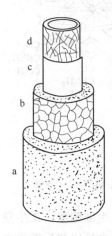

图 15-3　红面包霉菌细胞壁的结构示意图

Burnett[2] 报道了红面包霉菌（neurospora crassa）的细胞壁具有同心圆层状结构，如图 15-3 所示，主要存在三种聚合物，葡聚糖（主要以 β-1,3 糖苷键连接，某些以 β-1,6 糖苷键连接），几丁质（以微纤维状态存在）以及糖蛋白。最外层 a 是 α-和 β-葡聚糖的混合物，第 2 层 b 是糖蛋白的网状结构，葡聚糖与糖蛋白结合起来，第 3 层 c 主要是蛋白质，最内层 d 主要是几丁质，几丁质的微纤维嵌入蛋白质结构中。

与酵母和细菌的细胞壁一样，真菌细胞壁的强度和聚合物的网状结构有关。不仅如此，它还含有几丁质或纤维素的纤维状结构，所以强度有所提高。

15.1.2　植物细胞壁的化学组成和结构

对于已生长结束的植物细胞壁可分为初生壁和次生壁两部分。初生壁是细胞生长期形成的，次生壁是细胞停止生长后，在初生壁内部形成的结构。

初生壁一般较薄（1～3 μm），富有弹性。由多糖和蛋白质构成，多糖主要成分为纤维素、半纤维素和果胶类物质。初生壁的化学组成见表15-1。

表 15-1　植物细胞初生壁的化学组成

组分	结构和分类	组分	结构和分类
纤维素	β-1,4-D-葡聚糖	果胶物质	半乳糖醛酸聚糖
半纤维素	木葡聚糖		鼠李半乳糖醛酸聚糖
	甘露聚糖		半乳聚糖和阿拉伯半乳聚糖
	木聚糖（包括阿拉伯木聚糖和4-O-甲基-葡萄糖醛酸木聚糖）	蛋白质	结构蛋白
			各种酶类
			凝集素

纤维素是线状 β-1,4 糖苷键连接的 D-葡聚糖，许多这样的长链借助于链间氢键相互结合，平行排列，形成微纤丝（microfibril）。它是细胞壁的基本成分，构成细胞壁的骨架，细胞壁的机械强度主要来自于微纤丝。

目前，较流行的初生细胞壁结构是由 Lampert[3] 等人提出的"经纬"模型（见图 15-4），依据这一模型，纤维素的微纤丝以平行于细胞壁平面的方向一层一层敷着在上面，同一层次上的微纤丝平行排列，而不同层次上则排列方向不同，互成一定角度，形成独立的网络，构成了细胞壁的"经"；模型中的"纬"是结构蛋白（富含羟脯氨酸的蛋白），它由细胞质分泌，垂直于细胞壁平面排列，并由异二酪氨酸交联成结构蛋白网，径向的微纤丝网和纬向的结构蛋白网之间又相互交联，构成更复杂的网络系统。半纤维素和果胶等胶体则填充在网络之中，从而使整个细胞壁既具有刚性又具有弹性。

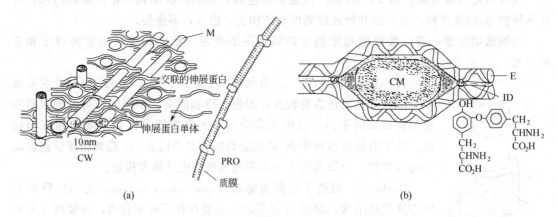

(a)　　　　　　　　　　　　　　　　(b)

图 15-4　初生细胞壁的经纬模型

（a）切面观；（b）透视观；

CM—纤维素的微纤丝；CW—细胞壁；E—伸展蛋白；ID—异二酪氨酸连键；M—微纤丝；PRO—原生质体

某些植物细胞，当生长停止后，在细胞质和初生细胞壁之间形成了次生细胞壁。次生壁一般较厚（4 μm 以上），常有三层组成。在次生壁中，纤维素和半纤维素含量比初生壁增加很多，纤维素的微纤丝排列得更紧密和有规则，而且存在木质素（酚类组分的聚合物）的沉积。因此次生壁的形成提高了细胞壁的坚硬性，使植物细胞具有很高的机械强度。

15.2　细胞破碎技术

目前已发展了多种细胞破碎方法，以便适应不同用途和不同类型的细胞壁破碎。破碎方法可归纳为机械法和非机械法两大类。

15.2.1　机械法

机械法主要是利用高压、研磨或超声波等手段在细胞壁上产生的剪切力达到破碎目的。

（1）高压匀浆器（high pressure homogenizer）Manton Gaulin 高压匀浆器是常用的设备，它由可产生高压的正向排代泵（positive displacement pump）和排出阀（discharge valve）组成，排出阀具有狭窄的小孔，其大小可以调节。图 15-5 为高压匀浆器的排出阀结构简图，细胞浆液通过止逆阀进入泵体内，在高压下迫使其在排出阀的小孔中高速冲出，并射向撞击环上，由于突然减压和高速冲击，使细胞受到高的液相剪切力而破碎。在操作方式上，可以采用单次通过匀浆器或多次循环通过等方式，也可连续操作。为了控制温度的升高，可在进口处用干冰调节温度，使出口温度调节在 20 ℃左右。在工业规模的细胞破碎中，对于酵母等难破碎的及浓度高或处于生长静止期的细胞，常采用多次循环的操作方法。

破碎属于一级反应速度过程，被破碎的细胞分率符合如式（15-1）：

$$\ln[1/(1-R)]=KNP^{\alpha} \qquad (15\text{-}1)$$

式中　R 为破碎率，即 N 次循环后蛋白质的释放量 R_n 与最大释放量 R_m 之比；K 为与温度有关的速度常数；N 为悬浮液通过匀浆器的次数；P 为操作压力，MPa；α 为与微生物种类有关的常数。

由式（15-1）可见，影响破碎的主要因素是压力、温度和通过匀浆器阀的次数。升高压力有利于破碎，它表明可以减少细胞的循环次数，在不明显增加通过量的情况下，甚至一次通过匀浆阀就可达到几乎完全的破碎，这样就可避免细胞

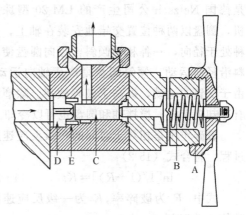

图 15-5　高压匀浆器的排出阀
A—手轮；B—阀杆；C—阀体；D—阀座；E—撞击环

碎片不致过小，从而给随后细胞碎片的分离工作带来好处。Brokman 等人[4]已研究了能适应于高压操作的匀浆阀，试验表明在约 175 MPa 的压力下，破碎率可达 100%，但是也有试验表明当压力超过一定的值后，破碎率增长得很慢[5]。在工业生产中，通常采用的压力为 55～70 MPa。

破碎性能还随菌体的种类和生长环境的不同而不同，例如采用高压匀浆法时，大肠杆菌的细胞比酵母细胞容易破碎，生长在简单的合成培养基上的大肠杆菌比生长在复杂培养基上容易破碎[6]。

高压匀浆法的适用范围较广，在微生物细胞和植物细胞的大规模处理中常采用。

（2）X-挤压器（X-press）另一种改进的高压方法是将浓缩的菌体悬浮液冷却至−25 ℃至−30 ℃形成冰晶体，利用 500 MPa 以上的高压冲击，冷冻细胞从高压阀小孔中挤出。细胞破碎是由于冰晶体在受压时的相变，包埋在冰中的细胞变形所引起的。此法称为 X-press 法或 Hughes press 法，主要用于实验室中。Magnusson 和 Edebo[7] 的研究表明，高浓度的细胞、低温、高的平均压力能促进破碎。该法的优点是适用的范围广、破碎率高、细胞碎片的

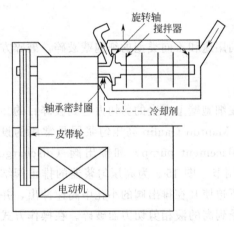

图 15-6 Dyno 珠磨机

粉碎程度低以及活性的保留率高，但该法对冷冻-融解敏感的生化物质不适用。

（3）高速珠磨机（high speed bead mill） 研磨是常用的一种方法，它将细胞悬浮液与玻璃小珠、石英砂或氧化铝等研磨剂一起快速搅拌，使细胞获得破碎。在工业规模的破碎中常采用高速珠磨机，典型的设备示意图见图 15-6 和图 15-7。图 15-6 是瑞士 W. A. Bachofen 公司生产的 Dyno 珠磨机。水平位置的磨室内放置玻璃小珠，装在同心轴上的圆盘搅拌器高速旋转，使细胞悬浮液和玻璃小珠相互搅动，细胞的破碎是由剪切力层之间的碰撞和磨料的滚动而引起。在料液出口处，旋转圆盘和出口

平板之间的狭缝很小，可阻挡玻璃小珠，使不被料液带出。由于操作过程中会产生热量，易造成某些生化物质破坏，故磨室还装有冷却夹套，以冷却细胞悬浮液和玻璃小珠。图 15-7 是德国 Netzsch 公司生产的 LM-20 型珠磨机，圆盘以两种位置交错地安装在轴上，一种处于径向，一种和轴倾斜，径向圆盘使磨料沿径向运动，倾斜圆盘则产生轴向运动。由于交错的运动，提高了破碎效率。除磨室有冷却夹套外，搅拌轴和圆盘也可以冷却。

破碎作用是相对于时间的一级反应速度过程，符合式（15-2）：

$$\ln[1/(1-R)]=Kt \qquad (15\text{-}2)$$

式中 R 为破碎率；K 为一级反应速度常数；t 为时间。

一级反应速度常数 K 与许多操作参数有关，如搅拌转速、细胞悬浮液的浓度和循环

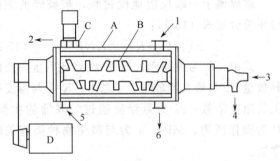

图 15-7 Netzsch LM-20 型珠磨机
A—具有冷却夹套的圆筒形磨室；B—具有冷却装置的搅拌轴和圆盘；C—环形振动狭缝分离器；D—变速马达；1，2—料液进口和出口；3，4—搅拌部分冷却剂进口和出口；5，6—磨室冷却剂进口和出口

速度、玻璃小珠的装量和珠体的直径，以及温度等。Schutte 等人[8]报道了在面包酵母菌破碎中，影响 K 值的各种因素，表明提高搅拌速度、增加小珠装量、降低酵母悬浮液的浓度和通过磨室的循环速度均可增大破碎效率。但在实际操作时，各种参数的变化必须适当，如过大的搅拌转速和过多的玻璃小珠装量均会增大能耗，并使磨室温度迅速升高。珠体的直径应根据细胞的大小和浓度，以及在操作时不使珠体带出为限度进行选择。例如细菌的体积比酵母小得多，采用珠磨就较困难，必须采用较小的玻璃小珠才有效，但是其直径又不能低于珠磨机出口狭缝的宽度，否则珠体就会被带出。Currie 等人[9]报道操作温度在 5～40 ℃ 范围内对破碎物影响较小，但是在操作过程中磨室的温度很容易升高，较小的设备可考虑采用冷却夹套来调节磨室温度，大型设备中热量的除去是必须考虑的一个主要问题。

（4）超声波振荡器 超声波具有频率高、波长短、定向传播等特点，通常在 15～25 kHz 的频率下操作。超声波振荡器有不同的类型，常用的为电声型，它是由发生器和换能器组成，发生器能产生高频电流，换能器的作用是把电磁振荡转换成机械振动。超声波振荡器可分为槽式和探头直接插入介质两种形式，一般破碎效果后者比前者好。

超声波对细胞的破碎作用与液体中空穴的形成有关。当超声波在液体中传播时,液体中的某一小区域交替重复地产生巨大的压力和拉力。由于拉力的作用,产生一个极为强烈的冲击波压力,由它引起的黏滞性漩涡在悬浮细胞上造成了剪切应力,促使其内部液体发生流动,而使细胞破碎。

超声波处理细胞悬浮液时,破碎作用受许多因素的影响,通常声强和振幅影响很大,但强度太高易使蛋白质变性,频率的变化影响不明显。此外介质的离子强度、pH 值、菌体的种类和浓度也有很大的影响。不同的菌种,用超声波处理的效果不同。杆菌比球菌易破碎,革兰氏阴性菌细胞比革兰氏阳性菌易破碎,酵母菌效果较差。菌体浓度太高或介质黏度高,均不利于超声波破碎。

超声波振荡过程中遇到的最大问题就是产生的热量不容易驱散,所以影响了它在大规模工业上的应用,但在实验室和小规模生产中仍是一种很好的方法。例如在基因工程中,处理大肠杆菌的胞内产物常用该法。通常将菌体悬浮在一定的缓冲液中,置于冰浴内,在一定的声强和振幅下,控制好时间和重复次数,进行超声波破碎。在植物细胞培养中,也有报道采用该法破碎植物细胞壁,如应用于甜菜提取胞内色素[10]和长春花释放胞内磷[11]。

15.2.2 非机械法

非机械方法很多,包括酶解、渗透压冲击、冻结和融化、干燥法和化学法溶胞等,其中酶法和化学法溶胞应用最广。

(1)酶解法 酶解法是利用酶反应,分解破坏细胞壁上特殊的键,从而达到破碎目的。酶解的方法可以在细胞悬浮液中加入特定的酶,也可以采用自溶作用。

酶解作用需要选择适宜的酶和酶系统,并要控制特定的反应条件,如温度和 pH。某些微生物体可能仅在生长的某一阶段或生长处于特定的情况下,对酶解才是灵敏的。有时还需附加其他的处理,如辐射、渗透压冲击、反复冻融或加金属螯合剂 EDTA 等,或者利用生物因素促使酶解作用敏感,以获得一定的效果。

酶解法的特点是专一性强,因此在选择酶系统时,必须根据细胞的结构和化学组成来选择。溶菌酶能专一性地分解细胞壁上肽聚糖分子的 β-1,4 糖苷键,因此主要用于细菌类细胞壁的裂解。例如在巨大芽孢杆菌、枯草杆菌、微球菌等革兰氏阳性菌悬浮液中加入溶菌酶,很快就产生溶壁现象。但对于革兰氏阴性菌,单独采用溶菌酶无效,必须与螯合剂 EDTA一起使用。这主要是因为革兰氏阴性菌结构中肽聚糖含量少,并处于细胞壁内层,外表面含有大量脂类(脂蛋白、脂多糖),而脂多糖层需钙镁离子才能维持稳定性,故需利用 EDTA除去钙镁离子,使脂多糖分子脱落,外层膜出现洞穴,溶菌酶才能发挥作用。放线菌的细胞壁结构类似于革兰氏阳性菌,以肽聚糖为主要成分,所以也能采用溶菌酶,对于某些种类放线菌,有时为了增强被酶作用的敏感性,在菌丝体培养过程中,添加适量抑制剂,如甘氨酸和蔗糖等,使细胞壁容易溶解。酵母和真菌由于细胞壁的组分和结构与细菌明显不同,主要是纤维素、葡聚糖、几丁质等,因此不能用溶菌酶裂解,常用蜗牛酶、纤维素酶、多糖酶等,有时采用几种酶的混合物会产生更好的效果。植物细胞壁的主要成分是纤维素,常采用纤维素酶和半纤维素酶裂解。例如 Joumet 等人报道[12] 为了制备悬铃木属细胞的原生质体,采用 1%(w/v),即加入酶的质量与待处理料液体积之比值)纤维素酶和 0.1%(w/v)果胶酶 Y-23,在一定的条件下溶解细胞壁,可制得 100% 原生质体。

酶解法的优点是发生酶解的条件温和、能选择性地释放产物、胞内核酸等泄出量少、细胞外形较完整、便于后步分离等;但酶水解价格高,故小规模应用较广。如在细胞工程中进行原生质体融合时，常规的方法就是用酶解法剥离细胞壁，制得原生质体后再将其融合。基因工程中，用于处理含有包涵体的大肠杆菌宿主细胞的报道也很多。

自溶作用是酶解的另一种方法，利用生物体自身产生的酶来溶胞，而不需外加其他的酶。在微生物代谢过程中大多数都能产生一种能水解细胞壁上聚合物的酶，以便生长过程继续下去，改变其生长环境，可诱发产生过剩的这种酶或激发产生其他的自溶酶，以达到自溶目的。影响自溶过程的因素有温度、时间、pH、缓冲液浓度、细胞代谢途径等。微生物细胞的自溶常采用加热法或干燥法。例如，对谷氨酸产生菌，可加入 0.028 mol/L Na_2CO_3 和 0.018 mol/L $NaHCO_3$ pH10 的缓冲液，制成 3% 的悬浮液，加热至 70 ℃保温搅拌 20 min，菌体即自溶。又如酵母细胞的自溶需在 45～50℃温度下保持 12～24 h。自溶法在一定程度上能用于工业规模，但对不稳定的微生物容易引起所需蛋白质的变性，自溶后的细胞培养液过滤速度也会降低。

采用抑制细胞壁合成的方法能导致类似于酶解的结果，某些抗生素如青霉素或环丝氨酸，能阻止新细胞壁物质的合成。抑制剂应在发酵过程中细胞生长的后期加入，只有当抑制剂加入后，生物合成和再生还在继续进行，溶胞的条件才是有利的。这样在细胞分裂阶段，细胞壁就造成缺陷，即达到溶胞作用。但此法费用很贵。

(2) 渗透压冲击法　渗透压冲击是较温和的一种破碎方法，将细胞放在高渗透压的溶液中（如一定浓度的甘油或蔗糖溶液），由于渗透压的作用，细胞内水分便向外渗出，细胞发生收缩，达到平衡后，将介质快速稀释或将细胞转入水或缓冲液中，由于渗透压的突然变化，胞外的水迅速渗入胞内，引起细胞快速膨胀而破裂。例如，从大肠杆菌中制备亲水性酶时，首先将细胞用 30 mmol/L Tris-HCl（三羟甲基氨基甲烷）、pH7 缓冲液洗涤。然后，将菌体置于 30 mmol/L Tris-HCl，0.1 mmol/L EDTA，pH7.2 的 20% 蔗糖溶液中搅动，待菌体内外平衡后离心，菌体在 4 ℃冷却后，迅速投入冷水中，剧烈搅拌 10 min，即有水溶性酶（如磷脂酶，门冬酰胺酶Ⅱ，核糖核酸酶Ⅰ）被释放出来。渗透压冲击的方法仅对较脆弱的细胞壁，或者细胞壁预先用酶处理、或胞壁合成受抑制、强度减弱时才是合适的。

(3) 冻结-融化法　将细胞放在低温下冷冻（约－15 ℃），然后在室温中融化，反复多次而达到破壁作用。由于冷冻，一方面能使细胞膜的疏水键结构破裂，从而增加细胞的亲水性能；另一方面胞内水结晶，形成冰晶粒，引起细胞膨胀而破裂。对于细胞壁较脆弱的菌体，可采用此法。但通常破碎率很低，即使反复多次也不能提高收率。另外，还可能引起对冻融敏感的某些蛋白质的变性。

(4) 干燥法　经干燥后的细胞，其细胞膜的渗透性发生变化，同时部分菌体会产生自溶，然后用丙酮、丁醇或缓冲液等溶剂处理时，胞内物质就会被抽提出来。

干燥法的操作可分空气干燥，真空干燥，喷雾干燥和冷冻干燥等。空气干燥主要适用于酵母菌，一般在 25～30 ℃的热气流中吹干，然后用水、缓冲液或其他溶剂抽提。空气干燥时，部分酵母可能产生自溶，所以较冷冻干燥、喷雾干燥容易抽提。真空干燥适用于细菌的干燥，把干燥成块的菌体磨碎再进行抽提。冷冻干燥适用于不稳定的生化物质，在冷冻条件下磨成粉，再用缓冲液抽提。干燥法条件变化较剧烈，容易引起蛋白质或其他组织变性。

(5) 化学法　采用化学法处理可以溶解细胞或抽提胞内组分。常用酸、碱、表面活性剂和有机溶剂等化学试剂。

酸处理可以使蛋白质水解成氨基酸，通常采用 6mol/L HCl。碱和表面活性剂能溶解细胞壁上脂类物质或使某些组分从细胞内渗漏出来。天然的表面活性剂有胆酸盐和磷脂等。合成的表面活性剂可分离子型和非离子型，离子型如十二烷基硫酸钠（SDS，阴离子型）；十六烷基三甲基溴化铵（阳离子型）。非离子型如 Triton X-100 和吐温（Tween）等。在一定条件下，表面活性剂能与脂蛋白结合，形成微泡，使膜的通透性增加或使其溶解。如对于胞内的异淀粉酶，可加入 0.1％十二烷基硫酸钠或 0.4％ Triton X-100 于酶液中作为表面活性剂，30 ℃振荡 30 h，异淀粉酶就能较完全地被抽提出来，所得比活性较机械破碎为高。

有机溶剂可采用丁酯、丁醇、丙酮、氯仿和甲苯等。这些脂溶性有机溶剂能溶解细胞壁的磷脂层，使细胞结构破坏。如存在于大肠杆菌细胞内的青霉素酰化酶可利用醋酸丁酯来溶解细胞壁上脂质，使酶释放出来。在植物细胞培养中，Brodelius 等人[13] 成功地采用有机溶剂二甲亚砜（DMSO）来处理固定化长春花细胞，使细胞渗透性大为提高，据报道用 5％ DMSO 处理 30 min 后，胞内存储的阿吗碱异构体的释放率高达 85％～90％，而且细胞活性未受多大损伤，故经处理过的长春花细胞还能在新鲜培养基中生长，重新积累产物。

化学法和酶法一样也存在对产物的释出选择性好，细胞外形较完整、碎片少、核酸等胞内杂质释放少，便于后步分离等优点，故使用较多。但该法容易引起活性物质失活破坏，因此根据生化物质的稳定性来选择合适的化学试剂和操作条件是非常重要的。另外，化学试剂的加入，常会给随后产物的纯化带来困难，并影响最终产物纯度。如表面活性剂存在常会影响盐析中蛋白质的沉淀和疏水层析，因此必须注意除去。

15.2.3 选择破碎方法的依据

机械法和非机械法之间各有不同的特点：机械法依靠专用设备，利用机械力的作用将细胞切碎，所以细胞碎片细小、胞内物质一般都全部释放，故细胞浆液中核酸、杂蛋白等含量高，料液黏度大，给固液分离带来较大困难。但也具有很多优点，如设备通用性强，破碎效率高，操作时间短，成本低，大多数方法都适合大规模工业化等。非机械法是利用化学试剂或物理因素等来破坏局部的细胞壁或提高壁的通透性，故细胞破碎率低，胞内物质释放的选择性好，固液分离容易。但往往破碎率较低，耗费时间长，某些方法成本高，一般仅适合小规模。

通常在选择破碎方法时，应从以下四方面考虑：

（1）细胞的处理量　若具大规模应用前景的，则采用机械法。若仅需实验室规模，则选非机械法。

（2）细胞壁的强度和结构　细胞壁的强度除取决于网状高聚物结构的交联程度外，还取决于构成壁的聚合物种类和壁的厚度，如酵母和真菌的细胞壁与细菌相比，含纤维素和几丁质，强度较高，故在选用高压匀浆法时，后者就比较容易破碎。某些植物细胞纤维化程度大、纤维层厚、强度很高，破碎也较困难。在机械法破碎中，破碎的难易程度还与细胞的形状和大小有关，如高压匀浆法对酵母菌、大肠杆菌、巨大芽孢杆菌和黑曲菌等微生物细胞都能很好适用，但对某些高度分枝的微生物，由于会阻塞匀浆器阀而不能适用。在采用化学法和酶法破碎时，更应根据细胞的结构和组成选择不同的化学试剂或酶，这主要是因为它们作用的专一性很强。

（3）目标产物对破碎条件的敏感性　生化物质通常稳定性较差，在决定破碎条件时，既要有高的释放率，又必须确保其稳定。例如在采用机械法破碎时，要考虑剪切力的影响；在选择酶解法时，应考虑酶对目标产物是否具有降解作用；在选择有机溶剂或表面活性剂时，要考虑不能使蛋白质变性。此外，破碎过程中溶液的 pH、温度、作用时间等都是重要的影响因素。

（4）破碎程度　细胞破碎后的固液分离往往是一个突出要解决的问题，机械法破碎（如高压匀浆法）常会使细胞碎片变得很细小，固液分离就困难，因此操作条件的控制很重要。

适宜的操作条件应从高的产物释放率，低的能耗和便于后步提取这三方面进行权衡。

15.2.4　破碎技术研究的方向

机械法和非机械法各自都存在一定的优缺点，为了既提高破碎效率，又能解决破碎过程中的不足（如目标产物的失活，胞内杂质的大量释放及细胞碎片的分离去除等问题），深入开展细胞破碎技术的研究是很有必要的。近年来破碎技术的研究方向主要是下面三方面。

（1）多种破碎方法相结合　机械法和非机械法相结合可起到"取长补短"的作用，大大提高破碎效果。例如酶法和高压匀浆法结合处理面包酵母，C. Baldwin 等人[14] 报道可使总破碎率接近 100％，而单独采用高压匀浆法，相同条件下破碎率仅 32％。又如人酸性成纤维细胞生长因子（aFGF）的基因重组大肠杆菌，采用溶菌酶和超声波振荡相结合的方法来破碎菌体，也可达到很高的产物释放率，先加入溶菌酶使细胞壁的网结构破坏、机械强度减弱，再用超声波法，细胞就能有效地得到破碎。

化学法和冻-融法相结合也可使破碎效果大大提高。冻-融是一种较温和的破碎方法，若单独使用，破碎率常较低，若与其他方法结合起来，则可起到很好的效果。例如青霉素酰化酶基因重组大肠杆菌采用醋酸丁酯与冻-融法相结合进行细胞破碎，能有效地将胞内酶释放出来。据报道[15] 当醋酸丁酯加量为 12％（体积分数）时，若不采用冻-融法，酶释放率仅55％，而再进行冻-融，酶的释放率可达 70％。

（2）与上游过程相结合　在上游细胞培养过程中，通过改变培养基成分、生长期或操作参数（pH、温度、通气量、稀释率等），使细胞破碎变得容易。例如，某些放线菌为了增强被酶作用的敏感性，在培养过程中添加适量抑制剂（如甘氨酸、蔗糖等），在一定程度上抑制了细胞壁合成，酶解作用就容易进行。另外，通过基因工程手段对菌种进行改造是一种十分有效的方法。例如在细胞内引入噬菌体基因，一定条件下细胞就能自内向外溶解，释放出胞内物质[16]。

（3）与其他下游操作相结合　细胞碎片的固液分离常很困难，除了应从后步分离过程的整体考虑破碎条件外，还可将破碎操作直接与纯化过程结合起来。修志龙等[17] 用萃取破碎法提取酵母醇脱氢酶，以聚乙二醇和硫酸铵为成相体系，在水平搅拌式珠磨机中对酿酒酵母边破碎边萃取。该珠磨机既具有破碎作用，又具有较强的混合能力，使成相各组分充分混合，并使释放出的醇脱氢酶很快达到萃取平衡。经该法处理后的细胞碎片滞留在下相，而90％以上的酶分配到上相，用常规离心法分离两液相，即可得到被纯化的醇脱氢酶，纯化倍数大于 2。该法不但节省了萃取设备和时间，并利用双水相组分对蛋白质的保护作用提高了酶活性，实验表明，酶活和比活都比不采用双水相系统的破碎提高 67％左右。

15.3　破碎率的测定

为了检测细胞破碎的程度，获得定量的结果，需要进行分析。常用的方法是测定目的产物的释放量，也可检测细胞的破碎情况。

15.3.1　直接测定

检测破碎前后完整细胞数量之差。利用显微镜或电子计数器可直接计数完整细胞的量，所以可用于破碎前的细胞计量。破碎过程中所释放的物质如 DNA 和其他聚合物组分会干扰计数，故可采用染色法把破碎的细胞从未损害的完整细胞中区别开来，以便于计数破碎后的完整细胞。例如，破碎的革兰氏阳性菌常可染色成革兰氏阴性菌的颜色，利用革兰氏染色法未受损害的酵母细胞呈现紫色，而受损害的酵母细胞呈现亮红色。

15.3.2 测定释放的蛋白质量或酶的活力

测定细胞破碎后悬浮液中细胞内含物的增量。通常将破碎后的细胞悬浮液离心，测定上清液中蛋白质的含量或酶的活力，并与100%破碎所获得的标准数值比较。

15.3.3 测定导电率

Luther 等人[18]报道了一种利用破碎前后导电率的变化来测定破碎程度的快速方法。导电率的变化是由于细胞内含物被释放到水相中而引起的。导电率随着破碎率的增加而呈线性增加。因为导电率的读数取决于微生物的种类、处理的条件、细胞浓度、温度和悬浮液中电解质的含量，应预先采用其他方法来进行标化。

15.4 基因工程包涵体的纯化方法

大肠杆菌表达的基因工程产物大多数是以不溶性的包涵体形式存在于细胞内部。包涵体是一种蛋白质的聚集（合）体，其中大部分是克隆表达的目标产物蛋白，其次还有大肠杆菌菌体蛋白和质粒编码蛋白等。这些目标产物在一级结构上是正确的，但在立体结构上却是错误的，因此没有生物活性。包涵体形成的原因较复杂，主要是由于大肠杆菌中的目标产物常达到很高的表达水平，超过了正常的代谢水平（有报道可高达大肠杆菌总蛋白的50%左右），过多的表达产物便在细胞内部积聚起来。若用相衬（差）显微镜观察，呈现深色的折光斑点，因此也称为折光体[19]。除上述原因外，蛋白质分子间的离子键、疏水键或共价键等化学作用，本身固有的溶解度及周围的物理环境（如温度）等也会促使包涵体的形成。要从包涵体中分离出具有活性的产物，通常的处理步骤为：收集菌体细胞 → 细胞破碎 → 包涵体的洗涤 → 目标蛋白的变性溶解 → 目标蛋白的复性。包涵体的形成对分离纯化既具有利方面，也具不利方面。由于它是不溶物，经细胞破碎后，很容易与胞内可溶性蛋白等杂质分离，同时包涵体对目标蛋白产物具保护作用，Blanch 等人[19]形象化地将蛋白质产物比喻为就像被装在不锈钢外壳中那样，故不容易遭受外界环境的影响而降解。另一方面，产物又必须经历变性溶解和复性的过程，较易形成错误折叠和形成聚合体，因此给分离纯化带来一定困难，产物回收率常常较低。

15.4.1 包涵体的洗涤和目标蛋白的变性溶解

细胞破碎后，经离心收集的沉淀中，除包涵体外，还包括许多杂质，如细胞外膜蛋白OmpC、OmpF、OmpA 的结合物，RNA 聚合酶的四个亚基、质粒 DNA 以及脂质、肽聚糖、脂多糖等。在复性时，它们会与目标蛋白一起复性形成杂交分子而聚集，给后步纯化带来困难。因此，在包涵体溶解前，预先将各种杂质洗涤除去显得很重要。如肿瘤坏死因子突变体60，用低浓度尿素反复洗涤包涵体后，据报道可使纯度由35.3%增加到47.9%。由于减少了干扰杂质，后面仅用了两步凝胶层析就使目标产物纯度达到97%以上[20]。

洗涤液常采用较温和的表面活性剂（如 Triton X-100）或低浓度的弱变性剂（如尿素），它们的作用是溶解除去部分膜蛋白和脂质类杂质。应注意使用的浓度以溶解杂质，而不溶解包涵体中表达产物为原则。这样，通过离心就能将包涵体沉淀与溶解的杂质分离。例如重组人碱性成纤维细胞生长因子（bFGF）的培养液经细胞破碎后，在包涵体洗涤时，将尿素浓度从 0.5 mol/L 逐步升高到 5.0 mol/L，经 SDS-PAGE 电泳测定表明：随着尿素浓度的提高，上清液中杂蛋白浓度升高，但包涵体中目标蛋白含量有所下降。说明在高浓度尿素中，目标蛋白产生溶解。所以综合考虑，尿素的浓度选择在 2.0 mol/L 为宜，此时杂质除去多，目标蛋白损失少。

包涵体中不溶性的活性蛋白产物必须溶解到液相中，才能采用各种分离手段使其得到进一步纯化。一般的水溶液很难将其溶解，只有采用蛋白质变性的方法才能使其形成可溶性的形式。增溶剂主要有盐酸胍、尿素、表面活性剂（如十二烷基硫酸钠，即 SDS）、pH ＞ 9.0 的碱溶液和有机溶剂（乙腈、丙酮）等。为了保护蛋白质的生物活性和考虑毒性问题，碱和有机溶剂使用较少。变性剂盐酸胍和尿素主要是破坏离子间的相互作用，表面活性剂 SDS 是破坏蛋白质肽链间的疏水相互作用。因此在这些溶液中，蛋白质呈变性状态，其高级结构被破坏，即所有的氢键、疏水键都被破坏，疏水侧链完全暴露。

变性增溶效果随目标蛋白的种类不同而不同，关键的变量包括作用时间、pH、离子强度、变性剂的种类和浓度等。通常进行小试得出最佳条件。一般能使表达产物溶解的盐酸胍浓度为 5～8 mol/L，尿素为 6～8 mol/L，SDS 为 1％～2 ％（w/v）。例如上述碱性成纤维细胞生长因子（bFGF），在包涵体溶解过程中，实验证明盐酸胍溶解能力比相同浓度的尿素好；当盐酸胍浓度从 6 mol/L 提高到 8 mol/L，温度从 4 ℃提高到室温 25 ℃，均有利于包涵体的溶解。

15.4.2 目标蛋白的复性

虽然在变性溶解过程中，变性溶剂的存在破坏了蛋白质的高级结构，但一级结构和共价键没有破坏。因此，当部分变性剂被除去后，蛋白质会重新折叠，恢复其具有活性的天然构型，这一折叠过程称为复性。

复性的方法主要是稀释法和膜分离法。稀释法就是加入大量的水或缓冲液，使变性剂浓度降低，蛋白质即开始复性。此法虽操作简便，但是会导致目标蛋白浓度降低，料液体积增大。膜分离法中可采用透析、超滤或电渗析等除去变性剂，此法不会增加料液体积和降低目标蛋白浓度，克服了稀释法的缺点。透析法适用于实验室规模，将料液对水或缓冲液透析，变性剂透过膜被除去，透析袋内的目标蛋白就得到复性。此法的缺点是耗费时间较长，易形成蛋白沉淀。超滤和电渗析速度较快，但由于剪切力，容易使蛋白失活，操作时应多加注意。

复性操作条件的选择和优化是十分重要的。影响复性效果的因素有：变性剂浓度，重组蛋白浓度和纯度，温度，pH，离子强度和氧化还原条件等。

复性过程中变性剂浓度和目标蛋白浓度是很重要的因素，实践证明低浓度的变性剂（如 2～3 mol/L 尿素）可使变性蛋白重新折叠，但如果浓度过低，复性率会降低。因为变性剂移走后，某些蛋白分子可能重新聚合，生成二聚体、三聚体或多聚体，甚至产生沉淀物。例如红血球碳酸酶复性时，移出盐酸胍后，复性液中剩余的盐酸胍浓度和蛋白浓度对复性效果都有很大影响（图 15-8）。图中有复性区，多聚体区和絮凝区。降低盐酸胍浓度或增加蛋白质浓度都易使系统进入多聚体区和絮凝区。这是

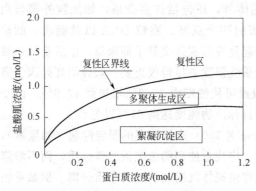

图 15-8 红血球碳酸酶复性操作中变性
剂与蛋白质浓度对复性的影响

因为蛋白浓度提高，分子间作用力增大，分子间聚合的趋势就增大，如果此溶液中变性剂浓度再降低，就很容易使目标蛋白聚集。因此盐酸胍和蛋白浓度应控制好，使操作条件处于复性区以上[21]。

复性过程中还要注意溶液 pH 的控制。例如重组人粒细胞巨噬细胞集落因子和单核细胞趋化激活因子融合蛋白（GM-CSF/MCAF）复性时，缓冲液的 pH 如果降低，会促使产物聚合、形成沉淀，使活性蛋白收率降低，故偏碱性条件下复性效果较好。又如碱性成纤维细胞生长因子（bFGF）复性透析液的 pH 为 7.0 时，也会形成较多沉淀；而在 pH 8.0 的微碱性条件下，沉淀减少，其复性收率可提高 26%。

某些情况下，包涵体中蛋白质含两个以上的二硫键，复性时就有可能发生错误的配对连接。在复性前要用还原剂打断—S—S—键，使其变成—SH，复性后再加入氧化剂，使两个—SH 形成正确的二硫键。常用的还原剂为二硫苏糖醇（$1 \sim 50$ mmol/L）、β 巯基乙醇（$0.5 \sim 50$ mmol/L）、还原型谷胱甘肽（$1 \sim 50$ mmol/L）。常用的氧化剂为氧化型谷胱甘肽、半胱氨酸等以及在碱性条件下通空气。例如，基因工程大肠杆菌表达的重组人粒细胞-巨噬细胞集落刺激因子（rhGM-CSF）分子中有 2 对二硫键，其生物活性取决于 2 对二硫键的正确配对，有报道在复性过程中采用含 1mmol/L 还原型谷胱甘肽和 0.1mmol/L 氧化型谷胱甘肽作为稀释液，进行逐级稀释，复性后的活性产物收率可比不含谷胱甘肽的直接稀释法提高近 4 倍[22]。

活性蛋白的复性是十分复杂的过程，上述的稀释和膜分离法均不是十分理想的方法，其最大缺点是复性效果不佳，活性蛋白复性率低，通常仅 20% 左右。因此目前的研究方向是设法采用更先进的复性技术来提高蛋白质的复性收率。例如采用高效疏水层析（HPHIC）复性，实现了纯化和复性同时完成的目的。国内学者耿信笃等[23] 在重组人干扰素-γ（rIFN-γ）复性时，将含 7.0 mol/L 盐酸胍的变性溶液直接进样到制备型高效疏水层析柱上，利用色层分离原理，在分离盐酸胍和杂蛋白的同时使 rIFN -γ 得到很完全的复性。实验证明，经一步疏水层析后，其活性回收率为稀释法的 2.8 倍，纯度达 85% 以上，比活高达 5.7×10^7 IU/mg。除上述改进的方法外，近年来还出现了反胶束法复性、单克隆抗体协助复性和保护协助复性等。

参 考 文 献

1 Moor H. and Mnhlethaler K. J. Cell Biol. 1963, 17: 609~628

2 Burnett L. H. Aspects of the structure and growth of hyphal walls, In "Fungal Walls and Hyphal growth". J. H. Burnett and A. P. J. Trinci, ed. Cambridge: Cambridge University Press, 1979. 1~25

3 Lamport, D. T. A. et al. Plant Biochem. and Physiol. Symp. Columbia-Missouri, 1983: 73~85

4 Brookman J. S. G. Biotchnol. Bioeng. 1974, 16: 371~383

5 Dunnill P. and Lilly M. D. Protein extraction and recovery from microbial cells, In Single-Cell protein Ⅱ. S. R. Tanenbaum and D. I. C. Wang, ed. Cambridge: MIT press, MA 1975. Chap. 8, 179~207

6 gray P. P., Dunnill P. and Lilly M. D. The continuous-flow isolation of enzymes, In Fermentation Technology Today. G. Terui, ed. Japan: Society for Fermentation Technology, 1972. 347~351

7 Magnusson K. E. and Edebo L. Biotechnol. Bioneng. 1974, 16: 1273~1282

8 Schutte H., Kroner K. H., Hustedt H. and Kula M. -R. Enzyme Microb. Technol. 1983, 5: 143~148

9 Currie J. A., Dunnill P. and Lilly M. D. Biotechnol. Bioeng. 1972, 14: 725~736

10 Kilby N. J. and Hunter C. S. Appl. Microbiol. Biotechnol. 1990, 33: 448~451

11 Vvan Gulik W. M., Ten Hoopen H. J. G., Heijnen J. J. Biotech. Bioeng. 1993, 4 (8): 771~780

12 Etienne-Pascal Journet, Richard Bligny, Rolane Douce. Journal of Biological Chemistry. 1986, 261 (7): 3193~3199

13 Brodelius P. and Nilsson K. Eur. J. Appl. Microbiol Biotechnol. 1983, 17: 275~280

14 Baldwin C. and Robinson C. W. Biotechnol. Techniques. 1990, 4 (5): 329~334

15 Yue Guan, Xing Yan Wu, et al. Biotechnology and Bioengineering. 1992, 40: 517~524

16 Dabora R. L., Eberiel D. T., Coonoy C. L., et al. Biotechnol. Lett. 1989, 11 (12): 845~850

17 修志龙,苏志国. 生物工程学报. 1993, 9 (4): 342~347

18 Luther H. Die Nahrung. 1980, 24: 265~272

19 Blanch H. W., Clark D. S. Product Recovery in Biochemical Engineering. New York: Marcel Dekker, Inc, 1996: 459~460

20 周凯,王梁华等. 药物生物技术. 1998, 5 (3): 140~144

21 周永春,陆峰等. 生物工程学报. 1997, 13 (2): 142~148

22 刘国诠等编. 生物工程下游技术. 北京: 化学工业出版社, 1993. 76

23 张耀东,耿信笃等. 生物工程学报. 1999, 15 (2): 240

阅 读 材 料

1 Brookman J. S. G.. Biotchnol. Bioeng. 1974, 16: 371~383

2 刘国诠. 生物工程下游技术. 北京: 化学工业出版社, 1993

3 顾觉奋. 分离纯化工艺原理. 北京: 中国医药科技出版社, 1994

16 沉 淀 法

沉淀法是最古老的分离和纯化生物物质的方法，但目前仍广泛应用在工业上和实验室中。由于其浓缩作用常大于纯化作用，因而沉淀法通常作为初步分离的一种方法，用于从去除了菌体或细胞碎片的发酵液中沉淀出生物物质，然后再利用色层分离等方法进一步提高其纯度。沉淀法由于成本低、收率高（不会使蛋白质等大分子失活）、浓缩倍数高可达 $10\sim50$ 倍和操作简单等优点，是下游加工过程中应用广泛的值得注意的方法。

根据所加入的沉淀剂的不同，沉淀法可以分为：①盐析法；②等电点沉淀法；③有机溶剂沉淀法；④非离子型聚合物沉淀法；⑤聚电解质沉淀法；⑥高价金属离子沉淀法等。上述各种方法中，除第③种有机溶剂沉淀法也能适用于抗生素等小分子外，其他各种方法只适用蛋白质等大分子，故以下的讨论均限于蛋白质。

16.1 盐析法

16.1.1 Cohn 方程式

高浓度的盐能促使蛋白质沉淀或聚结的现象，还不能很好地从理论上来解释。现在常用 Cohn 经验式来表示蛋白质的溶解度与盐的浓度之间的关系：

$$\lg S = \beta - K_s I \qquad (16\text{-}1)^{[1]}$$

式中 S 为蛋白质的溶解度，g/L；I 为离子强度，$I = \frac{1}{2}\sum m_i z_i^2$；$m_i$ 为离子 i 的摩尔浓度；z_i 为所带电荷；β 为常数，与盐的种类无关，但与温度、pH 和蛋白质种类有关；K_s 为盐析常数，与温度和 pH 无关，但与蛋白质和盐的种类有关。有时为简单计，也可以用浓度代替离子强度，则式 (16-1) 成为

$$\lg S = \beta' - K_s' m \qquad (16\text{-}2)^{[2]}$$

式中 m 为盐的摩尔浓度。

图 16-1 表示用 $(NH_4)_2SO_4$ 沉淀碳氧血红蛋白 (carboxyhemoglobin) 时，在盐析范围内（图中 CD 范围），的确服从于式 (16-1)。

常数 K_s 代表图中直线的斜率；β 代表截距，即当离子强度为零，也就是纯水中的假想溶解度的对数。从一些实验结果表明，K_s 与温度和 pH 无关，

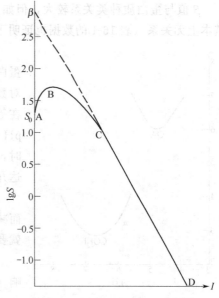

图 16-1 以 $(NH_4)_2SO_4$ 沉淀碳氧血红蛋白时 $\lg S$ 与离子强度之间的关系

（pH6.6，温度 25 ℃，$S_0=17$ g/L）

与蛋白质与盐的种类有关。但这种变化不是很大，例如以硫酸铵作为沉淀剂时，K_s 值对不同的蛋白质来说，其变化不会超过 1 倍。组成相近的蛋白质，分子量越大，沉淀所需盐的量越少；蛋白质分子不对称性越大，也越易沉淀。不同种类的盐，对溶解度的影响，主要是对

K_s 值的影响。K_s 值较大，就意味着该盐的盐析效果较好，其中阴离子的影响较显著，而阳离子的影响是第二位的。含高价阴离子的盐，效果比 1-1 价的盐好。阴离子的盐析效果有下列次序：

柠檬酸盐＞PO_4^{3-}＞SO_4^{2-}＞CH_3COO^-＞Cl^-＞NO_3^-＞SCN^-，此次序和 Hofmeister 次序或感胶离子序（lyotropic series）相符。但高价阳离子的效果不如低价阳离子，例如硫酸镁的效果劣于硫酸铵。对于 1 价阳离子则有下列次序：NH_4^+＞K^+＞Na^+。因此，最常用的盐析剂是硫酸铵、硫酸钠、磷酸钾或磷酸钠。但硫酸钠在 40 ℃ 以下溶解度较低，因而仅适用于对热稳定的蛋白质。磷酸盐在中性范围内实际上是 HPO_4^{2-} 和 $H_2PO_4^-$ 的混合物，其作用比 PO_4^{3-} 差。硫酸铵由于价廉、溶解度大，且能使蛋白质稳定（在 2～3 mol/L $(NH_4)_2SO_4$ 中酶可保存几年，同时由于盐的浓度高，可防止蛋白酶和细菌作用），故是最常用的盐析剂。硫酸铵的缺点是水解后变酸，在高 pH 下会释放出氨；腐蚀性强；残留的硫酸铵在食品中虽然量少，也会影响其味，在医疗上有毒，因此必须除去。

一些盐类对碳氧血红蛋白的盐析常数表示于表 16-1 中。

表 16-1　各种盐对碳氧血红蛋白的 β 和 K_s 值

项　　　目	磷酸钾	硫酸钠	硫酸铵	柠檬酸钠	硫酸镁
β	3.01	2.53	3.09	2.60	3.23
K_s	1.00	0.76	0.71	0.69	0.33

16.1.2　pH 和温度的影响

β 值与蛋白质种类关系较大，但如上所述，与纯水中的假想溶解度有关，故和盐的种类基本上无关系（表 16-1 的数据也证明了这一点），而和 pH 与温度有关。

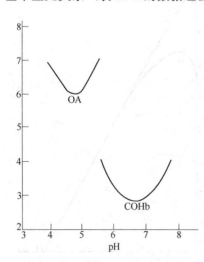

图 16-2　以磷酸盐沉淀 COHb 和以硫酸铵沉淀 OA 时，β 随 pH 的变化
OA—卵清蛋白；COHb—碳氧血红蛋白

图 16-2 表示对卵清蛋白（ovalbumin）和碳氧血红蛋白进行盐析时，β 随 pH 的变化。由于 β 代表溶解度的对数，故 β 变化一个单位，溶解度就变化 10 倍。通常 β 在等电点附近有极小值。两种蛋白质的相对溶解度会随 pH 而变化很大；例如从图 16-2 可见，当 pH 从 5 变到 6 时，在一定盐浓度下，两种蛋白质溶解度之比的变化可达几千倍。

在高浓度盐的溶液中，蛋白质的溶解度随温度升高而减小。这是由于蛋白质分子水化时要放热，则失水时，就要吸热，因而温度升高。有利于失水而沉淀。

图 16-3 表示 pH 和温度对碳氧血红蛋白溶解度的影响（以磷酸盐作为盐析剂）

图中直线都相互平行，说明 K_s 不随 pH 和温度而变。温度的变化。相当于直线沿纵轴方向移动。由图中 K_s 之值，可以计算当 pH 增加一个单位，要达到原先的溶解度，则硫酸铵的饱和浓度需增加 7% 左右。显然，在进行盐析时，必须控制 pH 和温度的值，这常常容易被忽视，特别是温度。

16.1.3　$(NH_4)_2SO_4$ 盐析法实际应用时的注意点

$(NH_4)_2SO_4$ 加入后，会使溶液 pH 略变酸，为保持 pH 中性，可加入 50 mmol/L 的磷

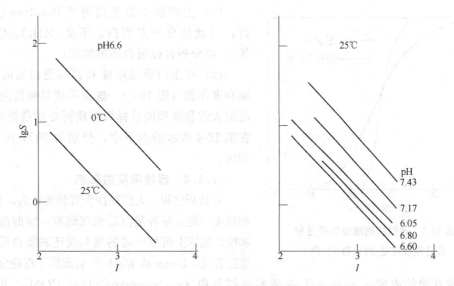

图 16-3　温度和 pH 对碳氧血红蛋白的磷酸盐盐析曲线的影响

酸缓冲液。

$(NH_4)_2SO_4$ 的溶解度在 0～30 ℃变化很少，在水中饱和溶液的浓度约为 4.05 mol/L，饱和溶液的密度为 1.235 g/m³。在 20 ℃饱和浓度为 533 g/L，但加入$(NH_4)_2SO_4$ 体积会增大，1 L 水中加$(NH_4)_2SO_4$ 至饱和，体积增至 1.425 L，所以要使 1 L 水达到饱和；需加 $(NH_4)_2SO_4$ 761 g。

考虑到溶解$(NH_4)_2SO_4$，体积要增大，则于 20 ℃时，使 1 L M_1 摩尔浓度$(NH_4)_2SO_4$ 溶液增至 M_2 摩尔浓度，所需加入的$(NH_4)_2SO_4$ 质量为 G，g

$$G = \frac{533(M_2 - M_1)}{4.05 - 0.3M_2} \tag{16-3}$$

上式如以饱和度表示，则从 S_1 增至 S_2，需加入克数为

$$G = \frac{533(S_2 - S_1)}{100 - 0.3S_2} \tag{16-4}$$

上式还可以列成表，更为方便[3]。

实际所需$(NH_4)_2SO_4$ 的饱和度，需通过试验决定。对多数蛋白质，当达到 85％饱和度时，溶解度都小于 0.1 mg/L，通常为兼顾收率与纯度，饱和度的操作范围在 40％～60％之间。

如果需要先除去些杂蛋白，然后在较高的饱和度下，沉淀目标蛋白质，则可按下述步骤决定所需的饱和度：

（1）取几份等体积溶液，20～50 mL 之间，冷至 4 ℃；

（2）计算达到 20％、30％、40％、50％、60％、70％、80％饱和度所需加入的 $(NH_4)_2SO_4$ 的量；

（3）在搅拌下，加入$(NH_4)_2SO_4$，加完后再搅拌 1 h，温度维持在 4 ℃；

（4）在 3000 g 下，离心 40 min；

（5）沉淀物溶于 2 倍体积缓冲液中；

（6）如有不溶物，可于 3000 g 下，离心 15 min，除去；

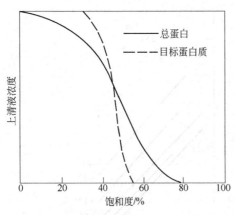

图 16-4 典型的硫酸铵盐析过程
最适饱和度是 30% 和 55%[5]

(7) 上清液中总蛋白可用 Bradford 法[4] 分析，［此法分析总蛋白，不受 $(NH_4)_2SO_4$ 的干扰］，再分析目标蛋白质的浓度；

(8) 将蛋白质总浓度和目标蛋白质的浓度对饱和度作图（图 16-4）。选择不使目标蛋白质沉淀的最大饱和度和使目标蛋白质沉淀的最低饱和度。在图 16-4 所示的例子中，分别为 30% 和 50% 饱和度。

16.1.4 起始浓度的影响

对盐析过程，人们往往会直觉地认为，只要 pH 和温度一定，某种蛋白质的沉淀有一定的硫酸铵饱和度，实际上沉淀所需的饱和度还和蛋白质的起始浓度有关，Dixon 和 Webb[1] 对此作了理论分析。

假定有起始浓度 $c_0 = 30$ g/L 的碳氧肌红蛋白（carboxymyoglobin，COMb）的溶液，其硫酸铵的盐析曲线如图 16-5 所示，则当硫酸铵饱和度 P 达到 58% 时，COMb 开始沉淀。然后我们逐渐增加饱和度，每增加 1 个单位的饱和度，即将沉淀除去，这样就得到相当于饱和度范围在 58%～59%、59%～60%、60%～61% 之间的沉淀量，称为分布曲线。显然盐析曲线的斜率决定各区分的沉淀量，因此最好作出 dS/dP 对 P 的微分曲线，后者可根据溶解度曲线用图解微分法得到，见图 16-6。不难证明两者形状是相似的，只是纵坐标的刻度不同[1]。在图 16-6 中对 $c_0 = 30$ g/L 的溶液，沉淀过程沿曲线 $A'C$ 进行。如取另一起始浓度 $c_0 = 3$ g/L 的溶液，则沉淀过程按曲线 $B'C$ 进行。如果把沉淀的量进行归一化，即把沉淀的量表示成原始蛋白质量的百分率，则可以证明对两种不同的起始浓度的溶液，有相同的分布曲线，只是发生沉淀的盐浓度有所不同，见图 16-7[1]。

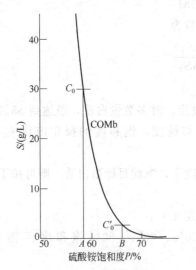

图 16-5 碳氧肌红蛋白
的溶解度曲线

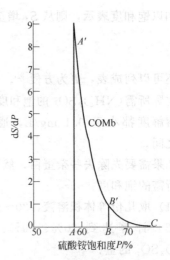

图 16-6 碳氧肌红蛋白盐析
时沉淀的分布曲线

由图 16-7 可见，对起始浓度为 30 g/L 的 COMb 溶液，大部分蛋白质在硫酸铵饱和度为 58%～65% 之间沉淀出来；但对稀释 10 倍的 COMb 溶液，在此饱和度范围内，蛋白质并不沉淀，当饱和度达到 66% 时才开始沉淀，而相应的沉淀范围为 66%～73% 饱和度。

由此可见，沉淀蛋白质的范围并不是固定的，而是和起始浓度有关。Foster[6] 等对延胡索酸酶的盐析实验也得到类似结果。

16.1.5 盐析的机理

蛋白质在水中溶解度和其表面性质有关。在水溶液中，蛋白质分子的表面除带有荷电的基团外（如天冬氨酸、谷氨酸残基含羧基，组氨酸、精氨酸、赖氨酸残基含氨基）尚含有由憎水基团形成的区域。例如苯丙氨酸、酪氨酸、亮氨酸、缬氨酸等的侧链。在憎水区域的周围，水分子成有序排列（图 16-8）。

如沉淀的固相蛋白质的状态和组成，不随溶剂组成的变化而改变，则当从不同组成的溶剂中沉淀蛋白质时，在达到平衡时，液相中蛋白质的活度应该相等。设蛋白质在纯水中的溶解度为 S_0，而在一定组成的溶剂中的溶解度为 S，两者之比就是该蛋白质的活度系数。

$$\gamma = S_0/S \tag{16-5}$$ [7]

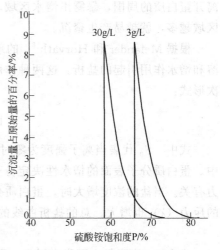

图 16-7　两种不同浓度的碳氧肌红蛋白的归一化分布曲线
（根据图 11-6 计算得到）

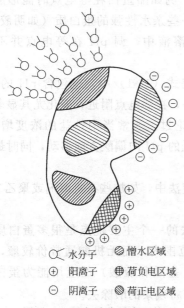

图 16-8　蛋白质分子表面的
憎水区域和荷电区域

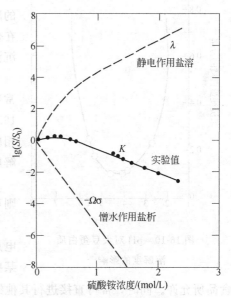

图 16-9　盐溶和盐析对血
红蛋白溶解度的影响

当向蛋白质溶液中逐渐加入电解质时。开始，蛋白质的溶解度增大，这是由于蛋白质的活度系数降低的缘故[1]，这种现象称为盐溶（salt-in），见图 16-1 的 *ABC* 区域。对盐溶过程，通常阳离子影响较大，高价阳离子的盐类效果较显著。但当继续加入电解质时，另一种因素起作用，使蛋白质的溶解度减小，称为盐析（salting-out），因而溶解度曲线有一最大点。这另一种因素是由于电解质的离子在水中发生水化，当电解质的浓度增加时，水分子就离开蛋白质的周围，暴露出憎水区域，憎水区域间的相互作用，使蛋白质聚集而沉淀。憎水区域越多，就越易产生聚沉。

根据 Melander 和 Horvath[8] 的理论分析，蛋白质的盐析作用是由于静电作用引起的盐溶和憎水作用引起的盐析，这两种作用相互作用的结果。将 Cohn 方程式（16-1）化成无因次形式：

$$\lg \frac{S}{S_0} = -K_s I + \beta_0 \tag{16-6}$$

式中 S_0 代表当离子强度为零时的溶解度。盐溶、盐析和总的溶解度曲线示于图 16-9 中。蛋白质分子表面的憎水性决定分子间接触面积（Ω），憎水区域间的作用力还与表面张力有关。当盐的浓度增大时，蛋白质分子周围的带相同电荷的离子层也增厚，因而使分子间的斥力（λ）也增大。总的盐析曲线的斜率为

$$K_s = \Omega\sigma - \lambda \tag{16-7}$$

式中 σ 为摩尔表面张力增量，即盐的摩尔浓度增加 1 个单位时表面张力的增量。

16.2 等电点沉淀法

在低的离子强度下，调 pH 至等电点，使蛋白质所带净电荷为零，降低了静电斥力，而疏水力能使分子间相互吸引，形成沉淀。图 16-10 表示大豆蛋白的溶解度随 pH 的变化情况。本法适用于憎水性较强的蛋白质，例如酪蛋白在等电点时能形成粗大的凝聚物。但对一些亲水性强的蛋白质（如明胶），则在低离子强度的溶液中，调 pH 在等电点并不产生沉淀。

在 Cohn 方程式（16-1）中，也包含 pH 的影响。常数 β 与 pH 有关，在等电点附近，变化尤其显著，在 16.1.2 中已经讨论过。通常当中性盐的浓度增加时，相应于溶解度最低的 pH 向偏酸方向移动，同时最低溶解度会有所增大。

在等电点沉淀法中，如加些有机溶剂或聚乙二醇，则可促进沉淀。

等电点沉淀法的一个主要优点是很多蛋白质的等电点都在偏酸性范围内，而无机酸通常价较廉，并且某些酸（如磷酸、盐酸和硫酸）的应用能为蛋白质类食品所允许。同时，常可直接进行其他纯化操作，无需将残余的酸除去。

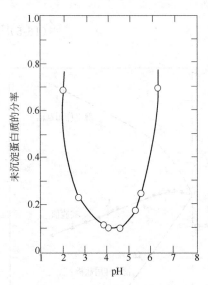

图 16-10　pH 对大豆蛋白质
溶解度的影响[9]

等电点沉淀法的最主要缺点是酸化时，易使蛋白质失活，这是由于蛋白质对低 pH 比较敏感。

16.3 有机溶剂沉淀法

利用和水互溶的有机溶剂使蛋白质沉淀的方法很早就用来纯化蛋白质。在工业上也很重要，例如血浆蛋白质的分离纯化，至今仍采用本法。由于本法的机理和盐析法不同，可作为盐析法的补充。

加入有机溶剂于蛋白质溶液中产生多种效应，这些效应结合起来，使蛋白质沉淀。其中主要效应是水的活度的降低。当有机溶剂浓度增大时，水对蛋白质分子表面上荷电基团或亲水基团的水化程度降低，或者说溶剂的介电常数降低，因而静电吸力增大。在憎水区域附近有序排列的水分子可以为有机溶剂所取代，使这些区域的溶解性增大。但除了憎水性特别强的蛋白质如膜蛋白外，对多数蛋白质来说，后者影响较小，所以总的效果是导致蛋白质分子聚集而沉淀，其作用机理的示意图参见图 16-11。图中表明聚集是由于蛋白质分子表面上带相反电性的区域间的作用而引起。

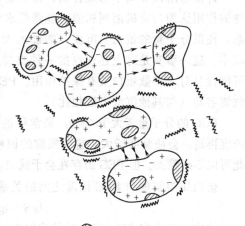

◯ 憎水区域

𝄚 有机溶剂

图 16-11　在有机溶剂-水混合
溶剂中蛋白质的聚沉[2]

有机溶剂沉淀法的优点是溶剂容易蒸发除去，不会残留在成品中，因此适用于制备食品蛋白质。而且有机溶剂密度低，与沉淀物密度差大，便于离心分离。有机溶剂沉淀法的缺点是，容易使蛋白质变性失活，且有机溶剂易燃、易爆、安全要求较高。

本法在应用时，应注意下列各点：

(1) 降低温度，能增加收率和减少蛋白质的变性。加溶剂于水，常为放热反应，故操作时需冷却。例如用乙醇沉淀血浆蛋白，在 $-10\ ℃$ 下进行。有机溶剂-水溶液的冰点一般在 $0\ ℃$ 以下，故可以在零摄氏度以下操作，这是有机溶剂沉淀法的一个优点。

(2) 所选择的溶剂必须能和水互溶，而和蛋白质不起作用，最常用的溶剂是乙醇和丙酮。

(3) 蛋白质的分子量越大，产生沉淀所需加入的有机溶剂量越少。例如当用丙酮作为沉淀剂时有下列关系式：

$$（所需加入丙酮的量）=1.8-0.12\ \ln（蛋白质的分子量）\tag{16-8}[10]$$

(4) 将 1 L 浓度为 c_1（体积分数）的溶液，加入溶剂，使其浓度达到 c_2，所需加入溶剂的 mL 数，可按下式计算

$$加入溶剂体积=\frac{1000(c_2-c_1)}{100-c_2}\tag{16-9}$$

(5) 一种蛋白质的溶解度通常会由于另一蛋白质的存在而降低。

(6) 沉淀的蛋白质如不能再溶解，就可能已经变性。

(7) 对很多酶，丙酮加量在 20%～50%（体积分数）之间，就能产生沉淀。

(8) 接近等电点时，以引起沉淀所需加入有机溶剂的量较少。

(9) 当溶剂量达到 50% 时，则通常只有分子量小于 15 000 的蛋白质仍留在溶液中。

(10) 少量中性盐的存在（0.1～0.2 mol/L 以上）能产生盐溶作用，增加蛋白质在有机溶剂水溶液的溶解度，这就使沉淀蛋白质所需的有机溶剂量增大。一般认为，离子强度在 0.05 或稍低为最好，既能使沉淀迅速形成，又能对蛋白质起保护作用，防止变性。由盐析法制得的蛋白质，用有机溶剂沉淀法进一步精制时，事先必须经过透析。另外，多价阳离子如 Ca^{2+}，Zn^{2+} 等会与蛋白质形成复合物，这种复合物在水或有机溶剂中的溶解度较低，因而可以降低使蛋白质沉淀的有机溶剂浓度，这对于分离那些在有机溶剂-水溶液中有明显溶

解度的蛋白质来说，是一种较好的方法。

16.4　非离子型聚合物沉淀法

许多水溶性非离子型聚合物，特别是 PEG 可用来进行选择性沉淀以纯化蛋白质。聚合物的作用认为与有机溶剂相似，能降低水化度，使蛋白质沉淀。此现象和两水相的形成有联系。使低分子量的蛋白质沉淀，需加入大量 PEG；而使高分子量的蛋白质沉淀，加入的量较小。这一事实是对上述观点的一种支持。PEG 是一种特别有用的沉淀剂，因为无毒，不可燃性且对大多数蛋白质有保护作用。PEG 沉淀法能在室温下进行，得到的沉淀颗粒较大，收集容易（与其他沉淀方法相比）。

PGG 的分子量需大于 4000，最常用的是 6000 和 20 000。所用的 PEG 浓度通常为 20%，浓度再高，会使黏度增大，造成沉淀的回收比较困难。PEG 对后续分离步骤，影响较少，因此可以不必除去。但 PEG 的存在会干扰 A_{280nm} 和 Lowry 法测定蛋白质，但对 biuret 法无干扰。

蛋白质溶解度与 PEG 浓度之间的关系可用式（16-10）[11] 表示：

$$\lg S = \lg S_0 - K \ [\text{PEG}] \tag{16-10}$$

式中　S 为在 PEG 存在时的溶解度；S_0 为无 PEG 时的溶解度与 pH 和离子强度有关；K 为常数，与蛋白质和 PEG 的分子大小有关。

和有机溶剂沉淀法一样，在等电点附近，加入 PEG 沉淀效果较好。两价金属离子的存在，也能促进某些蛋白质在 PEG 中的沉淀。

16.5　聚电解质沉淀法

加入聚电解质的作用和絮凝剂类似，同时还兼有一些盐析和降低水化等作用。缺点是，往往会使蛋白质结构改变，但它们应用于酶和食品蛋白的回收中，因而值得注意。

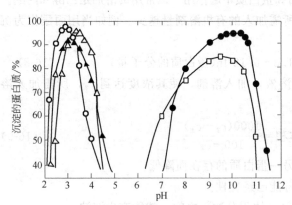

图 16-12　pH 对各种聚合物从乳清中

（经过 1：1 的水稀释，离子强度=0.1）

沉淀蛋白质的影响

●—以聚苯乙烯作为骨架的季铵盐；□—聚乙烯亚胺；
○—聚丙烯酸；△—羧甲基纤维素，取代率 1.5；
▲—聚甲基丙烯酸[9]

有一些离子型多糖化合物应用于沉淀食品蛋白质。用得较多的是酸性多糖，如羧甲基纤维素，海藻酸盐，果胶酸盐和卡拉胶等。它们的作用主要是静电引力。如羧甲基纤维素能在 pH 低于等电点时使蛋白质沉淀。和其他絮凝剂一样，加入量不能太多，否则会引起胶溶作用而重新溶解。

一些阴离子聚合物，如聚丙烯酸和聚甲基丙烯酸，以及一些阳离子聚合物，如聚乙烯亚胺和以聚苯乙烯为骨架的季铵盐曾用来沉淀乳清蛋白质。图 16-12 表示沉淀能力与 pH 的关系。聚丙烯酸能于 pH 2.8 时沉淀 90% 以上的蛋白质，聚苯乙烯季铵盐能于 pH 10.4 时沉淀 95% 的蛋白质。

聚乙烯亚胺 $H_2N(C_2H_4NH)_nC_2H_4NH_2$ 能与蛋白质的酸性区域形成复合物，在中性时，带正电（亚胺基的 pK_a 值在 10~11 之间），因而沉淀核酸很有效。在污水处理中作絮凝剂，也广泛用于酶的纯化中。

16.6 金属离子沉淀法

一些高价金属离子对沉淀蛋白质很有效。它们可以分为三类。第一类为 Mn^{2+}，Fe^{2+}，Co^{2+}，Ni^{2+}，Cu^{2+}，Zn^{2+} 和 Cd^{2+} 能和羧酸，含氮化合物如胺以及杂环化合物相结合；第二类为 Ca^{2+}，Ba^{2+}，Mg^{2+} 和 Pb^{2+} 能和羧酸结合，但不和含氮化合物相结合；第三类为 Ag^+，Hg^{2+} 和 Pb^{2+} 能和巯基相结合。金属离子沉淀法的优点是它们在稀溶液中对蛋白质有较强的沉淀能力。处理后残余的金属离子可用离子交换树脂或螯合剂除去。

在这些离子中，应用较广的是 Zn^{2+}，Ca^{2+}，Mg^{2+}，Ba^{2+} 和 Mn^{2+}，而 Cu^{2+}，Fe^{2+}，Pb^{2+}，Hg^{2+} 等较少应用，因为它们会使产品损失和引起污染。Zn^{2+} 用于沉淀杆菌肽（作用于第 4 个组氨酸残基上的咪唑基[12]）、尿激酶[13] 和胰岛素。Ca^{2+}（$CaCO_3$）用于分离乳酸，血清蛋白和柠檬酸。硫酸钡在柠檬酸生产中用以去除重金属离子，而 $MgSO_4$ 用以去除 DNA 和其他核酸；核酸也可用链霉素硫酸盐除去，用量为 $0.5\sim1.0$ mg/mg 蛋白质，用于从发酵液中去除 DNA 和 RNA 也很有效，但由于价格贵限制了在工业上的应用。

参 考 文 献

1 Dixon M. and Webb E. C. Adv. protein chem. 1961, 16：197～219

2 Scopes. R. K. Protein Purificalion, Principles and Practice. 3rd ed. New York：Springer, 1994

3 冯万祥，赵伯龙等. 生化技术. 湖南：湖南科学技术出版社，1989

4 Bradford M. M. Anal Biochem. 1976, 72：248～254

5 Harris E. L. V. and Augal S.（eds.）. Protein Purificatlon methods, a Practical approach. Oxford：IRC press, 1989

6 Forster P. R., et al. Biotechnol. Bioeng. 1971, 13：713～718

7 Green A. A. and Hughes W. L. in Methods in Enzymology. 1955, vol. 1：67

8 Melander W. and Horvath C. Arch. Biochem Biophy. 1977, 183：200～215

9 Bell D. J. Adv. in BiochemEng/Biotech. 1983, vol. 26：1～72

10 Belter P. A., et al. Bioseparations, Downstream proccessing for Biotechnology. New York：John Wiley & sons. 1988

11 Kennedy J. F. Biotechnology. Volume 7a, Enzyme Technology. VCH, Wein-helm. 1987

12 Weatherley L. R.（ed.）Engineering Processes for Bioseparations. Butterworth-Heinemann Ltd., 1994

13 曹学君，邹行彦，戴干策. 华东理工大学学报. 1998, 24（4）：427～430

17 膜 过 滤 法

膜过滤法系指以压力为推动力,依靠膜的选择性,将液体中的组分进行分离的方法,包括微滤（MF）、超滤（UF）、纳滤（NF）和反渗透（RO）四种过程。膜过滤法的核心是膜本身,膜必须是半透膜,即能透过一种物质.而阻碍另一种物质。虽然早在19世纪中叶,已用人工方法制得半透膜,但由于透过速度低、选择性差和易阻塞等原因,未能应用在工业上。1960年Loeb和Sourirajan[1]获得一种透过速度较大的膜,具有不对称结构,即表面为活性层,孔隙直径在10×10^{-10} m左右,厚为$0.1 \sim 1\ \mu m$,起过滤作用;下面为厚度$100 \sim 200\ \mu m$的支持层,孔隙直径为$0.1 \sim 1.0\ \mu m$,起支持活性层的作用。这种膜称为不对称膜（asymmetric membrane）,而早期的膜,其结构与方向无关,称为对称膜（见图17-1）。

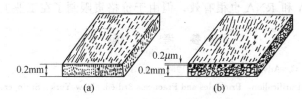

图 17-1 对称膜和不对称膜示意图

(a) 对称膜；(b) 不对称膜

图 17-2 不对称膜的过滤作用

这种不对称结构是膜制造上的一种突破,因为活性层很薄,流体阻力较小。且不易使孔道阻塞,颗粒被截留在膜的表面（图17-2）。此后膜过滤法逐渐走向工业化,20世纪70年代以后发展比较迅速,应用范围涉及到海水淡化、纯水制造、食品和乳品工业、污水处理和生物工程等领域。在此期间,世界膜销售额迅速增长,1961年为500万美元,1981年为50亿美元,1998年估计为180亿美元[2]。

膜过滤法由于有下列优点,因而在生物产品的处理中占有重要地位:①操作在常温下进行;②是物理过程,不需加入化学试剂;③不发生相变化（因而能耗较低）;④在很多情况下选择性较高;⑤浓缩和纯化可在一个步骤内完成;⑥设备易放大,可以分批或连续操作。

微滤、超滤、纳滤和反渗透4者是既有联系又有区别的过程。它们的共同点有:膜的制造方法基本类似,结构类似,操作方式也类似;它们的不同之点有:适用范围不同,MF为$0.02 \sim 10\ \mu m$;UF为$0.001 \sim 0.02\ \mu m$或1000～300 000 Dalton;NF为200～1000 Dalton或1nm左右;RO为350 Dalton。分离的机理也各异,影响操作的因素也不尽相同。它们之间常常相互补充,将4者结合起来（有时还需要和另一个膜过程——电渗析相结合）才能在生物产品的纯化中,发挥更大的作用。

17.1 膜材料和膜的制造

膜的制造方法,包括膜材料,都是各公司的专利,很少泄露,下面叙述的只是粗略的情况，希望有助于了解膜的性质和使用范围。

显然，膜应具有较大的透过速度和较高的选择性，此外还应具备下列条件：机械强度好、耐热、耐化学试剂、不被细菌侵袭、可以高温灭菌和价廉等。上述条件有一些是相互矛盾的，但对某一具体应用场合，并不要求全部满足，因而市售的膜品种较多、性能各异，以适应不同的需要。

17.1.1 膜材料

制造膜的高分子材料很多，其中在工业上用得最广的是醋酸纤维素和聚砜。它们的结构见图 17-3 和图 17-4。

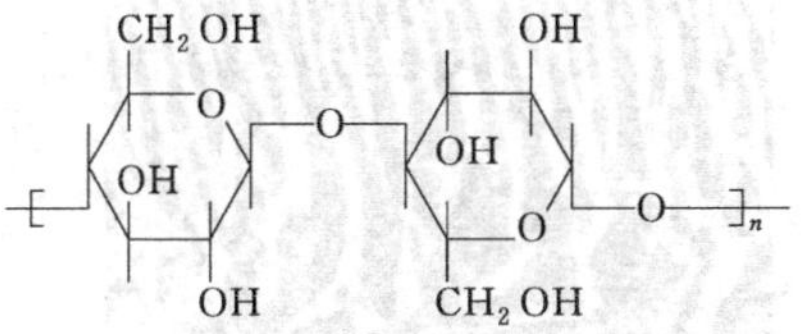

图 17-3　醋酸纤维素的化学结构

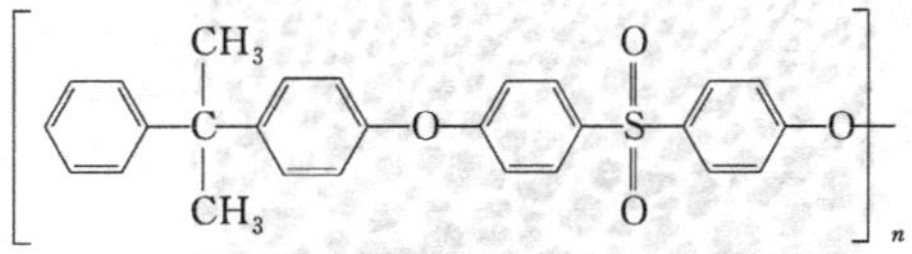

图 17-4　聚砜的构造

醋酸纤维素系将纤维素的葡萄糖分子中的羟基进行乙酰化而制得，乙酰化程度越高就越稳定，因而常以三醋酸纤维素制造膜。醋酸纤维素有一定的亲水性，制成的膜截留盐能力强，透过速度大，适宜于制备反渗透膜，也可用于制备超滤和微滤膜，而且制造较易，原料来源丰富。

醋酸纤维素膜的缺点有：最高使用温度为 30℃；最适操作 pH 范围为 4～6，不能超过 2～8 的范围（因为在酸性下会使分子中糖苷键水解，而在碱性下，会脱去乙酰基）；易与氯作用，造成膜的使用寿命降低（使用时游离氯含量应 ≤1.0 mg/L，短期接触可耐氯 10 mg/L）；由于纤维素骨架易受细菌侵袭，因而难以贮存。

聚砜的特点是稳定性好，但憎水性强。聚砜膜有下列优点：使用温度可高达 75 ℃；使用 pH 范围为 1～13，耐氯性能好，一般在短期清洗时，对氯的耐受量可高达 200 mg/L，长期贮存时，耐受量达 50 mg/L；孔径范围宽，可在 $(10～200) \times 10^{-10}$ m 范围内变化，相当于截断分子量从 1000 至 500 000 的范围，符合于超滤膜的要求，但不能制成反渗透膜。

聚砜膜的主要缺点是允许的操作压力较低，对于平板膜，极限操作压力为 0.7 MPa，对中孔纤维膜为 0.17 MPa。

为了改善膜的性能，主要是稳定性和机械强度以及增大膜的极性，下面一些膜材料也为工业上所常用，例如用于制造 MF 膜的聚偏二氟乙烯（PVDF）、聚四氟乙烯（PTFE）、聚丙烯、聚氯乙烯、聚碳酸酯；用于制造 UF 膜的聚丙烯腈、再生纤维素、聚醚砜；用于制造 RO 膜的芳香聚酰胺（使用 pH 范围为 4～11，但氯含量应低于 0.1 mg/L）等。

17.1.2 膜的制造

不对称膜通常用相转变法（phase inversion method）制造，其一般步骤如下：①将高聚物溶于一种溶剂中；②将得到溶液浇注成薄膜（如欲制造中孔纤维膜，则需用特制的喷丝头）；③将薄膜浸入沉淀剂（通常为水或水溶液）中，均匀的高聚物溶液分离成两相，一相为富含高聚物的凝胶，形成膜的骨架，而另一相为富含溶剂的液相，形成膜中空隙。

膜的不对称性可以用沉淀动力学来解释，这和从过饱和溶液中结晶是相似的。在外表面，膜溶液和水直接接触，过饱和度很高，形成的核很多，造成微细分散结构，相当于表皮。当表皮形成后，水必须扩散通过表皮，进入膜的内部。因而在膜的内部，过饱和度较小，析出的颗粒较粗，形成的空隙就较大，这样就形成不对称结构。

膜的内部结构主要决定于产生沉淀时的动力学因素。当高聚物溶液缓慢沉淀时，得出的是海绵状结构（RQ 膜）；当快速形成凝胶时，得出的是手指状结构（UF 膜），参见图 17-5 和图 17-6[3]。当沉淀速度非常慢时，则可得到对称膜。

 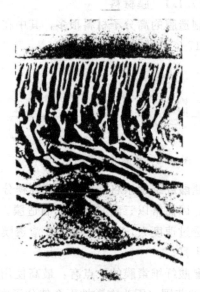

图 17-5　海绵状结构不对称膜　　　　　　　图 17-6　手指状结构不对称膜

引起相转变也可通过其他途径。例如将易挥发的溶剂有控制地蒸发，以产生沉淀（用此法可制成干膜，便于保存）；又如浇注液可从气相吸入沉淀剂，用此法可制得微孔膜。

几乎任何高聚物都可用相转变法制成膜，同时改变一些条件可制得特定性质的膜，以适用于特定的场合。

影响膜结构和性质的因素很多，主要有：所用的高聚物及其浓度；溶剂系统；沉淀剂系统；沉淀剂的形式（气相或液相）；前处理（如蒸发）或后处理（或退火，即浸在热水浴中）步骤等[4]。因此膜的制造多凭经验，其重复性是一个困难的问题，所以膜的生产集中于几家著名的厂商，其详细步骤很少泄露。

近年来趋向于采用复合膜（composite membrane），底层用相转变法制造，上面再覆盖一层很薄的表皮层，大多含极性基团。表皮层的覆盖可以用不同方法，例如界面聚合、交联、接枝等。一方面表皮层由于是单独制备的，重复性就较好，另一方面改善了膜的极性，不易吸附蛋白质。复合膜多用于制备 RO 膜，如 FilmTec 公司的 FT-30 膜，近年来也用于生产 UF 膜，如 DDS 公司的 ETNA 膜[5]。

核孔膜或称孔迹-浸蚀膜[6]（track-etching membrane）系利用 α-粒子或中子照射高聚物，在粒子经过的途径中，高聚物被破坏，然后用碱液洗去破坏的高聚物，留下孔道。其特点为孔道直，且大小均匀，适宜作微滤膜。

由无机材料制成的膜，代表膜的另一发展方向。与高分子膜相比，具有对热和化学试剂稳定、不受细菌侵袭、可以高温灭菌和再生容易等优点，因而引起人们的重视。目前已有一些陶瓷、玻璃等材料制成的 MF 和 UF 膜供应市场。

纳滤膜也可以按复合膜的方法制造，例如以 PVDF 超滤膜为基膜。先浸入油相（含酰氯），后浸入水相（含二元胺），发生界面缩聚反应，制得聚酰氨复合纳滤膜[7]。

以色列 Kiryat weizmann 公司开发的 SelRO^R NF 膜能耐极端 pH 和有机溶剂，扩大了膜的应用范围[8]。

17.2　表征膜性能的参数

表征膜性能的参数有孔的特征、截断分子量、水通量、抗压能力、pH 适用范围、对热和溶剂的稳定性等。制造商通常提供这些数据，见表 17-1。

表 17-1　各种超滤膜的性能

聚 合 物	膜	MWCO	水通量/(m·d^{-1})	pH 范围	最高温度/℃
醋酸纤维	Millipore、平板；PCAC	1000	0.5	4～8	
	Millipore、平板；PSVP	1 000 000		2～10	
聚 砜	DDS、平板；CR10PP	500 000	5～10	1～13	80
	DDS、平板；CR40PP	100 000	3～7	1～13	80
	DDS、平板；GR60PP	25 000	5～10	1～13	80
	DDS、平板；GR90PP	2000	>1	1～13	80
	Amicon、中空纤维，H_5P_1	1000	约 1	1.5～13	75
	Amicon、中空纤维，H_5P_{10}	10 000	2～4	1.5～13	75
	Amicon、中空纤维，H_5P_{100}	100 000	5～10	1.5～13	75
亲水性聚砜	DDS、平板；$GS_{61}PP$	20 000	5～10	1～13	80
含氟聚合物	DDS、平板；$FS_{50}PP$	30 000	5～10	1～12	80

17.2.1　水通量

表 17-1 中所列水通量数据采用纯水在一定条件下（0.35 MPa，25 ℃）进行试验得到。在实际使用中，如处理的为蛋白质溶液，则由于膜面污染，水通量会很快降低。污染程度和膜材料很有关系，所以膜的选择，应通过试验决定。

17.2.2　截留率和截断分子量

膜对溶质的截留能力以截留率 R（rejection）来表示，其定义为

$$R = 1 - c_p/c_b \qquad (17-1)$$

式中　c_p 和 c_b 分别为在某一瞬间，透过液（permeate）和截留液的浓度。

如 $R=1$，则 $c_p=0$，表示溶质全部被截留；如 $R=0$，则 $c_p=c_b$，表示溶质能自由透过膜。对于超滤膜，制造商在出厂前通常用已知分子量的各种物质进行试验，测定其截留率。得到的截留率与分子量之间的关系称为截断曲线（图 17-7）。但到目前为止，对试验条件尚无统一规定。质量好的膜，应有陡直的截断曲线，可使不同分子量的溶质分离完全；反之，斜坦的截断曲线会导致分离不完全。

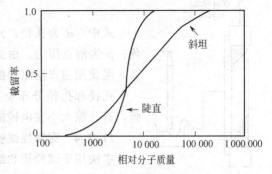

图 17-7　截断曲线

所谓截断分子量（molecular weight cut-off，MWCO）定义为相当于一定截留率（通常为 90% 或 95%）的分子量，随厂商而异。由截断分子量按表 17-2[9] 估计孔道大小。

表 17-2　MWCO 与孔径的关系

MWCO(球状蛋白质)	近似孔径/nm	MWCO(球状蛋白质)	近似孔径/nm
1000	2	100 000	12
10 000	5	1000 000	29

若试验在超滤池中进行，在某一瞬间不能取样测定截留液的浓度，或要求在整个超滤过程中的平均截留率，则可按式（17-2）[10] 计算：

$$R = \ln \frac{c_F}{c_0} / \ln \frac{V_0}{V_F} \tag{17-2}$$

式中　c_0、V_0 为超滤开始时的浓度和体积；c_F、V_F 为终了时的浓度和体积。截留率不仅决定于溶质分子的大小，还与下列因素有关：

（1）分子的形状　线性分子的截留率低于球形分子。

（2）吸附作用　膜对溶质的吸附对截留率的影响很大。溶质分子吸附在孔道壁上，会降低孔道的有效直径，因而使截留率增大。在极端的情况，在膜面上的吸附层形成一层动态膜，其截留率不同于超滤膜的截留率。

（3）其他高分子溶质的影响　如同时有两种高分子溶质，则其截留率不同于单独存在时的截留率，对较小的高分子溶质影响更显著，这是由于较大的高分子溶质在膜面上积聚的缘故。一般说来，两种高分子溶质要分离完全，其分子量应相差 10 倍以上。

（4）其他因素　温度升高、浓度降低会使截留率降低，这是由于吸附作用减小的缘故。流速增大会使截留率降低，这是由于溶质在膜面上的富集减小的缘故。pH、离子强度会影响蛋白质分子的构象和形状，因而也对截留率有影响。

由此可见，膜的制造商所标示的仅为名义 MWCO，与实际应用中的 MWCO 不尽相同。

对于反渗透膜，一般用在一定操作条件下，对 NaCl 的截留率来表示。对于微滤膜，一般直接用孔径的大小（μm）来表示。

17.2.3　孔道特征

孔道特征包括孔径、孔径分布和空隙度，是膜的重要性质。

孔径常用泡点法（bubble-point method）测定，对微孔膜尤为适用。将膜表面覆盖一层溶剂（通常为水），从下面通入空气，逐渐增大空气的压力，当有稳定的气泡冒出时，称为泡点。由泡点的压力，根据式（17-3），即可计算出孔径

$$d = 4\gamma \cos\theta / p \tag{17-3}$$

式中　d 为孔径；γ 为液体的表面张力；θ 为液体与膜间的接触角；p 为泡点压力。由式（17-3）可见，对于较大的孔，泡点压力较低，因此用泡点法测得的是最大孔径。

孔径和孔径分布也可直接用电子显微镜观察得到，特别是微孔膜，其孔隙大小在电镜的分辨范围内。

17.2.4　完整性试验

本法用于试验膜和组件是否完整或渗漏，某些厂商规定新膜要通过该项试验。将超滤器保留液出口封闭，透过液出口接上一倒置的滴定管见图 17-8。自料液进口处通入一定压力的压缩空气，当达到稳态时，测定气泡逸出速度，如大于规定值，表示膜不合格。

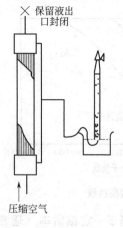

保留液出口封闭

压缩空气

图 17-8　完整性试验

17.3 分离机理和膜中迁移方程式

17.3.1 毛细管流动模型

在膜过滤法中，反渗透和超滤与微滤有不同的分离机理。对于后两者，一般认为是简单的筛分过程，大于膜表面毛细孔的分子被截留，较小的分子则能透过膜。膜是多孔性的，膜内有很多孔道。水以滞流方式在孔道内流动，因而服从 Hagen-Poiseuille 方程式；

$$J_v = \frac{\varepsilon d^2 \Delta p}{32 \mu L} \tag{17-4}$$

式中　J_v 为水通量；ε 为膜的孔隙度；d 为圆柱形孔道的直径；L 为膜的有效厚度；Δp 为膜两侧压力差；μ 为水的黏度。

对于反渗透，存在着多种理论。这些理论都有各自的适用范围，最后得到的迁移方程式都具有类似的形式。其中以溶解-扩散模型和优先吸附-毛细管流动模型应用最普遍。

17.3.2 溶解扩散模型

由 Merten[11] 等于 1965 年提出。反渗透膜的表皮层，在电子显微镜下观察，没有发现孔道，故排除了溶液主体以滞流方式流经表皮层的可能性，因此假定溶剂或溶质分子首先溶解在膜中，然后扩散通过膜。

根据不可逆过程热力学，组分 i 的扩散速度应和化学位梯度成正比：

$$J_i = -\frac{c_i D_i}{RT} \frac{d\bar{\mu}_i}{dx} \tag{17-5}$$

式中　J_i 为组分 i 的扩散摩尔通量，单位时间内扩散通过单位面积上的物质的量；$\bar{\mu}_i$ 为膜相中组分 i 的化学位；c_i 为膜相中摩尔浓度；D_i 为膜相中的扩散系数；x 为沿膜厚方向的距离；T 为热力学温度；R 为气体常数。

当压力有变化时，化学位公式如下：

$$\bar{\mu}_i = \bar{\mu}_{i^0} + RT \ln \bar{c}_i + \bar{v}_0 (p - p_0) \tag{17-6}$$

式中　$\bar{v}_0$ 为膜相中组分 i 的偏摩尔体积；p_0 为标准态压力。

将式（17-6）代入式（17-5）中，得：

$$J_i = -\frac{\overline{D}_i \bar{c}_i}{RT} \left(\frac{RT}{\bar{c}_i} \frac{d\bar{c}_i}{dx} + \bar{v}_i \frac{dp}{dx} \right)$$

由上式可见，推动力包括两项，即浓度梯度和压力梯度。对于稀溶液来说，溶剂（通常为水）的浓度改变很小，因而可只考虑压力的影响。相反，对溶质来说，一般截留率较高，浓度改变较大，压力项与浓度项相比可以忽略。

于是对溶剂（组分 1）可得：

$$J_1 = \frac{\overline{D}_1 \bar{c}_1 \bar{v}_1 (\Delta p - \Delta \Pi)}{RT \Delta x} \tag{17-7}$$

而体积通量为

$$J_v = Av(\Delta p - \Delta \Pi) \tag{17-8}$$

$$Av = \frac{\overline{D}_1 \bar{c}_1 \bar{v}_1 M_1}{\rho RT \Delta x} \tag{17-9}$$

式中　J_v 为体积通量；Δx 为膜的厚度；M_1 为溶剂（水）的分子量；ρ 为溶剂的密度；Δp 为膜两侧压力差；$\Delta \Pi$ 为膜两侧渗透压差。

对溶质（组分 2）来说，其摩尔通量为

$$J_2 = \overline{D}_2 \frac{\Delta \bar{c}_2}{\Delta x} = B(c_2' - c_2'') \tag{17-10}$$

$$B = \frac{\overline{D}_2 K'}{\Delta x} \tag{17-11}$$

式中 K' 为分配系数，膜相浓度与溶液相浓度之比；c_2'，c_2'' 为溶质在高压侧，低压侧溶液中的浓度。

由式 (17-8)、式 (17-10) 可见，当压力升高时，溶剂通量线性增加，但溶质通量与压力无关，因而透过液浓度降低。

按式 (17-10)，并考虑到 $J_2 = J_v c_2''$，则可得到截留 R 的关系式：

$$R = 1 - \frac{c_2''}{c_2'} = \frac{J_v}{J_v + B} = \frac{A_v(\Delta p - \Delta \Pi)}{A_v(\Delta p - \Delta \Pi) + B} \tag{17-12}$$

溶解扩散模型适用于均匀的膜，能适合无机盐的反渗透过程，但对有机物常不能适用。就这些方面说来，优先吸附-毛细孔流动模型比较优越。

17.3.3 优先吸附-毛细孔流动模型 (preferential-capillary flow model)[12]

由 Sourirajan 于 1963 年建立。他认为用于水溶液中脱盐的反渗透膜是多孔的并有一定亲水性，而对盐类有一定排斥性质。在膜面上始终存在着一层纯水层，其厚度可为几个水分子的大小 [见图 17-9 (a)]。在压力下，就可连续地使纯水层流经毛细孔。从图 17-9 (b) 可想像如果毛细孔直径恰等于 2 倍纯水层的厚度，则可使纯水的透过速度最大，而又不致令盐从毛细孔中漏出，即同时达到最大程度的脱盐。Sourirajan 根据这一想法，成功地选择了膜材料，合成了一定孔径的膜，以满足应用于不同系统的需要。

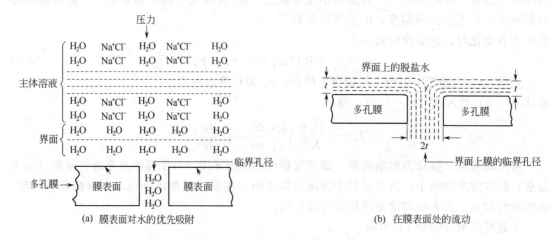

图 17-9 优先吸附-毛细孔流动模型

按上述机理，水在膜中的迁移是通过毛细孔的流动，因而和膜两侧有效压力差成正比，而溶质在膜中的迁移系服从 Fick 定律，因而可得：

水在膜中的迁移：

$$\begin{aligned}
J_w &= A \Delta p \\
&= A \{ p - [\Pi(x_{A2}) - \Pi(x_{A3})] \}
\end{aligned} \tag{17-13}$$

式中 J_w 为水的摩尔通量；p 为操作压力；A 为纯水透过系数，它表征膜的空隙度，与膜的种类无关；x_{A2} 为溶质在高压侧膜面上液体中的浓度，摩尔分数；x_{A3} 为溶质在透过液中的浓度，摩尔分数。

在稀溶液中，渗透压服从 vańt Hoff 方程式：

$$\Pi_i = \varphi RT c_i \tag{17-14}$$

式中 c_i 为摩尔浓度；φ 为渗透压系数，非理想溶液的校正系数。

但在实际应用中，把式（17-14）改写为下列形式，更为方便：

$$\Pi_i = B_i' x_i \tag{17-15}$$

式中 x_i 为溶质 i 的摩尔分数；B_i' 为常数(关于渗透压系数 φ 和 B_i' 的数据可参阅文献 [13])。

溶质在膜中的迁移：

$$J_i = \frac{\overline{D}}{\Delta x}(\bar{c}_i' - \bar{c}_i'') \tag{17-16}$$

式中 $\bar{c}_i'$ 为高压侧膜面上浓度；$\bar{c}_i''$ 为低压侧膜面上浓度。

假定 K_i 为溶质在液相与膜相之间的分配系数，即 $c_i' = K_i \bar{c}_i'$；$c_i'' = K_i \bar{c}_i''$，代入式（17-16）中可得

$$J_i = \frac{\overline{D}}{K_i \Delta x}(c_i' - c_i'') \tag{17-17}$$

$\dfrac{\overline{D}}{K_i \Delta x}$ 称为溶质迁移参数。对于一定的膜-溶剂-溶质系统，当操作压力一定时，$\dfrac{\overline{D}}{K_i \Delta x}$ 在相当大的浓度和流速范围内是一常数，所以可用来预测不同条件下膜的性能。

必须指出，比较式（17-8）、式（17-10）与式（17-13）、式（17-17），虽然两种理论得到的迁移方程式有完全相同的形式，但流动的机理是完全不同的。

17.3.4 纳滤

对于纳滤的机理和在膜中的迁移方程式研究得较少。纳滤膜是在 20 世纪 80 年代初期开始开发，当时称为低压反渗透，所用的膜称为粗孔（loose）反渗透膜。和一般反渗透膜不同，它对无机盐的截留率较低。在以反渗透进行生物分子溶液的浓缩时，由于无机盐类不能透过，使保留液中无机盐浓度升高，导致渗透压升高，当渗透压升至操作压力时，浓缩就不能进行。例如对谷氨酸滤液进行反渗透浓缩时，当谷氨酸浓度达到 11.1％（w/v）时，渗透压已达到操作压力 5.0 MPa，但实际上由于通量减少，当浓度达到 6％（w/v）时，就应停止操作[14]。而利用粗孔反渗透膜进行浓缩，就可浓缩至较高的浓度。例如以 DDS 公司的 HC50PP 膜（对钠离子的透过率为 48.5％），在 4.0 MPa 压力下浓缩红霉素发酵滤液，可浓缩到 5 倍左右（原始浓度为 2000 u/ml），已符合后续操作要求[15]。利用粗孔反渗透膜的其他优点有操作压力较低，而在相同操作压力下，通量则较高，因此这类膜在 10 年前开始应用逐渐增加，由于其截留率大于 95％ 的最小分子约为 1 nm，因而称之为纳滤膜，这是纳滤（nanofiltration）名称的由来。

近年来由于分离荷电分子的需要，开发出荷电纳米膜。由于 Donnan 电位，这类膜对荷相同电荷的分子有较高的截留率。它能截留分子量为 200～1000 之间的有机物质，能将高价离子与低价离子分离（水的软化），操作压力在 1.0～3.0 MPa。

分离机理包括筛分和 Donnan 效应，图 17-10

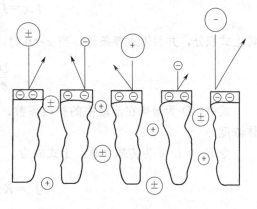

图 17-10　荷负电的 NF 膜的分离机理[16]

表示这两种因素。

膜中迁移速度方程，一般认为可用反渗透公式，式（17-8）和式（17-10）。但严格说来，对水通量应考虑毛细管流动和溶解-扩散模型，而对溶质通量则尚需考虑 Donnan 电位。（因这方面理论尚不够成熟，也超越本书范围，故从略。）

这一节中所讨论的是在膜中的迁移方程式，牵涉到膜面上浓度或其邻接的液相中浓度，与液相主体浓度严格说来是有区别的。在实用上以后者比较方便，因此还应考虑膜两侧溶液间的传递方程式[17]。

17.4　膜两侧溶液间的传递方程式

17.4.1　浓差极化-凝胶层模型（concentration polarization-gel layer model）

当溶剂透过膜而溶质留在膜上，因而使膜面上溶质浓度增大，这种现象称为浓差极化，对通量的影响很大。

在反渗透中，膜面上溶质浓度大，渗透压高，致使有效压力差降低、通量减小，参见式（17-13）。

在超滤和微滤中，处理的是高分子或胶体溶液，浓度高时会在膜面上形成凝肤层，增大了阻力而使通量降低。

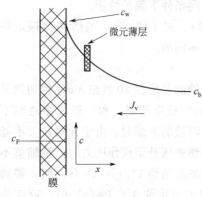

图 17-11　浓差极化边界层中浓度分布

要减少浓差极化，通常采用错流操作。因深层过滤中液体主体流动方向和透过液一致，使截留溶质愈来愈多，而在错流过滤中，两者互相垂直，截留溶质为切向流所带走。

根据流体力学，在膜面附近始终存在着一层边界层，当发生浓差极化后，浓度在边界层中的分布见图 17-11。膜面上浓度 c_w 大于主体浓度 c_b，溶质向主体反扩散。

在边界层中取一微元薄层，对此微元薄层作物料衡算。当达到稳态后，流出微元薄层的溶质通量保持不变，并等于透过膜的通量 $J_i = J_v c_p$。随主体流动进入微元薄层的速度 $J_v c$ 应等于透过膜的通量与反扩散速度之和，故有

$$J_v c = J_v c_p - D \frac{dc}{dx} \tag{17-18}$$

将上式积分，并利用边界条件，当 $x=0$ 时，$c=c_w$；当 $x=\delta$ 时，$c=c_b$，得到

$$J_v = \frac{D}{\delta} \ln \frac{c_w - c_p}{c_b - c_p} \tag{17-19}$$

式中　D 为溶质在溶液中的扩散系数；δ 为边界层厚度；c_w 为膜面溶液浓度；c_b 为主体浓度。

令 $K_m = D/\delta$ 为传质系数，上式成为

$$J_v = K_m \ln \frac{c_w - c_p}{c_b - c_p} \tag{17-20}$$

如溶质完全被截留，则 $c_p = 0$，式（17-20）成为：

$$J_v = K_m \ln \frac{c_w}{c_b} \tag{17-21}$$

或

$$\frac{c_w}{c_b} = \exp(J_v/K_m) \tag{17-22}$$

式中 c_w/c_b 称为极化模数（polarization modulus）。

在超滤中，当膜面浓度增大到某一值时，溶质成最紧密排列，或析出形成凝胶层，此时膜面浓度达到极大值 c_G（图 17-12），而式（17-21）成为

$$J_v = K_m \ln c_G/c_b \tag{17-23}$$

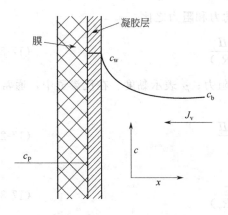

图 17-12　凝胶层的形成

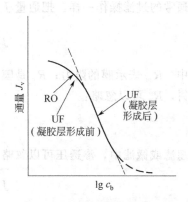

图 17-13　凝胶层形成前后通量
与主体浓度的关系

形成凝胶层后，由式（17-23）可见 J_v 随 $\ln c_b$ 增大而线性地减小，当浓度很高时，有时偏离线性关系，这可能由于模型中没有考虑到高浓度液体的非牛顿型性质的缘故。在凝胶层形成前，当 c_b 增大时，膜面浓度 c_w 也增大，所以 J_v 的降低程度较小，如图 17-13 所示。

传质系数之值，可以借用化工原理中公式求得。

在滞流情况下，当

$$100 < ReSc\frac{d_h}{L} < 5000$$

$$Sh = 1.62\left(ReSc\frac{d_h}{L}\right)^{0.33} \tag{17-24}$$

式中　$Sh = K_m d_h/D$；$Re = u d_h/v$；$Sc = v/D$；d_h 为当量水力直径；L 为通道长度；u 为平均流速；$v = \mu/\rho$，μ 为黏度，ρ 为密度。

或写成

$$K_m = 1.62\left(\frac{uD^2}{d_h L}\right)^{0.33} \tag{17-25}$$

在湍流情况下，$Re > 2000$

$$Sh = 0.023 \, Re^{0.8} Sc^{0.33} \tag{17-26}$$

或写成

$$K_m = 0.023 \left(\frac{u^{0.8} D^{0.57}}{d_h^{0.2} v^{0.47}} \right) \qquad (17\text{-}27)$$

浓差极化-凝胶层模型是目前在超滤中广泛使用的模型，它能很好地解释主体浓度，流体力学条件对通量的影响，以及通量随压力增大而出现极限值等现象。但存在两方面缺陷：①在凝胶层形成后，通量和膜种类无关；②凝胶层浓度应为常数。这两方面都与实际不符。事实上，不同膜的通量可以相差很多倍，而凝胶层浓度对一定溶质来说也不为常数，而和膜的种类、主体浓度和料液速度等有关。对 PEG 等亲水性物质，求得的凝胶层浓度非常低为 5.3%，而对某些物质则超过 100%，显然是不合理的。

17.4.2　阻力模型（resistance model）

和通常的过滤操作一样，把通量 J_v 表示成推动力和阻力之比：

$$J_v = \frac{\Delta p - \Delta \Pi}{\mu (R_m + R_c)} \qquad (17\text{-}28)$$

式中　R_m 表示膜的阻力；R_c 是膜面上滤饼的阻力；μ 表示黏度。在反渗透中，通常不形成滤饼，R_c 可以忽略：

$$J_v = \frac{\Delta p - \Delta \Pi}{\mu R_m} \qquad (17\text{-}29)$$

在超滤或微滤中，渗透压可以忽略不计：

$$J_v = \frac{\Delta p}{\mu (R_m + R_c)} \qquad (17\text{-}30)$$

R_m 可用新膜，以水进行试验求得。

对于不可压缩滤饼，根据 Carman-Kozeny 方程式，R_c 可写成：

$$R_c = \frac{180(1-\varepsilon)^2 \delta_c}{d_c^2 \varepsilon^3} \qquad (17\text{-}31)$$

式中　ε 为滤饼空隙度；δ_c 为滤饼厚度；d_c 为孔径。

对于可压缩的滤饼，R_c 可写成：

$$R_c = \frac{\alpha W V_t (\Delta p)^\beta}{F} \qquad (17\text{-}32)$$

式中　β 为滤饼的压缩性指数（对不可压缩滤饼，$\beta = 0$；对完全可压缩滤饼 $\beta = 1$），通常在 0.1～0.8 之间；W 为单位体积料液中所含有的颗粒质量；V_t 为到某一瞬间，滤液的总体积；F 为膜面积；α 为常数，与滤饼性质有关。

如果膜的阻力可以忽略，则将式（17-32）代入式（17-30）中可得：

$$J_v = \frac{F(\Delta P)^{1-\beta}}{\alpha W V_t \mu} \qquad (17\text{-}33)$$

或

$$v_t / F = \frac{(\Delta P)^{1-\beta}}{\alpha W J_v \mu} \qquad (17\text{-}34)$$

由式（17-34）可见，单位面积的处理量与 J_v 成反比。这个关系在实用上有一定的意义。如要求体积流速一定，则在膜阻塞前所能处理的总体积和膜面积之平方成正比。因而膜面积增大 1 倍（投资费用增加 1 倍），处理量可增加到 4 倍，膜的更换费用可减少一半。

17.4.3 管状收缩效应（tubular pinch effect）的影响

人们发现，在胶体溶液的超滤或微滤中，实际通量要比用浓差极化-凝胶层模型估算的要大得多。例如，当超滤血浆时，斜率为 0.33（图 17-14 所示），符合式（17-25），但当超滤全血液时（含红细胞），斜率增为 0.6。Porter[18] 首先把此归因于管状收缩效应。胶体溶液在管中流动时，颗粒有离开管壁向中心运动的趋向，称为管状收缩效应。由于这个现象，使膜面上沉积的颗粒具有向中心横向移动的速度，使膜面污染程度减轻，通量增大。

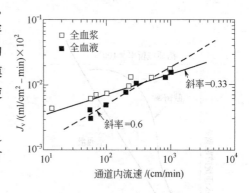

图 17-14 悬浮颗粒对通量的影响

实验结果和理论分析表明，横向移动速度 V_L 和轴向速度 u 的平方成正比，而和管径 r 的立方成反比：

$$V_L \propto \frac{u^2}{r^3} \tag{17-35}$$

式（17-35）实际上表示 v_L 和 r^3 成反比，因此处理浑浊液体时，窄通道超滤器是有吸引力的。

17.5 影响膜过滤的各种因素

本节将简要地讨论各种操作条件，如压力、浓度、温度、流速等的影响，而另一重要因素——污染，放在下一节单独讨论。

17.5.1 压力

在错流操作中，要区别两种压力差（见图 17-15）。一种为通道两端压力差 $p = p_1 - p_2$，是保留液在系统中进行循环的推动力；另一种为膜两侧平均压力差。

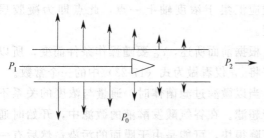

图 17-15 轴向和侧向压力差

$$\Delta P_t = \frac{(P_1 - P_0) + (P_2 - P_0)}{2}$$
$$= \frac{P_1 + P_2}{2} \text{（以表压表示）} \tag{17-36}$$

式中 p_1 为料液进口压力；p_2 为保留液出口压力；p_0 为低压侧压力，通常为大气压。后者是膜过滤的推动力，也就是这里所要讨论的。

在反渗透中，当压力差增大时，通量和截留率都增加，如图 17-16 所示。这是和式（17-8）和式（17-12）相符的。

在超滤和微滤中，通量和压力的关系可分成三个区域（图 17-17）。当压力较低时，J_v 较小，膜面上尚未形成浓差极化层，此时 J_v 随 ΔP 成正比增大。当压力逐渐增大时，膜面上开始形成浓差极化层，J_v 随 ΔP 而增大的速度开始减慢，即服从于式（17-21）。当压力继续增大时，浓差极化层浓度达到凝胶层浓度时，J_v 不随 ΔP 而改变，即服从于式（17-23）。因为当压力继续增大时，虽暂时可使通量增加，但此时膜面浓度已达凝胶浓度，不能再增大，反扩散速度也就不能再增大，因此只能增大凝胶层厚度，使通量降低，当通量回复到原来值时，重新达到稳态。

图 17-17 中还表示出当流速增大、温度升高和料液浓度降低时，极限通量增大，这和式 (17-23) 相符。在超滤中，压力升高引起膜面浓度升高，则透过膜的溶质也增大，因而截留率减小（图 17-17）。

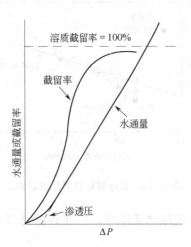

图 17-16　在反渗透中通量与截留率随压力变化

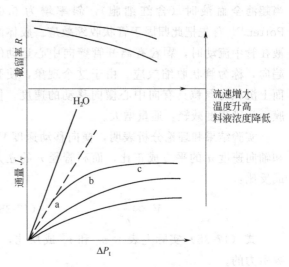

图 17-17　在超滤中，膜两侧压力差 ΔP_t 对通量和截留率的影响

a—$J_v = \Delta P_t / R$ 线性关系适用区域；

b—式 (17-21)，$J_v = K_m \ln c_w / c_b$ 适用区域；

c—式 (17-23)，$J_v = K_m \ln c_G / c_b$ 适用区域

17.5.2　浓度

在超滤中，当形成凝胶层后，按式 (17-23)，J_v 应与 $\ln c_b$ 成线性关系（图 17-18），而且当 $J_v = 0$ 时，$c_b = c_G$，所以在不同流速下的诸直线应汇集于浓度轴上一点，此点即为凝胶层浓度。

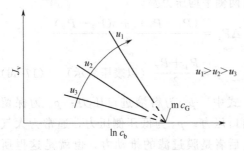

图 17-18　J_v 与 $\ln c_b$ 之关系

根据前面所述，c_G 要随操作条件而变，所以最好将 c_G 仅看做为式 (17-23) 中的一个常数。

当以微滤过滤菌体时，通量与浓度的关系不同于超滤。在谷氨酸发酵液的微滤中，开始时通量下降很快，可能是由于膜面的污染；然后有一段区域，通量变化较小，可能由于管状收缩效应引起通量的增加和浓度增大引起的降低互相抵消；最后通量急剧降低，见图 17-19[14]。

17.5.3　温度

在超滤或微滤中，一般说来，不论在式 (17-19) 或式 (17-23) 适用的场合，温度升高都会导致通量增大，因为温度升高使黏度降低和扩散系数增大。所以操作温度的选择原则是：在不影响料液和膜的稳定性范围内，尽量选择较高的温度。由于水的黏度每升高 1 ℃约降低 2.5%，所以，一般可认为，每升高 1 ℃，通量约增加 3%。

17.5.4　流速

根据浓差极化-凝胶层模型，流速增大，可使通量增大。对于超滤，通常在略低于极限通量的条件下操作。按式 (17-25)，在滞流时，$\ln J_v$ 对 $\ln u$ 的关系图上，直线的斜率为

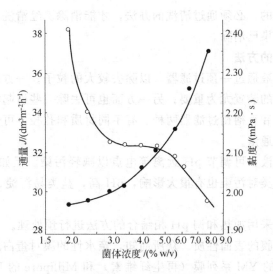

图 17-19　在谷氨酸发酵液的微滤中，

通量（○）和黏度（●）随菌体浓度的变化关系

Sartocon mini 装置，0.2 μm 膜，0.1 m^2 膜面积；循环流速 140 L/h；

ΔP_t 75～80 kPa；发酵液 6.5 L，谷氨酸浓度 6.80 %（w/v），湿菌体浓

度（c）1.78%（w/v）

1/3；而在湍流时，斜率为 0.8（图 17-20）。在以微滤过滤菌体时，则按式（17-35），斜率可在 1.0～2.0 之间。

　　虽然增大流速有明显的优点，但需考虑下列各点：①只有当通量为浓差极化所控制时，增大流速才会使通量增加；②增大流速会使膜两侧平均压力差减小，因为流经通道的压力降增大；③增大流速，使剪切力增加，对某些蛋白质不利；④动力消耗增加。

17.5.5　其他因素

　　在反渗透中特别要注意不要使溶解度小的溶质析出和不要含胶体粒子，以免污染膜。

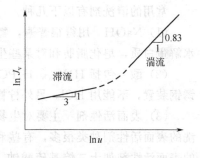

图 17-20　J_v 与 u 之关系

　　在超滤中，通常当 pH 在蛋白质的等电点时，通量最低。当有盐类存在时，一般使通量降低。当料液中含＜0.1 μm 的微细粒子时，会使通量降低，最好用预过滤除去。如果含＞1 μm 的坚硬粒子，通常会使通量增大。

　　pH 有时也会对截留率有影响。例如在极端 pH 下超滤蛋白质时，常使截留率增大，这是由于吸附在膜上蛋白质和溶液中蛋白质带相同电荷而互相排斥的缘故。

17.6　膜的污染（fouling）

　　膜在使用中，尽管操作条件保持不变。但通量仍逐渐降低的现象，称为污染。污染的原因一般认为是膜与料液中某一溶质的相互作用，或吸附在膜上的溶质和其他溶质相互作用而引起的。

　　膜的污染在反渗透中一般不严重，在超滤和微滤中比较严重，被认为是工业应用的主要障碍。

　　浓差极化加重了污染，但两者是有区别的。浓差极化是可逆的，即变更操作条件可使之

消除，而污染是不可逆的，必须通过清洗的办法，才能消除。经清洗后如纯水通量达到或接近原来水平，则认为污染已消除。

17.6.1 减轻污染的方法

（1）预处理 将料液通过一预过滤器，以除去较大的粒子。一方面可防止超滤器的机械性阻塞，特别对窄通道的装置尤为重要；另一方面也可去除一些引起污染的物质。目前国内生产的有蜂房式过滤器和百褶裙过滤器两种。有不同材质和孔径，可供选用。经验表明，预过滤能减轻污染，增加通量。

对于含蛋白质的料液，可调节 pH 远离等电点以减轻污染。但如吸附是由于静电引力，则应调节至等电点。盐类对污染也有很大影响，pH 高，盐类易沉淀。加入络合剂如 EDTA 可防止钙离子等沉淀。

在处理乳清时，常采用加热和调 pH 相结合的方法进行预处理。

（2）改变膜材料或膜的表面性质 众所周知，亲水性的膜对蛋白质吸附少，因而污染较轻。例如 Amicon 公司的 YM 系列膜（再生纤维素）和 Millipore 的 PVDF 膜（聚偏二氯乙烯经过改性变成亲水性）对蛋白质的吸附很少。对于后者，以 IgG 进行试验时，吸附量为 $0.04 \ g/m^3$，而一般聚砜膜为 $0.7 \ g/m^2$。也可以在膜上接上带电基团，在适当 pH 下，与蛋白质分子间产生静电斥力而减轻污染。

17.6.2 清洗方法[19]

选择清洗剂要注意三点：①要尽量判别是何种物质引起污染；②清洗剂要不致于对膜或装置有损害，③要符合过程的要求，例如在制药工业中，对一些有毒的表面活性剂，尽管效果好，也不能采用。

常用的清洗剂有以下几种。

（1）NaOH 用得很普遍，特别在发酵工业中，常用的浓度为 $0.1 \sim 1.0 \ mol/L$。它能水解蛋白质，皂化脂肪和对某些生物高分子起溶解作用。

（2）酸 包括 HNO_3、H_3PO_4 和 HCl。主要用于去除无机污染物，如钙和镁盐。对不锈钢装置，不能用 HCl。另外柠檬酸对含铁污染物有效。

（3）表面活性剂 主要对生物高分子、油脂等起润湿、乳化、分散等作用。可用于膜清洗的表面活性剂种类很多，有些和络合剂、酶和 NaOH 等配制成专用的清洗剂。其中常用的表面活性剂如十二烷基硫酸钠（SDS）和 Triton X-100（一种非离子型表面活性剂），有较好的去蛋白质和油脂等作用。

（4）氧化剂 氯有较强的氧化能力。当 NaOH 或表面活性剂不起作用时，可以用氯，其用量为 $(200 \sim 400) \times 10^{-6} \ mg/L$ 活性氯 [相当于 $(400 \sim 800) \times 10^{-6} \ mg/L \ NaOCl$]，作为清洗剂时，其最适 pH 为 $10 \sim 11$。H_2O_2 用于灭菌很好，但分解蛋白质能力不强，因而用于清洗不很合适。

（5）酶 酶本身是蛋白质，因而把酶作为清洗剂并不很合适。能用 NaOH 或 Cl_2，就尽量不用酶。但如要去除某些多糖时，淀粉酶是有一定作用的。

（6）有机溶剂 由于有机溶剂对膜和装置有不良作用，因而很少采用。$20\% \sim 50\%$ 的乙醇水溶液可用于膜装置的灭菌和去除油脂或硅氧烷消泡剂，但使用时系统必须符合防爆要求。

此外，对于管式超滤器，可以用海绵球擦洗膜面，作为初步清洗的手段。对于中空纤维超滤器，采用逆洗的方法，效果往往很好 [图 17-21（c）]。还可采用循环清洗的方法，既方便，效果又好 [图 17-21（b）]。此时将透过液出口关闭，这使得进口端的透过液，逆向流入管内，和循环液一起流出。由于逆向流动，使凝胶层松动，然后靠管内切向流冲走。如果模件有附属管道，料液可反向流动，则膜件的其他一半，也可按此清洗。

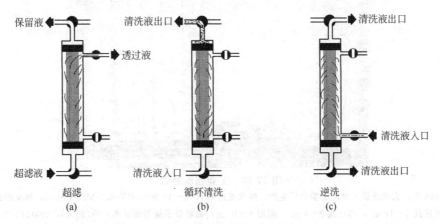

图 17-21　中空纤维超滤器模件的操作和清洗方式

17.7　膜过滤装置的型式及其适用范围

目前生产的膜过滤装置都由模件（Module）构成，所以研究装置的性能只要研究模件的性能即可。一个良好的模件应具备下列条件：①膜面切线方向的速度相当快，或有较高的剪切力，以减少浓差极化；②膜的装载密度，即单位体积中所含膜面积比较大；③拆洗和膜的更换比较方便，④保留体积小，且无死角。

市售的装置大致有四种型式：管式、中空纤维式、平板式和卷式四种。它们的优缺点见表 17-3。典型的各种模件的构造或装置，见图 17-22～图 17-25。

由瑞士 Sulzer 公司推出的动态压力过滤器（MBR Bioreactor AG Sulzer Group），由内外两圆筒组成，圆筒上覆有超滤膜，内圆筒在旋转，以减少浓差极化，适宜于过滤悬浮液，见图 17-26。

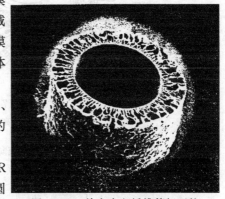

图 17-22　单个中空纤维管切面的电子显微镜照相

表 17-3　各种模件性能的比较

	管　　式	中空纤维式	板　　式	卷　　式
单位膜面积的成本	高	低	最高	低
更换膜的费用（不包括人工）	低	中等	最低	高
通量	较高	中等/低（由于不能耐压，一般流速低，在滞流下操作）	最高/较高	较高
装载密度（单位体积内的膜面积）	差（20～30 m^2/m^3）	很　好（16 000～30 000 m^2/m^3）	好/一般（400～600 m^2/m^3）	好（800～1000 m^2/m^3）
保留体积	大	低	中等	中等
能耗	高	低	中等	中等
抗污染性	很好	差	好/一般	好/一般

图 17-23 工业超滤装置

HFS-450 型，天津纺织工学院实验总厂生产，纯水透过率 5000～45 000 mL/(0.1 MPa·min)，每支膜面积，
外压式 4～12 m²，内压式 2～4 m²，配用 4～10 支；截断分子量与截留率：6k(85%)，20k(90%)，
50k(95%)，100k(98%)；配用泵 TB-420

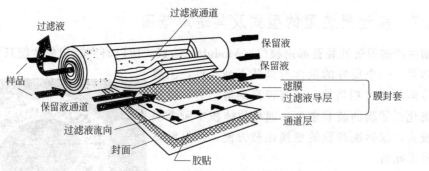

图 17-24 卷式超滤筒的构造

Amicon，通道高度 0.8 mm，最大操作压力 0.86 MPa

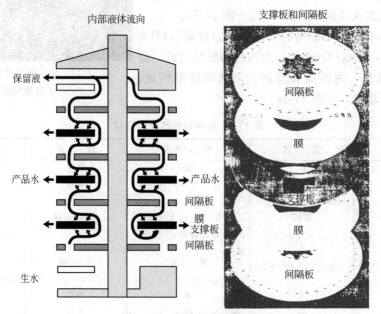

图 17-25 板式反渗透装置

DDS，Module 30，过滤面积 19 m²

各种型式的选择主要决定于物料的性质，通过实验决定。

17.8 操作方法

超滤或微滤系统可以采用三种操作方法：①分批操作；②透析过滤（diafiltration）；③连续操作。

17.8.1 分批操作

在分批操作中（图17-27），料液一次加入储槽中，以泵进行循环，同时有透过液流出，浓度逐渐增加，称为浓缩模式。一般说来，循环液（保留液）的体积流速应为透过液的10倍以上，以便其以高速流过膜面。膜两侧的压力差由背压阀调节。通常将背压调至零，以使循环速度增大，但同时使膜两侧压力差降低，故存在一最适的背压，使通量达到最大。

例如在过滤谷氨酸发酵液时，得到的数据如图17-28所示[14]。对一定浓度的发酵液，有一最佳背压。当湿菌体含量为1.96 g/100 mL时，最佳背压 p_b 为 10^5 Pa。当湿菌体含量增大时，最佳背压逐渐降低；当菌体含量为8.46/100 mL时，最佳背压为 7×10^4 Pa。因此在实验中，随着操作进行，当浓度逐渐增大时，将背压逐渐降低是适宜的。

在分批操作中，最终浓度 c_F 可按下式求得

$$c_F = c_0 \left(\frac{V_0}{V_F} \right)^R \tag{17-37}$$

式中 c_0 为开始浓度；V_0 为开始体积，V_F 为最终体积；R 为截留率。式（17-37）为式（17-2）的改变形式。

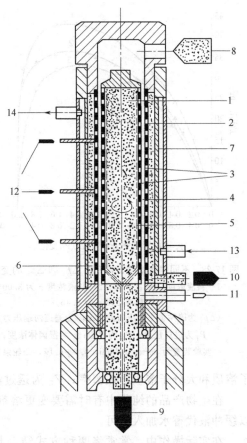

图17-26 动态压力过滤器

（MBR Bioreactor AG sulzer Group）

1—内筒；2—外筒；3—过滤器表面；4—滤室（环隙）；5，6—内、外筒滤液室；7—冷却夹套；8—悬浮液；9—内筒滤液；10—外筒滤液；11—浓缩液；12—清洗液；13，14—冷却水

设在瞬间 t，保留液的体积为 V，浓度为 c，则有 $V_0 c_0 = Vc + (V_0 - V)c_p$，或写成

$$V = V_0(c_0 - c_p)/(c - c_p) \tag{17-38}$$

对式（17-38）对 t 微分，并代入到 $J_v = -\dfrac{1}{F}\dfrac{dv}{dt}$ 中，如溶质被完全截留，$c_p = 0$，积分后可得：

$$\frac{Ft}{V_0} = c_0 \int_{c_F}^{c_0} \frac{1}{J_v} d\left(\frac{1}{c} \right) \tag{17-39}$$

式（17-39）右端可根据实验数据，绘出 $1/J_v$ 对 $1/c$ 关系，以图解积分求得。利用式（17-39），对一定系统，可计算超滤所需时间，或规定时间，

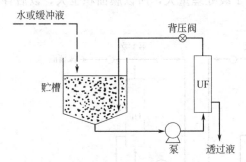

图17-27 浓缩模式和透析过滤模式

（在浓缩模式中，不断加入水或缓冲液，如虚线所示，即成为透析过滤模式）

63

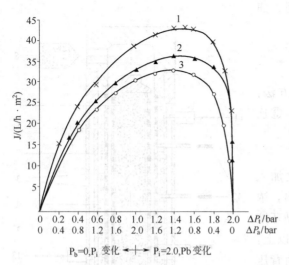

图 17-28 不同料液浓度下，J 随 Δp_t 和 Δp_a 的变化关系

1—料液浓度 c 为 1.96%；2—料液浓度 c 为 3.00%；

3—料液浓度 c 为 8.46%

（Δp_t 为膜两侧平均压力差；Δp_a 为通道两端压力差；

P_i 为进口压力；P_b 为背压；c 为湿菌体浓度；

实验装置为 Sartocon Mini，0.2 μm 膜，凸轮泵）

求出所需过滤面积。

17.8.2 透析过滤

在分批操作中，小分子和溶剂透过膜，而大分子留在保留液中，浓度逐渐增大，而通量逐渐降低，最后操作无法进行。若需进一步将小分子除去，可以补充加入水，继续进行超滤。通常的操作方式为连续地加入水，其量恰与透过液相等，保留液体积始终保持不变（图 17-27）。

对透析过滤进行数学分析，可得下列方程式：

小分子溶质残留率：

$$N_s = c_{sf}/c_{s0} = e^{-(1-R_S)V_D/V_0} \qquad (17\text{-}40)$$

大分子溶质的收率：

$$Y_L = c_{Lf}/c_{L0} = e^{-(1-R_L)V_D/V_0} \qquad (17\text{-}41)$$

式中　c_{S0}、c_{sf} 为小分子溶质在透析过滤前后之浓度；c_{L0}、c_{Lf} 为大分子溶质在透析过滤前后之浓度；R_S、R_L 为小分子溶质和大分子溶质之截留率；V_D 为透过液体积（加入水的体积）。

在生物产品的纯化中有时需要变更溶剂，如从水变成缓冲液。此时也可利用透析过滤，以缓冲液代替水加入即可。

在实际操作中，常常将两种方式结合起来。即开始时采用分批操作，当达到一定浓度时，转变为透析过滤。转变时的蛋白质浓度 c 和凝胶层浓度 c_G 如符合式 (17-42)[20]，则可使整个过程所需时间最短（假定蛋白质的截留率为1）：

$$c = c_G/e \qquad (17\text{-}42)$$

式中　$e = 2.718$。

17.8.3 连续操作

在连续操作中又可分为单级和多级操作。三级连续操作示于图 17-29 中。在每一级中，各有一循环泵将液体进行循环，料液由料液泵送入系统中，循环液浓度不同于料液浓度。各级都有一定量的保留液渗出，进入下一级。由于第 1 级处理量大，所以膜面积也大，以后各级依次减小。

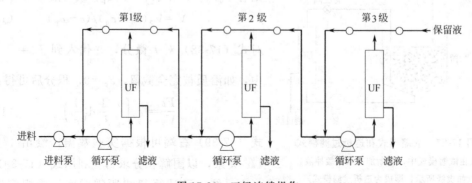

图 17-29　三级连续操作

在连续操作中，最后一级的循环液即为成品，故浓度较浓，通量就较低。分批操作则不同，只是到最后阶段，循环液浓度较大，在整个操作时间内的平均浓度则要低得多，故平均通量较高，所需膜面积较小，且装置简单，成本也较低；主要缺点为需要较大的储槽，适用于规模较小，分批生产的制药和生物制品中。连续操作的优点是产品在系统中停留时间较短，这对热敏或剪切力敏感的产品是有利的，适用于规模大的连续性生产中。连续操作中，级数愈多，则所需的总膜面积就愈小[21]。

17.9 应用[22]

膜过滤法的应用很广，例如纯水制造，工业废水处理和在食品、乳品、生物技术工业中回收有价值的产品等。在生物产品的分离和纯化方面，膜过滤法的应用大致可分为下列五个方面。

17.9.1 发酵液的过滤与细胞的收集

发酵液的过滤与细胞的收集是指同一种操作仅从不同的角度考虑。如果所需产品在液体中，则废弃菌体细胞，这时的过滤操作称为发酵液的过滤，如果所需产品在细胞内，或细胞本身就是产品，则称为细胞的收集。

例如 Merck 公司[23]利用 MWCO 为 24 000 的超滤器来过滤头霉素（cephamycin）发酵液。收率比原先采用的带助滤剂层的鼓式真空过滤器高出 2%，达到 98%，材料费用降至 1/3，而投资费用减少 20%。也对利用离心机分离发酵液菌体进行了试验，发现很难将菌体甩干，这意味着产品的损失；如果反复加水呈悬浮液，再进行离心，虽可提高收率，但需用离心机的台数增加，容器数也需增加，因而投资费用也增加。

Millipore 公司[24]也对头孢菌素 C 的发酵液的过滤进行了研究。所采用的是 0.2 μm 的微滤膜，通量开始时很大，但由于保留液浓度逐渐增大，成浆状，通量逐渐减小而停止操作，收率仅为 74%。如欲提高收率，则必须进行透析过滤，但会使滤液稀释。

当产物在细胞内部时，则需进行细胞的收集。在收集细胞或上述发酵液的过滤中，通量和细胞浓度的关系（图 17-30）与过滤蛋白质溶液时不相同。当细胞浓度比较低时，通量降低较慢（这是由于 tubular pinch effect），但当细胞浓度增加，接近填充状态时，过滤通量就急速降低。

利用中空纤维超滤器与离心机收集 *E.coli* 相比较，超滤法的投资费用（45 000 美元/年）比离心法（150 000 美元/年）低 70%，而操作费用前者（27 200 美元/年）比后者（35 900 美元/年）低 25%。但如用于收集较大的细胞，如酵母，则超滤法并不优于离心分离法。

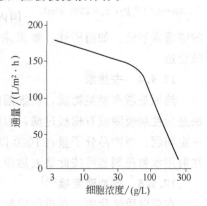

图 17-30　通量与细胞浓度
（*E.coli*）之间的关系

17.9.2 纯化

大多数抗生素的分子量都在 1000 以下，而通常超滤膜的 MWCO 在 10 000～30 000 之间，因而能透过超滤膜，而蛋白质、多肽、多糖等杂质则被截留，而使抗生素与大分子杂质达到一定程度的分离，这对后续的提取操作，是很有利的。

例如 Millipore 公司用 MWCO10 000 的膜，卷式超滤器进行头孢菌素 C 发酵滤液的试验表明，不仅透过液中蛋白质等大分子含量较低，而且可除去红棕色色素。发酵液中的色素通常为低分子量物质，可能与某些蛋白质结合在一起，因而能被截留，收率达到 80%。在超滤过程中，通量的降低服从凝胶层-浓差极化定律，呈线性下降。对于大分子物质的纯化，则两种大分子的分子量需相差 10 倍以上，才能用膜过滤法来分离。

17.9.3 浓缩

如上所述，经过超滤后，特别是透析过滤后，常使浓度变稀，为便于后道工序的处理，常需浓缩。传统上系采用蒸发进行浓缩，但这对热敏的抗生素很不利，而且能耗较大。一种有希望取代蒸发的方法是反渗透。例如 Merck 公司进行抗生素的反渗透浓缩，收率可达 99%。操作时要注意膜的消毒．以免抗生素破坏。反渗透与蒸发两者能耗根据实验，后者为前者的 30 倍。

在 DDS 公司 Module 20UF/RO 系统中，利用 HC50PP 膜，对红霉素发酵滤液进行反渗透浓缩，结果表明浓缩倍数为 3.5 以下时，通量线性地减小，以后通量降低速度逐渐减慢，浓缩至 10 倍时趋于零（图 17-31）。

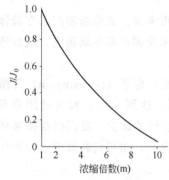

图 17-31 红霉素发酵液反渗透浓缩中通量的变化

J_0 为刚开始时的通量；

$\Delta p = 4 \times 10^6$ Pa；$c_0 = 2200$ u/mL

在开始阶段，由于膜面上被截留的无机离子浓度逐渐增大，渗透压也逐渐增大。如果渗透压的增大符合 Van't Hoff 定律，则按式（17-13），(x_{A2}) 线性增大，J_w 就表现线性地减小[15]。

但当浓缩倍数继续增大时，膜面浓度越来越大，由于有机物的存在，浓差极化现象就起作用，根据式（17-20），当 c_w 增加时，通量也增大，因而使通量的降低趋向减慢。

由此可见，在抗生素发酵滤液进行 RO 浓缩时，和一般的水处理不同，浓差极化现象不能忽略并对通量有利。

由于影响渗透压的主要是无机离子，所以经过脱盐以后的抗生素溶液用 RO 浓缩，可以达到较高的浓缩倍数。目前国内某些抗生素生产厂已成功地应用 RO 来浓缩经过脱盐后的链霉素溶液。如前所述，如果未经脱盐，则能达到的浓缩倍数较低，此时用纳米膜就比较合适。

17.9.4 去热原

热原是脂多糖类物质，从细菌的细胞壁产生，注入体内会使体温升高。传统的去热原方法是活性炭吸附或石棉板过滤，但前者会造成产品损失，后者对劳动保护和产品质量都存在一定问题。当产品分子量在 1000 以下，用 MWCO 为 10 000 的超滤膜除去热原是很有效的。注射用水和药剂也可按此法去热原。

17.9.5 缓冲液变换[25]

在蛋白质纯化中，在进行层析分离时，常需要变更缓冲液，在冷冻干燥前，也常需将低分子量的溶质除去。此时利用透析过滤法要比传统的透析法有利，透析速度可以增加 30 倍。

参 考 文 献

1 时钧，袁权，高从堦主编．膜技术手册．北京：化工出版社，2001. 2

2 Membrane Technology in the Chemical Industry. ed. by S P Nunes and K V Peinemann. Weinheim：Wiley-VCH，2001. 4

3 Rautenbach R. and Albrecht R. Membran-trennverfahren. Otto Salle Verlag, 1981

4 Mulder M 著．李琳译．膜技术基本原理．第二版．北京：清华大学出版社，1999. 第 3 章

5　Membrane Technology in the Chemical Industry. ed. by S P Nunes and K V Peinemann. Weinheim：Wiley-VCH，2001. 12～14

6　Cheryan M. Ultrafiltration Handbook. Lancaster：Technomic Publishing Co，1986. 48～50

7　翟晓东，陆晓峰，梁国明等. 华东理工大学学报. 2001, 27 (6)：643～647

8　蓝伟光. 化学医药工业信息. 1995，11 (4)：8～12；11 (5)：11～14

9　Gutman R G. Membrane Filtration. Bristol：Adam Hilger，1987. 32

10　邬行彦. 工业生化杂志. 1989，No. 1：11

11　Merten U (ed). Desalination by Reverse Osmosis. Cambridge：MIT Press，1966

12　王湛编. 膜分离技术基础. 北京：化工出版社，2000. 53～57

13　日本膜学会编. 王志魁译. 膜分离过程设计法. 北京：科学技术文献出版社，1988

14　Huang S.，Wu X.，Yuan C.，Liu T. J. Chem. Tech. Biotechnol. 1995，64：109～114

15　刘昌胜，邬行彦. 中国抗生素杂志. 1994，19 (5)：336～339

16　Belaff-Bako et al. (eds) Intergration of Membrane Processes into Biocoversions. New York：Kluwer Academic Plenum Publishers，2000. 32

17　邬行彦，孙进. 国外医药抗生素分册. 1992，13 (6)：455～462；1993，14 (1)：60～67

18　Porter M C. I & E C Product Research and Development. 1972，11：234～248

19　刘昌胜，邬行彦，潘德维，林剑. 膜科学与技术. 1996，16 (2)：25～30

20　Cooper A R. and R G. Booth. Separation Sci. and Technol. 1978，13 (8)：735～744

21　Liu C and X Wu. J. Chem. Tech. Biotechnol. 2001，76：1023～1029

22　刘芙娥等编. 膜分离技术应用手册. 北京：化工出版社，2001

23　Gravatt D P. and T E Molnar. Recovery of an Extracellular Antibiotec by Ulltrafiltration，in ＜Membrane Separation in Biotechnology＞. ed. by W C McGregor，Marcel Dekker. New York：1986，89～97

24　Kalyanpur M.，Skea W.，Siwak M. Develop. Ind. Microbiol. 1985, vol. 26：455～470

25　Flaschel E.，Wandrey C.，Kula M R. Adv. Biochem. Eng. Biotechnol. 1983，26：73～143

18　溶剂萃取法

无论在科学实验还是在工业生产过程中或日常生活中都经常会遇到"萃取"这个名词。溶剂萃取法是 20 世纪 40 年代兴起的一项化工分离技术，它是用一种溶剂将产物自另一种溶剂（如水）中提取出来，达到浓缩和提纯的目的。

溶剂萃取法比化学沉淀法分离程度高，比离子交换法选择性好、传质快，比蒸馏法能耗低且生产能力大、周期短、便于连续操作，容易实现自动化。

溶剂萃取法在生物合成工业上也是一种重要的提取方法和分离混合物的单元操作，并应用得相当普遍，它不仅对抗生素、有机酸、维生素、激素等发酵产物可采用有机溶剂萃取法进行提取，而且近 20 年来研究溶剂萃取技术与其他技术相结合从而产生了一系列新的分离技术，如逆胶束萃取（reversed micelle extraction）[1]，超临界萃取（supercritical fluid extraction）[2]，液膜萃取（liquid membrane extraction）[3] 等以适应 DNA 重组技术和遗传工程的发展，用于生物制品如酶、蛋白质、核酸、多肽和氨基酸等的提取、精制。本章重点介绍有机溶剂萃取法的理论与实践。

溶剂萃取法是以分配定律为基础的。

18.1　分配定律

18.1.1　分配定律的导出[4]

在溶剂萃取中，被提取的溶液称为料液，其中欲提取的物质称为溶质，用以进行萃取的溶剂称为萃取液。经接触分离后，大部分溶质转移到萃取剂中，得到的溶液称为萃取液，而被萃取出溶质的料液称为萃余液。

将萃取剂和料液放在分液漏斗中，（图 18-1）振荡混合，然后静置分层形成两相，即萃取液（Ⅰ）和萃余液（Ⅱ）。此时有一部分溶质自第Ⅱ相（料液）转入第一相（萃取剂）中。

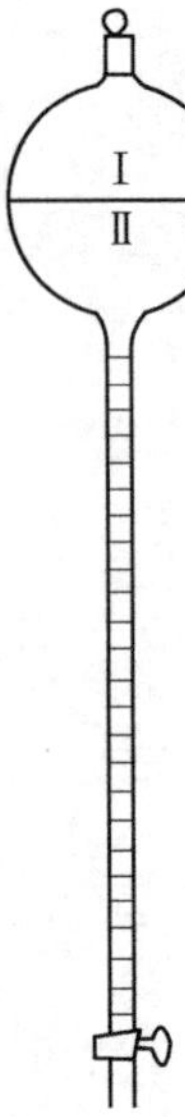

当达到平衡时根据相律，有 $F=C-P+2$。其中 F 代表自由度，C 代表组分数，P 代表相数，若系统中除两种溶剂外，只含有一种溶质，则 $C=3$。因为 $P=2$，代入相律公式中得 $F=3$。当温度、压力一定时，$F=1$，即一个变数就能决定整个系统。亦即一相的浓度如果固定，另一相的浓度亦应固定，它们之间的关系用分配定律来表示。

在一定的温度和压力下达成平衡时，溶质在两相中的化学位相等，即

$$\mu_1=\mu_2$$

式中　μ_1，μ_2 分别为溶质在第Ⅰ相和第Ⅱ相中的化学位。

而

$$\mu_1=\mu_1^0+RT\ln a_1$$

图 18-1　分配平衡

$$\mu_2=\mu_2^0+RT\ln a_2$$

式中 μ_1^0，μ_2^0 分别为溶质在第 I 相和第 II 相中标准化学位；a_1，a_2 分别为溶质在第 I 相和第 II 相中的活度。

标准化学位和组成无关，但和温度、压力有关。所以有：

$$\mu_1^0 + RT\ln a_1 = \mu_2^0 + RT\ln a_2$$

$$\frac{a_1}{a_2} = e^{\frac{\mu_2^0 - \mu_1^0}{RT}}$$

当温度一定时，标准化学位为常数，故得

$$\frac{a_1}{a_2} = K$$

如为稀溶液，可以浓度代替活度

$$\frac{c_1}{c_2} = \frac{\text{萃取相浓度}}{\text{萃余相浓度}} = K \tag{18-1}$$

式（18-1）即为分配定律，K 称为分配系数。

在常温下 K 为常数；c 的单位通常用 mol/L 或质量单位/mL。

应用式（18-1）时，需注意下列条件①必须是稀溶液；②溶质对溶剂之互溶度没有影响；③必须是同一种分子类型，即不发生缔合或离解。例如青霉素在水中部分离解成负离子（青·COO⁻），而在溶剂相中则仅以游离酸（青·COOH）的形式存在，则只有两相中的游离酸分子才符合分配定律。此时，同时存在着两种平衡，一种是青霉素游离酸分子在有机溶剂相和水相间的分配平衡；另一种是青霉素游离酸在水中的电离平衡（图 18-2）。前者用分配系数 K_0 来表征，后者用电离常数 K_p 来表征。对于弱碱性物质也有类似的情况。对于缔合的情况，可以塞发洛新（噻孢霉素，cephalothin）为例，它在醋酸丁酯中形成两分子的缔合物，则只有两相中的单分子化合物的浓度才符合分配定律。

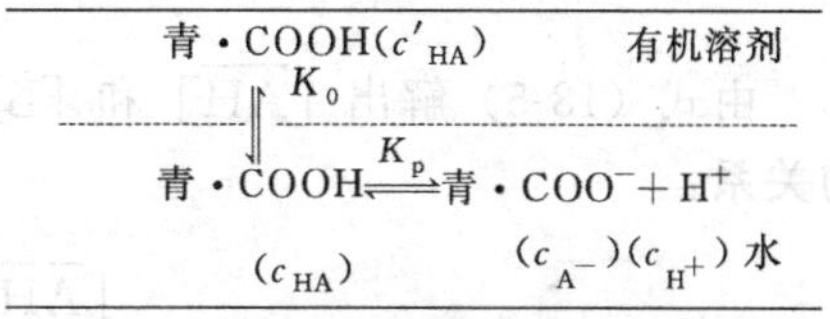

图 18-2　青霉素的分配和电离平衡

c'_{HA}—有机溶剂相中青霉素游离酸的浓度；

c_{HA}—水相中青霉素游离酸的浓度；

c_{A^-}—水相中青霉素游离负离子的浓度；

c_{H^+}—氢离子浓度

若原来料液中除溶质 A 以外，还含有溶质 B，则由于 A、B 的分配系数不同，萃取相中 A 和 B 的相对含量就不同于萃余相中 A 和 B 的相对含量。如 A 的分配系数较 B 大，则萃取相中 A 的含量（浓度）较 B 多，这样 A 和 B 就得到一定程度的分离。萃取剂对溶质 A 和 B 分离能力的大小可用分离因素（β）来表征：

$$\beta = \frac{c_{1A}/c_{1B}}{c_{2A}/c_{2B}} = \frac{K_A}{K_B} \tag{18-2}$$

式中 β 为分离因素；c_{1A}，c_{1B}，c_{2A}，c_{2B} 分别表示萃取相和萃余相中溶质 A 和 B 的浓度。

由式（18-2）可知，β 等于分配系数之比，β 越大，表示分离效果越好。

18.1.2　弱电解质在有机溶剂-水相间的分配平衡

弱电解质在水中的电离平衡，对于弱酸有 $AH \Longleftrightarrow A^- + H^+$，对于弱碱有 $BH^+ \Longleftrightarrow B + H^+$，可分别用电离常数方程式来表示：

$$K_p = \frac{[A^-][H^+]}{[AH]} \tag{18-3a}$$

$$K_p = \frac{[B][H^+]}{[BH^+]} \tag{18-3b}$$

式中 $[AH]$，$[A^-]$，$[H^+]$ 表示水中游离酸，该酸的负离子和氢离子的浓度；$[B]$，$[BH^+]$ 表示水中游离碱，该碱的正离子浓度。

如在有机相中，物质不发生缔合而成单分子形式，则如上所述，只有单分子化合物的浓度符合分配定律：

$$K_0 = [\overline{AH}]/[AH] \tag{18-4a}$$

$$K_0 = [\overline{B}]/[B] \tag{18-4b}$$

式中 $[\overline{AH}]$，$[\overline{B}]$ 分别表示有机相中游离酸和游离碱的浓度。

但用分析方法不能单独测定水相中游离酸（或其负离子）及游离碱（或其正离子）的浓度，只能测定游离酸和其负离子或游离碱和其正离子的总浓度。故利用式（18-3），将式（18-4）中游离酸或碱的浓度以其总浓度来表示，可得

$$K_0 = \frac{[\overline{AH}](K_p + [H^+])}{c \cdot [H^+]} \tag{18-5a}$$

$$K_0 = \frac{[\overline{B}](K_p + [H^+])}{c \cdot K_p} \tag{18-5b}$$

式中 c 为用分析方法测得的水相中物质的总浓度。

$$c = [AH] + [A^-] \tag{18-6a}$$

$$c = [B] + [BH^+] \tag{18-6b}$$

由式（18-5）解出 $[\overline{AH}]$ 和 $[\overline{B}]$，可得有机相中物质浓度与水相中总浓度及 pH 之间的关系：

$$[\overline{AH}] = K_0 \cdot c \frac{[H^+]}{K_p + [H^+]} \tag{18-7a}$$

$$[\overline{B}] = K_0 \cdot c \frac{K_p}{K_p + [H^+]} \tag{18-7b}$$

由式（18-7）可见，以有机相中物质浓度 $\bar{c}$ 和 $c \cdot f(H)$ 为坐标作图可得一直线，（对酸，$f(H) = \dfrac{[H^+]}{K_p + [H^+]}$；对碱 $f(H) = \dfrac{K_p}{K_p + [H^+]}$，其斜率可决定分配系数。

将式（18-7）两边除以 c，将 $\dfrac{\bar{c}}{c}$ 以 K 表示，即两相中总浓度之比，称为表观分配系数，则将 K 与 pH 之间的关系：

$$K = K_0 \frac{[H^+]}{K_p + [H^+]} \tag{18-8a}$$

$$K = K_0 \frac{K_p}{K_p + [H^+]} \tag{18-8b}$$

从上可见，溶质在两相的分配决定于选择何种溶剂和水相的 pH。

18.2　溶剂的选择[5]

萃取用的溶剂除对产物有较大的溶解度，还应有良好的选择性。如上所述，选择性可用分离因素来表征。根据"相似相溶"的原则来选择溶剂，重要的"相似"就溶解度关系而论是在分子的极性上。

介电常数是一个化合物摩尔极化程度的量度，如果已知这个值，那么就可预知此化合物极性强弱，若已知一个物质的介电常数 D，即可用此物质在一个电容器中两极板之间所得的静电容量 C_E 来量度。

如果 C_{0E} 是在完全真空时，同一电容器中的静电容器值，那么：

$$D = \frac{C_E}{C_{0E}}$$

如果 D_1 和 D_2 分别为测试液体和标准液体的介电常数，C_{1E} 和 C_{2E} 为一个电容器内分别充满有上述两种液体时的静电容量。则：

$$\frac{D_1}{D_2} = \frac{C_{1E}}{C_{2E}}$$

D_2 为已知值，C_{1E} 和 C_{2E} 可以测量，所以 D_1 值可以求得。各种溶剂的介电常数值列于表 18-1 中。

表 18-1　各种溶剂的介电常数（25 ℃）

溶剂	介电常数	溶剂	介电常数	溶剂	介电常数
乙烷	1.90 极性最小	二乙醚	4.34	丙醇	20.7
环乙烷	2.02	氯仿	4.87	丙醇	22.2
四氯化碳	2.24	乙酸乙酯	6.02	乙醇	24.3
苯	2.28	2-丁醇	15.8	甲醇	32.6
甲苯	2.37	1-丁醇	17.8	甲醇	59
		1-戊醇	20.1	水	78.54 极性最强

可以测定被提取物（产物）的介电常数，来寻找相当的溶剂。

对于溶剂除了选择萃取能力高，分离程度高以外，在其操作使用方面还要求：①溶剂与被萃取的液相互溶度要小，黏度低，界面张力适中，使相的分散和两相分离有利；②溶剂的回收和再生容易，化学稳定性好；③溶剂价廉易得；④溶剂的安全性好，如闪点高、低毒等。在生化工程中常用的溶剂有乙酸乙酯、乙酸丁酯和丁醇等。

18.3　水相条件的影响

影响萃取操作的因素很多，主要的因素有 pH、温度、盐析、带溶剂等。

18.3.1　pH 值[6]

在萃取操作中正确选择 pH 值很重要。一方面 pH 影响分配系数，因而对萃取收率影响很大。如对弱酸性抗生素其影响可见式（18-8a），又如对弱碱性抗生素红霉素，当 pH9.8 时，它在乙酸戊酯与水相（发酵液）间的分配系数为 44.7，而在 pH5.5 时，红霉素在水相（缓冲液）与乙酸戊酯间的分配系数为 14.4[7]。另一方面 pH 对选择性也有影响。如酸性物质一般在酸性下萃取到有机溶剂，而碱性杂质则成盐而留在水相。如为酸性杂质则应根据其酸性之强弱，选择合适的 pH，以尽可能除去之。再以抗生素为例，青霉素在 pH2 萃取时，醋酸丁酯萃取液中青霉烯酸可达青霉素之 12.5%，而在 pH3 萃取时，则可降低至 4%。对于碱性产物则相反，在碱性下萃取到有机溶剂中。除了上述两方面外，pH 还应该选择在尽量使产物稳定的范围内。

18.3.2　温度

温度对产物的萃取也有很大的影响，一般说来，生化产物在温度较高时都不稳定，故萃取应维持在室温或较低温度下进行。但在个别场合，如低温对萃取速度影响较大，此时为提

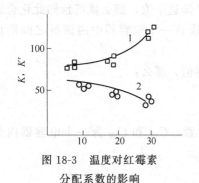

图 18-3 温度对红霉素
分配系数的影响

1—在 pH9.0 下萃取；2—在 pH4.5 下反萃取
K—萃取时分配系数；K'—反萃取时分配系数

高萃取速度可适当升高温度。此外，温度也会影响分配系数，例如温度对红霉素分配系数的影响见图 18-3。

18.3.3 盐析

加入盐析剂如硫酸铵、氯化钠等可使产物在水中溶解度降低，而易于转入溶剂中去。另一方面也能减少有机溶剂在水中溶解度。如提取维生素 B_{12} 时，加入硫酸铵，对 B_{12} 自水相转移到有机溶剂中有利。提取青霉素时加入 NaCl，对青霉素从水相转移到有机溶剂中有利。盐析剂的用量要适当，用量过多会使杂质也一起转入溶剂中。同时当盐析剂用量大时，也应考虑其回收和再利用的问题。

18.3.4 带溶剂

有的产物的水溶性很强，在通常有机溶剂中溶解度都很小，则如要采用溶剂萃取法来提取，可借助于带溶剂，即使水溶性不强的产物，有时为提高其收率（如用于定量分析中）和选择性，也可考虑采用带溶剂。所谓带溶剂是指这样一种物质，它们能和欲提取的生物物质形成复合物，而易溶于溶剂中，且此复合物在一定条件下又要容易分解。

水溶性较强的碱（如链霉素）可与脂肪酸［如月桂酸 $CH_3(CH_2)_{10}COOH$］形成复合物而能溶于丁醇、醋酸丁酯、异辛醇中。在酸性下（pH5.5～5.7），此复合物分解成链霉素而可转入水相。链霉素在中性下能与二异辛基磷酸酯相结合，而从水相萃取到三氯乙烷中，然后在酸性下，再萃取到水相。链霉素还能和二元羧酸的单酯如 2-乙基-己基邻苯二甲酸单酯形成能溶于异戊醇的复合物。

青霉素作为一种酸，可用脂肪碱作为带溶剂。如能和正十二烷胺、四丁胺等形成复合物而溶于氯仿中。这样萃取收率能够提高，且可以在较有利的 pH 范围内操作，适用于青霉素的定量测定中。这种正负离子结合成对的萃取，也称为离子对萃取。

土霉素在碱性下成负离子能与溴代十六烷基吡啶相结合而溶于异辛醇中，然后再在酸性下萃取到水相。也可以看做土霉素负离子与溴离子相交换而溶于异辛醇中，因此这种带溶剂有时也称为液体离子交换剂[8]。

柠檬酸在酸性条件下，可与磷氧键类萃取剂如磷酸三丁酯（TBP）形成中性络合物而进入有机相（$C_6H_8O_7 \cdot 3TBP \cdot 2H_2O$），有时也称为反应萃取。

18.4 乳化和去乳化

影响萃取操作的因素除了上述讨论的内容以外，生产中还经常会发生乳化。乳化是一种液体分散在另一种不相混合的液体中的现象。而乳化产生后会使有机溶剂相和水相分层困难，出现两种夹带即发酵液废液中夹带有机溶剂微滴，就意味着发酵单位的损失；溶剂相中夹带发酵液微滴，会给以后的精制造成困难。产生的乳化有时即使采用离心分离机也往往不能将两相分离完全。所以必须破坏乳化。

要破坏乳化，先要了解乳化的成因，关于乳化的理论目前还不够十分完善，这里只介绍一些比较成熟的概念。

18.4.1 乳浊液的形成

当将有机溶剂（通称为油）和水混在一起搅拌时，可能产生两种形式的乳浊液。一种是以油滴分散在水中，称为水包油型或 O/W 型乳浊液；另一种是水以水滴分散在油中，称为油包水型或 W/O 型乳浊液。见图 18-4 和图 18-5。

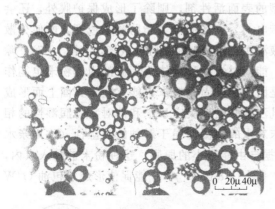

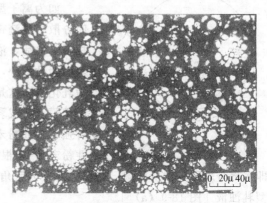

图 18-4　O/W 型乳浊液显微照片　　　　　图 18-5　W/O 型乳浊液显微照片

　　众所周知，油与水是不相溶的，两者混在一起，能很快分层。并不能形成乳浊液。一般要有第三种物质——表面活性剂存在时，才容易发生乳化，这种物质称为乳化剂，表面活性剂是一类分子中一端具有亲水基团 [例如—COONa，—SO$_3$Na，—OSO$_3$Na，—N$^+$(CH$_3$)$_3$Cl$^-$，—O(CH$_2$CH$_2$O)$_n$H 等]，另一端具有亲油基团（烃链）且能降低界面张力的物质。通常用图 18-6 （a）表示表面活性剂的模型。

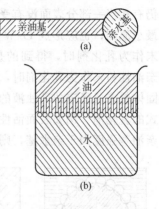

图 18-6　表面活性剂在界面上定向排列

　　可以想象，由于它具有亲水、亲油的两性性质，所以能够把本来不相溶的油与水连在一起，且其分子处在任一相中都不稳定，而当处在两相界面上，亲水基伸向水、亲油基伸向油时就比较稳定。因此表面活性剂分子在相的界面上，定向排列成单分子层，见图 18-6 （b）。

　　另一方面，根据吉布斯（Gibbs）吸附方程式

$$\Gamma = -\frac{c}{RT}\frac{\mathrm{d}\gamma}{\mathrm{d}c}$$

　　式中　Γ 为表面层与溶液主体浓度的相差，或称表面过剩浓度，mol/m^2；c 为溶液主体浓度，mol/L；γ 为表面张力，N/m；T 为热力学温度，K；R 为气体常数，8.314 J/(K·mol)。

　　可知，由于加入表面活性剂后，表面张力降低[9]，故 $\dfrac{\mathrm{d}\gamma}{\mathrm{d}c}$ 是负值，而 Γ 是正值，即表面活性剂一定积聚在表面上，表面张力也可以表示为增加单位表面积所需之功，即 $\gamma = W/\Delta S$，式中 ΔS 代表表面积的增加，W 代表功。所以表面张力降低，液体容易分散成微滴而发生乳化。在乳浊液中，界面积大，物系的自由能大，故为热力学不稳定系统。时间一长，乳浊液会自行破坏。因此要形成乳浊液，还应具备使其稳定的条件。

18.4.2　乳浊液的稳定条件和乳浊液的类型[10]

　　乳浊液稳定性和下列几个因素有关：①界面上保护膜是否形成；②液滴是否带电；③介质的黏度。其中以第一个因素最重要。如上所述，表面活性剂分子聚集在界面上，在分散相

液滴周围形成保护膜。保护膜应具有一定的机械强度，不易破裂，能防止液滴碰撞而引起聚沉。介质黏度较大时能增强保护膜的机械强度。

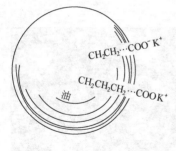

图 18-7　肥皂分子油滴负电荷

如为离子型的表面活性剂，则除了形成保护膜外，还会使分散相液滴带电荷。例如肥皂为脂肪酸钠或钾，能使分散相带负电荷，液滴相互排斥，而使乳浊液稳定（图 18-7）。除表面活性剂外，能同时为两种液体所润湿的固体粉末也能作为乳化剂，这是因为这种固体粉末也能存在于界面上而形成保护膜。所成乳浊液的类型决定于水和油对它的润湿性的相对强弱。如粉末对水的润湿性强于对油的润湿性（称为亲水性粉末），则根据自由能最小的原则，这种粉末被拉入水内，即大部分表面为水所润湿，其接触角 θ 为锐角［图 18-8（a）］，并能促使形成水包油 O/W 型乳浊液［图 18-9（a）］。

由图 18-9（a），亲水性粉末在 O/W 型乳浊液界面，能形成一层薄膜，保护油滴不致相互碰撞而聚沉，而由图 18-9（b）可见对 W/O 型乳浊液，水滴仍有相当一部分表面没有受到保护。而且根据自由能最小原则，也应形成 O/W 型乳浊液。因此亲水性粉末作为乳化剂时，得到的是 O/W 型乳浊液；相反，亲油性粉末作为乳化剂时，得到的是 W/O 型乳浊液。固体粉末所稳定的乳浊液的理论，可以推广到其他形式的乳化剂。例如表面活性剂的亲水基强度大于亲油基，则易形成 O/W 型乳浊液；反之如亲油基强度大于亲水基，则易形成 W/O 型乳浊液。

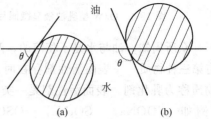

图 18-8　亲水性
（a）和亲油性；（b）粉末在界面上的分布

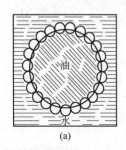 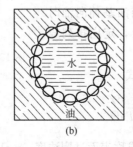

图 18-9　粉末乳化剂作用示意图

表面活性剂的亲水与亲油程度的相对强弱，在工业上常用 HLB 数来表示。它最早由经验得来，现在有一些经验公式用来计算，也可用实验方法测定。HLB 数即亲水与亲油平衡程度：HLB 数越大，亲水性越强，形成 O/W 型乳浊液；HLB 数越小，亲油性越强，形成 W/O 型乳浊液。

当 HLB 数未知时，可根据其溶解度或分散程度粗略估计，见表 18-2。不同 HLB 数的表面活性剂的用途见表 18-3。

表 18-2　各种分散程度的表面活性剂的 HLB 数

外　观	HLB 范围
在水中不分散	1～4
分散程度很低	3～6
剧烈震荡后得牛乳状分散液	6～8
稳定的牛乳状分散液	8～10
半透明到透明分散液	10～13
透明溶液	大于 13

表 18-3　各种表面活性剂的用途

HLB 数	应　用
3～6	W/O 乳浊液
7～9	润湿剂
8～15	O/W 乳浊液
13～15	洗涤剂
15～18	助溶剂

根据对发酵液的分析，无机物中的酸、碱和盐不是表面活性物质，而在有机物中蛋白质对表面张力的影响最明显，见图18-10。

从图18-10可见随着蛋白质含量的上升，表面张力明显下降即 $\dfrac{\mathrm{d}\gamma}{\mathrm{d}c}<0$，所以蛋白质是引起发酵液乳化的表面活性物质之一。

乳浊液稳定性大小可用乳浊液在离心机中（分离因素一定）分离一定时间后，分出的有机相体积与原来有机溶剂体积之比作为指标来表征。比值愈小，乳浊液愈稳定。

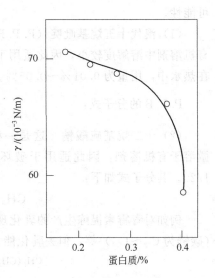

图 18-10　蛋白质含量与
表面张力的关系

18.4.3　乳浊液的破坏

破坏乳浊液常用下列几种方法。

（1）过滤和离心分离　当乳化不严重时，可用过滤或离心分离的方法。分散相在重力或离心力场中运动时，常可引起碰撞而聚沉。在实验室中，用玻璃棒轻轻搅动乳浊液也可促使其破坏。

（2）加热　加热能使黏度降低，易促使乳浊液破坏。在实验室中，如生化物质对热稳定可考虑采用此法。

（3）稀释法　在乳浊液中，加入连续相，可使乳化剂浓度降低而减轻乳化。在实验室化学分析中有时用此法比较方便。

（4）加电解质　离子型乳化剂所成乳浊液常因分散相带电荷而稳定，这些可加入电解质，以中和其电性而促使聚沉。常用的电解质有 NaCl、NaOH、HCl 及高价离子，如铝离子等。

（5）吸附法　例如碳酸钙易为水所润湿，但不能为有机溶剂所润湿，故将乳浊液通过碳酸钙层时，其中水分被吸附。生产上将红霉素一次丁酯抽提液通过碳酸钙层，以除去微量水分，有利于以后的提取。

（6）顶替法　加入表面活性更大，但不能形成坚固保护膜的物质，将原先的乳化剂从界面上顶替出来，但它本身由于不能形成坚固保护膜，因而不能形成乳浊液。常用的顶替剂是戊醇，它的表面活性很大，但碳链很短，不能形成坚固的薄膜。

（7）转型法　在 O/W 型乳浊液中，加入亲油性乳化剂，则乳浊液有从 O/W 型转变成 W/O 型的趋向，但条件还不允许形成 W/O 型乳浊液，因而在转变过程中，乳浊液就破坏。同样，在 W/O 型乳浊液中，加入亲水性乳化剂，也会使乳浊液破坏。

上述这些方法虽有一定效果但需耗费能量和物质，而且都在乳化产生后再破坏，故宜将发酵液先预处理[11]，除去其中的表面活性物质（蛋白质）即消除水相乳化的起因，例如某有机酸发酵液，经酸化预处理后，蛋白质含量从 0.3969% 下降到 0.1810%，其他物性变化甚少，进行清液萃取时，就未发生乳化现象。

18.4.4　常用的去乳化剂

在生物合成工业上较常使用的去乳化剂有两种，一种是阳离子表面活性剂溴代十五烷基吡啶。另一种是阴离子表面活性剂十二烷基磺酸钠。当然并不排斥使用其他高效去乳化剂的可能性。

（1）溴代十五烷基吡啶（P.P.B）是一种棕褐色稠厚液体，在水中溶解度约为 6%，在有机溶剂中溶解度较小，因此适用于破坏 W/O 型乳浊液，去乳化效果很好。使用时先溶解在热水中，用量为 0.01%～0.05%。

P.P.B 的分子式：

$$\left[\underset{C_{15}H_{31}}{\bigcirc N^+}\right] Br^-$$

（2）十二烷基硫酸钠　这是一种洗涤剂，淡黄色透明液体，含量为 25%，易溶于水，微溶于有机溶剂，因此适用于破坏 W/O 型乳浊液。价格较廉，仅为溴代十五烷基吡啶 1/20。其分子式如下：

$$CH_3(CH_2)_{10}CH_2OSO_3^- Na^+$$

例如对青霉素提炼生产的乳化现象过去曾用过磺化蓖麻油以及石油煤油部分的磺化产物（碳链为 C_{12}～C_{18}）等，但去乳化能力不强。

$$\left[\underset{OSO_3Na}{CH_3(CH_2)_5CHCH_2CH=CH(CH_2)_7COONa}\right]$$

国外报道采用溴代四烷基吡啶作为青霉素提炼中的去乳化剂，效果很好。它可由丁醇合成，价廉；既易溶于水，又易溶于丁酯中，因此它既能破坏 W/O 型，也能破坏 O/W 型乳浊液。与溴代十五烷基吡啶相比，乳浊液破坏较完全，能降低青霉素随废液的损失，用量为 0.03%～0.05%。

表面活性剂种类很多，如何正确选择用来作为去乳化剂很重要。除上述 HLB 数可作为指标外，主要应用实验方法来决定。将发酵液和有机溶剂按一定比例混合，加入一定量去乳化剂，搅拌（此时仍产生一定程度的乳化），然后用离心机分离，观察分层和乳化破坏程度，就可比较去乳化能力。去乳化剂用量也可按此实验方法决定。

用于生化物质提炼中的去乳化剂，除考虑去乳化能力外，还应注意不破坏发酵单位和污染成品。例如红霉素在碱性下提取到丁酯相，过去用溴代十五烷基吡啶作为乳化剂，因它是碱性物质，在碱性下易混入丁酯相。而现在改用十二烷基硫酸钠，因后者是酸性物质，在碱性下留在水相，最后成品色泽有所改进。

18.5　萃取方式和理论收得率的计算[12]

工业上萃取操作包括三个步骤：①混合　料液和萃取剂充分混合形成乳浊液，生物物质自料液转入萃取剂中。②分离　将乳浊液分成萃取相和萃余相。③溶剂　回收混合通常在搅拌罐中进行；也可以将料液和萃取剂以很高的速度在管道内混合，湍流程度很高，称为管道萃取；也有利用在喷射泵内涡流混合进行萃取的称为喷射萃取。分离通常利用离心机（碟片式或管式）。也有将混合分离同时在一个设备内完成的，例如各种对向微分接触萃取机如波德皮尔尼克（Podbielniak）萃取机、阿尔-拉伐（Alfa-Laval）萃取机等。各种萃取设备的构造不属于本课程范围，而溶剂回收可以利用液体蒸馏的方式来完成，实际是上化工单元操作中蒸馏操作的一个具体应用，不再重复。

对于利用混合-分离器的萃取过程，按其操作方式分类，可以分成单级萃取和多级萃取，后者又可以分为错流萃取和逆流萃取，还可以将错流和逆流结合起来操作。下面讨论各种萃取操作的理论收得率的计算方法。在计算中假定萃取相和萃余相能很快达到平衡，即每个级都是理论级，且两相完全不互溶，而能完全分离。

18.5.1 单级萃取

单级萃取只包括一个混合器和一个分离器。料液 F 和溶剂 S 加入混合器中经接触达到平衡后，用分离器分离得到萃取液 L 和萃余液 R（见图 18-11）。如分配系数为 K，料液的体积为 V_F，溶剂的体积为 V_S，则经过萃取后，溶质在萃取相与萃余相中数量（质量或摩尔）之比值

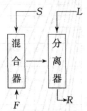

$$E = K \frac{V_S}{V_F}$$

E 称为萃取因素。由 E 可求得未被萃取的分率 ϕ 和理论收得率 $1-\phi$：

图 18-11　单级萃取

$$\left.\begin{array}{l} \phi = \dfrac{1}{E+1} \\[3mm] 1-\phi = \dfrac{E}{E+1} \end{array}\right\} \tag{18-9}$$

18.5.2 多级错流萃取

在此法中，料液经萃取后，萃余液再与新鲜萃取剂接触，再进行萃取。图 18-12 表示三级错流萃取过程，第一级的萃余液进入第二级作为料液，并加入新鲜萃取剂进行萃取。第二级的萃余液再作为第三级的料液，也同样用新鲜萃取剂进行萃取。此法特点在于每级中都加溶剂，故溶剂消耗量大，而得到的萃取剂平均浓度较稀，但萃取较完全。经一级萃取后，未被萃取的分率 ϕ_1 为

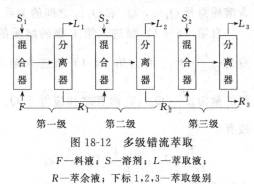

图 18-12　多级错流萃取

F—料液；S—溶剂；L—萃取液；

R—萃余液；下标 $1,2,3$—萃取级别

$$\phi_1 = \frac{1}{E+1}$$

经二级萃取后

$$\phi_2 = \frac{1}{(E+1)^2}$$

依次类推，经 n 级萃取后，未被萃取的分率为 ϕ_n 为

$$\phi_n = \frac{1}{(E+1)^n} \tag{18-10}$$

而理论收得率为

$$1-\phi_n = 1 - \frac{1}{(E+1)^n} = \frac{(E+1)^n - 1}{(E+1)^n} \tag{18-11}$$

在计算时，可以图 18-13 代替式（18-10）比较方便。

例如在一次萃取中，应用一定量之萃取剂，令萃取因素 $E=4$，则未被萃取的分率为 20%。但如将该量之萃取剂，等分成两次萃取，则 $E=2$，而经两次萃取后之 $\phi_2=11\%$。由此可见，在萃取用量一定的情况下，萃取次数愈多，萃取愈完全。

在上面的推导中，系假定每级的 E 都相等，即每级中所加入的萃取剂的量都相等。

如各级的 E 不相等，则式（18-10）成为：

$$\phi_n = \frac{1}{(E_1-1)(E_2-1)\cdots(E_n-1)}$$

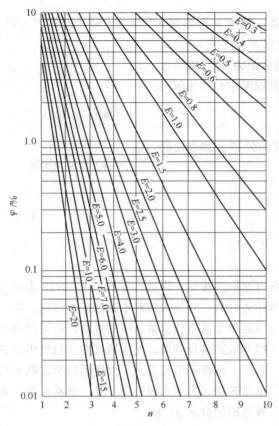

图 18-13　在错流萃取中未被萃取的分率 ϕ
与级数 n，萃取因素 E 之间的关系

18.5.3　多级逆流萃取

在多级逆流萃取中，在第一级中加入料液，并逐渐向下一级移动，而在最后一级中加入萃取剂，并逐渐向前一级移动。料液移动的方向和萃取剂移动的方向相反，故称为逆流萃取（图 18-14）。在逆流萃取中，只在最后一级中加入萃取剂，故和错流萃取相比，萃取剂之消耗量较少，因而萃取液平均浓度较高。

如求取多级逆流萃取的理论收得率，设共有 n 级，图 18-15 中每一方框代表一级，包括一个混合器和一个分离器。

令 Q_k 代表第 k 级中溶质总量（包括萃取相和萃余相），如为连续操作，则表示单位时间内通过第 k 级的溶质总量。

先求相邻三级 $k-1$，k，$k+1$ 级中所含溶质总量 Q_{k-1}，Q_k 和 Q_{k+1} 之间的关系。

自第 $(k+1)$ 级进入第 k 级的溶质的量为 $\dfrac{1}{E+1}Q_{k+1}$ 而自第 $(k-1)$ 级进入第 k 级的量为 $\dfrac{E}{E+1}Q_{k-1}$，两者之和应等于 Q_k，故有

$$\frac{E}{E+1}Q_{k-1}+\frac{1}{E+1}Q_{k+1}=Q_k$$

即　　$EQ_{k-1}+Q_{k+1}-(E+1)Q_k=0$

对于第 1 级，有

$$Q_1=\frac{1}{E+1}Q_2=\frac{E-1}{E^2+1}Q_2 \quad (18\text{-}12a)$$

对于第 2 级，有

$$Q_2=\frac{E}{E+1}Q_1+\frac{1}{E+1}Q_3$$

以式（18-12a）代入上式，并化简可得

$$Q_1=\frac{E-1}{E^3+1}Q_3 \quad (18\text{-}12b)$$

根据式（18-12a）、式（18-12b）依次类推，可以得到

$$Q_1=\frac{E-1}{E^n+1}Q_n \quad (18\text{-}12c)$$

图 18-14　多级逆流萃取
（符号说明同图 18-12）

图 18-15　多级逆流萃取计算公式之推导
（符号说明同图 18-11）

用数学归纳法可证明式（18-12c）。设 $n=k-1$，k 时，式（18-12c）成立，如能证明 $n=k+1$ 时也成立。则式（18-12c）对任何 n 值都成立。即设

$$Q_1 = \frac{E-1}{E^{k-1}-1}Q_{k-1} \tag{18-12d}$$

$$Q_1 = \frac{E-1}{E^k-1}Q_k \tag{18-12e}$$

求证

$$Q_1 = \frac{E-1}{E^{k+1}-1}Q_{k+1} \tag{18-12f}$$

对于第 k 级，有

$$Q_k = \frac{E}{E+1}Q_{k-1} + \frac{1}{E+1}Q_{k+1}$$

以式（18-12d）、式（18-12e）代入上式并化简，即得式（18-12f），因此式（18-12c）就得到证明。

在式（18-12c）中，设 n 为 $n-1$，可得：

$$Q_1 = \frac{E-1}{E^{n-1}-1}Q_{n-1} \tag{18-12g}$$

对于第 n 级，

$$Q_n = F + \frac{E}{E+1}Q_{n-1}$$

其中 F 代表料液中溶质的量，以式（18-12c）、式（18-12g）代入上式，并化简得

$$F = \frac{E^{n+1}-1}{(E-1)(E+1)}Q_1 \tag{18-12h}$$

未被萃取的分率 ϕ 为 $(1/E+1)\cdot Q_1/F$，以式（18-12h）代入，得

$$\phi = \frac{E-1}{E^{n+1}-1} \tag{18-12}$$

而理论收得率

$$1-\phi = \frac{E^{n+1}-E}{E^{n+1}-1} \tag{18-13}$$

和错流萃取一样，式 18-12 也可用图来表示（图 18-16）。

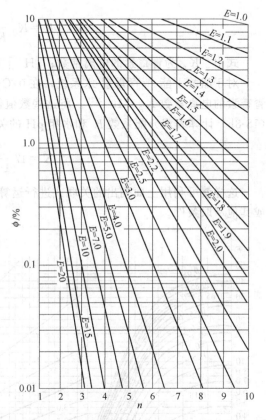

图 18-16　在逆流萃取中未被萃取的分率 ϕ 与级数 n、萃取因数 E 之间的关系

18.5.4　萃取计算诺模图[13]

生物物质萃取分离、浓缩过程的主要指标是产物从一相转入另一相的完全程度、浓缩倍数以及萃取的选择性等是由一系列物理-化学和工艺因素所决定：所用的有机溶剂，水相 pH 值、萃取温度、相的体积比，所用设备效率等。

为了便于选择合理的萃取条件和相应的设备，必须适当地分析主要因素对过程的影响。则可利用未被萃取分率 ϕ，浓缩倍数 m，水相 pH 和使用设备的理论级数 n 等定量联系的诺模图来完成。

主要可通过下列关联式进行计算：

$$K = f(\mathrm{pH})$$

$$E = K \cdot \frac{1}{m} \text{（萃取）} \quad E = \frac{1}{K} \cdot \frac{1}{m} \text{（反萃取）}$$

$$\phi = \frac{E-1}{E^{n+1}-1}$$

从上面三式分析可见，主要是求取在一定温度下分配系数 K 和溶液 pH 的关系（m 和 n 是可以任选的），然后通过电子计算机运算即可描点绘图。

以青霉素为例，由 18.1.2 可知，表观分配系数 K（溶剂相和水相中青霉素总浓度之比）和青霉素游离酸的分离系数 K_0 有如下关系：

$$K = K_0 \frac{[\mathrm{H}^+]}{K_p + [\mathrm{H}^+]} \tag{18-8a}$$

式中　K_p 为青霉素的电离常数；$[\mathrm{H}^+]$ 为水相中氢离子浓度。

对于醋酸丁酯-苄青霉素-水系统，在 0 ℃，pH2.5 时表观分配系数经测定 $K=30$，而苄青霉素的电离常数 $K_p = 10^{-2.75}$。将这些数值代入式（18-8a），可求得 $K_0 = 47$，于是可按式（18-8b）计算表观分配系数 K 和水相 pH 的关系：

$$K = 47 \frac{1}{1 + 10^{\mathrm{pH}-2.75}} \tag{18-8b}$$

这样就可利用上面列出的关联式进行运算画出诺模图（图 18-17）用来计算理论收得率或其他萃取条件。

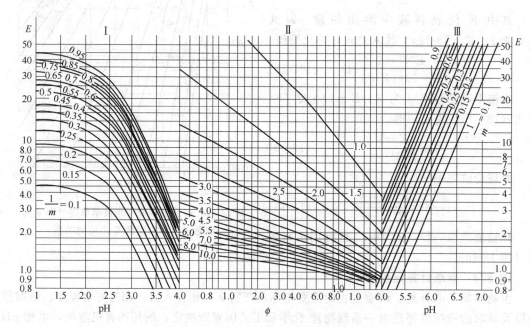

图 18-17　青霉素萃取计算诺模图

Ⅰ—$E = f(\mathrm{pH}, m)$，适用于青霉素自水相萃取到丁酯相；Ⅱ—$\phi = f(E, n)$；
Ⅲ—$E = f(\mathrm{pH}, m)$，适用于青霉素自丁酯相反萃取到水相

图 18-17 中的左侧和右侧绘出萃取因素 E，在不同的 $1/m$ 下与 pH 的关系，在诺模图的中间部分绘出青霉素的未被萃取的分率 ϕ 与萃取因素 E 的关系。

利用诺模图就可决定各种萃取设备的萃取条件。设有三种萃取设备，第一种为通常的两

级逆流混合离心分离设备。设每一级混合器的效率取为 0.9，则该设备相当于 1.8 个理论级，即 $n=1.8$；第二种为卢怀斯特（Luwester）三室离心萃取机，每一室的效率取为 0.7，则设备相当于 $n=2.1$；第三种为多级离心萃取机，设它相当于五个理论级 $n=5$。如规定未被萃取的分率 $\phi=2\%$，则在 pH 为 2.0 和 3.0 萃取时，相应的浓缩倍数见表 18-4。

表 18-4　未被萃取的分率 $\phi=2\%$ 时的浓缩倍数

萃取设备	理论级数 n	浓缩数 m			
		pH2.0		pH3.0	
		计算值	实际值[①]	计算值	实际值
两级逆流混合离心分离设备	1.8	5.0	2.5～3.0	2.1	2.1
卢怀斯特三室离心机	2.1	6.7	2.8～3.2	2.8	2.8
多级离心萃取机	5	>10	3.0～3.5	8.0	5.0～7.0

① 如发酵液中加入高效率去乳化剂，m 值可提高。

从表 18-4 可见，在 pH2 萃取时，浓缩倍数的计算值在 5.0～10 以上，但实际值却在 2.5～3.5 之间，即实际溶剂用量不能少于滤液体积的 1/3。这是由于丁酯体积减少时，在相分界面上，每单位面积乳化杂质的量将大大增加，因而乳化严重，ϕ 值就要超过原来规定的 2%。实践表明，当在 pH 为 2.0 萃取青霉素时，抗生素的主要损失不在于废水中青霉素的剩余含量，而是由于它的破坏、水相中因乳化而夹丁酯，以及渣子中带走单位。因此在 pH 为 2.0 萃取时，利用多级萃取设备和用两级逆流混合离心分离设备相比，显不出优越性。但如在 pH 为 3.0 下萃取，利用多级萃取设备就较优越。因为浓缩倍数可达 5～7，而在此 pH 值下杂质析出较少，乳浊液较易破坏，青霉素破坏也较少（在 pH 为 2.0 时破坏速度要比 pH 为 3.0 时高出 6 倍），选择性也增大，丁酯相中杂质减少（见图 18-18 和表 18-5，这是由于很多酸性杂质的酸性比青霉素强，K_p 值较大，分配系数随 pH 升高降低较快，见式 18-8a）。所以利用多级萃取设备在 pH 为 3.0 下萃取，对收率、质量都是有利的。

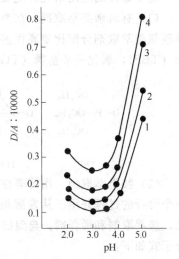

图 18-18　色素转移到反萃取液与萃取时 pH 的关系（反萃取时，水相与有机相为 1∶3）

1,2,3,4—反萃取时 pH 分别为 6.0、7.0、8.0 和 8.5；A—萃取液中青霉素浓度，单位/毫升；D—萃取液色级（光电比色计读数）；D/A：10000—比消光系数（每单位萃取液浓度的消光系数，其中萃取液浓度减小至 $\frac{1}{10000}$）

表 18-5　不同 pH 下萃取和反萃取时，反萃取液中青霉烯酸含量 Cu

No.	反萃取 pH	萃取 pH		
		2.0±0.2	3.0±0.2	4.0±0.2
		Cu[①]（相对单位）		
1	6.0	1.30	1.00	0.14
2	7.0	1.63	1.20	0.35
3	8.0	2.50	1.75	0.43

① 萃取时 pH 为 3.0，反萃取时 pH 为 6.0，得到的反萃取液中青霉素烯酸含量作为 1。

18.6 离子对/反应萃取[14,15]

上述讨论的液-液萃取属于物理萃取，是指用一个有机溶剂择优溶解目标溶质。在物理萃取的应用中一个主要的限制是需要发现一个在有机相和水相之间对目标溶质分配系数足够高的溶剂。除此以外，用有机溶剂萃取弱电解质（有机酸或有机碱）时都要调节溶液的 pH 使其小于 pK_a（对有机酸）或大于 pK_b（对有机碱），这样会影响目标溶质的稳定性，因此启发人们寻找新的萃取体系。

18.6.1 一般介绍

离子对/反应萃取就是使目标溶质与溶剂通过络合反应，酸碱反应或离子交换反应生成可溶性的复合的络合物，易从水相转移到有机溶剂/萃取系统中。

对于这样的应用研究，主要有两类萃取剂：

（1）有机磷类萃取剂 在类似的条件下，用有机磷类化合物萃取弱的有机酸比醋酸丁酯等碳氧类萃取剂分配比要高很多。典型的磷类萃取剂最早用于金属萃取，它们有：磷酸三丁酯（TBP），氧化三辛基膦（TOPO）和二-2-乙基己基磷酸（DEHPA），其分子式如下：

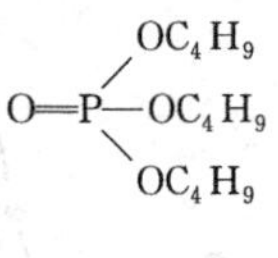

TBP 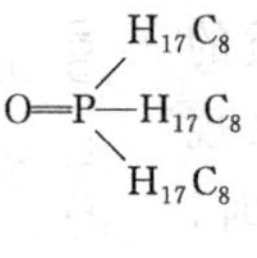　　　　TOPO 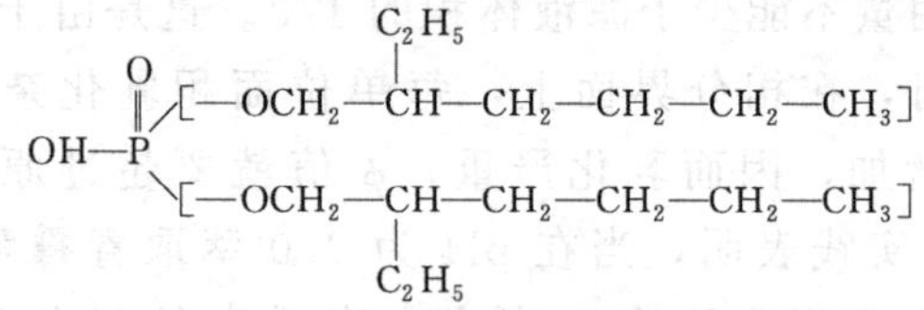　　　　DEHPA

（2）胺类萃取剂 用溶解在稀释剂中长链脂肪酸从水溶液中萃取带质子的有机化合物是一个可行的过程并用于从发酵液中大规模回收柠檬酸。有机酸的可萃性取决于有机相的组成，胺萃取剂和稀释剂，典型的烷基胺类萃取剂有：三辛胺（TOA）和二辛胺（DOA）其分子式如下：

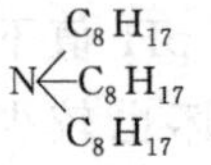

TOA 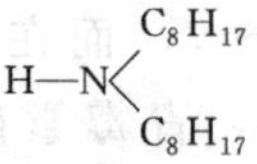　　　　DOA

两种情况下，萃取剂都需溶解在稀释剂中，稀释剂必须符合某些重要参数，并且会影响萃取剂与溶剂的结合，下列因素对稀释剂的选择是很重要的：

a. 分配系数 在萃取时分配系数应大于 1.0，而在反萃取时应小于 0.1，才能使反萃取的提取液中获得较高的浓度，稀释剂能够影响分配系数，特别是通过萃取剂/溶剂复合物的溶剂化作用。

b. 选择性 非特异性萃取应该萃取尽可能少的杂质，这时使用非极性稀释剂更好。

c. 毒性 对食品和药品应低毒或无毒的溶剂，长链烷烃由于它们具有低毒性和低的水溶性，因此理应优先使用。

d. 水溶性 低的水溶性，使溶剂的损失最少。

e. 稳定性 烷烃比醇、酯和卤代烃更难降解。

f. 黏度和密度 低黏度和低密度的稀释剂会使分相更容易。

g. 第三相的形成 当被萃取的溶质浓度达到临界值时，离子对/反应萃取体系会出现形成第三相的问题，所有离子对都有一定的极性，因此在非极性的稀释剂中稳定性很差。在使用烷烃稀释剂的某些情况中，超过了离子对的溶解度就会从有机相中分离出第三相，这是由离子对组成的富相脱离上面富稀释剂的有机相之故，第三相的形成，极大的取决于稀释剂的性质、离子对的结构和温度。

18.6.2 离子对/反应萃取的应用

（1）青霉素萃取　例如可用中性磷萃取剂 TBP 进行萃取，具体反应如下：（以 HP 表示青霉素分子）

a. 青霉素在水相内的解离平衡：

$$HP_{(w)} \underset{}{\overset{K_{HP}}{\longleftrightarrow}} H^+_{(w)} + P^-_{(w)} \tag{18-14}$$

其中　$HP_{(w)}$ 为在水相中的青霉素游离酸；$P^-_{(w)}$ 为在水相中的青霉素负离子；$H^+_{(w)}$ 为水相中氢离子；K_{HP} 为青霉素在水相中的离解常数。

b. 萃取反应平衡：

$$HP_{(w)} + nS_{(o)} \leftrightarrow HP \cdot S_{n(o)} \tag{18-15}$$

$$K_s = \frac{[HP \cdot S_n]_{(O)}}{[HP]_{(w)}[S]^n_{(O)}} \tag{18-16}$$

式中　$[S_{(O)}]$ 为有机相中萃取剂 TBP 的浓度；$[HP \cdot S_{n(O)}]$ 为有机相中青霉素-TBP萃取络合物的浓度；K_s 为萃取反应平衡常数。

其分配比为：

$$D = \frac{[HP]_{(O)}}{[HP]_{(w)}} = \frac{[HP \cdot S_n]_{(O)}}{[HP]_{(w)} + [P^-]_{(w)}} \tag{18-17}$$

$$= \frac{K_s[S]^n_{(O)}}{1 + K_{HP}/[H^+]_{(w)}}$$

$$= \frac{K_s[S]^n_{(O)}}{1 + 10^{pH-pK}} \tag{18-18}$$

式中　$[S]_o = [S^0]_{(O)} - n[HP]_{(O)}$，$[S^0]$ 为萃取剂的初始浓度，mol/L。

（2）柠檬酸的萃取　例如用烷烃叔胺的溶液来萃取柠檬酸，具体反应如下：

$$H_3P_{(w)} + 3R_{(O)} \longleftrightarrow [HR]_3P_{(w)} \tag{18-19}$$

$$\updownarrow$$

$$3H^+_{(w)} + P^{-3}_{(w)}$$

称之为离子对反应，其分配比：

$$D = \frac{K_s[R_{(O)}]^3}{1 + K_{H_3P}/[H^+]^3_{(w)}} \tag{18-20}$$

式中　$[H_3P_{(w)}]$ 为水相中柠檬酸的浓度；$[R_{(O)}]$ 为有机相中烷烃叔胺的浓度；K_{H_3P} 为柠檬酸在水相中的离解常数。

虽然离子对/反应萃取体系对生物产物的萃取具有选择性高、溶剂损耗小、产物稳定等优点，但是由于溶剂的毒性会引起产品残留毒性影响健康，所以国外还无应用实例，只有那些可用于工业原料的产物，才有使用价值，故有待进一步研究开发。

符 号 说 明

C	组分数	C_I	溶质在液相中的浓度，mol/L 或单位/毫升
C_E	物质在一个电容器中的两极板之间的静电容量	D	物质的介电常数

E	萃取因素		T	绝对温度，K
F	自由度		V_F	料液体积
K	分配系数		V_S	溶液的体积
K_O	热力学分配系数		a	溶质在液相中的活度
K_p	电离平衡常数		β	分离因素
K_s	萃取反应平衡常数		γ	表面张力，N/m；
M	浓缩倍数		Γ	表面层与溶液主体浓度的差值，或称表面过剩
P	相数			浓度，mol/m^2
Q	溶质总质量（包括萃取相和萃余相）		μ	溶质化学位
R	气体通用常数，8.314 J/(mol·K)		Φ	未被萃取分率

复 习 题

1. 溶剂萃取法有几种类型，它们的原理分别是什么？

2. 表观分配系数是如何得来的，它与溶液的 pH 和物质的电离平衡常数有什么关系？

3. 怎样利用表观分配系数的数学表达式来分析，说明调节溶液 pH 对萃取过程的优劣？

4. 乳浊液的类型决定于哪些因素？

5. 某厂青霉素提取工段采用两级逆流萃取，已知浓缩倍数为 1.5，萃取时溶液的 pH 为 2，假定各级萃取的效率为 90%，试求理论收得率。

6. 某一弱碱性抗菌素，拟用溶媒萃取法提取。如果发酵液中除抗菌素外，还有一碱性杂质存在。已知抗菌素的 $pK_a=8$，杂质的 $pK_a=7$，先调节溶液的 pH=9，用有机溶剂萃取，然后用 pH=5.0 的缓冲溶液反萃取。当用溶剂萃取时，测得抗菌素在两相间的表观分配系数为 30，而杂质的表观分配系数为 40，问该杂质能否除去？

参 考 文 献

1 Luisi P L., Angew. Chew. Int. Ed Engr. 1985, 24：493

2 Schneider G M., et al. Extraction with Supercritical gases. Weinbeim：Ver lag chemie, 1980

3 张瑞华. 液膜分离技术. 南昌：江西人民出版社，1984

4 Alders L. Liquid-Liquid Extraction. Amsterdam Elsevier：Publishing Company，1955

5 Stanbury P F. and Whitaker Allan. Principles of Fermention Technology. New York：Pergamon Press Ltd，1984

6 Русии В Н и ду. Антибиотики. 1975, 20 (3)：213～216

7 黄大宾等. 红霉素提炼方法的研究. 北京：中国医学科学院抗菌素研究所年刊，1959

8 Каплан С И и ду. Мед Пром С С С Р. 1962，7：25～31

9 Shaw D J. Introduction to colloid and Surface Chemistry. London：Butterworths，1970

10 Песков Н П и ду. Курс Коллоилной Химии. Москва：Госхимиздат，1948

11 Филлпиосьной Т Т и ду，Медпромю С С С С. 1958，12 (12)：33～36

12 华东化工学院，沈阳药学院合编. 抗生素生产工艺学. 北京：化学工业出版社，1989. 203

13 Жуковская С А. Хим-Фарм. Ж. 1972，6 (6)：42～45

14 Reschke M., Schugerl K. Chem Eng J. 1984，28：B1～B9

15 Reschke M., Schugerl K. Chem Eng J. 1984，28：B11～B20

参 考 书 籍

1 Treybal R E. Liquid Extraction. 2nd. New York：MeGraw-Hill，1963

2 李以圭等著. 液-液萃取过程和设备（上、下册）. 北京：原子能出版社，1981

19 两水相分配法

溶剂萃取法作为一种单元操作，广泛应用于化学工业。但通常的溶剂萃取法应用于提取生物大分子是有困难的。这是因为蛋白质遇到有机溶剂，易变性失活，而且有些蛋白质有极强的亲水性，不能溶于有机溶剂中。

很久以来，人们已知道把亲水性聚合物加入水中会形成两相。在这两相中，水分都占很大的比例（85%～95%），生物活性蛋白质或细胞器等，在这种环境中不会引起失活，但可以不同的比例分配于两相中。20世纪70年代中期，Kula和Kroner等[1]首先将两水相系统应用于从细胞匀浆液中提取酶和蛋白质，大大地改善了胞内酶的提取过程，目前已应用于几十种酶的中间规模提取中。

19.1 两水相的形成

当两种聚合物溶液互相混合时，究竟是否分层或混合成一相，决定于两种因素：一为熵的增加，另一为分子间作用力。两种物质混合时熵的增加与涉及的分子数目有关。因而如以摩尔计算，则小分子间与大分子间的混合，熵的增加是相同的。但分子间的作用力，可看做分子中各基团间相互作用力之和，分子越大，当然作用力也越大。根据上述讨论可见，对大分子而言，如以摩尔为单位，则分子间的作用力与分子间的混合熵相比占主要地位，因而主要由前者决定混合的结果。

两种聚合物分子间如有斥力存在，即某种分子希望在它周围的分子系同种分子而非异种分子，则在达到平衡后，就有可能分成两相，两种聚合物分别进入到一相中。当两种聚合物混合时，这种现象最常见，称为聚合物的不相容性（incompatibility）。

如果两种聚合物间存在引力，而且引力很强，如在带相反电荷的两种聚电解质之间，则它们相互结合而存在于一共同的相中。

如果两种聚合物间不存在较强的斥力或引力，则两者能相互混合。

聚合物与盐类溶液也能形成两相，这是由于盐析作用，如PEG与碱性磷酸盐或硫酸盐形成的两相。

典型的两水相系统列于表19-1中，其中A类为两种非离子型聚合物；B类其中一种为带电荷的聚电解质；C类两种都为聚电解质；D类为一种聚合物与一种无机盐组成。

表 19-1 几种两水相系统

A	聚丙二醇	—聚乙二醇 —聚乙烯醇 —葡聚糖	B	DEAE 葡聚糖·HCl	—聚丙二醇 NaCl —聚乙二醇 Li$_2$SO$_4$
			C	羧甲基葡聚糖钠盐	—羧甲基纤维素钠盐
	聚乙二醇 EOPO①	—聚乙烯醇 —葡聚糖 —聚乙烯吡咯烷酮 —羟丙基淀粉	D	聚乙二醇 聚乙二醇 聚乙二醇	—磷酸钾 —硫酸铵 —硫酸钠

① EOPO是环氧乙烷（ethylene oxide）和环氧丙烷（propylene oxide）的无规共聚物。当温度升高时，EOPO会从水中分出形成新相，有利于回收作为成相聚合物的EOPO[2]。

在生化工程中得到应用的多限于聚乙二醇-葡聚糖和聚乙二醇-无机盐系统，这是由于这两种聚合物证明都无毒性，都被收录在很多国家的药典中，而且它们的多元醇或多糖的结构，能使生物高分子稳定。

19.2　相图

两水相形成的条件和定量关系可用相图来表示，两水相系统实际上为三元系统，但为简化计，相图以二元系统表示。对于由两种聚合物和水组成的系统，其相图如图 19-1 所示。

图中以聚合物 Q 的浓度（质量％）为纵坐标，以聚合物 P 的浓度（质量％）为横坐标。只有当 P、Q 达到一定浓度时才会形成两相。图中曲线把均匀区域和两相区域分隔开来，称

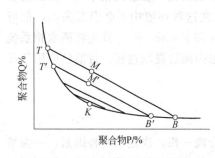

图 19-1　聚合物 P、Q 和水系统的
相图示意图

为双节线（binodal）。在双节线下面的区域是均匀的，在上面的区域为两相区。例如点 M 代表整个系统的组成，该系统实际上由两相组成，上相和下相分别由点 T 和 B 表示。M、T、B 三点在一直线上，T 和 B 代表成平衡的两相，其相连的直线称为系线（tie line）。在同一条系线上的各点分成的两相，具有相同的组成，但体积比不同。令 V_T、V_B 分别代表上相和下相的体积，则有

$$\frac{V_T}{V_B}=\frac{\overline{BM}（B\text{ 点与 }M\text{ 点之间的距离}）}{\overline{MT}（M\text{ 点与 }T\text{ 点之间的距离}）} \qquad (19\text{-}1)$$

即服从于习知的杠杆规则。

（证明：令 W_T，W_B，W_M 分别代表上相、下相和系统的总质量，P_T、P_B、P_M 分别代表 T 点、B 点和 M 点的聚合物 P 的浓度，则按物料衡算有

$$W_T+W_B=W_M \qquad (19\text{-}2)$$

$$W_TP_T+W_BP_B=W_MP_M \qquad (19\text{-}3)$$

将式(19-2)代入式(19-3)中，并移项得

$$W_T(P_T-P_M)=W_B(P_M-P_B)$$

$$\therefore \quad \frac{W_T}{W_B}=\frac{P_B-P_M}{P_M-P_T}=\frac{\overline{BM}}{\overline{MT}}$$

设 d_T，d_B 分别为上相和下相的密度，则有

$$\frac{V_Td_T}{V_Bd_B}=\frac{\overline{BM}}{\overline{MT}}$$

但聚合物溶液的密度通常和水相差不大（一般在 1.0～1.1 之间），于是可得式（19-1）。当系统向下移动时，长度逐渐减小（见图 19-1），这说明两相的差别减小，当达到 K 点时，系线的长度为零，两相间差别消失，点 K 称为临界点（critical point）或褶点（plait point）。双节线的位置与形状与聚合物的分子量有关。聚合物的分子量越高，相分离所需的浓度越低；两种聚合物的分子量相差越大，双节线的形状越不对称（见图 19-2）。

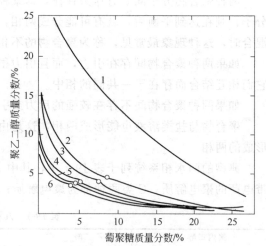

图 19-2　聚乙二醇-葡聚糖系统的
双节线和临界点 (O)[3]

聚乙二醇的分子量固定（PEG6000）而葡聚糖的分子量如下：
1—D5（$\overline{M}_n=2300$，$\overline{M}_w=3400$）；2—D17（$\overline{M}_n=23\,000$，$\overline{M}_w=30\,000$）；3—D24（$\overline{M}_n=40\,500$）；4—D37（$\overline{M}_n=83\,000$，$\overline{M}_w=179\,000$）；5—D48（$\overline{M}_n=180\,000$，$\overline{M}_w=460\,000$）；6—D68（$\overline{M}_n=280\,000$，$\overline{M}_w=2\,200\,000$）；$\overline{M}_n$—依颗粒数的平均分子量；$\overline{M}_\infty$—依质量的平均分子量

19.3 分配理论

19.3.1 表面能的影响

和溶剂萃取法一样，蛋白质在两水相间的分配，由分配系数

$$K = c_1/c_2$$

来描述。习惯上 c_1 代表上相浓度，c_2 代表下相浓度。当相系统固定时，分配系数为一常数，与蛋白质的浓度无关。

众所周知，当达到平衡时，分子或颗粒如处在某一相中时，能量较低，则它们比较集中地分配在该相中。设分子自相 2 移至相 1 所需的功为 ΔE，则根据相平衡时，化学位应相等的原则，不难推得，分配系数 K 应为

$$K = \frac{c_1}{c_2} = e^{-\frac{\Delta E}{kT}} \tag{19-4}$$

式中 k 为波尔茨曼常数；T 为温度。

设聚合物分子为球形，其半径为 R，则在两相中的表面能分别为 $4\pi R^2 \gamma_{p1}$ 和 $4\pi R^2 \gamma_{p2}$（图 19-3）。将它们代入式（19-4）中，可得

$$\frac{c_1}{c_2} = \exp\left[\frac{-4\pi R^2(\gamma_{p1} - \gamma_{p2})}{kT}\right] \tag{19-5}$$

一般来说，如分子不为球形则有

$$K = \exp\left[\frac{-A(\gamma_{p1} - \gamma_{p2})}{kT}\right] \tag{19-6}$$

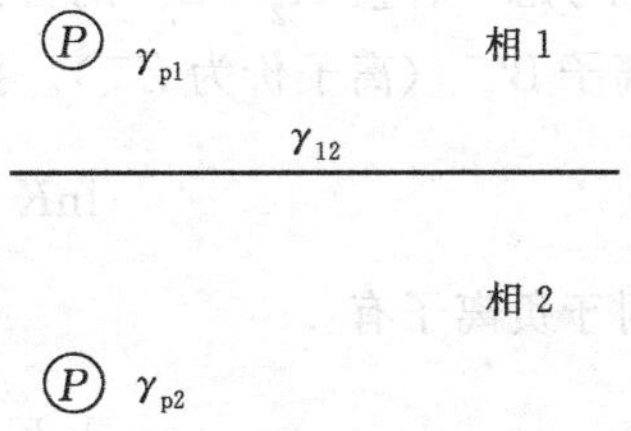

图 19-3　聚合物分子在两相间的分配
P—高聚物；γ_{p1}—高聚物与 1 间表面张力；
γ_{p2}—高聚物与相 2 间表面张力；
γ_{12}—相 1 与相 2 间表面张力

式中 A 为表面积。从上式可知在某一相系统中，分配系数主要决定于分子或颗粒的表面积与表面性质。如颗粒具有相同的表面性质但大小不同，则 $(\gamma_{p1} - \gamma_{p2})$ 为常数，式（19-6）成为

$$K = e^{\frac{A\lambda}{kT}} \tag{19-7}$$

式中 $\lambda = -(\gamma_{p1} - \gamma_{p2})$。表面积与分子量 M 大致成正比关系，故有

$$K = e^{\frac{M\lambda}{kT}} \tag{19-8}$$

此即著名的 Brφnsted 方程式。

如有两种聚合物，具有不同的表面性质，对于一种聚合物 $\gamma_{p1} > \gamma_{p2}$，而对于另一种聚合物 $\gamma_{p1} < \gamma_{p2}$。则由式（19-5）可知，前者 $K < 1$，而后者 $K > 1$；而且颗粒越大，对于前者，K 也随着增大；对于后者，K 则随着减少，因而两种聚合物能达到分离。故从理论分析来看，利用两水相系统分离大分子物质是很合适的。

19.3.2 电荷的影响

如粒子带有电荷，则当在两相中分配不相等时，就会在相间产生电位，称为道南电位（donnan potential）。

荷电粒子在两相间分配达到平衡时，则该粒子在两相中的电化学位应相等。电化学位可写成：

$$\phi_i = \mu_i + FZ_iU \tag{19-9}$$

式中 ϕ_i 为组分 i 的电化学位；μ_i 为组分 i 的化学位；F 为法拉第常数；Z_i 为组分 i

的离子价；U 为电位。

则当达到平衡时有

$$\mu_{i,1}^0 + RT\ln f_{i,1} c_{i,1} + FZ_i U_1 = \mu_{i,2}^0 + RT\ln f_{i,2} c_{i,2} + FZ_i U_2$$

式中 $\mu_{i,1}^0$ 为组分 i 在相 1 中的标准化学位；$f_{i,1}$ 为组分 i 在相 1 中的活度系数；U_1 为相 1 的电位，余类推。

即

$$\ln \frac{c_{i,1}}{c_{i,2}} = \ln \frac{f_{i,2}}{f_{i,1}} + \frac{\mu_{i,2}^0 - \mu_{i,1}^0}{RT} + \frac{FZ_i (U_2 - U_1)}{RT}$$

当 $Z_i = 0$，则有 $\ln \frac{f_{i,2}}{f_{i,1}} + \frac{\mu_{i,2}^0 - \mu_{i,1}^0}{RT} = \ln \frac{c_{i,1}}{c_{i,2}} = \ln K_i$，$K_i$ 表示当该粒子不带电或在等电点时的分配系数。令 $K_i^* = c_{i,1}/c_{i,2}$ 表示荷电粒子的分配系数，则有

$$\ln K_i^* = \ln K_i + \frac{Z_i F}{RT} (U_2 - U_1) \tag{19-10}$$

现考虑一种盐 A_{Z^-}-B_{Z^+} 的分配情况。该盐在溶液中电离成正离子 A^{z+}（离子价为 Z^+）和负离子 B^{z-}（离子价为 Z^-）。按式（19-10）对于正离子有

$$\ln K_{A^{z+}}^* = \ln K_{A^{z+}} + \frac{FZ^+ (U_2 - U_1)}{RT} \tag{19-11}$$

对于负离子有

$$\ln K_{B^{z-}}^* = \ln K_{B^{z-}} - \frac{FZ^- (U_2 - U_1)}{RT} \tag{19-12}$$

两相中的离子浓度必须满足电中性条件

$$Z^+ c_{A^{z+},1} = Z^- c_{B^{z-},1} \tag{19-13}$$

$$Z^+ c_{A^{z+},2} = Z^- c_{B^{z-},2} \tag{19-14}$$

故有

$$\frac{c_{A^{z+},1}}{c_{A^{z+},2}} = \frac{c_{B^{z-},1}}{c_{B^{z-},2}} \tag{19-15}$$

即 $K_{A^{z+}}^* = K_{B^{z+}}^*$ 并令 $= K^*$ $\tag{19-16}$

将式（19-16）分别代入式（19-11）和式（19-12）中，并解出电位差 $U_2 - U_1$：

$$U_2 - U_1 = \frac{RT}{Z^+ F} \ln \frac{K^*}{K_{A^{z+}}} \tag{19-17}$$

$$U_1 - U_2 = \frac{RT}{Z^- F} \ln \frac{K^*}{K_{B^{z-}}} \tag{19-18}$$

从式（19-17）、式（19-18）中消去 K^*，得

$$U_2 - U_1 = \frac{RT}{(Z^+ + Z^-) F} \ln \frac{K_{B^{z-}}}{K_{A^{z+}}} \tag{19-19}$$

因此当一种盐的正、负离子对两相有不同的亲和力，即 $K_{A^{z+}}$ 与 $K_{B^{z-}}$ 不相等时，就会产生电位差。正、负离子的离子价之和越大，此电位差就越小。

19.3.3　综合考虑

在 19.3.1 和 19.3.2 中分别讨论了表面能和电荷对分配系数的影响（在表面能中，仅讨论了表面张力，实质还应有很多形式的力对表面能有贡献。），这是由于在影响分配系数的众

多因素中，表面能和电荷是最主要的因素。从式（19-4）和式（19-10）可见，分配系数和表面能与电位差系成指数形式，这符合 Gerson[4] 提出的下列公式

$$-\lg K = \alpha \Delta \gamma + \delta \Delta \psi + \beta \tag{19-20}$$

式中　α 为表面积；$\Delta \gamma$ 为两相表面自由能之差；δ 为电荷数；$\Delta \psi$ 为电位差；β 为一个热力学量，包含标准化学位和活度系数等。

表面自由能可用来量度表面的相对疏水性，改变成相聚合物的种类，其平均分子量和分子量分布以及浓度都对相对疏水性有影响。因为表面积一般来说比较大，故 $\Delta \gamma$ 的微小改变会引起蛋白质的分配系数有很大变化。加入系统中的盐类，以及 pH 会影响相间电位差和蛋白质所带电荷数，因而也对分配系数有影响。

一般说来，可将分配系数的对数写成下列几项之和：

$$\ln K = \ln K^0 + \ln K_{el} + \ln K_{hphob} + \ln K_{biosp} + \ln K_{size} + \ln K_{conf}$$

式中　K_{el}，K_{hphob}，K_{biosp}，K_{size}，K_{conf} 分别表示电荷、疏水作用、生物亲和作用、分子大小（表面积）和构象对分配系数的贡献，而 K^0 则包含其他因素。

如上所述，影响分配系数的因素很多，而且这些因素相互间又有影响。因此，目前尚不可能定量地关联分配系数与能独立测定的蛋白质的一些分子性质之间的关系。适宜的操作条件，只能通过实验得到。实验可很方便地在 10 mL 有刻度的离心试管中进行。如检定工作跟得上，则在几天内就可求得所需的萃取条件。但有时液体黏度比较大，用吸管操作时容易引起误差，需要注意。聚合物的存在通常不影响酶的测定，但用 Lowry 法测定蛋白质时，由于 PEG 的沉淀会引起干扰，此时可经适当稀释后，用 Bradford[5] 法测定。

PEG 也是一种沉淀剂，因而有时机理也许是沉淀而不是分配。区分机理可以改变起始浓度。当起始浓度改变时，如机理为沉淀，则在富 PEG 相中，蛋白质的浓度不发生改变，如机理为分配，则要发生变化[6]。

19.4　影响分配的参数

影响分配的主要参数有聚合物的分子量和浓度、pH、盐的种类和浓度、温度等。适当选择各参数即在最适条件下，可达到较高的分配系数和选择性。两水相分配法的一个重要优点是可直接从细胞破碎匀浆液中萃取蛋白质而无需将细胞碎片分离，因而在一步操作可达到固液分离和纯化两个目的。改变 pH 和电解质浓度可进行反萃取。

19.4.1　成相聚合物的相对分子质量

当聚合物相对分子质量降低时，蛋白质易分配于富含该聚合物的相。例如在 PEG-Dx（Dx 代表葡聚糖 Dextran，下同）系统中，PEG 的分子量减小，会使分配系数增大，而葡聚糖的分子量减小，会使分配系数降低。这是一条普遍的规律，不论何种成相聚合物系统，或何种进行分配的生物高分子都适用。这条规则首先由 Albertsson 发现，现在可用热力学理论来解释[7]。溶质的分子量愈大，则影响程度也愈大。

19.4.2　成相聚合物的浓度

当接近临界点时，蛋白质均匀地分配于两相，分配系数接近于 1。如成相聚合物的总浓度或聚合物/盐混合物的总浓度增加时，系统远离临界点，系线的长度也增加，此时两相性质的差别也增大，蛋白质趋向于向一侧分配，即分配系数或增大超过 1，或减小低于 1。必

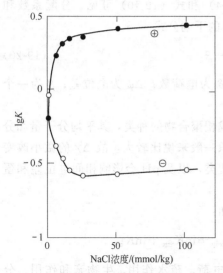

图 19-4 加入 NaCl 对卵蛋白和溶菌酶
分配的影响[9] 相系统：8%（质量分数）
Dextran500，8%（质量分数）PEG4000，
0.5 mmol/L 磷酸钠，pH6.9；
● —溶菌酶；○—卵蛋白

须指出，系线长度常是一个很重要的参数，用于表征系统的性质。

当远离临界点时，系统的表面张力也增加。如果进行分配的是细胞等固体颗粒，则细胞易集中在界面上，因为处在界面上时，使界面面积减小，从而使系统能量减小。但对溶解的蛋白质来说，这种现象比较少见。

19.4.3 盐类的影响

各种无机离子在 PEG-Dx 两相中的分配系数，经测定，其值如表 19-2 所示。由于各相应保持电中性，因而在两相间形成电位差，这对带电生物大分子，如蛋白质和核酸等的分配，产生很大影响，参见式（19-10）。例如加入 NaCl 对卵蛋白（ovalbumin）和溶菌酶（lysozyme）分配系数的影响见图 19-4。在 pH 6.9 时，溶菌酶带正电，而卵蛋白带负电。当加入 NaCl 时，其浓度低于 50 mmol/L 时，根据表 19-2，可见上相电位低于下相因而使溶菌酶的分配系数增大，而卵蛋白的分配系数减小。由此可见，加入适当的盐类，会大大促进带相反电荷的两种蛋白质的分离。

表 19-2　一些离子的分配系数[8]

正离子	K^+	负离子	K^-	正离子	K^+	负离子	K^-
K^+	0.824	I^-	1.42	NH_4^+	0.92	Cl^-	1.12
Na^+	0.839	Br^-	1.21	Li	0.996	F^-	0.912

注：系统：8%（质量分数）PEG4000，8%（质量分数）Dextran-T 500 25 ℃，界面电位等于零。

当盐类浓度继续增加时，影响逐渐减弱，分配系数基本上无变化。当盐类浓度很大时（1～5 mol/L NaCl），则由于盐析作用，蛋白质易分配于上相，$\lg K$ 几乎随 NaCl 浓度增大，而线性地增大（见图 19-5）。各种蛋白质的增大程度有差异，利用此性质，可使蛋白质相互分离。

由于 HPO_4^{2-} 离子在 PEG-葡聚糖系统中的分配系数很小，因而加入 pH 大于 7 的磷酸盐缓冲液能很方便地改变相间电位差，而使带负电荷的蛋白质移向富聚乙二醇的相[11]。

19.4.4 pH 值

pH 会影响蛋白质中可以解离基团的离解度，因而改变蛋白质所带电荷和分配系数。根据式（19-10），当系统一定时，分配系数 K 与荷电数 Z 的关系可表示为

$$\lg K_i^* = \lg K_i + \gamma Z_i \tag{19-21}$$

式中 γ 与系统的组成、加入的盐类和温度等有关。对一些已知 pH 与荷电数之间的关系的蛋白质，如溶菌酶和卵蛋白的研究表明，确实符合上式。

pH 也影响磷酸盐的离解程度，若改变 $H_2PO_4^-$ 和 HPO_4^{2-} 之间的比例，也会使相间电位发生变化，而影响分配系数。pH 的微小变化有时会使蛋白质的分配系数改变 2～3 个数量级。当研究分配系数与 pH 的关系时，如加入不同的盐类，则由于电位差不同，这种关系

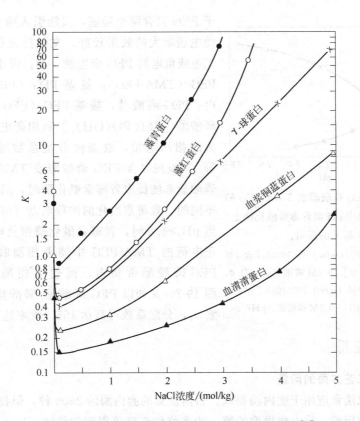

图 19-5　高浓度 NaCl 对蛋白质的分配系数的影响[10]

NaCl 的加入量以每千克系统中加入的摩尔数表示

系统：7%（质量分数）Dx—D43，4.4%（质量分数）

PEG 6000，0.005mol/LKH_2PO_4，0.005mol/LK_2HPO_4

也应不同。但在等电点时，得到的是不带电荷分子的分配系数，对不同的盐类系统，应有相等的值。因而在不同的盐系统中，分配系数与 pH 的关系曲线的交点即为等电点。这种测定等电点的方法称为交错分配（cross partitioning）。例如血清蛋白的交错分配见图 19-6。

19.4.5　温度

温度影响相图，特别在临界点附近，因而也影响分配系数。但是当离临界点较远时，这种影响较小。有时采用较高温度，这是由于成相聚合物对蛋白质有稳定作用，因而不会引起损失，同时在温度高时，黏度较低有利于相的分离操作。但在大规模生产中，总是采用在常温下操作，从而可节约冷冻费用。

19.4.6　荷电 PEG 作为成相聚合物

在聚合物上引入电荷可以增大两相间的电位差。可以在 PEG 或葡聚糖上引入带电荷的基团。但从式（19-19）来看，相间电位差与电荷数成反比，而每一葡聚糖分子上可以引入很多带电荷的基团，故效果较差。相反，每一分

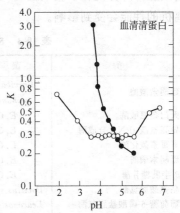

图 19-6　在两种盐系统中，血清蛋白的交错分配，分配系数与 pH 的关系
●—0.1mol/L NaCl；○—0.05mol/L Na_2SO_4

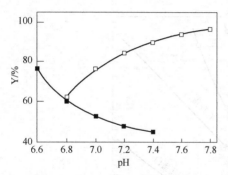

图 19-7 在含 PEG 磷酸酯或 TMA-PEG 的
PEG/磷酸盐系统中 pH 对青霉素酰化酶上
相收率 Y 的影响。

（■）相系统为：12%（w/w）PEG6000 [含 8%
（w/w）PEG 磷酸酯]，0.6M 磷酸盐，pH7.0；
（□）相系统为：11%（w/w）PEG4000 [含 8%
（w/w）TMA-PEG]，0.7M 磷酸盐。pH7.2

子 PEG 只含两个羟基，只能引入两个荷电基团，故使电场增大的效果较好。文献报道曾合成了几种带正电或负电的 PEG 衍生物，如：带正电：三甲胺基-PEG（TMA-PEG）；氨基-PEG（PEG-NH$_2$）。带负电：PEG-磺酸盐；羧基-PEG（PEG-COOH）；PEG-磷酸酯 [PEG-PO(OH)$_2$] 利用荷电 PEG 能产生较大的相间电位，故能使分配系数增加。例如关岳等[12] 发现以含 PEG 磷酸酯或 TMA-PEG 的 PEG/磷酸盐系统提取青霉素酰化酶时，pH 的影响是完全不同的。青霉素酰化酶的等电点（pI）为 6.7～6.8，当 pH＞6.8 时，青霉素酰化酶带负电，易分配于带正电荷的 TMA-PEG 中使上相酶收率增加；相反 PEG 磷酸酯带负电，而使上相酶收率降低，见图 19-7。又如以 PEG 磷酸酯/磷酸盐系统提取干扰素 α$_1$，分配系数可高达 155，收率达到 99.6%[13,14]。

19.5 应用

19.5.1 工艺方面的问题

两水相萃取法常应用于胞内酶提取。目前已知的胞内酶约 2500 种，但投入生产的很少。原因之一是提取困难。胞内酶提取的第一步系将细胞破碎得到匀浆液（homogenate），但匀浆液黏度很大，有微小的细胞碎片存在，欲将细胞碎片除去，过去系依靠离心分离的方法，但非常困难。两水相系统可用于除去细胞碎片以及酶的进一步精制。

要成功地运用两水相萃取的方法，应满足下列条件：① 欲提取的酶和细胞应分配在不同的相中；②酶的分配系数应足够大，使在一定的相体积比时，经过一次萃取，就能得到高的收率；③两相用离心机很易分离。

典型的从细胞碎片中分离酶的数据示于表 19-3 中。通常将蛋白质分配在上相（PEG），而细胞碎片分配在下相（盐）。反过来的情况对相的分离不利，因为当上相含固量高时，分离机的性能会受到影响。

表 19-3　应用两水相萃取法从细胞碎片中分离酶示例

酶	菌　种	相系统	收率/%	分配系数	纯化因子	细胞浓度/%
延胡索酸酶	*Brevibaetevium ammoniagenes*	PEG/盐	83	3.3	7.5	20
天门冬氨酸酶	*E. Coli*	PEG/盐	96	5.7	6.6	25
异亮氨酰-tRNA 合成酶	*E. Coli*	PEG/盐	93	3.6	2.3	20
青霉素酰化酶	*E. Coli*	PEG/盐	90	2.5	8.2	20
延胡索酸酶	*E. Coli*	PEG/盐	93	3.2	3.4	25
β-半乳糖苷酶	*E. Coli*	PEG/盐	87	6.2	9.3	12
亮氨酸脱氢酶	*Bacillus sphaericus*	PEG/粗葡聚糖	98	9.5	2.4	20
葡萄糖-6-磷酸盐脱氢酶	*Leuconostoc species*	PEG/盐	94	6.2	1.3	35
酒精脱氢酶	*Baker's yeast*	PEG/盐	96	8.2	2.5	30
甲醛脱氢酶	*Candida boidinii*	PEG/粗葡聚糖	94	11	—	20
葡萄糖异构酶	*Streptomyces species*	PEG/盐	86	3.0	2.5	20
L-2-羟基异己酸盐脱氢酶	*Lactobacillus casei*	PEG/盐	93	6.5	17	20

从表 19-3 中可见，在大多数场合下收率都达到 90%；分配系数在 1～20 之间，多数场合大于 3；很多杂蛋白也能同时除去（反映在纯化因子❶中）；PEG/盐系统用得很广泛，主要由于 PEG 价廉和其选择性高于 PEG/粗葡聚糖系统的缘故。

在萃取时，单位质量相系统中匀浆液的加入量是一个重要的参数。从经济上考虑，当然希望加入的量多一些，但这样会影响原来成相聚合物的相系统，改变相比或使分配系数降低，结果使收率降低。根据 Kula[8] 的经验，一般取一千克萃取系统处理 200 到 400 克湿菌体为宜。

在 PEG/盐系统中要使细胞碎片分配到下相，还是比较容易的。Hustedt 等[15] 经过系统的研究，对 PEG1550/磷酸钾系统的相图中（图 19-8），如起始混合物的浓度处在虚线范围内时，细胞碎片都会分配到下相。如采用 18% PEG1550，7% 磷酸钾系统，（图中 P 点）处理 20% 湿细胞碎片时，细胞碎片能全部转入下相。这对处理面包酵母，*Bacillus cereus*，*Escherichia coli* 和 *Lactobacillus confusus* 等微生物都适用。

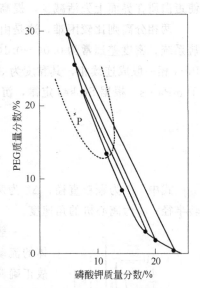

图 19-8 PEG1550/磷酸钾系统的相图和细胞碎片能分配到下相的范围（用虚线表示）P 点为 18%PEG/7% 磷酸钾

分配在上相中的蛋白质可通过加入适量的盐（有时也可同时加入少量的 PEG），进行第二次两水相萃取。通常第二步萃取的目的系除去核酸和多糖，它们的亲水性较强，因而易分配在盐相中，而蛋白质就应留在 PEG 相中。在第三步萃取中，应使蛋白质分配在盐相（例如，调节 pH），以使和主体 PEG 分离。色素由于其疏水性，通常分配在上相。主体 PEG 可循环使用，而盐相蛋白质可用超滤法去除残余的 PEG 以提高产品纯度。典型的流程见图 19-9。

19.5.2 工程方面的问题

在进行工业应用时，需考虑到萃取平衡所需的时间和两相分离的设备。在两水相系统中，表面张力很低。如对 PEG/盐系统，表面张力为 0.1～1 mN/cm，而对 PEG/Dx 系统，则可小到 0.0001～0.01 mN/cm（作为比较，在溶剂萃取中，有机溶剂/水间界面张力在 0.05～0.5 mN/cm）。

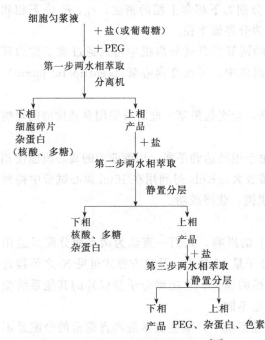

图 19-9 三步两水相萃取酶的流程[16]

因而进行搅拌时很易分散成微滴，故几秒钟即能达到平衡，且能耗也很少。表面张力低还能

---

❶ 纯化因子（purification）的定义和比活（specific activity）有关。比活的定义为每克总蛋白中所含有的产品蛋白质的质量或单位，而经过纯化后的比活与纯化前之比称为纯化因子。

使蛋白质在界面上失活减少，提高了收率。

两相分离则比较困难，这是由于两相密度差低和当处理匀浆液时，黏度较大。对 PEG/盐系统，密度差通常为 $0.04\sim0.10\ \text{kg/m}^3$ 而对 PEG/Dx 系统则为 $0.02\sim0.07\ \text{kg/m}^3$。上相 PEG 相一般成连续相，其黏度为 $3\sim15\ \text{mPa·s}$，而带细胞碎片的下相，Dx 相黏度可达几千 mPa·s。根据 Stokes 定律，沉降速度为

$$V_s = \frac{d^2 \Delta \zeta}{18\eta} g \quad (\text{重力场}) \tag{19-22}$$

$$V_Z = \frac{d^2 \Delta \zeta}{18\eta} r\omega^2 \quad (\text{离心场}) \tag{19-23}$$

式中 d 为颗粒直径；$\Delta\zeta$ 为两相密度差；η 为连续相的黏度；g 为重力加速度；r 为旋转半径；ω 为离心机的角速度。

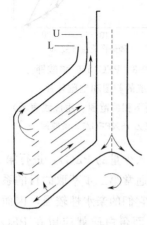

图 19-10　碟片离心机
中的流向

一般分离系在碟片式离心机中进行，图 19-10 表示在其中流体的流动方向。由于表面张力较低，已分离的相也很易重新混合，故正确调节界面的位置，使其正好处在悬浮液上升到碟片中的入口，这可以调节下相出口半径来达到。适宜的下相出口半径可从下面公式计算。

$$\zeta_u(r_s^2 - r_u^2) = \zeta_L(r_s^2 - r_L^2) \tag{19-24}$$

$$r_L = \sqrt{\left(\frac{r_s^2(\zeta_L - \zeta_u) + \zeta_u r_u^2}{\zeta_L}\right)} \tag{19-25}$$

式中 ζ_L，ζ_u 分别为下相和上相的密度；r_L，r_u 为下相和上相的出口半径；r_s 为分界面半径。

下相出口半径的调节在开式分离机中可以通过改变重力环的内径，而在闭式分离机中，可改变向心泵（centripetal pump）的直径来达到。

当处理细胞匀浆液时，由于下相黏度较高，会引起阻塞，此时可采用自动排渣的喷嘴分离机（nozzle separator）。

两水相萃取法的另一优点是易于放大。由于很易达到平衡，用商业上的离心机能使相分离完全，分配系数的值重演性很好，故可直接放大。Kula 等利用在 10ml 离心试管中得到的数据，直接放大到处理 200kg 细胞匀浆液的规模，获得成功。

19.5.3　在小分子分离和纯化中的应用

受经典的 Bronsted 方程式 ［式 (19-8)］ 的影响，人们一直认为两水相分配只适用于生物大分子的分离和纯化，对于小分子由于分子量 M 较小，从该方程式可见 K 之值接近于 1，即趋于均匀分配。实则该方程只是一个定性的模型，它把除分子量以外的其他系统变量都归并为一个参数 λ。对不同的系统，λ 的值也不同。

1990 年科研人员[17,18]发现在 PEG/磷酸盐系统中，某些氨基酸和青霉素的分配是不均匀的。例如赖氨酸（发酵液，pH 2）的分配系数为 0.23，而类黑素（melanoid）的分配系数为 7.1，从而可将赖氨酸与色素得到一定程度的分离；青霉素 G 的分配系数为 $10\sim15$，而苯乙酸的分配系数为 0.25。虽然对小分子的分配机理尚有待深入研究，但由此引起人们对利用两水相分配分离纯化小分子的兴趣，特别应用于从一些黏度大、难过滤、易乳化的发酵液中提取。朱自强等对乙酰螺旋霉素[19]，青霉素 G[20]，红霉素[21]，而科研人员[22]则对

头孢菌素 C 的提取进行了研究。值得注意的是这些研究工作都采用了 PEG/盐系统，而在 PEG/Dextran 系统中，小分子的分配实验表明大多呈均匀分配。

19.6 亲和分配

蛋白质在两水相系统中的分配系数一般不是很大，为了提高分配系数和萃取效率，可以将亲和层析和两水相萃取结合起来，成为亲和萃取或亲和分配（affinity partitioning），即把一种配基（ligand）与一种成相聚合物以共价相结合，使该配基随成相聚合物分配在某一相中。配基可以是酶的底物、抑制剂、抗体、受体或染料等，对目标蛋白质有很强的生物亲和力，因而使后者倾向于分配在配基-聚合物的相中。在成相聚合物上连接配基的方法和亲和层析中一样，参见第 22 章。通常选择在 PEG 上接上配基，当配基-PEG 的浓度增加时，蛋白质的分配系数也逐渐增加。当蛋白质的全部结合位点（binding sites）都为配基所占据时，即达到饱和，蛋白质的分配系数达到极大值。Flanagan 和 Barondes[23] 假定各位点都是独立的，用热力学分析方法得出计算蛋白质分配系数的极大值的公式：

$$K_{max}/K_{O}=(K_{L-PEG}K_{DB}/K_{DT})^{n} \quad (19-26)$$

式中 K_{max} 为达到饱和时，蛋白质-配基-PEG 聚合物的分配系数；K_{O} 为游离蛋白质的分配系数；K_{L-PEG} 为游离配基-PEG 的分配系数；K_{DB}，K_{DT} 分别为下相或上相中蛋白质-配基-PEG 复合物的离解常数；n 为蛋白质分子上的结合位点数。

上式也可以写成：

$$(\Delta lgK)_{max}=nlgK_{L-PEG}+nlg(K_{DB}/K_{DT}) \quad (19-27)$$

例如在 PEG/Dx 系统中，白蛋白的分配系数随 Cibacron Blue F3GA-PEG 的浓度的增大而增大，$(\Delta lgK)_{max}=2.6$，见图 19-11。

此外，亲和分配法还可用于脱氢酶和激酶等的提取。

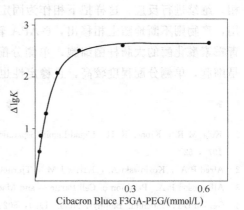

图 19-11 白蛋白分配与 Cibacron Blue F3GA-PEG 浓度之间的关系[24]

相系统：10％DxT500，5％PEG 6000；10mmol/L 磷酸钠缓冲液，pH7.0

19.7 两水相生物转化反应

在两水相系统中进行转化反应，如酶促反应，可以把产物移入另一相中，消除产物抑制，因而提高了产率。这实际上是一种反应和分离耦合的过程，有时也称为萃取生物转化（extractive bioconversion）；如果发生的是一种发酵过程，则也称为萃取发酵（extractive fermentation），因而此时也可以把两水相系统称为两水相反应器。

要进行两水相生物转化反应应满足下列条件：①催化剂（酶、细胞等）应单侧分配；②底物应分配于催化剂所处的相中；③产物应分配在另一相中；④要有合适的相比。如产物分配在上相中，则相比要大，反之则相比要小。这些条件不可能同时满足，分配理论也不完善，因此常需根据实验选择最优系统和操作条件。

采用两水相系统进行生物转化反应有下列优点：①与固定床反应器相比，不需载体，不存在多孔载体中的扩散阻力，故反应速度较快，生产能力较高；②生物催化剂在两水相系统中较稳定；③两相间表面张力低，轻微搅拌（剪切力低）即能形成高度分散系统，分散相液

滴在 $10~\mu m^{[25]}$ 以下，有很大的表面积，有利于底物和产物的传递。

两水相系统中的酶催化反应已有研究用于青霉素 G 的脱酰基作用[26]，纤维素的糖化[27]等。萃取发酵的应用有酒精发酵[28]，丙酮-丁醇发酵[29] 等。

青霉素酰化酶（penicillin acylase，EC3.5.1.11）能催化青霉素 G 侧链的脱酰基作用，形成 6-氨基青霉烷酸（6-APA），后者是合成青霉素的原料。该催化反应与 pH 有关，随着 pH 的不同，反应可自青霉素 G 降解为 6-APA 或沿相反方向：

形成 6-APA 的最适 pH 为 7.5～8.0，但当 6-APA 形成时，同时产生苯乙酸，使 pH 降低。为了使平衡有利于向形成 6-APA 的方向移动，必须将产物及时地从系统中移出。Andersson 等[26] 利用 PEG/磷酸盐系统，将青霉素酰化酶单侧分配于下相，加入青霉素 G，而产物 6-APA 和苯乙酸大致上呈均匀分配。反应后移走上相，再加入青霉素 G 和新的上相，继续进行反应，这样把下相作为固定相，上相作为移动相，多次分批反应，酶可反复利用，产物则不断地随上相移出，6-APA 转化率达到 70% 左右。曹学君等[30] 则直接利用产青霉素酰化酶的大肠杆菌细胞，单侧分配于 PEG/Dx 系统的下相进行转化反应。由于用的是细胞，单侧分配程度较高，且稳定性也比游离酶高，6-APA 转化率达到 90% 以上。

参 考 文 献

1 Kula M R., Kroner K H. Liquid-Liquid Separation in Enzyme Isolation Processes. Proc. Int. Ferment. Symp. 5th, 1976，52

2 Alred P A., Kozlowski A., Karris J M., Tjerneld F. J. Chromatogr. A. 1994，659：289～298

3 Albertsson P A. Partition of Cell Particles and Macromolecules, third edition. New York：John Wiley & sons, 1986

4 Gerson D F. Biochim. Biophys. Acta. 1980，602：269～280

5 Bradford M M. Anal. Biochem. 1976，72：248～254

6 Kula M R., Kroner K H., Hustedt H. Purification of Enzymes by Liquid-Liquid Extraction. Advances in Biochemical Engineering. vol 24. A. Fiechter (ed,). 1982，73～118

7 Brooks D E., Sharp K A., Fisher D. Theoretical Aspects of partitioning. Partitioning in Aqueous Two-Phase Systems. ed. Harry Walter, Brooks D E. and Fisher D. Orlando；1985. Academic Press, 1985, Chapter 2

8 Kula M R. Comprehensive Biotechnology vol. 2. Eds. Humphrey A. and Cooney C. L. Oxford：Pergamon Press, 1985. 451～471

9 Albertsson P A. Partition of Cell Particles and Macromolecules. third edition. New York：John Wiley & sons, 1986. 79

10 Albertsson P A. Partition of Cell Particles and Macromolecules. third edition. New York：John Wiley & sons, 1986. 80

11 Kula M R. Applied Biochemistry and Bioengineering Vol. 2. eds, Wingard Jr L. B., Katchalski-katzir E. and Goldstein L. New York：Academic Press, 1979. 71～95

12 Guan Y., Wu X Y., Treffry T E., Lilley T H. Biotech. Bioeng. 1992，40：517～524

13 周长林，关岳，邹行彦. 生物工程学报. 1993，9 (3)：271～276

14 Hustedt H., Kroner K H., Menge U., Kula M R. Trends in Biotechnology. 1985，3 (6)：139～144

15 Hustedt H., Kroner K H., Kula M R. Partitioning in Aqueous Two-Phase Systems. H. Walter, D. E. Brooks and D. Fisher (eds). Orlando：Academic Press, 1985. 534

16 Hustedt H., et al. Zeitschrift fur Biotechnologie. 1985，2 (1)：1

17 Chu I M., Chang S L., Wang S H., Yang W Y. Biotechnol. Techniques. 1990，4 (2)：143～146

18 Yang W Y. and Chu I M. Biotechnol. Techniques. 1990，4 (3)：191～194

19 Guan Y X., Mei L H., Zhu Z Q. Biotechnol. Techniques. 1994，8 (7)：491～496

20　关怡新. 用双水相分配技术提纯抗生素的基础与工艺研究：[浙江大学博士学位论文]. 杭州：浙江大学，1994.

21　李勉. 新型双水相系统的基础及工程研究：[浙江大学博士学位论文]. 杭州：浙江大学，1996.

22　Yang W Y., Lin C D., Chu I M., Lee C J. Biotechnol. Bioeng. 1994，43：439～445

23　Flanagan S D., Barondes S H. J. Biol. Chem. 1975，250：1484～1489

24　Birkenmeier G., Albertsson P A., Kopperschlager G. Separations Using Aqueous Phase Systems. Fisher D. and Sutherland L. A. (eds). New York：Plenum Press, 1989. 15～23

25　Andersson E., Hagerdal B H. Enzyme Microb. Technol. 1990，12：242～254

26　Andersson E., Mattiasson B., Hagerdal B H. Enzyme Microb. Technol. 1984，6：301～306

27　Tjerneld F., Persson I., Albertsson P A., Hagerdal B H. Biotechnol. Bioeng. 1985，27：1044～1050

28　Kuhn I. Biotechnol. Bioeng. 1980，22：2393～2398

29　Mattiasson B., Suominen M., Andersson E., et al. Enzyme Engineering. 1982，6：153～155

30　曹学君，蒋勇灵，沈晴，邬行彦. 中国抗生素杂志. 1994，19（2）：131～133

阅　读　材　料

1　Albertsson P A., Johansson G., Tjerneld F. Aqueoous Two-Phase Separations, in "Separation Precesses in Biotechnology". ed. By J. A. Asenjo, Marcel Dekker. 1990，287～327

2　Baskir J N., Hatton T A., Suter U W. Biotechnol. Bioeng. 1989，34：541～558

3　Huddleston J G., Lyddiatt A. Appl. Biochem. Biotechnol. 1990，249～279

4　Abbott N L., Hatton T A. Chem. Eng. Progress. 1988，31～41

5　Carlson A. Sep. Sci. Technol. 1988，23：785～817

20 离子交换法

离子交换长期以来应用于水的处理和金属的回收。离子交换主要是基于一种合成材料作为吸着剂，称为离子交换剂，以吸附有价值的离子。在生物工业中，经典的离子交换剂，即离子交换树脂，广泛用于提取抗生素、氨基酸、有机酸等小分子，特别是抗生素工业。由于其原理和应用方法基本相同，故下面主要以抗生素作为例子阐述离子交换法的原理和操作。也有少量氨基酸和有机酸的例子。

离子交换法提取抗生素系将抗生素从发酵液中吸着在离子交换树脂上，然后在适宜的条件下洗脱下来，这样能使体积缩小到几十分之一。利用对抗生素有选择性的树脂，可使抗生素纯度也同时提高。由于离子交换法具有成本低、设备简单、操作方便，以及不用或少用有机溶剂等优点，已成为提取抗生素的重要方法之一。例如，链霉素、新霉素、卡那霉素、庆大霉素、土霉素，多黏菌素等均可用离子交换法进行提取。

但离子交换法也有其缺点，如生产周期长，成品质量有时较差，在生产过程中，pH 变化较大，故不适用于稳定性较差的抗生素，以及不一定能找到合适的树脂等。这些在选择生产方法时，应予注意。

在抗生素生产中，离子交换树脂还用于制备软水和无盐水，以供锅炉和生产的需要。

近年来，离子交换也逐渐应用于蛋白质等大分子的分离和提取中，但主要是以离子交换层析的方法来分离蛋白质，作为初步分离方法提取蛋白质，仅有少数实例。由于离子交换法提取蛋白质的原理和方法和提取小分子有很大的不同，故在本章中另立一节，加以讨论，至于离子交换层析法分离蛋白质将在第 22 章中阐述。

20.1 基本概念

离子交换树脂是一种不溶于酸、碱和有机溶剂的网状结构的功能高分子化合物，它的化学稳定性良好，且具有离子交换能力。其结构由三部分组成：不溶性的三维空间网状结构构成的树脂骨架，使树脂具有化学稳定性；第二部分是与骨架相连的功能基团；另一部分是与功能基团所带电荷相反的可移动的离子，称为活性离子，它在树脂骨架中的进进出出，就发生离子交换现象。从电化学的观点看来，离子交换树脂是一种不溶解的多价离子，其四周包围着可移动的带有相反电荷的离子。从胶体化学观点看来，离子交换树脂是一种均匀的弹性亲液凝胶（较晚发展起来的大孔或大网格树脂，具有不均匀的两相结构，包括空隙和凝胶两部分，称为非凝胶型树脂）。活性离子是阳离子的称为阳离子交换树脂，活性离子是阴离子的称为阴离子交换树脂，它们的构造模型和交换过程示意于图 20-1 中。

当树脂浸在水溶液中时，活性离子因热运动的关系，可在树脂周围的一定距离内运动。树脂内部有许多空隙，由于内部和外部溶液的浓度不等（通常是内部浓度较高），存在着渗透压，外部水分可渗入内部，这样就促使树脂体积膨胀，可以把树脂骨架看做是一个有弹性的物质，当树脂体积增大时，骨架的弹力也随着增加，当弹力增大到和渗透压达到平衡时，树脂体积就不再增大。

利用离子交换树脂进行提取和通常在溶液中进行的离子交换有质的区别。如欲将 KCl

中钾离子转变为钠离子，而在溶液中加入
NaNO₃。因为反应的最初和最终产物都是强
电解质，根据化学平衡的观点，反应就不可
能完全。但利用离子交换树脂，反应系在异
相中进行，如树脂的选择性较好，则把一种
离子吸附到树脂上去后，就好像产生"沉淀"
一样，反应就完全。这样，只要是能离子化
的物质就可能利用树脂来改变其中的离
子组成。

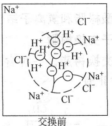 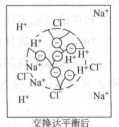

(a) 阳离子交换树脂

必须着重指出，把离子交换树脂看做固
体的酸或碱，对理解一些问题常会很有
帮助。

离子交换树脂的可交换的功能团中的活
性离子决定此树脂的主要性能，因此树脂可
以按照活性离子来分类。如果活性离子是阳
离子，即这种树脂能和阳离子发生交换。就
称为阳离子交换树脂；如果是阴离子，则称
为阴离子交换树脂。阳离子交换树脂的功能

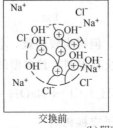 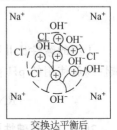

(b) 阴离子交换树脂

图 20-1　离子交换树脂的
构造和其交换过程[1]

团是酸性基团，而阴离子交换树脂则是碱性基团。功能团的电离程度决定了树脂的酸性或碱
性的强弱。所以通常将树脂分为强酸性、弱酸性阳离子交换树脂和强碱性、弱碱性阴离子交
换树脂四大类。

20.1.1　强酸性阳离子交换树脂

一般以磺酸基—SO₃H 作为活性基团，由于是强酸性基团，其电离程度不随外界溶液的
pH 而变化，所以使用时的 pH 一般没有限制。通常用 R 表示树脂的骨架，这类树脂的交换
反应，以磺酸型树脂与氯化钠的作用为例，可表示如下：

$$RSO_3H + NaCl \Longrightarrow RSO_3Na + HCl$$

此外，以膦酸基—PO(OH)₂ 和次膦酸基—PHO(OH)作为活性基团的树脂具有中等强度
的酸性。

20.1.2　弱酸性阳离子交换树脂

功能团可以为羧基—COOH、酚羟基—OH 等。这种树脂的电离程度小，其交换性能和
溶液的 pH 有很大关系。在酸性溶液中，这类树脂几乎不能发生交换反应，交换能力随溶液
的 pH 增加而提高。对于羧基树脂，应该在 pH＞7 的溶液中操作，而对于酚羟基树脂，溶
液的 pH＞9。以甲基丙烯酸-二乙烯苯羧基阳离子交换树脂（国产弱酸 101×4 树脂）为例，
其交换容量（每克干树脂能交换一价离子的毫摩尔数）和 pH 的关系如下：

pH	5	6	7	8	9
交换容量/(mmol/g)	0.8	2.5	8.0	9.0	9.0

这类树脂的典型交换反应如下：

$$RCOOH + NaOH \Longrightarrow RCOONa + H_2O$$

生成的盐 RCOONa 很易水解，水解后呈碱性，故钠型树脂用水洗不到中性，一般只能洗到

pH9～10 左右。

和强酸树脂不同，弱酸树脂和氢离子结合能力很强，故再生成氢型较容易，耗酸量少。

20.1.3 强碱性阴离子交换树脂

有两种强碱性阴离子交换树脂。一种含三甲胺基称为强碱Ⅰ型，另一种含二甲基-β-羟基-乙基胺基团，称为强碱Ⅱ型：

$$
\begin{array}{cc}
-\overset{+}{N}\!\!\begin{array}{l} \diagup CH_3 \\ -CH_3 \\ \diagdown CH_3 \end{array} & -\overset{+}{N}\!\!\begin{array}{l} \diagup C_2H_4OH \\ -CH_3 \\ \diagdown CH_3 \end{array} \\[2mm]
\text{Ⅰ型} & \text{Ⅱ型}
\end{array}
$$

Ⅰ型的碱性比Ⅱ型强，但再生较困难，Ⅱ型树脂的稳定性较差。和强酸性树脂一样，强碱性树脂使用的 pH 范围没有限制，其典型的交换反应如下：

$$RN^+(CH_3)_3Cl^- + NaOH \longrightarrow RN^+(CH_3)_3OH^- + NaCl$$

20.1.4 弱碱性阴离子交换树脂

功能团可以是伯胺基—NH_2、仲胺基＝NH、叔胺基≡N 和吡啶基等。和弱酸性树脂一样，其交换能力随 pH 变化而变化，pH 越低，交换能力越大。

其典型的交换反应如下：

$$RNH_3OH + HCl \Longleftrightarrow RNH_3Cl + H_2O$$

生成的盐 RNH_3Cl 很易水解。这类树脂和 OH 离子结合能力较强，故再生成羟型较容易，耗碱量少。

20.1.5 树脂性能的比较

上述四种树脂的性能可简单地归结于表 20-1 中。

各种树脂的强弱最好用其功能团的 pK 值来表征，常用树脂的 pK 值示于表 20-2 中。对于酸性树脂，pK 值越小，酸性越强，而对于碱性树脂，pK 值越大，碱性越强[●]。

表 20-1 离子交换树脂的性能

性　能	阳离子交换树脂		阴离子交换树脂	
	强酸性	弱酸性	强碱性	弱碱性
活性基团	磺酸	羧酸	季胺	胺
pH 对交换能力的影响	无	在酸性溶液中交换能力很小	无	在碱性溶液中交换能力很小
盐的稳定性	稳定	洗涤时要水解	稳定	洗涤时要水解
再生[①]	需过量的强酸	很容易	需要过量的强碱	再生容易，可用碳酸钠或氨
交换速度	快	慢（除非离子化后）	快	慢（除非离子化后）

① 强酸或强碱树脂再生时，需用 3～5 倍的再生剂；而弱酸或弱碱树脂再生时，仅需 1.5～2 倍量的再生剂。

● 和普通弱碱化合物一样，其 pK 值有经典的和现代的两种表示方法。这里列出的系现代的表示方法。例如对于 RNH_2 树脂，其 pK 值是反应 $RNH_3^+ \Longleftrightarrow RNH_2 + H^+$ 的平衡常数的负对数，即 $pK = -\lg\{[RNH_2][H^+]/[RNH_3^+]\}$，而经典的 p$K$ 值（用 pK_b 来表示）与现代的 pK 值有如下关系：$pK + pK_b = 14$。

表 20-2　离子交换树脂功能团的电离常数[1]

阳离子交换树脂		阴离子交换树脂	
功能团	pK	功能团	pK
$-SO_3H$	<1	$-N(CH_3)_3OH$	>13
$-PO(OH)_2$	pK_1　$2\sim3$	$-N(C_2H_4OH)(CH_3)_2OH$	$12\sim13$
	pK_2　$7\sim8$	$-(C_5H_5N)OH$	$11\sim12$
		$-NHR,-NR_2$	$9\sim11$
$-COOH^*$	$4\sim6$	$-NH_2$	$7\sim9$
⬡$-OH$	$9\sim10$	⬡$-NH_2$	$5\sim6$

* 以甲基丙烯酸为骨架的羧基树脂，其酸性比丙烯酸为骨架的要低，即 pK 约高 1 个单位。

20.1.6　其他类型的树脂

有的树脂也可能含有一种以上的活性基团。例如同时含羧基和酚羟基的树脂有国产的强酸 42、弱酸 122 树脂，前苏联的 Kφ 树脂等。

还有一种既含有酸性基团，又含有碱性基团的两性树脂，其酸碱基团可相互作用形成内盐，因此其交换机理较一般树脂复杂。例如两性树脂 HD-1 号，对金霉素具有良好选择吸附性能[2]。所谓蛇笼树脂，也是一种两性树脂，它适宜于从有机物质（如甘油）水溶液中吸附盐类，再生时用水洗，就可将吸着离子洗下来。

大孔或大网格树脂和通常凝胶树脂不同，孔隙大，树脂内部表面积大，因此适宜于吸附大分子和用做催化剂。因为空隙大，可以让有机离子自由通过，因此当树脂为有机物污染后，容易再生。用在水处理中，这种树脂抗有机物污染的能力较强。另外，大网格树脂的机械强度较好，因而适用于连续离子交换操作中。

1964 年英国还生产一种均孔树脂（isoporous resins），这是一种交联度分布均匀的凝胶型阴离子交换树脂。抗有机物污染能力强，单位体积树脂的交换能力并不低于一般的凝胶树脂，据报道用于水处理，效果较好。华东理工大学黄颖等以另一种方法制备得到均孔树脂（JK 系列），应用效果也较好。

20.1.7　树脂的命名

在国外，树脂的生产为几家大公司所垄断，生产的树脂往往以该公司的名称或商业名称来表示。

对离子交换树脂的命名，我国石油化学工业部早在 1977 年已制定了《离子交换树脂产品分类、命名及型号》部颁标准。根据离子交换树脂功能基性质不同将其分为强酸、强碱、弱酸、弱碱、螯合、两性、氧化还原等七类（表 20-3）。

表 20-3　离子交换树脂产品的分类代号

代号	分类名称	代号	分类名称
0	强酸性	4	螯合性
1	弱酸性	5	两　性
2	强碱性	6	氧化还原
3	弱碱性		

对其命名规定：离子交换树脂的全名由分类名称，骨架（或基团）名称（表 20-4），基本名称排列组成。为区别离子交换树脂产品中同一类中的不同品种，在全名前必须有符号。

表 20-4　离子交换树脂骨架分类代号

代号	骨架分类	代号	骨架分类
0	苯乙烯系	4	乙烯吡啶系
1	丙烯酸系	5	脲醛系
2	酚醛系	6	氯乙烯系
3	环氧系		

对大孔型离子交换树脂，在型号的前面加"D"表示，凝胶型离子交换树脂在型号的后面用"×"接阿拉伯数字，表示交联度。如 001×7 表示交联度为 7% 的苯乙烯系凝胶型强酸性阳离子交换树脂，D315 表示大孔型丙烯酸系弱碱性阴离子交换树脂（图 20-2）。

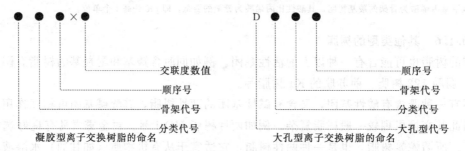

图 20-2　离子交换树脂的命名

离子交换树脂主要产品的性能以若干国内生产产品为例，示于本章附录中。

20.2　离子交换树脂的合成[3～5]

现有树脂的制造方法，可以分成两类。一类称为缩聚法，在反应过程中有低分子产物（通常是水）产生；另一类称为加聚法，反应过程中没有水产生。缩聚法制得的树脂一般稳定性较差，多半为无定形（也可制成球状），以甲醛等作为交联剂，树脂的交联度不易控制，反应复杂，结构不十分确定，且多为多功能团的。

加聚法制造的树脂，一般结构确定，常为单功能团的，树脂一般性能好，多为球形，以二乙烯苯等为交联剂。但缩聚树脂的原料来源容易，成本较低，其中某些树脂的吸附性能较好，可用做吸附剂和脱色剂。例如弱酸 122 树脂用于吸附维生素 B_{12}，弱酸 125 树脂用于抗生素精制液的脱色等。

离子交换树脂具有不溶解性能是由于它的三元网状（体型）结构。要得到网状结构，必须以二烯化合物作为交联剂，其中最常用的是二乙烯苯。工业上二乙烯苯是由二乙基苯催化脱氢而制得，通常是间位和对位异构体的混合物。工业二乙烯苯中二乙烯苯含量约为 50%，其他为乙基乙烯苯和二乙基苯。合成时在单体相中所含二乙烯苯含量，就是树脂的交联度，它是树脂性能的一个重要数据，所以二乙烯苯含量必须准确测定。树脂的交联度系按式（20-1）计算。

$$交联度 = \frac{D \cdot P}{M} \times 100\% \tag{20-1}$$

式中　D 为工业二乙烯苯质量；P 为二乙烯苯含量，%；M 为单体相总质量。

除二乙烯苯外，有时也用乙二醇二脂肪酸酯，丁二烯、异戊二烯、二乙烯基代乙苯等作为交联剂，但得到的树脂化学稳定性较差。制造缩聚树脂时，交联结构可由具三个活性中心的化合物（如酚、苯胺、三聚氰胺等）和 α 位上含有氢的醛（通常为甲醛）作用而成。引入活性功能团有两种方法，可以采用含有功能团的单体也可以在形成聚合物后再引入。

由脂肪胺制得的弱碱性树脂的碱性比由芳香胺制得的强，因为脂肪胺的离解常数为 $10^{-5} \sim 10^{-3}$，而芳香胺的离解常数仅为 $10^{-11} \sim 10^{-5}$。

树脂一般制成球形，这样可提高树脂的机械强度，并可使在柱中操作时，流体阻力减少。要制成球形树脂，通常采用悬浮聚合的方法。在悬浮聚合中，单体分散成液滴，散热容易，树脂结构较均匀。对于苯乙烯、丙烯酸酯与二乙烯苯间的共聚反应，可以在水相中进行悬浮聚合。将单体加入水中后，一经搅拌，就形成分散的液滴。为防止液滴黏连并合，可加入分散剂。分散剂可分为两大类：一类是水溶性有机物，如淀粉、明胶等天然高分子化合物和聚甲基丙烯酸、聚乙烯酸等合成高分子化合物，它们的作用是调节表面张力并在液滴表面形成薄层，增加液滴互相并合的阻力，使它处于稳定；另一类是不溶或微溶于水的无机物，如硫酸钙、磷酸钙、滑石粉等，它们主要起机械阻碍作用，防止液滴黏合。

水溶性的单体（如甲基丙烯酸）的加聚反应，可在饱和的无机盐水溶液中进行悬浮聚合，缩聚反应则常在矿物油、二氯苯中采用反向聚合的方法来制备球形树脂。

各种树脂中，以苯乙烯-二乙烯苯型树脂应用最广。苯乙烯与二乙烯苯两者的聚合速度是有差别的，以二乙烯苯—二乙烯苯聚合速度最快，二乙烯苯—苯乙烯聚合速度其次，苯乙烯—苯乙烯聚合速度最慢。因此聚合开始时，二乙烯苯含量较高，结构较紧密，所以严格说来制得的树脂结构是不均匀的。这种不均匀性的缺点是：①树脂在不同部位溶胀程度不同，因而易破损；②结构较紧密部分，有机大分子不易进入，进入后也不易洗下，造成有机物污染。

从制造的原料来看，目前国内生产的树脂主要可以分成四种，即苯乙烯-二乙烯苯型、丙烯酸-二乙烯苯型、酚醛型和多乙烯多胺-环氧氯丙烷型树脂。现就这几种树脂的制造方法，简单说明如下。

20.2.1　苯乙烯-二乙烯苯型磺酸基树脂

将苯乙烯和二乙烯苯在水相中以明胶作为分散剂，以过氧化苯甲酰作为引发剂，在适宜的温度下（85 ℃左右）进行悬浮聚合：

苯乙烯相互聚合仅能形成线状结构，后者在水中有一定程度的溶解度，只有加入适量二乙烯苯后，才使线状结构相互交联成网状或体型结构，才具有不溶于水的性能。二乙烯苯含量越大，即交联度越大，树脂结构就越紧密。

将上述共聚物在有机溶剂（如二氯乙烷）中溶胀，以浓硫酸或氯磺酸进行磺化，磺酸基可连在苯乙烯或二乙烯苯的苯环上：

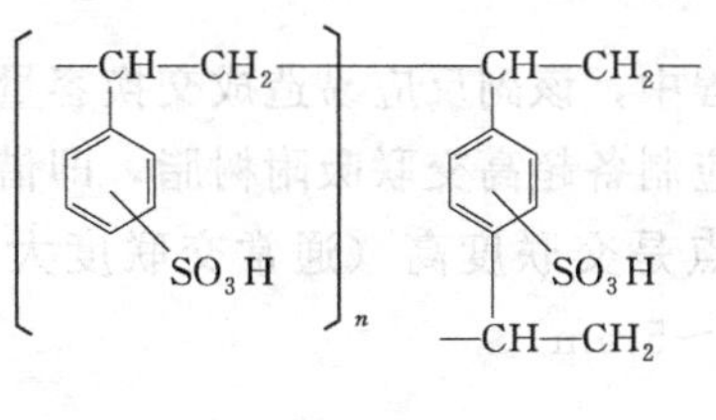

得到的树脂逐步用水将硫酸洗去。但不能用大量水洗，否则会使球体突然膨胀而破裂。

通常苯乙烯、二乙烯苯在储存中加有阻聚剂（如对苯二酚），使用前可用强碱树脂去除阻聚剂。也可用对叔丁基邻苯二酚作为阻聚剂，其效率比对苯二酚高 25 倍。对羟基苯甲醚也可用做阻聚剂，它在聚合时会自行分解，故无需除去。

20.2.2 苯乙烯-二乙烯苯型胺基树脂

将上述苯乙烯和二乙烯苯的共聚物，在氯甲醚中溶胀后，加入 $ZnCl_2$ 作为催化剂，就可在苯环上取代氯甲基，即所谓氯甲基化（傅氏反应）：

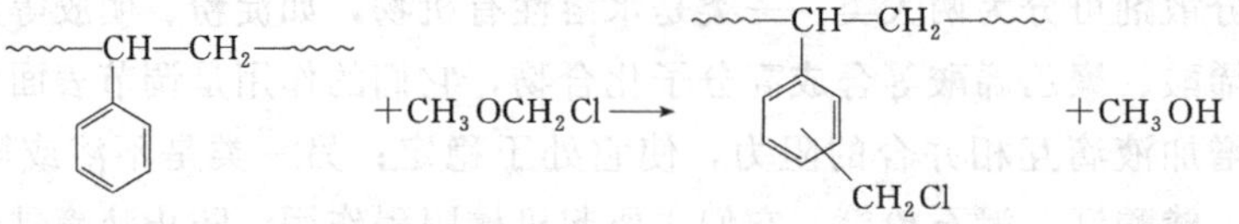

$$+CH_3OCH_2Cl \longrightarrow \quad +CH_3OH$$

氯甲基化后，在适宜的溶剂中溶胀，如与三甲胺作用，即可制得强碱 I 型树脂，与二甲基乙醇胺作用，即可制得强碱 II 型树脂：

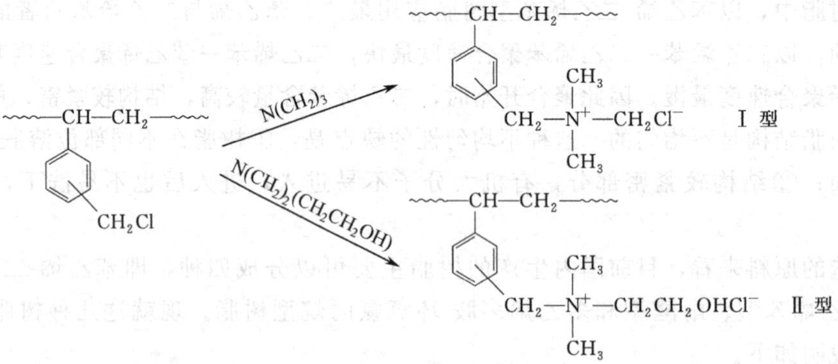

$$\xrightarrow{N(CH_2)_3} \quad \text{I 型}$$

$$\xrightarrow{N(CH_2)_2(CH_2CH_2OH)} \quad \text{II 型}$$

如与伯胺或仲胺作用，即可制得弱碱性阴离子交换树脂：

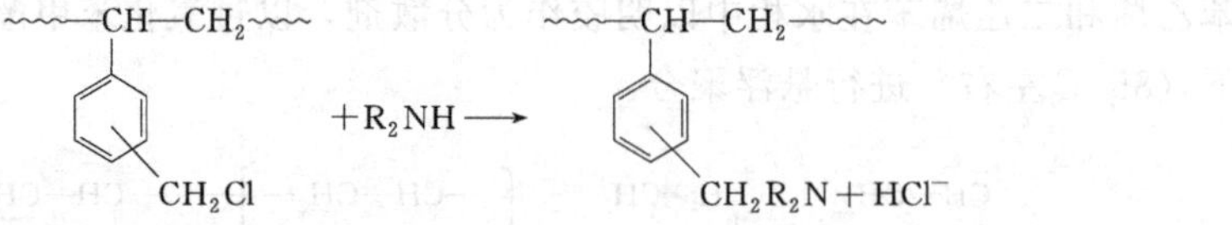

$$+R_2NH \longrightarrow$$

在氯甲基化时，常伴有副反应，即氯甲基和相邻的苯环发生反应：

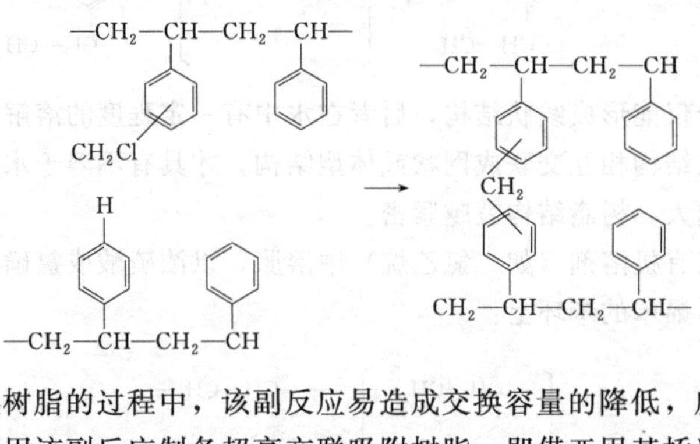

在制备离子交换树脂的过程中，该副反应易造成交换容量的降低，应加以避免。而在吸附树脂的制备中可利用该副反应制备超高交联吸附树脂，即借亚甲基桥进行交联，所得树脂称为超高交联吸附树脂，其特点是交联度高（通常交联度大于 80%），比表面积大（大于 800 m^2/g），孔径较小（约为 4～5 nm）。

20.2.3 丙烯酸-二乙烯苯型羧基树脂

以过氧化苯甲酰作为引发剂，将丙烯酸甲酯与二乙烯苯在水相悬浮聚合，共聚物再经水解即可得到：

属于这类树脂的有弱酸110树脂，用于链霉素提炼。经验表明，弱酸110树脂的交联度

如大于 3%，结构紧密，链霉素等大分子，不能进入全部活性中心，所以吸附容量较低。但如降低交联度，则由于膨胀度大，树脂机械强度就较差，且会使容积交换容量降低。为弥补这一不足，可以采用两次聚合的办法，即将一次聚合物与单体混合物（含有引发剂）搅拌混合，使聚合物吸饱单体，然后加热进行两次聚合。两次聚合的聚合物比一次

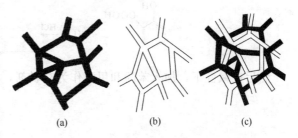

图 20-3 两次聚合中链的相互牵制示意图[4]
(a)，(b) 一次聚合；(c) 二次聚合

聚合的结构紧密。化学交联度虽然没有改变，但链相互牵制，也能限制链的移动（图 20-3），其作用和化学交联一样。

增加一次聚合，对发酵液中链霉素的容积吸附容量也相应增加。例如当二乙烯苯含量为 2% 时，一次聚合物的容积吸附容量为 16.1 万单位/mL。两次聚合物为 22.5 万单位/mL，而三次聚合物则增至 27.9 万单位/mL。华东理工大学与上海四药股份有限公司联合研制的 JK110 弱酸树脂成功应用于金霉素提炼证实了这一情况[23]。

属于这一类型的还有弱酸101×4（724）树脂，它是由甲基丙烯酸，甲基丙烯酸甲酯和二乙烯苯三元共聚而得。

丙烯酸酯-二乙烯苯共聚物以多乙烯多胺胺解还可制得弱碱性树脂：

由此得到的弱碱树脂还可与甲酸和甲醛发生甲基化反应，以增强其碱性，得到的树脂具有下列结构：

此即 D315 树脂。

20.2.4　酚醛型树脂

以弱酸 122 树脂为例，它由水杨酸、苯酚和甲醛缩聚而成。先将水杨酸和甲醛在盐酸催化下，缩合得线状结构：

然后在碱性下，加入苯酚和甲醛作为交联剂，在一定温度下进行反应：

若在透平油中加少量油酸钠作为分散剂，进行反应可制成球形树脂。

20.2.5　多乙烯多胺-环氧氯丙烷树脂

环氧氯丙烷是很强的缩聚剂，它甚至能和叔胺基相缩合，因而形成强碱性季胺基团。将环氧氯丙烷缓缓滴加到多乙烯多胺中，形成树脂浆，然后将树脂浆在透平油中分散成球形，其反应如下：

$$-NH_2+ClCH_2-CH-CH_2+HN< \longrightarrow -NH-CH_2-CH-CH_2-N< +HCl$$

继续反应，可得如下结构，

此即弱碱 330 树脂（氯型），它同时含有伯、仲、叔胺，还含有少量季铵基团。

20.3 离子交换树脂的理化性能和测定方法

一般树脂在应用时，希望有较大的交换容量，为此在制造时应使单位质量树脂所含的功能团尽可能多。树脂不仅要吸附得好，即交换容量大和选择性好，而且要容易解吸，即应有良好的可逆性。一般说来，吸附容易的解吸就比较困难。例如磺酸基树脂对链霉素吸附能力很强，但解吸很困难，而羧基树脂对链霉素的结合力也相当强，但还不如氢离子与树脂的结合力强，因此用酸很容易将链霉素洗脱。

在色层分离中使用的树脂应是单功能团的，如具有一个以上的功能团时，常使分层不清楚。但同时含有磺酸基和酚羟基的树脂，在pH8～9以下，可以看做单功能团树脂，因为此时酚羟基是不离解的。

树脂要有一定的机械强度，以避免或减少在使用过程中破损。一般说来，膨胀度越大、交联度越小的树脂，机械强度就越差。

树脂应有较好的化学稳定性，不含有低分子量的杂质。缩聚树脂的化学稳定性一般较差，在强碱溶液中，缩聚阳树脂会损坏共聚阳树脂对碱抵抗能力较强，但也不应该和浓度大于2 mol/L的碱液长期接触。阴树脂对碱较敏感，处理时碱液浓度不宜超过1 mol/L。强碱树脂稳定性较差，常常可以嗅到分解的胺的气味❶。OH^-型阴树脂即使在水中也不稳定，因此常以氯型保存。

一般树脂对还原剂稳定，但伯胺和仲胺树脂对醛敏感。

树脂一般成球形，这样可使流体阻力减少。颗粒大小一般选用20～60目（0.25～0.84 mm）。颗粒过小会使流体阻力增大，过大会使交换速度降低。

树脂的色泽通常对其性能的影响不大，但在吸附或分离有色物质时，如能用白色树脂，则凭颜色的变化，可明显地看出吸附情况和色带移动情况，颇为方便。

树脂在制造过程中，常因容器腐蚀而带有金属离子。树脂中的杂质，有的是多余的没有参与反应的原料，有的是部分高聚物分解所生成的。这些杂质有时需要长时间用酸、碱或有机溶剂反复处理，才能除去。所以新树脂在使用前应用酸、碱或操作溶液反复处理。如树脂很干燥，直接浸入水中会造成破裂，则应先在饱和食盐水溶液中浸泡若干小时。市售树脂一般都装在塑料袋中，以防止过分干燥。

供测定性能或试验研究用的树脂，为了使其含水量恒定，需要先处理成风干树脂或抽干树脂。前者是将处理好的树脂，充分暴露在空气中，经过若干天后，使与空气的湿度相平衡。后者是将树脂在布氏漏斗中抽干得到。由于空气湿度经常在改变，风干树脂的含水量也随着改变，故以抽干树脂作为基准较准确，但风干树脂使用较方便。

现将树脂几种主要性能的测定方法，分述于下。

（1）颗粒度[7]　树脂颗粒大小和粒径分布可用各种方法测定，如机械筛分、沉降和显微镜观察等，但最常用的为机械筛分。筛分可分为干筛和湿筛，从实际应用角度看，对充分溶胀的树脂进行湿筛较有意义。粒径分布通常成正态分布。颗粒度一般以有效粒径（effective size）和匀度系数（uniformity coefficient）来表示。有效粒径指保留90%样品质量的筛子孔径；而匀度系数的定义为：保留40%样品质量的筛孔径与保留90%样品质量的筛孔径之比。其值愈小表示粒度分布愈均匀。

---

❶　季胺的氢氧化物，在加热时发生霍夫曼（Hoffman）降解反应：$R_3N^+-ROH^- \longrightarrow NR_3 + ROH$。

（2）含水量　通常树脂是亲水性的，因此常含有很多水分。将树脂在105~110 ℃干燥至恒重就可测定其含水量。将树脂放在一定的离心力场下（通常为400 g），在一定的时间内（30 min）所失去的水分称为溶胀水，它和树脂的交联度有一定的关系，可作为测定交联度的一种方法。

（3）膨胀度　将10~15 mL风干树脂放入量筒中，加入欲试验的溶剂，通常是水，不时摇动，24 h后，测定树脂体积。前后体积之比，称为膨胀系数，以$K_{膨胀}$表示。膨胀系数与树脂的交联度有一定关系，见图20-4。

由于测定交联度的方法还不很准确，因此可用膨胀系数来表征其交联度。

有时将树脂从一种型式转变为另一种型式时，体积增大的百分率，称为膨胀率，以体积较小的型式作为基准（分母）。如在链霉素提炼中，弱酸110树脂以氢、钠型的体积变化作为膨胀率，而在水处理中，酸性树脂以钠-钙型的体积变化作为膨胀率。

（4）湿真密度　取处理成所需型式的湿树脂，在布氏漏斗中抽干。迅速称取2~5 g抽干树脂，放入比重瓶中，加水至刻度称重。湿真密度按下式计算：

$$\gamma = \frac{W_2}{W_3} \qquad (20\text{-}2)$$

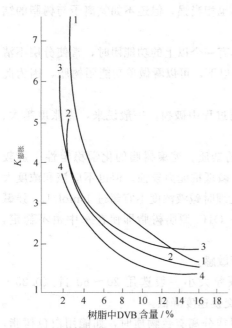

图 20-4　$K_{膨胀}$与交联度的关系[8]
1—磺酸基树脂（H型）；2—磺酸基树脂（Na型）；3—羧基树脂（H型）；4—弱碱树脂〔Cl型,N(CH₃)₃Cl〕

式中　γ为湿真密度；W_2为树脂称样重，g；W_3为被排挤的水重，g；而$W_3 = W_1 - W_4$；W_1为充满水的比重瓶（无树脂）加上样品之重，g；W_4为盛有水及树脂的比重瓶之重，g；

（5）交换容量　交换容量是表征树脂性能的重要数据，它用单位质量干树脂或单位体积湿树脂所能吸附一价离子的毫摩尔数来表示。如为阳离子交换树脂，可先将树脂处理成氢型。称几克树脂，测其含水量，同时称取若干克树脂，加入一定量的标准NaOH溶液，静置一昼夜（强酸性树脂）或数昼夜（弱酸性树脂）后，测定剩余NaOH的毫摩尔数，就可求得总交换量。

对于阴离子交换树脂则不能用上面相对应的方法，因为羟型阴离子交换树脂在高温下易分解、故含水量测不准。且当用水洗涤时，羟型树脂要吸附CO_2而使部分树脂成为碳酸型，所以应用氯型树脂来测定。称取一定量的氯型树脂放入柱中，在动态下通入硫酸钠溶液，以$AgNO_3$溶液滴定流出液中氯离子含量，用铬酸钾作指示剂。根据洗下来的氯离子量，就可求得总交换量。

若将树脂充填在柱中进行操作，即在固定床中操作，当流出液中有价值离子达到所规定的某一浓度时（称为漏出点），操作即停止，而进行再生。在漏出点时，树脂所吸附的量称为工作交换容量，在实际使用中比较重要。

（6）滴定曲线　和无机酸、碱一样，离子交换树脂也有滴定曲线。其测定方法如下：分别在几个大试管中各放入1 g树脂（氢型或羟型）。其中一个试管中放入50 mL 0.1mol/L

KCI 溶液，其他试管中也放入同样体积的溶液，但含有不同量的 0.1 mol/L KOH 或 0.1 mol/L HCl，静置一昼夜（强酸或强碱树脂）或 7 昼夜（弱酸或弱碱树脂），令其达到平衡。测定平衡时的 pH 值。以每克干树脂所加入的 KOH 或 HCl 的量为横坐标，以平衡 pH 值为纵坐标，就得到滴定曲线。各种树脂的滴定曲线见图 20-5。几种国产树脂的滴定曲线见图 20-6～图 20-8。

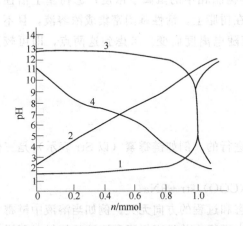

图 20-5　各种离子交换树脂的滴定曲线[9]

1—强酸树脂 Amberlite IR-120；2—弱酸树脂 Amberlite IRC-84；3—强碱树脂 Amberlit IRA-400；4—弱碱树脂 Amberlite IR-45；n—单位树脂交换容量所加入的盐酸或氢氧化钾的量（毫摩尔）

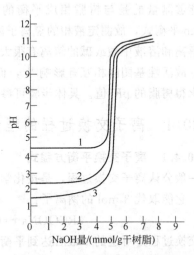

图 20-6　国产 1×12 阳离子交换树脂的滴定曲线[10]

1—无盐水；2—0.01 mol/L NaCl；3—1 mol/L NaCl

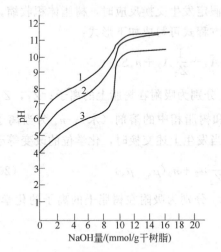

图 20-7　国产 101×4 阳离子交换树脂的滴定曲线[10]

1—无盐水；2—0.01 mol/L NaCl；3—1 mol/L NaCl

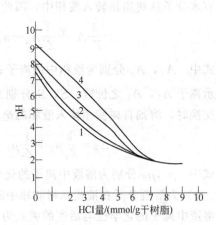

图 20-8　国产 311×4 阴离子交换树脂的滴定曲线[10]

1—无盐水；2—0.001 mol/L NaCl；3—0.01 mol/L NaCl；4—0.1 mol/L NaCl

对于强酸性或强碱性树脂，滴定曲线有一段是水平的，到某一点即突然升高或降低，这表示树脂上的功能团已经饱和；而对于弱碱或弱酸性树脂，则无水平部分，曲线逐步变化。

由滴定曲线的转折点，可估计其总交换量；而由转折点的数目，可推知功能团的数目。曲线还表示交换容量随 pH 的变化，所以滴定曲线较全面地表征树脂功能团的性质。

(7) pK 值 对通常的酸或碱，测得滴定曲线后，即可按 Henderson 方程式，求得其 pK 值。但对于离子交换树脂，有两点不同，需要考虑。①树脂相的 pH 值不能直接测定，我们能够测量的是与树脂相成平衡的液相的 pH，但树脂相与液相的氢离子浓度应服从 Donnan 平衡式，故测定液相的氢离子浓度可推得树脂相中的氢离子浓度；②树脂上活性基团的解离和溶液中酸或碱的解离有很大的区别。在树脂上，活性基团密集成浓溶液，且不能移动，故活性基团间相互有影响[11]，而使 pK 值随电离度而变。考虑到这两点，即可较正确地求得树脂的 pK 值。具体步骤可参阅文献[12,13]。

20.4 离子交换过程的理论基础

20.4.1 离子交换平衡方程式[14]

一般公认离子交换过程，是按化学当量关系进行的。例如链霉素（以 Str 表示）是三价离子，它能取代 3 mol 的钠离子：

$$3RCOONa + str^{3+} \rightleftharpoons (RCOO)_3 str + 3Na^+$$

而且交换过程是可逆的，最后达到平衡，平衡状态和过程的方向无关。例如当溶液中链霉素离子的浓度增大或减少时，反应可以向右方或左方进行，并且当树脂和溶液的接触时间增长时，最后达到平衡状态。此时，树脂上和溶液中的浓度都为定值，和自左方或自右方达到平衡无关。

由此可见，离子交换过程可以看做可逆多相化学反应。但和一般的多相化学反应不同，当发生交换时，树脂体积常发生改变，因而引起溶剂分子（通常为水）的转移。这些溶剂分子的传递，当然也会引起自由能或化学位的改变。假定发生交换反应时，树脂体积收缩，于是就有水分子从树脂相转入液相中，因此离子交换方程式可写成如下形式：

$$\frac{1}{Z_1}A_1 + \frac{1}{Z_2}\overline{A}_2 + n_s\overline{S} \rightleftharpoons \frac{1}{Z_1}\overline{A}_1 + \frac{1}{Z_2}A_2 + n_s S$$

式中 A_1，A_2 分别为液相中的离子；$\overline{A}_1$，$\overline{A}_2$ 分别为吸附在树脂上的离子；Z_1，Z_2 分别表示离子 A_1，A_2 之价数；S，$\overline{S}$ 分别表示液相和树脂相中的溶剂（水）；n_s 为当离子起上述交换时，溶剂自树脂相移入液相的毫摩尔数。当发生上述交换时，化学位的改变等于：

$$\Delta\phi = \frac{1}{Z_1}\overline{\mu}_1 + \frac{1}{Z_2}\mu_2 - \frac{1}{Z_1}\mu_1 - \frac{1}{Z_2}\overline{\mu}_2 + n_s(\mu_s - \overline{\mu}_s) \tag{20-3}$$

式中 μ_1, μ_2 分别为溶液中离子的化学位；$\overline{\mu}_1$, $\overline{\mu}_2$ 分别为吸附在树脂上的离子的化学位；μ_s, $\overline{\mu}_s$ 分别为溶剂分子在液相和树脂相中的化学位。

溶液中离子的化学位与活度的关系为

$$\mu_i = \mu_i^0 + RT\ln a_i \tag{20-4}$$

可以把树脂上的离子看做固体溶液的一个组分，则对吸附在树脂上的离子，其化学位也可列出类似的方程式：

$$\overline{\mu}_i = \overline{\mu}_i^0 + RT\ln \overline{a}_i \tag{20-5}$$

上两式中 $\overline{a}_i$ 分别为吸附在树脂上的离子的活度；a_i 分别为溶液中离子的活度；μ_i^0, $\overline{\mu}_i^0$ 分别为溶液中和树脂上离子的标准化学位。

当平衡时，$\Delta\Phi=0$，将式（20-4）和式（20-5）代入式（20-3）中得：

$$\frac{1}{Z_1}(\bar{\mu}_1^0+RT\ln\bar{a}_1)+\frac{1}{Z_2}(\mu_2^0+RT\ln a_2)-\frac{1}{Z_1}(\mu_1^0+RT\ln a_1)$$

$$-\frac{1}{Z_2}(\bar{\mu}_2^0+RT\ln\bar{a}_2)+n_s(\mu_T-\bar{\mu}_s)=0$$

上式可改写为：

$$RT\ln\frac{\bar{a}_1^{\frac{1}{z_1}}\bar{a}_2^{\frac{1}{z_2}}}{a_1^{\frac{1}{z_1}}\bar{a}_2^{\frac{1}{z_2}}}=\gamma-n_s(\mu_s-\bar{\mu}_s) \tag{20-6}$$

式中　常数 γ 的值完全决定于离子的标准化学位。

如为一价离子间交换且假定离子和树脂的化合能全部反映在活度系数中。即 $\mu_1^0=\bar{\mu}_1^0$，$\mu_2^0=\bar{\mu}_2^0$，则式（20-6）成为：

$$RT\ln\frac{\bar{a}_1 a_2}{a_1\bar{a}_2}=-n_s(\mu_s-\bar{\mu}_s)$$

等式的右边表示溶剂分子传递，也就是树脂收缩而引起的自由能的变化，应该等于渗透压所作之功，即

$$RT\ln\frac{\bar{a}_1 a_2}{a_1\bar{a}_2}=\pi(\bar{V}_2-\bar{V}_1)$$

此即习知的格雷戈（Gregor）公式。

式中　π 为渗透压；V_1，V_2 分别为离子 1 或 2 吸附在树脂上时的偏摩尔体积。

对于非膨胀性树脂，$n_s=0$，式（20-6）成为：

$$RT\ln\frac{\bar{a}_1^{\frac{1}{z_1}}\bar{a}_2^{\frac{1}{z_2}}}{a_1^{\frac{1}{z_1}}\bar{a}_2^{\frac{1}{z_2}}}=\gamma，\text{ 或 }\frac{\bar{a}_1^{\frac{1}{z}}}{\bar{a}_2^{\frac{1}{z_2}}}=K\frac{a_1^{\frac{1}{z_1}}}{a_2^{\frac{1}{z_1}}} \tag{20-7}$$

对于稀溶液可以浓度代替活度，则式（20-7）成为：

$$\frac{m_1^{\frac{1}{z_1}}}{m_2^{\frac{1}{z_2}}}=K\frac{c_1^{\frac{1}{z_1}}}{c_2^{\frac{1}{z_2}}} \tag{20-8}$$

式中　m_1，m_2 分别为树脂上离子的浓度，mmol/g 干树脂；c_1，c_2 分别为溶液中离子的浓度，mmol/mL；K 为离子交换常数。

式（20-8）中的各个量都可以量度，容易用实验验证，因此具有实际意义。

许多研究证明无机离子的交换确实服从于上述方程式。但对有机大分子的吸附，需作一些修改。以钠型羧基阳离子交换树脂吸附链霉素为例来说明，因为链霉素离子在中性 pH 时为三价，离子交换平衡方程式有如下形式：

$$\frac{m_1^{\frac{1}{3}}}{m_2}=K\frac{c_1^{\frac{1}{3}}}{c_2}$$

其中下标 1 代表链霉素，下标 2 代表钠离子。但如以 $m_1^{1/3}/m_2$ 对 $c_1^{1/2}/c_2$ 作图，我们得不到一条直线。

试验表明，当树脂颗粒比较大时，由于链霉素在树脂内扩散速度很慢，达到平衡需要很长时间，故存在假平衡。当将树脂颗粒减小时，交换速度和交换量都增加。但颗粒粉碎到一定程度，交换量不再增加，说明已达到真平衡，见图 20-9。由图可见，即使达到真平衡时，

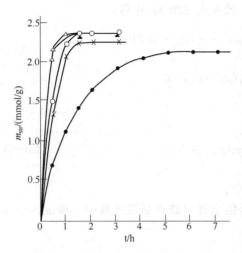

图 20-9　不同颗粒度的钠型 101×4 树脂吸
附链霉素（以 Str 表示）的速度曲线[15]

△—特征长度 L=0.056 mm；

▲—L=0.058 mm；

○—直径 d=0.09～0.12 mm；

×—d=0.15～0.20 mm；

●—d=0.25～0.50 mm；温度 29 ℃±0.5 ℃

国产弱酸 101×4 树脂对链霉素的吸附量仅为 2.33 mmol/g，仍小于对无机离子的总交换量（9.35 mmol/g，干氢型，相当于 7.80 mmol/g，干钠型）。因此可以认为树脂内部的活性中心，由于其空间排列的关系，并不是全都能吸附链霉素。树脂上的活性中心排列过密，其中一部分被链霉素离子遮住，以使后来的链霉素离子就不能达到这些活性中心。因此实际上只有一部分活性中心吸附链霉素。若只考虑能吸附链霉素这一部分活性中心，即不要把离子交换平衡方程式中的 m_2，理解为每克树脂所实际吸附的钠离子毫摩尔量，而把它理解为树脂对链霉素的交换容量减去树脂吸附链霉素的毫摩尔量，则链霉素在羧基树脂上的交换就服从离子交换平衡方程式。据此，方程式（20-8）对交换大离子的场合，具有如下形式：

$$\frac{m_1^{\frac{1}{z_1}}}{(m-m_1)^{\frac{1}{z_2}}}=K\frac{c_1^{\frac{1}{z_1}}}{c_2^{\frac{1}{z_2}}} \qquad (20\text{-}9)$$

式中 m 为对有机大离子的交换容量，mmol/g。

利用上述方程式测得在国产弱酸 101×4 树脂上，链霉素和钠离子交换的平衡常数为 0.63(25～30 ℃)。

从这个概念出发，为了提高树脂对链霉素的选择性，曾在树脂中加入惰性成分，使活性中心之间的距离增长（但仍维持足够的亲水性，使树脂有相当的膨胀度）。这样，虽然树脂的总交换容量减少了，但对链霉素的相对交换容量（指树脂吸附大分子交换容量与理论上能达到的交换量之比，用百分率表示）却增大了。当相对交换容量达到 100% 时，树脂就几乎只吸链霉素，很少吸杂质，因此在以后的洗脱液中，灰分就可大大降低。

过去我国在生产上用以提取链霉素的弱酸 101×4 树脂在合成时加入少量甲基丙烯酸甲酯，后者即是惰性的，不起交换作用。

对羧基树脂吸附庆大霉素，也得到类似情况[16]。所以用离子交换树脂提取抗生素等较大分子时，交换容量（功能团密度）并不是愈大愈好，而是存在一个最适的功能团密度。这个最适密度应根据目标物质，通过实验确定，不同的抗生素应该有不同的最适提取树脂。

20.4.2　离子交换速度

（1）交换机理　设有一颗树脂放在溶液中，发生下列交换反应：

$$A^+ + RB \rightleftharpoons RA + B^+$$

不论溶液的运动情况怎样，在树脂表面上始终存在着一层薄膜，起交换的离子只能借分子扩散而通过这层薄膜（图 20-10）。搅拌越激烈，这层薄膜的厚度也就越薄，液相主体中的浓度就越趋向均匀一致。一般说来，树脂的总交换容量和其颗粒的大小无关。由此可知，不仅在树脂表面，而且在树脂内部，都发生交换作用。因此和所有多相化学反应一样，离子交换过程应包括下列五个步骤：①A^+ 离子自溶液中扩散到树脂表面；②A^+ 离子从树脂表面再扩散到树脂内部的活性中心；③A^+ 离子与 RB 在活性中心上发生复分解反应；④解吸离

子 B^+ 自树脂内部的活性中心扩散到树脂表面；⑤B^+ 离子再从树脂表面扩散到溶液中。

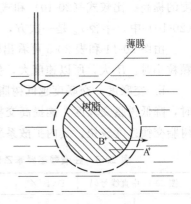

图 20-10　离子交换过程的机理

众所周知，多步骤过程的总速度决定于最慢的一个步骤的速度（称为控制步骤）。要想提高整个过程的速度，最有效的办法是加速控制步骤的速度。首先应该注意到，根据电荷中性原则，步骤①和⑤同时发生且速度相等。即有 1 摩尔 A^+ 离子扩散经过薄膜到达颗粒表面。同时必有 1 摩尔的 B^+ 离子以相反方向从颗粒表面扩散到液体中。同样步骤②和④同时发生，方向相反，速度相等。因此实际上只有三个步骤：外部扩散（经过液膜的扩散），内部扩散（在颗粒内部的扩散）和化学交换反应。一般说来离子间的交换反应，速度是很快的，有时甚至快到难以测定。所以除极个别的场合外，化学反应不是控制步骤，而扩散是控制步骤。市售的树脂中，有细达 200～500 筛目，这绝不是偶然的。

至于究竟内部扩散还是外部扩散是控制步骤，要随操作条件而变。一般说来，液相速度越快或搅拌越激烈，浓度越浓，颗粒越大，吸附越弱，越是趋向于内部扩散控制。相反液体流速慢，浓度稀，颗粒细，吸附强，越是趋向于外部扩散控制。当树脂吸附抗生素等分子时，由于在树脂内扩散速度慢，常常为内部扩散控制。

（2）交换速度方程式[17]　由于交换速度方程式的推导比较复杂，现仅列出其结果如下。

当为外部扩散控制时：

$$\ln(1-F)=-K_1 t \tag{20-10}$$

式中　K_1 为外扩散速度常数 $K_1=\dfrac{3D^l}{r_0 \Delta r_0 \gamma}$；$D$ 为液相中的扩散系数；r_0 为树脂颗粒半径；Δr_0 为颗粒表面薄膜层的厚度；γ 为吸附常数，当达到平衡时，固相浓度与液相浓度之比。在溶液中，它为一常数；F 为当时间为 t 时，树脂的饱和度，即树脂上的吸附量与平衡吸附量之比。

当为内部扩散控制时：

$$F=1-\frac{6}{\pi^2}\sum_{n-1}^{\infty}\frac{1}{n^2}e^{-D^i n^2 \pi^2 t/r_0^2} \tag{20-11}$$

式中　D^i 为树脂内的扩散系数。

如令

$$B=\frac{D^i \pi^2}{r_0^2} \tag{20-12}$$

则式（20-11）成为

$$F=1-\frac{6}{\pi^2}\sum_{n=1}^{\infty}\frac{1}{n^2}e^{-B_t n^2} \tag{20-13}$$

由 B_t 的值，就可求得 F。文献［18］上有 F 与 B_t 的关系表。根据此表就能从实验得到的 F 值，求出 B_t。然后将 B_t 与 t 为坐标作图，如得到一直线，就可证明交换系内部扩散控制。

（3）影响交换速度的因素

a. 颗粒大小　颗粒减小无论对内部扩散控制或外部扩散控制的场合，都有利于交换速度的提高。比较式（20-10）和式（20-11），可知对内扩散的场合，影响更为显著。因为式（20-10）中，半径 r_0 是一次方，而在式（20-11）中则为二次方。

由图 20-11 和表 20-5 可看出颗粒大小的影响。交换速度和直线的斜率 B 成正比，可见颗粒小时，B 大，所以速度大，但内扩散系数基本上是相等的。

b. 交联度　交联度越低树脂越易膨胀，在树脂内部扩散就较容易。所以当内扩散控制时，降低树脂交联度，能提高交换速度。例如比较图 20-11 中直线 1 和 3，可见 5 %DVB 的树脂交换速度较快，其内扩散系数 D^i 约为 17%DVB 树脂的 6 倍（参照表 20-5）。

表 20-5　在磺酸基聚苯乙烯树脂上，交换过程 $HR+Na^+ \longrightarrow NaR+H^+$ 的速度数据

图 20-11 中直线号码	DVB/%	r_0/cm	温度/℃	B	$D^i \times 10^6$	半饱和时间/s
1	5	0.0272	25	0.082	6.1	3.7
2	17	0.0273	50	0.29	2.2	10.4
3	17	0.0273	25	0.0143	1.08	21.0
4	17	0.0446	25	0.0016	1.23	49

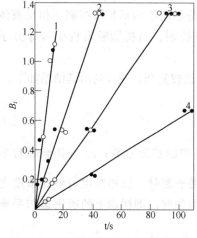

图 20-11　在聚苯乙烯磺酸基树脂上，
氢离子和钠离子的交换
○—0.91 mol/L Na$^+$；
●—1.82 mol/L Na$^+$（参见表 20-5）

c. 温度　比较图 20-11 中直线 2 和 3，可以看出温度的影响。温度从 25 ℃升至 50 ℃，扩散系数 D^i 增大 1 倍，因而交换速度也增加 1 倍（参照表 20-5）。

d. 离子的化合价　离子在树脂中扩散时，与树脂骨架（和扩散离子的电荷相反）间存在库仑引力。离子的化合价越高，这种引力越大，因此扩散速度就愈小。原子价增加 1 价，内扩散系数的值就要减少一个数量级。例如在某种阳离子交换树脂上，钠离子的扩散系数等于 2.76×10^{-7} cm^2/s，而锌离子则仅为 2.89×10^{-8} cm^2/s。

e. 离子的大小　小离子的交换速度比较快。例如用 NH_4^+ 型磺酸基苯乙烯树脂去交换下列离子时，达到半饱和的时间分别为：

Na^+,1.25 min；$N(CH_3)_4^+$, 1.75 min; $N(C_2H_5)_4^+$, 3 min; $C_6H_5(CH_3)_2CH_2C_6H_5^+$，1 周。大分子在树脂中的扩散速度特别慢，因为大分子会和树脂骨架碰撞，甚至使骨架变形。有时可利用大分子和小分子在某种树脂上的交换速度不同，而达到分离的目的，这种树脂称为分子筛。

f. 搅拌速度　当液膜控制时，增加搅拌速度会使交换速度增加，但增大到一定程度后再继续增加转速，影响就比较小。

g. 溶液浓度　当溶液浓度为 0.001 mol/L 时，一般为外扩散控制。当浓度增加时，交换速度也按比例增加。当浓度达到 0.01 mol/L 左右时，浓度再增加，交换速度就增加得较慢。此时内扩散和外扩散同时起作用。当浓度再继续增加，交换速度达到极限值后就不再增大，此时已转变为内扩散控制。例如在图 20-11 中，0.91 mol/L 和 1.82 mol/μ 的钠离子溶液交换速度是一致的。

20.4.3　离子交换过程的运动学

通常离子交换系在固定床中进行，在固定床中离子运动的规律称为运动学。试设想有一离子交换柱，原来在树脂上的是离子 2，现在通入离子 1 的溶液去取代它。当离子 1 逐渐通

入时，离子2被取代，在树脂层的上部逐渐形成一层树脂，其中只含有离子1。接着流入的离子1溶液通过这层树脂时，显然不起交换，而当它继续往下流时，即发生交换，这时，离子1的浓度逐渐减至零，而离子2的浓度逐渐增至离子1的原始当量浓度 c ❶（因交换反应系按当量进行）。再继续往下流时，由于溶液中已不含离子1，故也不发生交换。离子1自起始浓度 c。降至零这一段树脂层称为交换带（图20-12），交换过程只在这一层内进行。

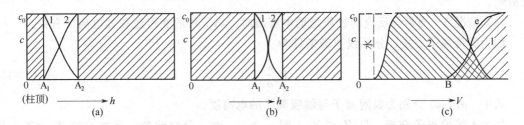

图 20-12　离子的分层（a），（b）和理想的流出曲线（c）[18]

h—柱的高度；c—当量浓度；c_0—原始当量浓度；V—流出液体积；$A_1 \sim A_2$—交换带；

B—离子1的漏出点；e—离子1的流出曲线

因为离子交换系按当量进行，所以图20-12中曲线1和2是对称的，互为镜象关系，这两种离子在交换带中互相混在一起，没有分层，见图20-12（a）。当它们继续向下流时，如条件选择适当，交换带逐步变窄，两种离子逐渐分层，离子2集中在前面，离子1集中在后面，中间形成一较明显的分界线，见图20-12（b）。这样继续往下流交换带越来越窄，分界线也就越来越明显，一直到柱的出口。在流出液中［图20-12（c）］，开始出来的是树脂层空隙中水分，而后出来的是离子2，在某一时候，流出液中出现离子1，此时称为漏出点，以后离子1增至原始浓度，而离子2的浓度减至零，离子1的流出曲线陡直，见图20-12（c）。但如条件选择得不恰当，交换带逐渐变宽，两种离子就互相重叠在一起，则流出曲线变得平坦。

显然离子在柱中的运动情况，我们无法知道，但从流出曲线的形状，可以判断离子分层是否清楚，因为流出曲线的形状是和将要流出柱的交换带相对应的。有明显分界线的好处，不仅在于可使离子分开，而且在吸附时，可以提高树脂饱和度，减少吸附离子的漏失，而在解吸时，则可使洗脱液浓度提高。从发酵液中吸附抗生素时，常会使离子层分界线发生某种程度的模糊。因此只有在柱的上部，树脂才为抗生素所完全饱和。为使树脂达到最大饱和度，必须采用几根柱串联的系统。只有当有很多抗生素从第一根柱漏到第二根，甚至第三根柱时，第一根柱才能为抗生素所饱和，为使工艺系统不过分复杂，必须使这种漏出量减至最小，这只有当离子层分界线清晰时，才能实现。所以研究离子在柱中的运动情况和分界线清晰的条件，有很大的实际意义。

分界线清晰的情况可分三种，现叙述于下。

（1）情况1　如交换离子的价数相等，即或 $Z_1 = Z_2$，则分界线清晰条件为吸附离子（离子1）对解吸离子（离子2）的交换常数 $K_{1,2}$ 应大于1。

如 $K_{1,2} < 1$ 则分层不清楚。如 $K = 1$，则分界线保持原样而向下流动。

（2）情况2　若 $Z_1 \neq Z_2$，则分界线清晰的条件就比较复杂，它不仅和交换常数 K 而且

❶　当量浓度＝mol/L×离子价数。

和树脂的交换容量 m、被吸附离子的浓度以及离子所带电荷数有关。

令 c_0 为被吸附离子的原始浓度，且

$$c_{临界} = mK^{\frac{z_1 z_2}{z_1 - z_2}} \tag{20-14}$$

如 $Z_1 < Z_2$，则当 $c_0 > c_{临界}$ 时，离子分层清楚，如 $Z_1 > Z_2$；则当 $c_0 < c_{临界}$ 时，分层清楚。

(3) 情况3 当参与反应的物质是弱电解质时，离子层的变形还和其电离度有关。

如为等价离子交换，分界线清晰条件为

$$K \frac{\alpha_1}{\alpha_2} > 1 \tag{20-15}$$

式中 α_1，α_2 分别为吸附离子与解吸离子的电离度。

如为不等价离子交换，且 $Z_1 < Z_2$，则 $c_0 > c_{临界}$ 时，分层清楚；反之，如 $Z_1 > Z_2$，则 $c_0 < c_{临界}$ 时，分层清楚。其中

$$c_{临界} = mK^{\frac{z_1 z_2}{z_1 - z_2}} \left(\frac{\alpha_1}{\alpha_2}\right)^{\frac{z_1}{z_1 - z_2}} \tag{20-16}$$

据上所述，在离子交换中，要使离子层分层明显可以遵循三个方向进行：①对于等价离子交换应选用平衡常数大于1的系统，当被吸附离子与树脂间的化学亲和力大于原先在树脂上的离子与树脂间的化学亲和力时，就符合这种条件；②对于不等价离子交换，应选择适宜的被吸附离子的浓度；③对于弱电解质可设法改变离子的电离度。第一种和第二种方法在很多场合下，虽然可采用，但有其局限性，因为交换常数的数值最多变化 10～100 倍，而浓度的变化一般也只能在 0.1～10 mol/L 之间。当用高价离子去取代低价离子时，常需采用低的浓度，但这样常会使流出液的浓度过稀。

利用第三种方法有很大优点，根据方程式（20-15）和式（20-16），减小解吸物质的电离度和增加吸附物质的电离度，会导致分层清楚。由于电离度可在很大范围内变化（几个数量级），所以即使当平衡常数的值很小时，也有可能使分层清楚。由此可知，当在阳离子交换树脂上洗脱弱电解质时，提高溶液的 pH，而在阴离子交换中，降低 pH 都会使分层清楚。要改变电离度，还可利用有机溶剂，通常当有有机溶剂存在时，弱电解质的电离度就降低，并能影响交换常数的值。

20.5 离子交换过程的选择性

在实际应用时，溶液中常常同时存在着很多种离子。显然，研究离子交换树脂的选择吸附作用，具有重大的实际意义。一般说来，离子和树脂间亲和力越大，就越容易吸附；当吸附离子后，树脂的膨胀度减小时，则树脂对该离子的亲和力也较大。

离子交换树脂的选择性集中地反应在交换常数 K 的数值上。$K_{B,A}$（B 离子取代树脂上 A 离子的交换常数）的值越大，就越易吸附 B 离子。影响 K 的因素很多，它们彼此之间，既互相依赖，又互相制约，因此必须做具体的分析。

20.5.1 离子的水化半径

在无机离子的交换中，可以认为，离子的体积越小，则越易吸附。这可从式（20-7）看出，当 $\overline{V}_2 > \overline{V}_1$，则 $K_{1,2} > 1$，即易吸附离子 1，体积较小的离子。但离子在水溶液中要发生水化，故原子量的大小并不能表征离子在水溶液中的体积，而离子在水溶液中的大小应用

水化半径来表征，因此水化半径较小的离子越易吸附。依着水化半径的次序，可将各种离子对树脂的亲和力大小排成下列次序。

对于一价阳离子　$Li^+ < Na^+ \approx NH_4^+ < Rb^+ < Cs^+ < Ag^+ < Ti^+$

对于二价阳离子　$Mg^{2+} \approx Zn^{2+} < Cu^{2+} \approx Ni^{2+} < Co^{2+} < Ca^{2+} < Sr^{2+} < Pb^{2+} < Ba^{2+}$

对于一价阴离子　$F^- < HCO_3^- < Cl^- < HSO_3^- < Br^- < NO_3^- < I^- < ClO_4^-$

H^+ 和 OH^- 对树脂的亲和力，和树脂的性质有关。对于强酸性树脂，H^+ 和树脂的结合力很弱，其地位和 Li^+ 相当。反之，对弱酸性树脂，H^+ 具有最强的置换能力。同样 OH^- 的位置决定于树脂碱性的强弱。对于强碱性树脂，其位置落在 F^- 前面，而对于弱碱性树脂，其位置在氯酸根后面。

在链霉素提炼中，不能用强酸性树脂，而应用弱酸性树脂，这主要是因为强酸性树脂吸附链霉素后，不容易洗脱，而用弱酸性树脂时，由于 H^+ 对树脂亲和力大，因此很易将链霉素从树脂上取代。

20.5.2　离子的化合价

在低浓度（水溶液）和普通温度时，离子的化合价越高，就越易被吸附。如溶液中两种离子浓度之比保持恒定，令 $c_1/c_2 = P$，而将溶液稀释时，则按方程式（20-8）有

$$\frac{m_1^{\frac{1}{Z_1}}}{m_2^{\frac{1}{Z_2}}} = KP^{\frac{1}{Z_1}} c_2^{-\frac{Z_1 - Z_2}{Z_1 Z_2}}$$

如 $Z_1 > Z_2$，则当 c 减少时，m_1 就增大，即树脂上吸附高价离子的量增大。例如将含有链霉素和氯化钠的溶液稀释 10 倍，则树脂吸附链霉素的量也增加 10 倍。见表 20-6。

表 20-6　当有钠离子存在时，溶液的稀释对苯氧乙酸-酚-甲醛树脂吸附链霉素的影响
（树脂对链霉素的交换容量为 1.06 mmol/g）

溶液中离子浓度/(mmol/mL)		链霉素的吸附量 /(mmol/g)	溶液中离子浓度/(mmol/mL)		链霉素的吸附量 /(mmol/g)
链霉素	钠		链霉素	钠	
0.001 72	1.500	0.0853	0.000 34	0.300	0.643
0.000 86	0.750	0.267	0.000 17	0.150	0.920

吸附链霉素后的饱和树脂，再通入纯粹的链霉素溶液进行洗涤，由于链霉素是三价离子，可将吸附在树脂上的钙、镁及钠离子取代，当接着用酸洗脱时，得到的洗脱液质量可提高。如在链霉素溶液中加入些 EDTA 和 Na^+，则效果更好。这种特殊的洗涤方法，前苏联在 20 世纪 60 年代已进行研究，目前俄罗斯已用于生产上[20]。

树脂的这个性质对生产实践具有重大的意义。在抗生素生产上，树脂能优先吸附原液中链霉素离子；在净化水时，树脂能优先吸附硬水中的钙、镁离子；在电镀厂的废液中树脂优先吸附低浓度的铜离子等，都基于上述原理。

20.5.3　溶液的酸碱度

溶液的 pH 值对各种树脂的影响是不同的。对于弱酸性树脂，在酸性和中性下，它的电离度很小，氢离子不易游离出来，因此交换容量很低，只有在碱性的情况下，才能起交换作用。而对强酸性树脂，一般在所有的 pH 范围内能起交换作用。同样对于弱碱性树脂，只能在酸性的情况下才能起作用，而对强碱性树脂，则 pH 范围没有限制。

在链霉素提炼中，不能用氢型羧基树脂，而只能用钠型羧基树脂去吸附链霉素。因为链霉素在碱性下很不稳定，只能在中性下进行吸附，而氢型羧基树脂在中性介质中的交换容量

很小，不仅如此，即使开始时用较高的pH，由于在交换过程中会放出氢离子，这就阻碍了树脂继续吸附链霉素，所以只能用钠型树脂来吸附。

另一方面，如交换物质为弱酸，弱碱或两性物质，则显然溶液的pH会影响其电离度或所带电荷，因而对交换过程有显著影响。

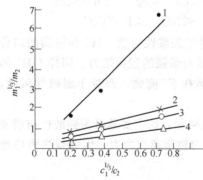

图 20-13　在甲基丙烯酸-丙烯酰胺树脂上，链霉素离子与钠离子交换等温线与树脂膨胀度的关系[14]

膨胀系数：1—1.9，2—2.5，3—4.5，4—5.2；

m_1—树脂对链霉素吸附量，mmol/g；

m_2—树脂对链霉素的最大交换容量，mmol/g；

$m_2 = m - m_1$；c_1，c_2—溶液中链霉素和钠离子浓度，mmol/mL

20.5.4　交联度、膨胀度和分子筛

交联度对于无机离子和有机大分子吸附选择性的影响是不相同的。从式（20-7）可知，当树脂交联度增大，弹力增大，即 π 增大时，K 值也增大。故一般交联度大，膨胀度小的树脂选择性比较好。如果交联度较低的某树脂，对离子1有较大的选择性，即 $K_{1,2} > 1$，则交联度较大的同种树脂的 $K_{1,2}$ 之值也增大，亦即对离子1的选择性也增大。图 20-13 表示在羧基树脂上，链霉素离子与钠离子的交换等温线。由图可见，在膨胀系数较小的树脂上，直线的斜率（即 K 值）较大，亦即树脂对抗生素离子的选择性随交联度增大而增大。

但是对于大离子的吸附，情况要复杂些。首先树脂必须要有一定的膨胀度，允许如抗生素等大分子能够进入到树脂内部，否则树脂就不能吸附大分子。树脂的膨胀度对吸附抗生素的影响非常显著（图 20-14）。

和吸附无机离子的场合不同，这里有互相矛盾着的两个因素在起作用：一个因素是选择性的影响，即膨胀度增大时，K 值减小，促使树脂吸附量降低；另一个因素是空间大小的影响，即膨胀度增大，促使树脂吸附量增加，这是矛盾的两个方面。

当膨胀系数的值很小时，第二个因素即空间效应占主要地位，交换容量随膨胀系数而增加。当膨胀系数增大到一定值时，树脂内部为大分子所达到的程度变化就不大，此时第一个因素即选择性的影响占主要地位，因此交换容量随膨胀系数的增加而降低，在膨胀系数与交换容量的关系图上应出现一最高点（图 20-15）。

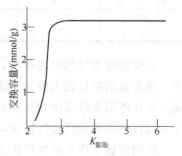

图 20-14　Amberlite IRA-400 阴离子交换树脂对青霉素的交换容量与膨胀度（$K_{膨胀}$）的关系

若增大树脂的交联度，有机大分子便不能进入树脂内部，但无机离子不受阻碍（或者认为两者在树脂内扩散速度不等），利用这一原理将大分子和无机离子分开的方法，称为分子筛方法。链霉素洗脱液精制时，就利用强酸 1×14.5 树脂作为分子筛，除去无机阳离子，然后再用阴离子交换树脂弱碱 330（即 701 树脂）去除阴离子。强酸 1×14.5 树脂吸附链霉素的量很少。

20.5.5　树脂与交换离子之间的辅助力

一般树脂对无机离子的交换常数在 1～10 之间，但在吸附有机离子时，交换常数可达到几百，甚至可超过 1000，而且有机离子的分子量愈大，愈易产生这种情况。例如在缩聚的磺酸基-酚羟基树脂上（$K_{膨胀}=3.2$），金霉素与钠离子的交换常数为 3.2，而在磺基树脂上（$K_{膨胀}=2.0$），土霉素与氢离子的交换常数可达 1200。这样高的交换常数仅用静电吸力是不

能达到的，由此一定存在辅助力。

我们知道 N、O、S 等原子很容易与氢生成氢键，因此上述情况是由于四环类抗生素的酰胺基中的氢和树脂的磺酸基中的氧形成了氢键，因而有较高的交换常数。

同样由于发现 SO_4^{2-}，PO_4^{3-} 的存在会使树脂吸附青霉素的能力大大增加，因此很自然想到用磺酸或磷酸型阳离子交换树脂也能吸附青霉素，虽然青霉素是带负电荷的。事实证明磺酸基和磷酸基树脂对青霉素有吸附作用，这可能是由于青霉素的肽基团和相应酸根中的氧生成了氢键。

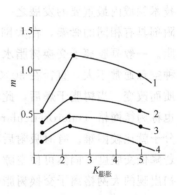

图 20-15　用磺酸基树脂 СБС 从含有 HCl 的溶液中，吸附土霉素的量与树脂膨胀度之间的关系[14]

HCl 浓度：1—0.1 mol/L，2—0.25 mol/L，3—0.5 mol/L，4—1.0 mol/L；m—对土霉素吸着量，mmol/g 原始溶液中土霉素浓度为 0.4 mg/ml

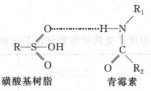

磺酸基树脂　　　　青霉素

众所周知，尿素能形成氢键，因此常用来破坏蛋白质中的氢键，所以用尿素溶液就能很容易把青霉素从磺酸基树脂上洗脱下来。

除了氢键外，也可能在树脂与被吸附离子间存在范德华力。例如曾合成了骨架含有脂肪烃、苯环和萘环的树脂，它们对芳香族化合物的吸附能力依次相应增加；又如酚-磺酸树脂对一价季铵盐类阳离子的亲和力随离子的水化半径增大而增大（表 20-7），这和交换无机离子的情况相反，是由于吸附大分子时起主要作用的是范德华力，而库仑力居次要地位。

表 20-7　酚-磺酸树脂吸附一价季铵盐阳离子的交换常数

离子	交换常数 K	离子水化半径/10^{-10} m	离子	交换常数 K	离子水化半径/10^{-10} m
NH_4^+	1.00	2.4	NMe_3^+ Am	8.24	9.5
NMe_4^+	3.67	4.6	N^+Me_2EtPh	25.2	8.5
MEt_4^+	5.0	7.2	$N^+Me_2PhCH_2Ph$	44.2	11.2

另一些研究还表明，当树脂上吸附大离子后，还可能在被吸附离子相互间存在辅助力，树脂上吸附大离子越多，辅助力也越大。

20.5.6　有机溶剂的影响

当有机溶剂存在时，常常会使对有机离子的选择性降低，而容易吸附无机离子。其原因是：一方面是由于有机溶剂的存在，使离子溶剂化程度降低，而无机离子（它很容易水化）的降低程度要比有机离子大；另一方面是由于有机溶剂会影响离子的电离度，使它减少，尤其是有机离子，影响更显著。

基于这个性质，因此常利用有机溶剂从树脂上洗脱难洗脱的有机物质。如前指出，对于金霉素，它们对氢或钠的交换常数很大，用盐或酸不能将抗生素从树脂上洗脱。而在 95% 甲醇溶液中，交换常数的值降低到 1/100，用 HCl-MeOH 溶液就能较容易洗脱。

20.6　大网格离子交换树脂

大网格（macroreticular）或大孔（macroporous）离子交换树脂的合成成功是离子交换

技术领域内最重要的发展之一。大网格离子交换树脂和下一章中将要讨论的大网格聚合物吸附剂具有相同的骨架，在大网格吸附剂上引入离子交换功能团，就得到大网格离子交换树脂。一般凝胶离子交换树脂水化后，处在溶胀状态，交联键之间的距离拉长，形成空隙。这种空隙通常不大，直径在 30×10^{-10} m 以下，并且随外界溶液浓度、溶剂和起交换离子的性质而改变。当树脂干燥后，此种空隙就消失。因此这种空隙度称为溶胀空隙度，而这种树脂也称为微网格（microreticular）树脂。由于凝胶离子交换树脂的空隙较小，对吸附有机大分子就比较困难。有时吸附后不容易洗脱下来，使树脂交换能力降低，即所谓有机物污染。若降低交联度，固然可使空隙增大，但会降低树脂的机械强度。20 世纪 50 年代末、60 年代初出现的大网格离子交换树脂弥补了上述缺点。大网格离子交换树脂与凝胶离子交换树脂物理性能之比较示于表 20-8 中。

表 20-8 大网格离子交换树脂与凝胶离子交换树脂物理性能比较

树　　脂	交联度/%	比表面积/(m²/g)	孔径/nm	空隙度/((mL)空隙/(mL)树脂)
大网格	15～25	25～100	8～1000	0.15～0.55
凝胶	2～10	<0.1	<3[①]	0.01～0.02

① 这是指溶胀后，聚合物链与链之间的平均距离。

由上述可见，大网格离子交换树脂与凝胶树脂相比有下列优点：

① 交联度高，因而有较好的化学和物理稳定性（抗渗透压冲击和抗氧化能力强）。

② 孔径大，因而适宜于交换有机大分子，且交换速度一般也较快。抗有机物污染能力较强。

③ 比表面大，适用于有机反应中作为催化剂。

④ 大网格离子交换树脂即使完全失水也能维持其多孔结构和巨大的内部表面积。即在非溶胀状态，也具有一定的空隙度，且随外界条件的变化较小，因而称为永久空隙度。由于这种性质，大网格离子交换树脂适用于非水溶液中的交换。

但由于只有永久空隙度，单位质量的干的大网格树脂所含有的功能团数目（即交换容量）要略低于相应的凝胶树脂，且比重也较低。

大网格离子交换树脂之所以具有上述性质是由于其大网格骨架。有关大网格骨架的结构和合成方法等，请参阅第 21 章。

在抗生素工业中，大网格离子交换树脂的应用也正在发展中。例如链霉素提取，过去采用的低交联度羧基树脂，机械强度差，树脂损耗大。现国内外都逐渐改用大网格羧基树脂，不仅提高了机械强度，而且由于交联度增大，容积交换容量也有所提高。国外广泛采用的 Amberlite IRC-50 树脂，虽然名称未变，实际上已具有某种程度的大网格结构。

20.7　偶极离子吸附[14]

四环类抗生素，6-氨基青霉烷酸，氨基酸，蛋白质，多肽等两性物质随着溶液 pH 的不同，可以三种电化学状态存在：阳离子、阴离子和偶极离子。两性物质在水溶液中的离解，可以用下列方程式表示：

$$H_3^+ NR_1 COOH \Longleftrightarrow H^+ NR_1 COO^- + H^+ \qquad (pK_1)$$

$$H_3^+ NR_1 COO^- \Longleftrightarrow H_2 NR_1 COO^- + H^+ \qquad (pK_2)$$

式中 R_1 为两性化合物中除酸性和碱性基团外的部分。

当用氢型磺酸基树脂去吸附丙氨酸时，发现和一般的交换反应不同，在流出液中无氢离子存在，因此认为吸附机理如下：

$$RSO_3^- H^+ + H_3^+ NR_1 COO^- \rightleftharpoons RSO_3^- H_3^+ NR_1 COOH$$

氢离子移到偶极离子的负电荷端，因此偶极离子变成正离子而吸附在树脂上，没有静电斥力的干扰。相反，如用钠型树脂吸附时，则有：

$$RSO_3^- Na^+ + H_3^+ NR_1 COO^- \rightleftharpoons RSO_3^- H_3^+ NR_1 COO^- Na^+ \qquad (20\text{-}17)$$

羧酸根要电离，带负电荷，和树脂中高分子负基团之间产生静电斥力，因而交换容量就大大降低，表 20-9 的实验数据证实了这点。

表 20-9　氢型和钠型磺酸基树脂（苯乙烯-二乙烯苯型，3％DVB）**吸附氨基酸的容量比较**（氨基酸浓度为 0.01 mol/L）

氨 基 酸	吸附量/(mmol/g)		氨 基 酸	吸附量/(mmol/g)	
	氢型树脂	钠型树脂		氢型树脂	钠型树脂
甘氨酸	2.20	0.020	亮氨酸	1.92	0.030
丙氨酸	1.75	0.011	甘氨酸[①]	1.20	0.044

① 用苯乙烯-丁二烯型树脂吸附。

利用这个性质可以将无机离子和氨基酸分离，只要将两者混合液流过钠型树脂，无机离子吸附在树脂上，而氨基酸存在于流出液中。

当氨基酸中烃基增长，或吸附过程在丙酮溶液中进行（丙酮能抑制羧基的电离），这种静电斥力的影响就减弱，钠型树脂的交换容量就接近于氢型树脂。

当 pH ≪ pK_1 时，偶极离子变为正离子，而反应按式（20-18）进行：

$$RSO_3^- H^+ + H_3^+ NR_1 COOH \rightleftharpoons RSO_3^- H_3^+ NR_1 COOH + H^+ \qquad (20\text{-}18)$$

当 pH 接近于 pK_1 时，则交换一部分按式（20-17），一部分按式（14-18）进行。基于上述，从发酵液中提取两性的抗生素时，一般用氢型磺酸基树脂。例如青霉素酶解法制备6-氨基青霉烷酸时，可以在酸性下用氢型磺酸基树脂吸附，然后在碱性下洗脱。

20.8　树脂和操作条件的选择及应用举例

20.8.1　树脂和操作条件的选择[19]

选择合适的树脂是应用离子交换法的关键，选用树脂首先决定于目标物质的性质。如果目标物质是非离子型的，那就不能用离子交换法来进行提取。反之，如能在水中离解，就可考虑用离子交换法来提取。一般说来，对强碱性抗生素宜选用弱酸性树脂，用强酸性树脂固然也能吸附，但解吸较困难。对弱碱性物质宜选用强酸性树脂，若选用弱酸性树脂，则因弱酸、弱碱所成的盐易水解，故不易吸附。同样道理，弱酸性物质宜用强碱性树脂，强酸性物质宜用弱碱性树脂。树脂还应有一定的交联度。目标物质分子较大，应选择交联度较低的树脂。但交联度过小，会影响树脂的选择性，且易粉碎，造成使用过程中树脂流失，故选择交联度的原则是：在不影响交换容量的条件下，尽量提高交联度。

其次，应注意选择合适的操作条件。最重要的操作条件是交换时的 pH。合适的 pH 需满足三个条件：①在目标物质稳定的范围内；②使目标物质能离子化；③使树脂能离子化。如赤霉素为一弱酸，pK 3.8，可用强碱性树脂进行提取。在 pH7 时，pH＞pK，因而赤霉素成负离子，而能吸附在强碱树脂上。树脂的型式也应注意。对酸性树脂可以用氢型或钠型，对碱性树脂可以用羟型或氯型。一般说来，对弱酸性和弱碱性树脂，为使树脂能离子化，应采用钠型或氯型，而对强酸性和强碱性树脂，可以采用任何型式。但如目标物质在酸性、碱性下易破坏，则不宜采用氢型或羟型树脂。对偶极离子，应采用氢型树脂吸附。

根据化学平衡原则，洗脱条件总的选择原则是：尽量使溶液中被洗脱离子的浓度降低。显然洗脱条件一般应和吸附条件相反。如吸附在酸性下进行，解吸应在碱性下进行；如吸附在碱性下进行，解吸应在酸性下进行。为使在解吸过程中，pH 不致变化过大，有时宜选用缓冲液作为洗脱剂。如目标物质在碱性下易破坏，可以采用氨水等较缓和的碱性洗脱剂。如单靠 pH 变化洗不下来时，可以试用有机溶剂，选择有机溶剂的原则是能和水混合，且对目标物质溶解度较大。

洗脱前，树脂的洗涤工作相当重要，很多杂质可以在洗涤时除去，洗涤可以用水、稀酸和盐类溶液（如铵盐）等。

20.8.2 应用举例

(1) 链霉素　链霉素在中性溶液中为三价正离子，故可以用阳离子交换树脂去提取。强酸性树脂吸附较容易，但洗脱困难，故宜用弱酸性树脂。因链霉素在碱性下不稳定，故宜在中性或酸性下吸附。在酸性下不仅链霉素也不甚稳定，且弱酸性树脂在酸性下不起交换作用，故吸附宜在中性下进行。在中性下氢型弱酸性树脂不能起交换作用，故应预先将树脂处理成钠型。吸附滤液的浓度宜适当冲稀，使之利于吸附链霉素（它是高价离子），而不易吸附杂质离子。羧基树脂对氢离子的亲和力很大，故用酸来洗脱链霉素可完全洗脱，酸的浓度自 0.1 mol/L 提高到 1 mol/L，可使洗脱液浓度提高，洗脱高峰集中（图 20-16）。

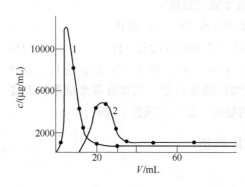

图 20-16　用盐酸自羧基树脂上洗脱链霉素的洗脱曲线

1—1 mol/L；2—0.1 mol/L；c—洗脱液浓度，$\mu g/mL$；V—流出液体积，mL

弱酸树脂的骨架可以是丙烯酸或甲基丙烯酸两种。利用甲基丙烯酸有其优点。如前所述，甲基丙烯酸树脂的酸性相对较弱，当吸附链霉素后，用碳酸溶液（pH 3.5～4.5）在加压下进行洗涤，就能把二价阳离子洗脱下来，但不会使三价阳离子（链霉素）洗下来，这样可使后来洗脱时得到纯度较高的洗脱液[21]。

链霉素分子中含有醛基。在碱性下能和伯胺形成 Schiff 碱，反应是可逆的，在酸性下 Schiff 碱分解：

$$Str\text{-}CHO + R\text{-}NH_2 \underset{酸性}{\overset{碱性}{\rightleftharpoons}} Str\text{-}CH = N\text{-}R + H_2O$$

南开大学何炳林等合成了含伯胺基的大孔 D302×6 树脂，利用上述反应纯化链霉素，使成品质量大大提高。这是离子交换树脂作为有机反应试剂的一个例子，其吸附平衡服从 Langmuir 方程式[22]。

(2) 四环类抗生素　当 $pH < pK_1$ 时，四环类抗生素成正离子，而可用磺酸基树脂吸附，羧基树脂从中性溶液中吸附四环类抗生素的容量较小，因为在这种条件下，抗生素以不离解分子的形式存在于溶液中。

离子交换的选择性首先决定于离子交换常数之值。一价金属离子在磺酸基树脂上交换时，其离子交换常数之值接近于 1，而在金霉素和氢离子交换时，离子交换常数之值可以超过 1000，因此磺酸基树脂对四环素类抗生素的选择性要比其他一价离子大得多。还可以指出，当树脂从氢型转变为钠型时，吸附选择性就降低。例如在苯乙烯-丁二烯磺酸基树脂上，四环素与氢离子的交换常数为 410，而四环素与钠离子的交换常数仅为 222。

用氢离子或钠离子去洗脱四环类抗生素，显然是洗不下来，因为交换常数之值远小于 1。当用盐酸甲醇溶液洗脱土霉素和金霉素时，交换常数比较接近于 1，但仍小于 1，故虽能洗脱，但洗脱高峰仍不集中。

土霉素和四环素在碱性下较稳定，可以在碱性下洗脱。在碱性下，土霉素或四环素转变为负离子：

$$土霉素^+ \xrightarrow{OH^-} 土霉素^\pm \xrightarrow{OH^-} 土霉素^- \xrightarrow{OH^-} 土霉素^{2-}$$

这样溶液中土霉素正离子的浓度就大大减小，根据化学平衡原则，有利于洗脱。所用的洗脱剂是 NH_4Cl 和 $NaOH$ 的碱性缓冲液。

（3）新霉素　新霉素是六价碱性物质，可以强酸或弱酸性树脂提取。用弱酸性树脂提取时，其流程和链霉素相似，所不同的是可以用氨水将新霉素从磺酸基树脂上洗脱下来，故可以用磺酸基树脂来提取。在碱性下新霉素从正离子变为游离碱，使溶液中新霉素正离子浓度降低，即解吸离子的浓度降低，故有利于洗脱。选用的树脂交联度要合适，交联度过大，会使交换容量降低，过小会使选择性不好。氨水洗脱液可用羟型强碱树脂脱色，经过蒸发，去除氨水，不留下灰分，可省却脱盐手续。

（4）西索米星（sisomicin）是一种氨基糖苷类抗生素，其发酵液中含抗 66-40B 和抗 66-40D 等杂质，它们和西索米星在化学结构上只相差一个甲基，因此在提取阶段不能分离。国外在纯化阶段利用 Amberlite CG-50 弱酸树脂进行层析分离而得到纯品。华东理工大学和上海四药股份有限公司协作，试制成功 HD-2 弱酸树脂（由甲基丙烯酸和三羟甲基丙烷-甲基丙烯酸酯、乙二醇-甲基丙烯酸酯与二乙烯苯作为单体，以混合致孔剂合成）。将树脂处理成氨型，加入西索米星料液，然后以氨水洗脱，就可得纯品。与 CG-50 相比，收率提高 2%，纯度符合药典要求。对妥布霉素（tobramycin）和丁胺卡那霉素（amikacin）也取得了类似的结果[23]。

（5）α-酮基-L-古龙酸（KGA）的提取[24]　　KGA 是生产维生素 C 的中间体，由山梨醇经两步发酵制得，过去采用氢型阳离子交换树脂将 KGA 钠盐转变为游离酸，经浓缩、冷却结晶得 KGA。步骤多、收率低、成本高。KGA 与甲醇反应进行甲酯化，然后加碳酸钠碱化，发生内酯化和烯醇化生成维生素 C。

用弱碱树脂从转型后的发酵液（pH 1.5 左右）中提取，然后以硫酸-甲醇溶液洗脱，可以直接进行甲基化，工艺简单，收率提高。KGA 的 pK 值为 2.54，在 pH1.5 时不能离解，因此弱碱树脂吸附 KGA 不是依靠离子交换，而是发生了中和反应：

弱碱离子交换树脂的这种性质值得注意。

(6) 柠檬酸　柠檬酸的提取，国内大多采用钙盐沉淀法。发酵液过滤除去菌丝体，加碳酸钙于滤液中形成钙盐沉淀，钙盐加硫酸酸解形成柠檬酸和硫酸钙，酸解液中尚含杂质硫酸根离子 $2000\sim4000$ mg/L 和 Cl^- 离子 100 mg/L 左右，通过弱碱性阴离子交换树脂除去这些杂质离子（它们的存在会影响成品质量，特别是 Cl^- 的存在会腐蚀不锈钢浓缩设备），然后经脱色、浓缩结晶得成品。使用的弱碱树脂预先处理成羟型，通入酸解液，其 pH<2.5 而柠檬酸的 pK 值为：pK_1 3.14、pK_2 4.77、pK_3 6.39，因而在 pH<2.5 时，柠檬酸不离解，也不会发生离子交换，但可与羟型弱碱树脂形成盐或认为可能形成氢键（见后）而吸附在树脂上。当继续流入酸解液时，由于其中存在少量的 HCl 和 H_2SO_4 是强酸，能将柠檬酸洗脱下来。如果树脂有合适的碱度和较高的交换容量，则不仅柠檬酸的损失少，而且能处理较高倍数的酸解液。华东理工大学 D315 大孔弱碱树脂能较好地满足上述要求，单位体积的树脂能处理 42 倍体积的酸解液，而柠檬酸的损失率仅为 0.6%，经对比试验，优于其他国内外同类树脂[25]。

由于上述钙盐沉淀法操作步骤多，成本高，并产生大量的副产物硫酸钙，很难处理，影响环境，故近年来研究以离子交换法直接从发酵液中提取柠檬酸。研究表明，弱碱树脂的吸附量远超过强碱树脂，而且超过树脂的总交换量。这种超当量吸附现象在羧酸吸附中是常见的。例如弱碱 335 树脂（多孔环氧系树脂，华震公司研制）对柠檬酸的吸附量达到 6.15 mmol/g（干树脂），为其总交换量的 2.48 倍。这种现象可能是由于形成了氢键的缘故。然后以氨水洗脱，活性炭脱色。强酸树脂脱氨，浓缩，结晶得到合格产品，收率 80% 左右[26]。

(7) L-赖氨酸　赖氨酸的系统名为 2,6-二氨基己酸 $H_2N—(CH_2)_4—CH(NH_2)—COOH$，羧基的 $pK_1=2.20$，α-氨基的 $pK_2=8.9$，ε-氨基的 $pK_3=10.28$。因它为一弱碱，宜选用强酸性树脂进行吸附，吸附的 pH 应 <2.20，使其成为二价阳离子，相对于一价杂质无机离子，选择性较高；但如 pH 过分低，则溶液中氢离子浓度高，起竞争吸附作用，反而使赖氨酸的吸附量降低。实验表明，以 pH2 吸附较宜，并以胺型树脂吸附。赖氨酸的分子量较小，为 146.2，选择较高交链度的树脂可使选择性提高，而又不致影响交换容量，用不同交链度的树脂进行试验表明，强酸 1×14.5 树脂的体积交换容量最大，达到 149 mg 赖氨酸/mL 树脂，同时吸附色素最少，这对后续精制操作非常有利[27]。

(8) 离子排斥法（ion exclusion）离子排斥法是离子交换树脂的一种应用，但与离子交换不同，它不是依靠离子交换作用达到分离的目的，且不需耗用酸碱，而是依靠树脂骨架的强大电荷密度产生的 Donnan 电位，将电解质与非电解质或强电解质与弱电解质分离。例如以丙烯腈制备 β-氨基丙酸时，产品中含有大量 NaCl。料液先调 pH 至等电点（pI 为 6.9）附近，β-氨基丙酸就成为弱电解质，通入一定量的料液于钠型强酸树脂柱中，料液量不能太大，约为床层体积的 $15\%\sim20\%$，其中 NaCl 当然不会发生离子交换作用。由于树脂骨架带负电，排斥 Cl^-；由于电荷必须保持中性，Na^+ 也不能进入树脂内部，即 NaCl 不能或很少进入树脂内部。而 β-氨基丙酸因不带电荷能扩散进入树脂内部。当用水淋洗时，NaCl 先于 β-氨基丙酸自柱中流出而达到分离[28]。

20.9　软水和无盐水的制备

软水主要用于锅炉给水，在离子交换提炼车间中，树脂一般需用软水或无盐水洗涤，因此车间常附设软水和无盐水设备。

20.9.1 软水制备

众所周知，锅炉结垢主要由于水中钙、镁等离子所引起，利用钠型阳离子交换树脂去除钙、镁离子后的水称为软水，反应如下，

$$2RSO_3Na + \begin{cases} Ca^{2+} \\ Mg^{2+} \end{cases} \longrightarrow (RSO_3)_2 \begin{matrix} Ca^{2+} \\ Mg^{2+} \end{matrix} + 2Na^+$$

树脂可用工业食盐水溶液（浓度为 10%～15%）再生为钠型，反复使用。

锅炉给水处理中通常利用磺化煤，它是用发烟硫酸或浓硫酸处理粉碎的褐煤或烟煤而得，为黑色无定形颗粒，软化能力在 700 吨·度/米^3 以上。硬度单位通常用度表示，1 度系指 1 L 水中含有 10 mg CaO；而吨·度系指每吨水中所含有的总硬度。

20.9.2 无盐水制备

无盐水制备是利用氢型阳离子交换树脂和羟型阴离子交换树脂的组合除去水中所有的离子，反应式如下：

$$RSO_3H + MX \Longleftrightarrow RSO_3M + HX \tag{20-19}$$

$$ROH + HX \longrightarrow RX + H_2O \tag{20-20}$$

式中　M^+ 为金属离子；X^- 为阴离子。

阳离子交换树脂一般用强酸性树脂（氢型弱酸性树脂在水中不起交换作用），阴离子交换树脂可以用强碱或弱碱树脂。弱碱树脂再生剂用量少，交换容量也高于强碱树脂，但弱碱树脂不能除去弱酸性阴离子，如硅酸、碳酸等。在实际应用时，可根据原水质量和供水要求等具体情况，采取不同的组合。如一般用强酸-弱碱或强酸-强碱树脂。当对水质要求高时，经过一次组合脱盐，还达不到要求，可采用两次组合，如：强酸-弱碱-强酸-强碱；或强酸-强碱-强酸-强碱混合床。

当原水中重碳酸盐或碳酸盐含量高时，可在强酸塔或弱碱塔后面，加一除气塔，以除去 CO_2，这样可减轻强碱塔的负荷。

混合床系将阳、阴两种树脂混合而成，脱盐效果很好。但再生操作不便，故适宜于装在强酸－强碱树脂组合的后面，以除去残留的少量盐分，提高水质。

当水流过阳离子交换树脂时，发生的交换反应系一可逆反应，如式（20-19）所示，故不能将全部阳离子 Me^+ 都除去，这些阳离子就通过阴树脂而漏出。但在混合床中所发生的反应可将式（20-19）和式（20-20）合并来表示：

$$RSO_3H + ROH + MeX \longrightarrow RSO_3Me + RX + H_2O \tag{20-21}$$

最后生成的反应产物是水，故反应完全，好像无数对阳、阴树脂串联一样，所制得的无盐水，比电阻可达 1.8×10^7 Ωcm，而普通阳、阴树脂组合（称为复床）所制得的无盐水，比电阻最高约为 10^6 Ωcm。

混合床的另一重大优点是可避免在脱盐过程中溶液酸碱度的变化。经过第一柱（阳树脂）时，溶液变酸，而经过第二柱（阴树脂）时，溶液又变碱，这种酸碱度变化对于抗生素等不稳定物质的影响很大。在链霉素精制中，曾研究用强酸 014×5 和弱碱 311×4 树脂组成混合床脱盐，有一定的效果。

混合床的操作较复杂，其一种操作方法如图 20-17 所示。图 20-17（a）为制备水时的情形。图 20-17（b）为制备结束，用水逆流冲洗，阳、阴树脂根据密度不同而分层，一般阳

树脂较重在下面、阴树脂在上面。图 20-17（c）为上部、下部同时分别通入碱、酸再生，废液自中间排出。图（20-17）（d）为再生结束，通入空气，将阳、阴树脂混合，准备制水。

无盐水也可用离子交换膜制造，将在 20.11 中叙述。

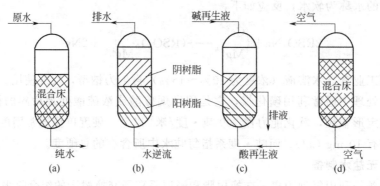

图 20-17　混合床的操作

20.9.3　有机物污染问题

通常以离子交换法处理水时，只考虑无机离子的交换，而不考虑有机杂质的影响。如果以地下水作为水源，则有机杂质的影响很小，但如以地面水作为水源时，则有机杂质的影响不能忽视。有机杂质一般为酸性，故对阴树脂污染较严重。污染分两种，一种系机械性阻塞树脂颗粒，经逆流后一般能恢复，另一种为化学性不可逆吸附，如吸附单宁酸、腐殖酸后，会促使树脂失效。

阴树脂为有机物污染后，一般颜色变深，用漂白粉处理，可使颜色变白，但交换能力不能完全恢复，而且会使树脂损坏。另一种方法是用含 10％NaCl 和 1％NaOH 的溶液处理，能去除树脂上的色素。因为碱性食盐溶液对树脂没有损害，故可经常用来处理，处理后的树脂交换能力虽不能完全恢复，但有显著改善。

大网格树脂或均孔树脂具有抗有机污染能力较强，工作交换容量高，再生剂耗用量低，淋洗容易等优点，故用于水处理效果较好。强碱Ⅱ型树脂抗有机物污染能力也较强。

20.9.4　再生方式

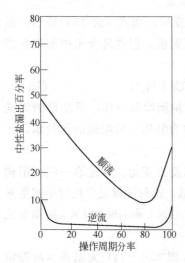

图 20-18　顺流与逆流再生之比较

在固定床制备无盐水时，一般采用顺流进行，即原水自上向下流过树脂层。再生时可以采用顺流再生，即再生液也自上向下流动，也可以采用逆流再生，即再生液自下向上流动。随着再生剂的通入，再生程度（即再生树脂占整个树脂量的百分率）也不断提高，但当再生程度达到一定值时，再要提高，再生剂耗量要大大增加，很不经济，因此通常并不将树脂达到百分之百的再生。顺流再生时，未再生树脂层在交换塔下部。无盐水的质量主要决定于离开交换塔时（即交换塔下部）的树脂层，故顺流再生时，出来的水质差。相反，逆流再生时，交换塔下部树脂层再生程度最好，故水质较好，顺流再生与逆流再生水质之比较见图 20-18。逆流再生时，切忌树脂乱层。防止乱层有很多种方法，现举两例。在图 20-19（a）中，再生剂自下向上流动时，同时有水自上向下流动，两种液体自塔上部的集液装置排出。在图（20-19）

(b) 中，再生剂同时自塔的上部和下部通入，而从塔中部的集液装置中排出。也有采用塔上部通入 30～50 kPa 的空气来压住树脂，出水的水质较好，再生剂耗量约为顺流再生的 0.5～0.7。

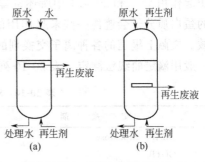

图 20-19　逆流再生操作方式

20.10　离子交换法提取蛋白质

离子交换剂在蛋白质纯化中应用很广，据统计在文献上发表的纯化蛋白质的方法中。有 75％都利用了离子交换剂[29]，但传统的离子交换树脂并不适用于提取蛋白质，这是由于它们的交联度较大，因而空隙较小，不能允许大分子的进入，而且电荷密度较高，使结合比较牢固和骨架的憎水性使吸着的蛋白质易变性。为此，开发了一些多孔的亲水性离子交换剂来提取蛋白质[30]。

20.10.1　亲水性离子交换剂

最早开发的是以纤维素为骨架的离子交换剂，虽然价廉，但由于成纤维状，且可压缩性，使流动性能和分离能力差。后来研究出球状纤维素，以葡聚糖为骨架的 Sephadex，以琼脂糖为骨架的 Sepharose（pharmacia）。Sepharose 具有机械强度较好的大孔结构，体积随 pH 和离子强度的变化较少。以上都以多糖作为骨架，另外以人造聚合物作为基础的，如 Trisacry（IBF Biotechnics）和 Mono Beads（pharmacia）以及以二氧化硅为骨架，表面覆盖一层含离子交换基团的高聚物的 Spherosil（Rhone-Poulenc），都可用来提取蛋白质。常用的功能团有强酸、强碱和弱酸、弱碱四种如下：

二乙胺基乙基
(diethylaminoethyl)　　$-O-CH_2CH_2-^+N-H\ Cl^-$（C_2H_5, C_2H_5）
(DEAE)

季胺乙基
(quarternary aminoethyl)　$-CH_2-CH_2-^+N-CH_2CH(OH)CH_3CH^-$（$C_2H_5$, C_2H_5）
(QAE)

羧甲基
(carboxymethyl)　　　$-O-CH_2COO^-$　　　　Na^+
(CM)

磺丙基
(sulphopropyl)　　　$-O-CH_2CH_2CH_2SO_3^-$　　Na^+
(SP)

Sepharose 是琼脂糖，以 1,2-二溴丙醇作为交联剂制得，改变琼脂糖的浓度和交联度可以改变 Sepharose 骨架的性质，最常用的是 Sepharose CL-6B，表示交联的骨架中琼脂糖含量为 6％。大规模生产上应用的 Sepharose FF，其交联度更高，使机械强度增大，能在较高的流速下应用，FF 表示快速 "fast flow" 之意。

20.10.2　离子交换剂的交换容量

亲水性离子交换剂对蛋白质的交换容量常不能达到对无机离子的交换容量，其原因是蛋白质大分子不能进入到交换剂上的活性中心。由于蛋白质分子大，且带有多价电荷，因而在交换中，必须和多个功能团发生作用，有文献报道认为一个蛋白质分子可和多达 15 个功能团起作用[31]，和 20.4.1 中所述链霉素的离子交换相似，在这种多点吸附中，都有可能吸着的蛋白质分子会遮住一些未起作用的功能团或阻断蛋白质分子扩散而进入交换剂的其他区域。文献上报道的各种离子交换剂的交换容量有一个范围，因而在实际工作中需进行测定，一般用滴定曲线法测定。表 20-10 列出几种离子交换剂的交换容量。

表 20-10　Sepharose 阴离子交换剂的平均数据

交　换　剂	交换容量/(μmol/L)	q_m/(g/L)	K_d/(g/L)
DEAE　Sepharose CL-6B	101	82.00	0.06
DEAE　Sepharose FF	70	47.15	0.07
Q Sepharose (CL-6B)FF	120	51.96	0.07
Q Sepharose (CL-4B)FF	56	41.19	0.07

在 pH7.2 的交换容量系根据滴定曲线测得；对蛋白质的吸着容量（q_m）和离解常数（Ka），系指在 25 ℃ pH7.2 下，在 50 mmol/L Tris-HCl 缓冲液中对牛血清蛋白的吸附。

20.10.3　吸附机理

多价蛋白质离子吸附在离子交换剂上的机理还不十分清楚。蛋白质表面上荷电基团与交换剂表面上的荷相反电荷基团之间的作用与两者的空间分布很有关系，而且蛋白质表面上的也有荷相同电荷的基团，则具有排斥作用，因此很可能同种蛋白质分子会以不同的方式吸附在交换剂上，每种方式有其各自的参数，因而实验测定的只是各参数的平均值[32]。

除静电吸力外，还存在蛋白质分子与交换剂之间的憎水吸附和氢键作用。而且被吸附的蛋白质，其表面还存在一些离子基团，可以进一步进行离子交换。

综上所述，蛋白质吸附在离子交换剂上是一个复杂的过程。实验表明，在蛋白质的稀溶液中浓度低于 2 g/L，吸附等温线可以用 Langmuir 方程式来表示：

$$q^* = \frac{c^* q_m}{c^* + K_d} \tag{20-22}$$

式中　q^* 为吸着的蛋白质的浓度；C^* 为液相中蛋白质的浓度；q_m 为离子交换剂对蛋白质的最大吸附量；K_d 为反应的离解常数；上标 * 表示达到平衡时的值。

式（20-22）可写成

$$\frac{c^*}{q^*} = \frac{k_d + c^*}{q_m} \tag{20-23}$$

以 c^*/q^* 对 c^* 作图，利用线性回归的方法可求得 q_m 和 K_d。

牛血清蛋白（BSA）在 Q Sepharose 上的吸附，确实服从 Langmuir 的形式，见图 20-20。

必须指出，蛋白质的离子交换平衡表示成 Langmuir 形式，不过是一种处理方法，而且这种处

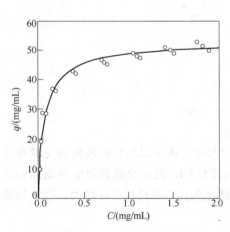

图 20-20　Q Sepharose 吸附 BSA 的等温线[31]
（25 ℃，pH 7.2，在 50 mmol/LTris-HCl 缓冲液中以线性回归求得常数 值为 $K_d = 0.07$ g/L，$q_m = 51.96$ g/L）

理方法只在一定的 pH 和离子强度下适用。近年来出现的质量作用模型（steric mass action model）则可考虑离子强度（盐浓度）的影响。它的要点为：①蛋白质离子和反离子的交换符合质量作用定律；②蛋白质离子被吸附后，如上所述，由于多点吸附，使部分反离子受到空间障碍的影响而不能起交换；③以特征电荷（characteristic charge）来表示蛋白质实际作用的位点数，其值由实验决定，详细内容可参阅文献[33,34]。

20.10.4　应用举例

（1）从乳清中提取蛋白质　乳清是干酪生产的副产物，黄绿色液体，其平均组成为，蛋白质 0.6%，无机盐 0.6%，脂肪 0.06%，乳糖 4.6%。

1980 年法国建立中间规模的工厂，利用 Spherosil QMA（强碱性离子交换剂）从乳清中提取蛋白质，处理量为每天 100 t，吸附 pH 6.6，洗脱用 0.1 mol/L HCl，洗脱液中蛋白质浓度为 6%，干燥后得到的蛋白质，纯度为 90%～95%，利润为成本的 70%[35]。

（2）从屠宰场废液中回收蛋白质　屠宰场废液中含有脂肪和蛋白质，BOD 值很高，废液经预处理除去一些悬浮固体后通入 DEAE 纤维素柱，吸附蛋白质，流出液中 BOD 值降低很多，低于原来的 5%。流出曲线见图 20-21。

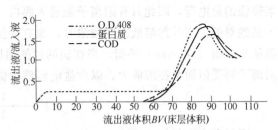

图 20-21　DEAE 纤维素处理屠宰场
废液的流出曲线

通常漏出点在 40～100 BV（床层体积），色素和蛋白质几乎同时流出。在漏出点前，COD 值比较平稳，保持在料液的 5%～20%，这是由于有一些不被吸附的有机物存在，如糖、尿素等。

达到漏出点后，停止操作，以 1 BV 的 1% NaOH 和 3.5%NaCl 洗脱。洗脱液调 pH 4.5 加热，以使蛋白质凝固，经过滤，干燥后可作为饲料。此法已在新西兰进行生产[36]。

（3）从人尿中提取尿激酶　尿激酶应用于治疗血栓形成的各种栓塞性疾病，可以从男性人尿中提取。大孔弱酸 HD-2 离子交换树脂由于骨架的亲水性和孔径较大，用来吸附尿激酶，经试验优于其他一般离子交换树脂。当树脂用量为 0.12 %（w/v），pH 5.5～6.0 下吸附，0.01 % 氨水洗脱，收率达到 85%，获得的粗酶的比活达到 573 IU/ mg[37]。虽然其吸附量远低于亲水性离子交换剂，但以其价廉和机械强度好，有一定的优势。

20.11　离子交换膜和电渗析技术

离子交换膜和电渗析技术是在离子交换技术的基础上发展起来的新技术。离子交换膜电渗析法除用于海水淡化、苦咸水淡化及水处理除盐工艺以外，还广泛用于化工生产的提纯、分离、合成以及综合利用、废水处理等方面。

20.11.1　离子交换膜

将离子交换树脂制成薄膜的形式就得到离子交换膜，它们的性质基本上是相似的。和离子交换树脂一样，按功能团不同，离子交换膜可以分为阳离子交换膜和阴离子交换膜。前者能交换或渗过阳离子，后者则能交换或渗过阴离子。

按构造组成的不同，离子交换膜又可分为异相膜和均相膜两种。异相膜系将离子交换树脂磨成粉末，借助于惰性黏合剂（如聚氯乙烯、聚乙烯或聚乙烯醇等），由机械混炼加工成膜，粉末之间充填着黏合剂，因此膜的组成是不均匀的。均相膜系以聚乙烯薄膜为载体，首先在苯乙烯、二乙烯苯溶液中溶胀，并以偶氮二异丁腈为引发剂，在加热加压条件下，在聚乙烯主链上接枝聚合而生成交联结构的共聚体，然后用浓硫酸作磺化剂制得阳膜，以氯甲醚使共聚体氯甲基化，再经胺化而成阴膜。异相膜的电阻较大，电化学性能比均相膜差，机械强度则较好，在水处理中一般都用异相膜。

此外，尚有磷酸、吡啶、羧酸型交换膜以及阳膜与阴膜合在一起的复合膜等。

离子交换膜在电渗析中的应用主要由于它具有选择透过的性能，即阳离子交换膜能透过阳离子（不能透过阴离子），而阴离子交换膜能透过阴离子（不能透过阳离子）。将阳膜浸入溶液中，如膜上阳离子和溶液中阳离子不同，则要发生离子交换；如膜上阳离子和溶液中阳离子相同，则由于膜的骨架带强的负电荷，因此只有阳离子能进入膜内，而阴离子则被排斥在膜外。当然这种排斥也不是绝对的。当外部溶液浓度较浓时，也有少量阴离子能进入膜内。膜内外离子浓度的分配服从于道南（Donnan）平衡。当在膜的两侧通以电流时，则阳离子能透过阳膜而趋向阳极，阴离子则受阻而留在溶液中。以食盐电解槽为例，见图20-22，阳极室产生氯气：

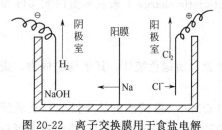

图 20-22　离子交换膜用于食盐电解

$$Cl^- \longrightarrow \frac{1}{2}Cl_2 + e$$

阴极室产生氢气：

$$H_2O + e \longrightarrow OH^- + \frac{1}{2}H_2$$

钠离子穿过阳膜到阳极室而形成 NaOH：

$$Na^+ + OH^- \rightleftharpoons NaOH$$

而氯离子则不能扩散到阴极室，因此可以得到低盐分的氢氧化钠。这种离子交换膜优于一般食盐电解槽使用的石棉隔膜。

20.11.2　膜电位

理想的离子交换膜只允许一种离子通过，而完全排斥另一种离子，如上所述，这种膜是不存在的。离子交换膜的选择性可以用通过膜的离子迁移数来表示。由于离子迁移数和膜电位有一定的关系，故选择性也可以用膜电位来表示。

膜电位是由膜两侧溶液浓度不等和膜的选择透过性能所引起的。设一层阳膜将浓度不等的氯化钠溶液隔开。由于浓度不等，钠离子就自高浓度溶液通过阳膜向低浓度溶液扩散，而氯离子则不能透过薄膜，这样就造成电性不中和，稀溶液一侧带正电荷，这样所造成的电位差称为膜电位。膜电位形成后会促进氯离子的扩散，而抑制钠离子的扩散，因而达到平衡。

膜电位 E 可用下式表示：

$$E = (2n^+ - 1)\frac{RT}{ZF}\ln\frac{a_1}{a_2}$$

式中　n^+ 为阳离子的迁移数；R 为气体常数；T 为绝对温度；Z 为离子价；F 为法拉第常数（96 500 库仑）；a_1，a_2 分别为膜两侧溶液中离子的活度。

因而测定了膜电位，就可求出离子的迁移数。

20.11.3　电渗析制备无盐水

电渗析制备无盐水的原理以三槽电渗析池为例（图20-23）来说明。如果开始时三室中都有氯化钠溶液，则当通直流电流后，中间室的 Cl 通过阴膜，趋向阳极，在阳板上发生电极反应产生 Cl_2；中间室的 Na^+ 通过阳膜，趋向阴极，在阴极上发生电极反应，产生 H_2 和 NaOH，这样通电的结果，中间室的 NaCl 越来越少，而得到无盐水。

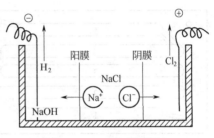

图 20-23　三槽电渗析池

在三槽电渗析池中，电极反应消耗电能很大。为节省电能，工业上多用多槽式装置。因为电极反应所消耗的能量，不论层数多少都为定值，故工业上电渗析装置多由几百对膜组成（图 20-24）。

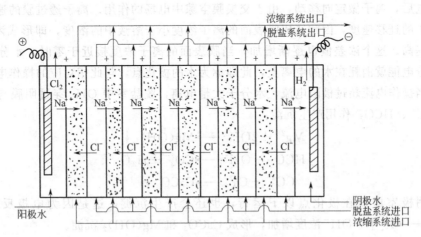

图 20-24　多层电渗析装置

＋——代表阳膜；－——代表阴膜；▨——代表浓缩室；□——代表脱盐室

根据法拉第电解定律，透过 $1/Z$ mol 电解质（Z 为离子价数），需 96 500 库仑电量。因为 1 安培是每秒通过 1C 的电流强度，故 96 500 C＝26.8 A.h。若某电渗析装置有 n 对膜并联组装，无盐水产量为 $Q\ T/n$，进水中电解质浓度为 c_0 mmol/L（以 1-1 电解质为例），若要使无盐水中电解质浓度降低到 c_1 mmol/L 理论上需操作电流（安培）

$$A=\frac{26.8\times Q\times(c_0-c_1)}{n}\ \text{（安培）}$$

显然，n 数越大，所需电流就越小。

实际过程中，电能除作为离子迁移的推动力以外，还消耗于克服溶液的电阻所产生的热量，消耗于电极反应和电流的泄漏等方面，所以实际需施加的电流比理论值要大。我们称理论上需施加的电流值 A 与实际上需加的电流值 I 之比为该电渗析装置的电流效率 η：

$$\eta=\frac{26.8Q(c_0-c_1)}{In}\times100$$

在电渗析装置中，除离子交换膜、电渗析池外，尚需有直流电源、电极、隔板等，其装置和板框压滤机相似。

电极最好用铂电极，但铂价贵，一般用石蜡油浸过的石墨作为阳极，镍铬不锈钢板作为阴极，也可用青铅作为电极。

隔板用以支承离子交换膜，分隔成脱盐室和浓缩室。通常由聚氯乙烯板制成（图 20-25）分为几道流水槽，以延长其中水的停留时间。

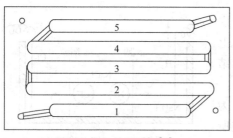

图 20-25 长流隔板[38]

1～5—流水槽

利用电渗析装置制备的无盐水，成本比用离子交换树脂法降低 34% 左右，但脱盐程度较差。

20.11.4 极化和沉淀[39]

电渗析器在运转过程中或多或少会产生沉淀。沉淀主要发生在阴极室和阴膜的浓水侧。沉淀物的主要成分为 $CaCO_3$、$Mg(OH)_2$、$CaSO_4$ 和有机物等。沉淀的生成使膜电阻迅速增加，并减少了膜的有效面积，因而使水质恶化，电耗增加。

沉淀主要是由于操作电流过高而引起的。电渗析器通电后，离子做定向移动，由于交换膜空隙中电场的作用。离子透过膜的速度大于离子在溶液中的迁移速度，因此造成膜表面的离子浓度小于溶液中的浓度，即形成浓差。随着操作电流提高，这个浓差值也逐渐增加，当膜表面的离子浓度接近于零时，水分子大量解离，一部分电能就消耗在水的电离上，此即称为水的极化点，与此相对应的操作电流称为极限电流。当操作电流超过极限电流，水分子大量电离，脱盐室中 OH^- 穿过阴膜与浓室中的 Ca^{2+}、Mg^{2+}、HCO_3^- 作用产生沉淀：

$$Mg^{2+} + 2OH^- \longrightarrow Mg(OH)_2 \downarrow$$
$$HCO_3^- + OH^- \longrightarrow CO_3^{2-} + H_2O$$
$$CO_3^{2-} + Ca^{2+} \longrightarrow CaCO_3 \downarrow$$

然而阴极室即使在极化点以下运行，也还会产生沉淀，这是因为电极反应的结果 $2H^+ + 2e \longrightarrow H_2 \uparrow$，$OH^-$ 浓度增加，形成 $CaCO_3$ 和 $Mg(OH)_2$ 沉淀。

可以采用每隔几小时倒换电极的方法来控制沉淀，阴极室变为阳极室后，水呈酸性，可溶解部分沉淀，一部分沉淀也会疏松脱落，随极水排出。浓、淡水室的互换，使离子反向迁移，也可使沉淀部分溶解或脱落。

当倒换电极的方法也无效时，可用 1% 盐酸循环酸洗。极限电流可用下面经验公式计算：

$$V \cdot c = Ki$$

式中　V 为脱盐室中水的线速度，cm/s；i 为平均极限电流密度，mA/cm^2；c 为脱盐室中对数平均浓度，mmol/L（以 1-1 电解质为例）：$c = \dfrac{c_0 - c_1}{\ln c_0 / c_1}$；$c_0$，$c_1$ 分别为脱盐室中进出口浓度，mmol/L；K 为电渗析器的水力特性常数。

参 考 文 献

1　Helfferich F. Ion Exchange. New York：McGraw-Hill，1962

2　徐和德，黄建兴，冯百均. 应用两性树脂 HD-1 号提炼金霉素. 全国第三次抗菌素学术会议论文集（第二册，抗菌素生产工艺）. 北京：科学出版社，1965. 275～279

3　何炳林，黄文强主编. 离子交换与吸附树脂. 上海：上海科技教育出版社，1995

4　夏笃祎编译. 离子交换树脂. 北京：化工出版社，1983

5　钱庭宝编著. 离子交换剂应用技术. 天津：天津科学技术出版社，1984

6　Arden T V. Water Purification by Ion Exchange. London：Butterworths，1968

7　Harland C E. Ion Exchange Theory and Practice. 2nd Edition. Cambridge：Royal Society of Chemistry，1994

8　Вулих А И. Ионообменный Синтез. М：изд Химия，1973

9 宫原昭三. 实用ィォン交换. 东京：化学工业社，1972

10 汤惠芳等. 高等学校自然科学学报. 1965，试刊第 5 期：458

11 Sherrington D C. The Influence of Polymer Structure on the Reactivity of Bound Ions. in ＜Ion Exchangers＞. Dorfner K (ed.). Berlin：Walte de Gruyter，1991. 1324

12 王鸣，周长林，邬行彦. 离子交换与吸附. 1988，4（1）：13～18

13 赵风生，邬行彦. 华东化工学院学报. 1986，12（4）：515～519

14 Самсонов Г В. Сорбция и Хроматография Антибиотиков. СССР：изд. АН СССР，1960（邬行彦译. 抗生素的吸着及层离法. 北京：中国工业出版社，1965）

15 邬行彦，王元钊，谭瑞琳. 羧基树脂吸着链霉素的平衡常数. 全国第三次抗菌素学术会议论文集（第二册抗菌素生产工艺）北京：科学出版社，1965. 280～285

16 时涛，刘坐镇，邬行彦. 中国抗生素杂志. 2002（待发表）

17 Kitchener J A. Ion-Exchanger Resins. London：Methuen & Co.，1957. 52

18 Boyd G E.，Adamson A W.，Myers L S. J. Am. Chem. Soc. 1947，69：2836～2848

19 邬行彦，熊宗贵，胡章助主编. 抗生素生产工艺学. 北京：化工出版社，1988

20 Булычева и др. Анмибиомики и Химиомерапия. 1994，39（4）：16～22

21 王方主编. 国际通用离子交换技术手册. 北京：科学技术文献出版社，2000. 558～559

22 Zhao F.，Wu X. Reactive Polymers. 1990，13：93～101

23 华东理工大学，上海四药股份有限公司. HD-2 和 JK110 弱酸离子交换树脂研制及应用鉴定会资料. 上海：华东理工大学，1994

24 刘坐镇，谢小华，徐惠珍，倪海. 华东理工大学学报. 1995，21（2）：155～160

25 江邦和，刘坐镇，张纪红等. 离子交换与吸附. 1996，12（3）：254～258

26 Liu Zuozhen, Wang Xiangyang, Jiang Banghe, Wu Xingyan. Chinese Journal of Reactive Polymers. 1998，7（2）：87～94

27 邬行彦，王鸣、魏淦等. 中国专利 ZL 91104184. 2，1999

28 刘坐镇，刘勤凤，邬行彦等. 中国医药工业杂志. 2001，32（5）：198～200

29 Bonnerjea J.，Hoare O M.，Dunnill P. The Right Step at the Right Time Biotechnology. 1986，4：954～958

30 Pharmacia AB. Ion Exchange Chromatography-Principles and Methods. Sweden：Uppsala，1982

31 Skidmore G L.，Chase H A. A Study of Ion Exchangers for Pretein Purification, in "Ion Exchange for Industry". ed. Streat M.，Ellis Horwood. UK：Chichester，1988

32 Chase H A. Ion Exchangers and Adsorbents Resins for the Purification of Proteins, in "Ion Exchange Technology". ed. Naden D. and Streat M.，Ellis Horwood. UK：Chichester，1984

33 Brooks C A.，Cramer S M. AIChE J. 1992，38（12）：1969～1973

34 陈卫东，孙彦. 蛋白质离子交换的空间质量作用模型分析. 化工学报（待发表）

35 Gueille G.，Tayot J L. Ion Exchange as a Production Technique for Proteins, in "Biotech '85（Europe）" On line Publications. UK：Pinner Middlesex，1985. 141～160

36 Palmer D E.，Dove R V.，Grant R A. Ion Exchange Recovery of Proteins, in "Comprehensive Biotechnology", vol. 2. Moo Young M（ed.）. UK：Pergamon Oxford，1985. 481～488

37 周昕，曹学君，庞正宇等. 中国医药工业杂志. 1996，27（6）：243～245

38 上海酵母厂. 医药工业. 1972，（2）：8

39 华东电业管理局中心试验所. 电渗析除盐基本原理. 电渗析技术交流会议资料之二. 1972

附录：离子交换树脂主要产品性能示例

表 1　南开大学

序号	型号	名称	功能基团	外观	出厂型式	交换容量/[mmol/g(干)]	粒度/mm
1	001×7			棕黄至棕褐色球粒	Na	≥4.5	0..32~1.25
2	002×7	强酸性苯乙烯系阳离子交换树脂	$-SO_3^-$	棕黄至棕褐色球粒	Na	≥4.4	0.6~1.25
3	001×7×7			棕黄至棕褐色球粒	Na	≥4.5	0.32~1.25
4	D001 (D072)	大孔强酸性苯乙烯系阳离子交换树脂	$-SO_3^-$	浅驼色金黄色球粒	Na	≥4.2	0.32~1.25
5	D061			浅驼色不透明球粒	Na	≥4.2	0.32~1.25
6	201×4			浅黄至金黄色球粒	Cl	≥3.8	0.32~1.25
7	201×7	强碱性苯乙烯系阴离子交换树脂	$-N^+(CH_3)_3$	浅黄至金黄色球粒	Cl	≥3.6	0.45~1.25
8	202×7			浅黄至金黄色球粒	Cl	≥3.4	0.6~1.4
9	D296	大孔强碱性苯乙烯系阴离子交换树脂	$-N^+(CH_3)_3$	浅黄色不透明球粒	Cl	≥3.6	0.32~1.25
10	D262			乳白色不透明球粒	Cl	≥2.0	0.32~1.25
11	D301R	大孔弱碱性苯乙烯系阴离子交换树脂	$-N(CH_3)_2$	浅黄色不透明球粒	游离胺	≥4.8	1.03~1.07
12	D301G			乳白色不透明球粒	游离胺	≥4.2	1.03~1.07
13	110	弱酸性丙烯酸系阳离子交换树脂	$-COO^-$	白或乳黄色球粒	H Na	≥12.0(H)	0.32~1.25
14	D114	大孔弱酸性丙烯酸系阳离子交换树脂	$-COO^-$	乳白至浅黄色不透明球粒	H Na	≥10.5(H)	0.32~1.25
15	D412	大孔苯乙烯系螯合性树脂	$-NHCH_2PO_3^{2-}$	浅黄色不透明球粒	Na	—	0.32~1.25

大孔吸附树脂：D3520、D4006、H103、X—5、AB—8、NKA—9、AA—S等对有机物有特殊的选择性吸附，用于生

化工厂

湿真相对密度20 ℃	湿视密度/(g/mL)	含水量/%	使用pH范围	最高使用温度/℃	主要用途
1.24～1.28	0.77～0.87	46～52	1～14	H 100 Na 120	硬水软化和纯水制备 湿法冶金,稀有元素分离
1.24～1.28	0.75～0.85	46～52	1～14	H 100 Na 120	大粒度 适用于高流速水处理
1.30～1.35	0.84～0.88	37～41	1～14	H 100 Na 120	水处理
1.20～1.30	0.70～0.80	50～55	1～14	H 100 Na 120	高速混床水处理 有机反应催化
1.15～1.25	0.75～0.85	50～60	1～14	H 100 Na 120	食品工业,氨基酸提炼 有机反应催化,水处理等
1.04～1.08	0.66～0.73	54～62	1～14	OH 40 Cl 100	水处理 制药工业及食品工业
1.06～1.11	0.66～0.75	42～48	1～14	OH 40 Cl 100	高纯水制备 放射性元素提炼等
1.06～1.11	0.64～0.74	40～48	1～14	OH 40 Cl 100	纯水制备,放射性元素提炼,适用于高流速
1.05～1.10	0.65～0.75	50～60	1～14	OH 40 Cl 100	水处理、高速混床等
1.05～1.15	0.68～0.78	40～50	1～14	OH 40 Cl 100	除去给水中 低浓度有机物等
1.03～1.07	0.65～0.72	50～65	1～9	OH 40 Cl 100	水处理、电镀含铬 废水处理,耐污染性能好
1.03～1.07	0.62～0.72	50～60	1～9	OH 40 Cl 100	湿法冶金 从矿浆中提取金
1.12～1.18	0.68～0.82	52～62	5～14	100	水处理、电镀含镍废水处理、制药工业等
1.15～1.18	0.70～0.80	53～60	5～14	100	水处理及废水处理二价金属离子的回收等
1.10～1.18	0.70～0.80	55～65	1～14	H 100 Na 120	离子膜法制烧碱中制备 二次盐水、湿法冶金等

物提取,脱色,吸收分离,三废治理以及医药卫生人工肾的有力工具

表 2 华东理工大学上海华震科技有限公司

序号	型号	名称	功能基团	外观	出厂型式	交换容量/(mmol/g)	粒度/mm	湿真密度/(g/mL)	湿视密度/(g/mL)	含水量/%	使用pH范围	最高使用温度/℃	主要用途
1	HZ002	强酸性阳离子交换树脂	—SO₃⁻	浅黄至金黄色球粒	Na	4.6	0.32~1.25	1.12~1.20	约80	约80	0~14	H 100 Na 120	生化、医药提取、精制
2	HZ016			浅黄至金黄色球粒	Na	4.2	0.32~1.25	1.25~1.35	0.80~0.87	35~45	0~14	H 100 Na 120	生化、医药除灰分、脱色
3	JK008			浅黄至金黄色球粒	Na	4.5	0.32~1.25	1.25~1.29	0.8	44~48	0~14	H 100 Na 120	核苷酸类药物提取
4	HD—8			棕褐色不透明球粒	Na	4.0	0.32~1.25	1.10~1.20	0.70~0.80	55~65	0~14	H 100 Na 120	L-羟基脯氨酸等提取
5	HZ202	强碱性阴离子交换树脂	—N⁺(CH₃)₃	浅黄至金黄色球粒	Cl	3.5	0.32~1.25	1.00~1.10	0.68~0.76	70~80	1~14	OH 40 Cl 100	卡那霉素等吸附提炼
6	JK206			浅黄至金黄色球粒	Cl	3.5	0.32~1.25	1.02~1.10	0.65~0.75	50	0~14	OH 40 Cl 100	盐酸除铁、生物物质提取
7	D261			浅黄色不透明球粒	Cl	3.4	0.32~1.25	1.05~1.10	0.68~0.75	45~55	0~14	OH 40 Cl 100	甘油等脱色
8	D201			浅黄色不透明球粒	Cl	3.5	0.32~1.25	1.04~1.10	0.65~0.75	50~60	0~14	OH 40 Cl 100	从羟二酸等脱色提取
9	D202			浅黄色不透明球粒	Cl	3.5	0.32~1.25	1.05~1.12	0.65~0.75	47~57	0~14	OH 40 Cl 100	含盐较高的软、纯水制备、糖液脱色
10	D241			浅黄色不透明球粒	Cl	4.5	0.32~1.25	1.01~1.05	0.58~0.68	75~85	0~14	OH 40 Cl 100	肝素及生化物质提取
11	D293			浅黄色不透明球粒	Cl	3.3	0.32~1.25	1.03~1.12	0.65~0.75	50~60	0~14	OH 40 Cl 100	生物物质提取

序号	型号	名称	功能基团	外观	出厂型式	交换容量/(mmol/g)	粒度/mm	湿真密度/(g/mL)	湿视密度/(g/mL)	含水量/%	使用pH范围	最高使用温度/℃	主要用途
12	HD-2	弱酸性阳离子交换树脂	$-COO^-$	白或浅蓝色不透明球粒	H Na	9.5	0.32~1.25	1.07~1.15	0.70~0.80	65~75	4~14	H 100 Na 120	氨基糖苷类药物提取
13	JK110			白色透明球粒	H Na	12.5(H)	0.32~1.25	1.12~1.14	约 0.84	70~80	4~14	H 100 Na 120	链霉素等提取
14	D155			白或浅蓝色不透明球粒	H Na	9.5	0.32~1.25	1.12~1.18	0.70~0.78	45~50	5~14	H 100 Na 120	细胞色素C、胰岛素、溶菌酶、尿激酶等提取
15	HD-1			棕红色球粒	H	4.9	0.32~1.25	1.05~1.12	0.60~0.70	76~78	4~14	H 100	有机酸脱色、除铁
16	D301	弱碱性阴离子交换树脂	$-N(CH_3)_2$	浅黄色不透明球粒	游离胺	4.8	0.32~1.25	1.03~1.07	0.65~0.75	50~60	0~9	OH 40 Cl 100	纯水制备、生化物质脱色
17	D315		$-NH_3$	浅黄色不透明球粒	游离胺	6.5	0.32~1.25	1.07~1.12	0.68~0.80	47~57	0~8	OH 40 Cl 100	有机酸提取、精制、脱色
18	335		$-NH_2(CH_3)$	浅黄色不透明球粒	游离胺	9.5	0.32~1.25	1.05~1.15	0.70~0.80	60~70	0~8	OH 40 Cl 100	纯水制备、生化产品脱色精制
19	D345		$-NH(CH_3)_2$	白或浅蓝色不透明球粒	游离胺	5.6	0.32~1.25	1.15~1.25	0.58~0.68	48~54	0~7	OH 40 Cl 100	生化产品精制、脱色
20	HZ-001	层析树脂	$-SO_3^{2-}$	浅黄至金黄色球粒	Na	4.2	0.32~1.25	1.24~1.28	0.8~0.90	43~53	0~14	H 100 Na 120	生化产品色谱分离
21	HZ-201		$-N^+(CH_3)_3$	浅黄至金黄色球粒	Cl	3.5	0.32~1.25	1.04~1.10	0.73~0.82	40~50	0~14	OH 40 Cl 100	生化产品色谱分离

21 吸 附 法

在人类生活中，固体吸附很早就有所使用，从马王堆出土的二千年前西汉墓中残存有木炭就足以说明。吸附在生产上，用于除臭、脱色、吸湿、防潮等方面较多，吸附在工业上应用也很早，特别是近十几年发展尤其迅速。

固体吸附和生化工程有着密切的关系。在酶、蛋白质、核苷酸、抗生素、氨基酸等产物的分离、精制中进行选择性地吸附的方法，应用较早。发酵行业中，空气的净化和除菌也离不开吸附过程；除此以外在生化产品的生产中，还常用各种吸附剂进行脱色、去热原、去组胺等杂质。早期使用的吸附剂有高岭土、氧化铝、酸性白土等无机吸附剂、凝胶型离子交换树脂、活性炭、分子筛和纤维素等。但由于这些吸附剂或是吸附能力低、或是容易引起失活，故都不理想。另外要成为一个经济的生产过程，吸附剂必须能上百次甚至上千次的反复使用。为了能经受得起多次且剧烈的再生过程，吸附剂需要有良好的物理化学稳定性，再生过程还必须简便而迅速。近年来一些合成的有机大孔吸附剂即所谓大网格聚合物吸附剂可以满足上述要求，特别是用于工业规模。

吸附法一般有下列优点：①可不用或少用有机溶剂；②操作简便、安全、设备简单；③生产过程中 pH 变化小，适用于稳定性较差的生化物质。但吸附法选择性差、收率不太高，特别是无机吸附剂性能不稳定、不能连续操作、劳动强度大，炭粉等吸附剂还影响环境卫生，所以有一阶段吸附法已几乎为其他方法所取代。但随着凝胶类吸附剂、大网格聚合物吸附剂的合成和发展，吸附剂又重新为生化工程领域所重视并获得应用。

21.1 吸附过程的理论基础

21.1.1 基本概念

固体可分为多孔和非多孔性两类，非多孔性固体只具有很小的比表面，用粉碎的方法可以增加其比表面；多孔性固体由于颗粒内微孔的存在，比表面很大，可达每克几百平方米。换句话说，非多孔性固体的比表面仅取决于可见的外表面，而多孔性固体的比表面是由"外表面"和"内表面"所组成。内表面积可比外表面积大几百倍，并且有较高的吸附势。因此，显然应用多孔性吸附剂较有利。

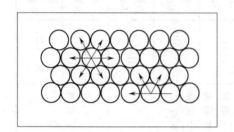

图 21-1 界面上分子和内部分子所受的力

固体表面分子（或原子）处于特殊的状态。从图 21-1 可见固体内部分子所受的力是对称的，故彼此处于平衡。但在界面上的分子同时受到不相等的两相分子的作用力，因此界面分子的力场是不饱和的；即存在一种固体的表面力，它能从外界吸附分子、原子或离子，并在吸附剂表面附近形成多分子层或单分子层。我们称物质（被吸附的产物）从液体相（气体或液体）浓缩到固体（吸附剂）表面从而达到分离的过程称为吸附作用，而把在表面上能发生吸附作用的固体称为吸附剂（adsorbent），而被吸附的物质称为吸附物（adsorbate）。

21.1.2 吸附的类型

按照作用力的差别，吸附作用可以分为三种类型。

（1）物理吸附 吸附剂和吸附物通过分子力（范德华力）产生的吸附称为物理吸附。这是一种最常见的吸附现象，它的特点是吸附不仅限于一些活性中心，而是整个自由界面。

分子被吸附后，一般动能降低，故吸附是放热过程。物理吸附的吸附热较小，一般为 $(2.09 \sim 4.18) \times 10^4$ J/mol。物理吸附时，吸附物分子的状态变化不大，需要的活化能很小，多数在较低的温度下进行。由于吸附时除吸附剂的表面状态外，其他性质都未改变，所以两相在瞬间即可达到平衡。有时吸附速度很慢，这是由于在吸附剂颗粒的孔隙中的扩散速度是控制步骤的缘故。

物理吸附是可逆的，即在吸附的同时，被吸附的分子由于热运动会离开固体表面。分子脱离固体表面的现象称为解吸。物理吸附可以成单分子层吸附或多分子层吸附。由于分子力的普遍存在，一种吸附剂可吸附多种物质，没有严格的选择性。但由于吸附物性质不同，吸附的量有所差别。物理吸附与吸附剂的表面积、细孔分布和温度等因素有密切的关系。

（2）化学吸附 化学吸附是由于吸附剂和吸附物之间的电子转移，发生化学反应而产生的，属于库仑力范围，它与通常的化学反应不同的地方，就是吸附剂表面的反应原子保留了它或它们原来的格子不变。反应时发出大量的热量，一般在 $(4.18 \sim 41.8) \times 10^4$ J/mol 的范围内。由于是化学反应，故需要一定的活化能。

化学吸附的选择性较强，即一种吸附剂只对某种或几种特定物质有吸附作用。因此化学吸附一般为单分子层吸附，吸附后较稳定，不易解吸。这种吸附与吸附剂的表面化学性质以及吸附物的化学性质直接有关。

物理吸附与化学吸附虽有基本区别，但有时也很难严格划分，两种吸附的比较见表 21-1。

表 21-1 物理吸附与化学吸附的特点

项　　目	物　理　吸　附	化　学　吸　附
作用力	范德华力	化学键力
吸附热	较小，接近液化热	较大，接近反应热
选择性	几乎没有	有选择性
吸附速度	较快，需要的活化能很小	慢，需要一定的活化能
吸附分子层	单分子或多分子层	单分子

（3）交换吸附 吸附剂表面如为极性分子或离子所组成，则它会吸引溶液中带相反电荷的离子而形成双电层。这种吸附称为极性吸附，同时在吸附剂与溶液间发生离子交换，即吸附剂吸附离子后，它同时要放出等量的离子于溶液中，离子的电荷是交换吸附的决定因素。离子所带电荷越多，它在吸附剂表面的相反电荷点上的吸附力就越强，电荷相同的离子其水化半径越小，越易被吸附。

必须指出，固体自溶液中的吸附往往是几种吸附力同时作用，较为复杂，造成各种类型的吸附之间没有明显的界线，有时很难区别。

本章着重讨论物理吸附。

21.1.3 吸附力的本质[1]

吸附作用的最根本因素是吸附质和吸附剂之间的作用力，也就是范德华力，它是一组分子引力的总称，具体包括三种力：定向力（keesom）、诱导力（debye）和色散力（london）。范德华力和化学力（库仑力）的原则区别在于它的单纯性，即只表现为互相吸引。

在描述质点（原子或分子）的相互作用时，往往是用它们相互作用的能量 U（也就是使得质点彼此分开所必须消耗的功）来表示的。因此分子引力的总能量可表示为

$$U_{范德华} = U_{定向} + U_{诱导} + U_{色散}$$

（1）定向力　它是极性分子之间产生的作用力。由于极性分子的永久偶极矩产生了分子间的静电引力称定向力。其平均能量为：

$$U_{定向} = -\frac{2}{3kT} \times \frac{\mu_1^2 \mu_2^2}{r^6} \tag{21-1}$$

式中　μ_1 为吸附剂功能基偶极矩；μ_2 为吸附质分子偶极矩；r 为两偶极子中心之间的距离；k 为波尔兹曼常数；T 为热力学温度。

从上式可以看出分子极性越大，μ 越大，作用力也越大；分子的支链会导致 r 增大，不利于吸附。偶极矩与分子对称性、取代基位置等结构因素有关。吸附作用力还与热力学温度成反比。

（2）诱导力　极性分子与非极性分子之间的吸引力属于诱导力。极性分子产生的电场作用会诱导非极性分子极化，产生诱导偶极矩，因此两者之间互相吸引，产生吸附作用。设极性分子的永久偶极矩为 μ_1，非极性分子的极化度（polarizability）为 α_2，则它们间诱导力的能量为：

$$U_{诱导} = -\frac{\alpha_2 \mu_1^2}{r^6} \tag{21-2}$$

若为两个偶极分子间的诱导力，则其能量为：

$$U_{诱导} = -\frac{\alpha_1 \mu_2^2 + \alpha_2 \mu_1^2}{r^6} \tag{21-3}$$

从上式可见它与温度无关。

（3）色散力　非极性分子之间的引力属于色散力。当分子由于外围电子运动及原子核在零点附近振动，正负电荷中心出现瞬时相对位移时就产生快速变化的瞬时偶极矩。这种瞬时偶极矩还能使外围非极性分子极化；反过来，被极化的分子又影响瞬时偶极矩的变化，这样产生的引力叫色散力。

$$U_{色散} = -\frac{3}{4} \frac{\alpha^2 h v_0}{r^6} \tag{21-4}$$

式中　h 为普朗克常数；v_0 为电子的振动频率，s^{-1}。
因为 $h v_0$ 约等于原子的电离能 I（焦耳），所以上式可写成：

$$U_{色散} = \frac{3I\alpha^2}{4r^6} \tag{21-5}$$

色散力也不取决于温度，它们是普遍存在的，因为任何系统中都有电子存在。色散能和外层电子数有关，随着电子数的增多而增加。

上述各力的数值大小，对于各种物质是不一样的，取决于吸附物的性质。例如固体吸附剂表面的极性如果不均匀而吸附物分子具有永久偶极矩，那么在吸附过程中起主要作用的是定向力，而色散力的能量相对较小。相反如果吸附物是非极性分子，那么定向力等于零，而在吸附过程中起主要作用的是分子间的色散力。换句话说，在分子间相互作用的总能量中，各种力所占的相对比例是不同的。主要取决于分子的两个性质，即它的极性和极化度。极性越大，定向力作用越大；极化度越大，色散力的作用越大。诱导力是次级效应，计算表明其

能量约为分子间力的总能量的 5%。

在通常距离上（十分之几个纳米），上述分子间相互作用力的能量约为几千 J/mol。要比化学价力的能量小得多。三种分子间力在某些物质中所占的比例见表 21-2。

表 21-2　三种分子间力所占的比例

分子	定向力	诱导力	色散力	总量
A	0.000	0.000	2.03	2.03
CO	0.0007	0.002	2.09	2.09
HI	0.006	0.027	6.18	6.21
HBr	0.164	0.120	5.24	5.52
HCl	0.79	0.24	4.02	5.05
NH_3	3.18	0.37	3.52	7.07
H_2O	8.69	0.46	2.15	11.36

从上表可以看出，除了水分子具有极大的静电力（定向力）外，其他的分子间的力主要是色散力，可以进一步看出范德华力中的色散力是普遍的一种力。

（4）氢键力　另一种特殊的分子间作用力是氢键力，它是一种介于库仑引力与范德华引力之间的特殊定向力，比诱导力、色散力都大。

氢键力是在分子结构中，当 H 原子与电负性较强的 F、O、N 等原子构成共价键时，电子对偏离中心，H 原子显正电性，所以有富余的正电荷能吸附另外一个电负性较强的 F、O、N 等原子，而形成的一种有一定方向性的作用力，其能量在 $(21\sim33)\times10^3$ J/mol 范围内。

$$R-\overset{\delta-}{O}:\overset{\delta+}{H}\cdots\cdots\overset{\delta-}{O}:\overset{\delta+}{H}$$
$$\text{氢键}$$
$$R-\overset{\delta-}{O}:\overset{\delta+}{H}\cdots\cdots\overset{\delta-}{O}:\overset{\delta+}{H}$$
$$R$$

上式可用 $\overset{\delta-}{X}=\overset{\delta+}{H}\cdots\cdots\overset{\delta-}{Y}$ 表示，显然 X、Y 两种原子电负性越大，半径越小，H 键就越能形成，作用也就越大，越有利于吸附。

不同元素原子所形成的氢键力大小次序如下：F—H$\cdots\cdots$F＞O—H$\cdots\cdots$N＞N—H$\cdots\cdots$O＞N—H$\cdots\cdots$N＞N≡C$\cdots\cdots$N。

根据上述公式，当分子间距离减小时，范德华力增大，但仅能增加到一定的限度。当质点（原子或分子）间距离非常接近时，就明显地表现出斥力。这是由于当电子云互相接近时，根据鲍尔不相容原则，电子间产生斥力，斥力随距离增大而急剧降低（$U_{排斥}\propto -r^{-12}$）。因此范德华作用力的能量中也应考虑斥力。

$$U=-\frac{C}{r^6}+\frac{d'}{r^{12}} \tag{21-6}$$

式中　d' 为斥力常数。

当吸引力和推斥力平衡时，两原子或分子中心间的距离称为范德华半径，其值始终大于相应的共价半径，因为分子间作用力距离较远，故范德华力一般较弱。

根据上述吸附时起作用的各种力，可见吸附力场中，任一点的位能 U 应为它到表面之距离的函数（图 21-2）。当距离大于 OB 时，吸引力未表示出来。当吸附表面和分子间的距离减小时，其吸引力的能量逐渐增加，当距离减至分子半径 OA 时，达到最大值。当距离再减小时，推斥力急剧增加。因此当吸附分子中心间的距离比一个分子半径稍大一点时，吸附物分子处在最稳定的状态。这是该层的吸附能相当高,大大超过吸附物的升华或凝聚热。第二层和以后各层吸附的较弱,吸附能接近于升华或凝聚热。

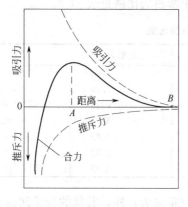

图 21-2 吸引力和推斥力

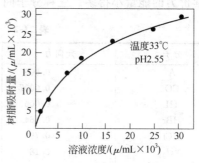

图 21-3 CPC 在大孔吸附剂上的
吸附等温线
(CPC 代表头孢菌素 C)

21.1.4 吸附等温线

(1)常见吸附等温线 固体从溶液中的吸附,是溶质和溶剂分子争夺表面的净结果,即在固液界面上总是被溶质和溶剂两种分子占满。如果不考虑溶剂的吸附,当固体吸附剂与溶液中的溶质达到平衡时,其吸附量 m 应与溶液中溶质的浓度和温度有关。当温度一定时吸附量只和浓度有关,$m = f(c)$,这个函数关系称为吸附等温线。吸附等温线表示平衡吸附量,并可用来推断吸附剂结构、吸附热和其他理化特性。

固体自溶液中的吸附,常见的吸附等温线有三种类型:一种是单分子层吸附等温线见图 21-3;一种是指数型的吸附等温线,见图 21-4;还有一种是多分子层吸附等温线,见图 21-5。从曲线的表观形状来看,大多数与气体吸附的规律很相似。不同的吸附等温线可用不同的吸附方程式来描述。

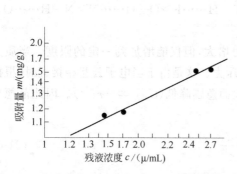

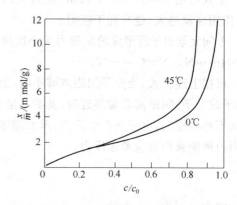

图 21-4 赤霉素在 Amberlite XAD 上的吸附等温线　　图 21-5 硅胶在己醇溶液中吸附水的吸附等温线

单分子层吸附等温线由兰米尔(Langmuir)建立。兰米尔方程式以下列假定为基础:吸附在活性中心上进行,这些活性中心具有均匀的能量,且相隔较远。因此吸附物分子之间无相互作用力。每一个活性只能吸附一个分子,即形成单分子吸附层。由于气体吸附和从溶液中吸附是相似的,可以认为吸附速度应该和溶液浓度 c 和吸附剂表面未被占据的活性中心数目成正比;而解吸速度应该和吸附剂表面为该溶质所占据的活性中心数目成正比。所以有：

$$v_a（吸附速度）=k_1(m_\infty-m)c$$
$$v_d（解吸速度）=k_2m$$

式中 m 为每克吸附剂所吸附溶质的量；m_∞ 为每克吸附剂的最大吸附量，即所有活性中心都吸着 1 个分子时的吸附量；k_1，k_2 分别表示吸附和解吸速度常数。

当达到平衡时：

$$k_1(m_\infty-m)c=k_2m$$

从以上方程式解得

$$m=\frac{m_\infty bc}{1+bc} \tag{21-7}$$

式中 $b=k_1/k_2=K$（吸附平衡常数）。式（21-7）即称为兰米尔方程式。由 $b(=K)$ 的数值，按下式可求出标准自由能的变化：

$$\Delta F^0=-RT\ln K \tag{21-8}$$

当溶液浓度很稀时，$1+bc\approx1$，式 21-7 成为一直线：

$$m=m_\infty bc$$

而当浓度很高时，$1+bc\approx bc$，上式也成为一直线

$$m=m_\infty$$

因此在稀溶液中，吸附量和浓度的一次方成正比；而在浓溶液中，吸附量和浓度的零次方成正比。可以想象，在中等浓度时，吸附量和浓度的 $(1/n)$ 次方成正比（$n>1$）。故有下列关系：

$$m=K'c^{1/n} \tag{21-9}$$

式中 K' 为常数。式（21-9）称为弗罗因德利希（Freundich）方程式。
将上式取对数，可得

$$\lg m=\lg K'+\frac{1}{n}\lg c$$

故以 $\lg m$ 为纵坐标，$\lg c$ 为横坐标，应得一直线。根据其斜率 $\left(\frac{1}{n}\right)$ 和截距 $(\lg K')$ 可求得 K' 与 n。

例如赤霉素在 Amberlite XAD-2 型大网格聚合物吸附剂上的吸附等温线服从弗罗因德利希方程式（见图 21-4）[2]。由图可求得 $k=6.53$，$n=4$。

当溶液中有两种组分存在时，如各组分的吸附不相互影响，则兰米尔方程式为：

$$m_1=\frac{k_1c_1}{1+l_1c_1+l_2c_2}；\quad m_2=\frac{k_2c_2}{1+l_1c_1+l_2c_2} \tag{21-10}$$

式中 k_1、k_2、l_1 和 l_2 都是常数。

大多数的溶液吸附体系，基本上都可以用兰米尔或弗罗因德利希方程式来描述，但还有一些吸附等温线呈 S 型，如图 21-5 所示的硅胶从己醇溶液中吸附水的等温线，当相对浓度 c/c_0 在 0.8 以上时，吸附量急剧地增加，这一类型的吸附等温线常常用类似于 BET 的公式

表示之。

（2）亲和吸附等温线　前面介绍的吸附技术主要是利用待分离化合物之间，在物理化学性质方面的差别，来达到分离、纯化的目的，由于选择性不够强，故产物大多不纯，如欲提纯某产品，往往需要连续应用多种方法，这样产品的得率又会较低。

近年来发展了一种新的吸附技术—亲和吸附，它是利用生物高分子物质对某些相对应物质具有专一的识别和可逆结合的能力即亲和力来实现的，（表 21-3）。

表 21-3　生物高分子及其对应的配基

生物高分子	对 应 的 配 基	生物高分子	对 应 的 配 基
酶	底物类似物、抑制剂、辅助因子	核酸	互补碱基序列、组蛋白、酸多聚酶结合蛋白
抗体	抗原、病毒、细胞	激素、维生素	受体、载体蛋白
凝集素	多糖、糖蛋白、细胞表面受体、细胞	细胞	细胞、表面特殊蛋白、凝集素

亲和吸附就是在一个为载体的固相介质上，把具有一定生物专一性的配基共价耦联上

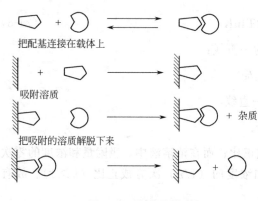

把配基连接在载体上

吸附溶质

把吸附的溶质解脱下来

图 21-6　亲和吸附

去，并制成具有某一特定亲和能力的亲和吸附剂后，进行吸附操作，就可以从混合液中分离出与配基有专一亲和力的生物活性物质来，其原理图示于图 21-6，常喻之为"锁和钥匙"机理。

载体与配基的连接方法有多种，在可能的条件下最好用共价耦连法，其方法有溴化氰法、重氮法、叠氮法和过碘酸氧化法四种，而常用的载体有琼脂糖、纤维素、右旋葡糖、聚丙烯酰胺和多孔玻璃等。

亲和吸附等温线，常类似于兰格米尔吸附等温线，由于是生物特异性结合所以常为单分子层吸附，当然对每一体系都需从实验验证。

21.1.5　影响吸附过程的因素

固体吸附剂自溶液中的吸附规律比较复杂，主要是由于溶液中除了溶质外还有溶剂，因此至少要考虑三种作用力：即在界面层上固体与溶质之间的作用力；固体与溶剂之间的作用力；以及在溶液中溶质与溶剂之间的作用力。在达到吸附平衡后，其吸附量不仅受吸附剂性质、结构、形状、颗粒大小的影响，而且与溶液中溶质的性质、浓度、固液两相质量比以及溶剂本身和液相中存在的各有关成分和相互作用强弱有关，并对吸附过程中的具体条件如温度、pH 等也有直接影响。

（1）吸附剂的性质　吸附剂的理化性质对吸附的影响很大。吸附剂的性质与其原料、合成方法和再生条件有关。一般要求吸附容量大，吸附速度快和机械强度好。吸附剂的吸附容量除其他外界条件外，主要与比表面积有关。比表面大、空隙度高，吸附容量就越大。吸附速度主要与颗粒度和孔径分布有关，颗粒度越小，吸附速度就越快，但压头损失要增大。孔径适当，有利于吸附物向空隙中扩散。吸附剂的机械强度则影响其使用寿命。

（2）吸附物的性质　有下列一些规则可用来预测吸附的相对量。

a．能使表面张力降低的物质，易为表面所吸附。这条规则出自于吉布斯（Gibbs）吸附方程式（详见 18.4.1）。所以固体容易吸附对固体的表面张力较小的液体。

b. 溶质从较易溶解的溶剂中吸附时，吸附量较少。相反，洗脱时采用溶解度较大的溶剂，洗脱就较容易。

c. 极性吸附剂易吸附极性物质，非极性吸附剂易吸附非极性物质。因而极性吸附剂适宜于从非极性溶剂中吸附极性物质，而非极性吸附剂适宜于从极性溶剂中吸附非极性物质。

d. 对于同系列物质，吸附量的变化是有规则的。如按极性减小的次序排列，次序越在后面的物质，极性越差。因而越易为非极性吸附剂所吸附，而越难为极性吸附剂所吸附。

（3）溶液 pH 值的影响　pH 值影响某些化合物的离解度。各种溶质吸附的最佳 pH 值，常常通过实验决定。一般说来，有机酸在酸性下、胺类在碱性下较易为非极性吸附剂所吸附。

（4）温度的影响　吸附热越大，则温度对吸附的影响越大。对于物理吸附，一般吸附热较小，温度变化对吸附的影响也较小。但有些溶质，由于温度升高而溶解度增大，因此对吸附产生不利影响。

（5）其他组分的影响　当从含有两种以上组分的溶液中吸附时，根据溶质的性质，可以互相促进、干扰或互不干扰。一般说来，对混合物的吸附较纯溶质的吸附为差。当溶液中存在其他溶质时，会导致吸附一种溶质而使另一种溶质的吸附量降低。但有时也有例外，对混合物的吸附效果，反较单一组分好。

吸附法作为初步分离的方法，目前还未见在蛋白质等大分子的提取上有应用，故以下仅讨论在抗生素等小分子上的应用。在早期抗生素提炼中，曾采用活性炭、酸性白土等吸附剂。由于它们吸附容量低、选择性差，已经逐渐淘汰。另一些吸附剂如氧化铝、硅胶等则广泛用于抗生素的精制和分析。关于这些吸附剂的性质，将在第 22 章中讨论。下面仅讨论近年来发展比较迅速，应用日益广泛的合成聚合物吸附剂——大网格吸附剂。

21.2　大网格聚合物吸附剂

有些离子交换树脂可用做吸附剂。如酚-甲醛缩合树脂很早就用做脱色，丙烯酸-二乙烯苯羧基树脂用于维生素 B_{12} 的提取等。显然，在这种情况下并不发生离子交换，而是依靠树脂骨架和溶质分子之间的分子吸附。由此人们想到，将大网格离子交换树脂去其功能团，而保留其多孔的骨架，其性质就可和活性炭、硅胶等吸附剂相似，称为大网格聚合物吸附剂[3~5]。

与活性炭等经典吸附剂相比，大网格吸附剂具有选择性好，解吸容易、机械强度好、可反复使用和流体阻力较小等优点。特别是其孔隙小、骨架结构和极性可按照需要，选择不同的原料和合成条件而改变，因此可适用于吸附各种有机化合物。在抗生素工业中，大网格吸附剂的应用正在日益发展。目前已用于头孢菌素、维生素 B_{12}、林可霉素等的提取。对于一些属于弱电解质或非离子型的抗生素，过去不能用离子交换法提取，现在可考虑用大网格吸附剂。因此它可补充离子交换树脂的不足，为抗生素提炼提供了新的途径。

21.2.1　大网格聚合物吸附剂的类型和结构

大网格聚合物吸附剂按骨架的极性强弱，可以分为非极性、中等极性和极性吸附剂三类。非极性吸附剂系由苯乙烯和二乙烯苯聚合而成，故也称为芳香族吸附剂。中等极性吸附剂具有甲基丙烯酸酯的结构（以多功能团的甲基丙烯酸酯作为交联剂），也称为脂肪族吸附剂。美国罗姆-哈斯（Rohm and Haas）公司首先于 1966～1967 年开始生产大网格吸附剂，现将该公司生产的 Amberlite XAD 系列大网格吸附剂的物理性能列于表 21-4 中。此外，日本三菱化成公司生产的大网格吸附剂，称为 Diaion HP 树脂，属非极性吸附剂，相当于 XAD-2 和 XAD-4，其性能见表 21-5。各种类型的大网格吸附剂的大致结构示于图 21-7～图 21-12 中。

表 21-4　Amberlite XAD 系列大网格吸附剂的物理性质[6]

吸附剂	功能团	氦孔率		汞孔率		比表面 /(m²/g)	平均孔径 /nm	骨架密度 /(g/cm³)	湿真密度 /(g/cm³)	偶极矩
		空隙度体积/%	孔容 /(mL/g)	空隙度体积/%	孔容 /(mL/g)					
非极性(芳香族)吸附剂										
XAD-1		35.0				100	20.5	1.06	1.02	
XAD-2	苯乙烯-	42.0	0.693	39.3	0.648	300	9.0	1.081	1.02	
XAD-3	二乙烯苯	38.7				526	4.4			0.3
XAD-4		51.3	0.998	50.2	0.976	784	5.0	1.058	1.02	
XAD-5		43.4				415	6.8			
中等极性(脂肪族)吸附剂										
XAD-6	甲基丙烯	49.3				63	49.8			
XAD-7	酸酯	55.0	1.080	58.2	1.144	450	9.0	1.251	1.05	1.8
XAD-8		52.4	0.822	51.9	0.787	140	23.5	1.259	1.09	
极性吸附剂										
XAD-9	硫氧基	44.9	0.609	40.2	0.545	69	36.6	1.268		3.3
XAD-10	酰胺					69	35.2			
XAD-11	酰胺	41.4	0.616			69	35.2	1.209		3.9
XAD-12	极性很强的 N-O 基	45.1	0.787	50.4	0.880	22	130.0	1.169		4.5
XAD-234	磺酸	47.2	0.657	39.1	0.544	571	4.4	1.437		75.0

表 21-5　Diaion HP 大网格非极性吸附剂的物理性质

吸附剂	比表面积 /(m²/g)	孔容 /(mL/g)	孔半径 /nm	吸附剂	比表面积 /(m²/g)	孔容 /(mL/g)	孔半径 /nm
HP-10	501.3	0.64	30.0	HP-40	704.7	0.63	25.0
HP-20	718.0	1.16	46.0	HP-50	589.8	0.81	90.0
HP-30	570.0	0.87	25.0				

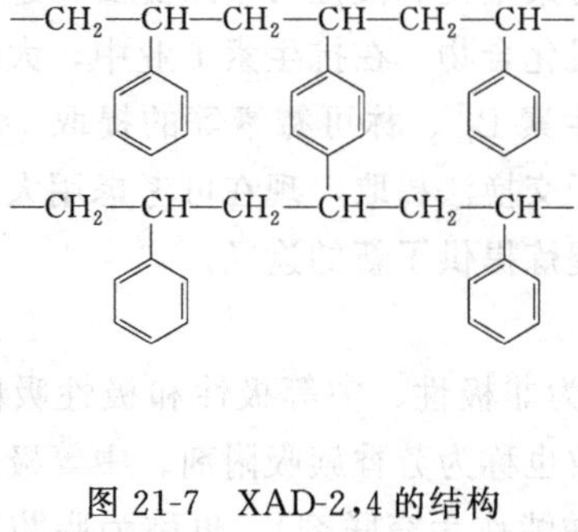

图 21-7　XAD-2,4 的结构

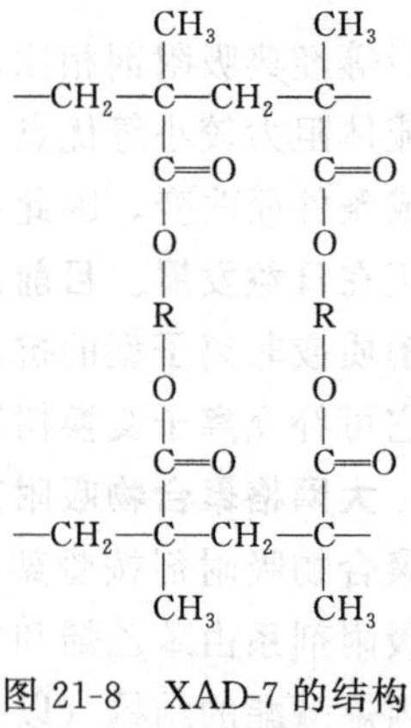

图 21-8　XAD-7 的结构

146

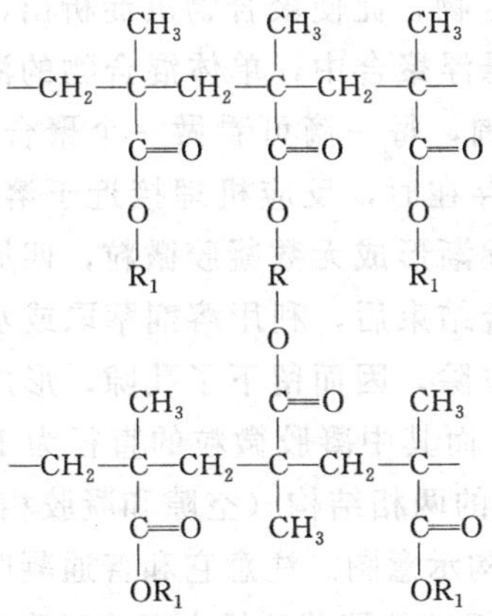

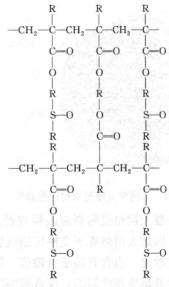

图 21-9　XAD-8 的结构　　　　　　图 21-10　XAD-9 的结构

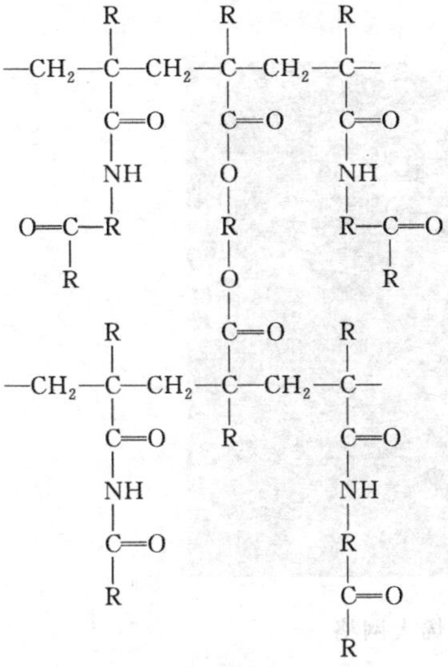

图 21-11　XAD-11 的结构 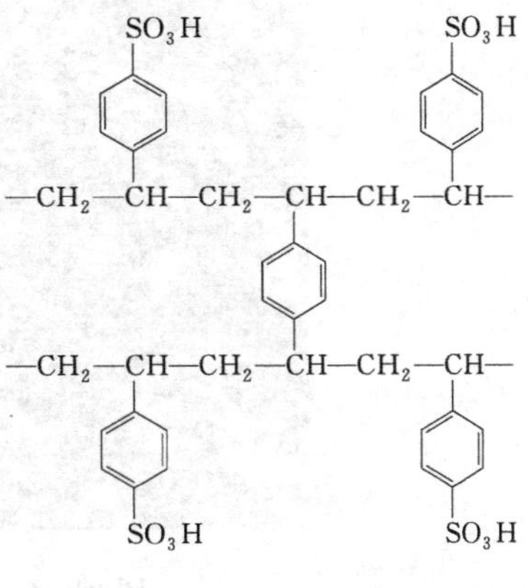　　　　　　图 21-12　XE284 的结构

表 21-4 中空隙度系指吸附剂中空隙所占的体积百分率。孔容系指每克吸附剂所含的空隙体积。骨架密度系指吸附剂骨架的密度，即每毫升骨架（不包括空隙）的质量。湿真密度系指空隙充满水时的密度，在实际使用时湿真密度不能小于 1，否则树脂就要上浮。偶极矩可以表征极性的强弱，偶极矩越大极性越强。

以上讨论的是苯乙烯或丙烯酸系的吸附剂，另一种酚醛型的大网格吸附剂，由于结构、极性上的区别，有一定的用处，也有商品出售。例如黄颖等合成的 HD-1 树脂，在某些产品的生产中，有较好的脱色能力。

21.2.2　大网格聚合物吸附剂的合成[7,8]

前已指出，大网格离子交换树脂和大网格吸附剂具有相同的大网格骨架。制备大网格骨架（具有永久空隙度）必须采用新的聚合技术，其实质在于聚合时加入一种惰性组分，后者不参与聚合反应，但能和单体互溶，当用悬浮聚合合成时，它还必须不溶于水或微溶于水。

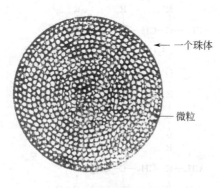

一个珠体

微粒

图 21-13　大网格吸附剂的构造示意图

这种惰性组分可以是线性高分子聚合物，也可以是能溶胀或不能溶胀聚合物的溶剂，其中以不能溶胀聚合物的溶剂效果最好，用得也较普遍，称为致孔剂，由于它不能溶胀聚合物，促使聚合物沉淀析出，也称为沉淀剂。在一般悬浮聚合中，单体混合物的液滴，为惰性介质水所包围，每一滴可看做一个聚合的本体。但当有惰性溶剂存在时，反应机理接近于溶液聚合。于是在液滴内，逐渐形成无数凝胶微粒，四周为惰性组分所包围。聚合结束后，利用溶剂萃取或水蒸气蒸馏的方法将溶剂去除，因而留下了孔隙，形成大网格

结构。一般大网格吸附剂的颗粒直径为 0.5 mm 左右，而其中凝胶微粒的直径为 10^{-4} mm 左右[8]。因此大网格离子交换树脂或吸附剂具有不均匀的两相结构（空隙和凝胶相），即含有永久空隙度，也含有溶胀空隙度。图 21-13 是它的结构示意图。注意它和普通凝胶树脂的区别，后者是单相均匀的，仅含有溶胀空隙度。一种非极性的聚苯乙烯大网格吸附剂的电子扫描显微照片示于图 21-14 中。

图 21-14　一种非级性聚苯乙烯大网格
吸附剂的电子显微照片（×6000）

影响大网格结构的因素很多，其中以致孔剂的种类、数量和交联剂用量的影响最为显著。一般说来，交联剂用量增大和致孔剂对聚合物的溶胀性能越差时，制得的吸附剂具有较高多孔程度。对于苯乙烯-二乙烯苯共聚物，其影响见图 21-15。

可作为致孔剂的高分子聚合物有聚苯乙烯、聚丙烯酸酯等，以聚苯乙烯较常用。影响永久空隙度的最重要因素是聚苯乙烯的分子量。当相对分子质量在 25 000 以下，仅能提高溶胀空隙度，当相对分子质量在 50 000 以上时，才得到永久空隙度。

第二种可以作为致孔剂的是能溶胀共聚物的溶剂，有甲苯、乙苯、二氯乙烷和四氯化碳等。借溶胀溶剂制造聚合物，只有当交联度高，致孔剂加量多时，才产生永久空隙度。

第三种也是最重要的致孔剂是能溶解于单体中，而不能使聚合物溶胀的溶剂。具有这种性质的溶剂有 C_4 到 C_{10} 的醇、庚烷、异辛烷、烷烃酯，酯最好是含 7 个碳原子以上的，如 2-乙基己基醋酸酯、油酸甲酯、醋酸己酯、己二酸二丁酯等，目前常用的是价廉、来源方便的 200 号溶剂汽油。

由第二种和第三种致孔剂制得的聚合物比表面较大，而由聚苯乙烯制得的聚合物孔径较大。例如以甲苯制得的聚合物，比表面可达 10 m^2/g，由第三种致孔剂制得的可达 $10 \sim 100$ m^2/g，而由聚苯乙烯制得的仅达几 m^2/g，但孔径可达几百纳米。

大网格树脂与凝胶树脂在外观上有明显的差别。当共聚物与空隙间液体的折射率的差别增大时就不能通过光线，在低倍显微镜下观察呈黑色，空隙度越大，颜色越黑。以肉眼观察，则呈白色，而凝胶树脂则呈透明状，故两者很易区别。

大网格聚合物中引入功能团制造大网格离子交换树脂的方法和通常的凝胶树脂的制法没有什么不同。例如以硫酸磺化可制得强酸性离子交换树脂。由于大网格聚合物空隙多，因此磺化速度比一般凝胶聚合物快，并且磺化后直接投入水中洗涤，而不会造成树脂破裂。

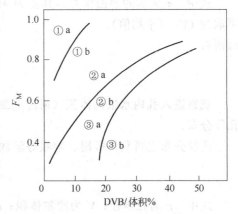

图 21-15　苯乙烯-二乙烯苯共聚物的溶胀空隙度和永久空隙度的存在范围
①—聚苯乙烯（相对分子质量 5×10^2）；
②—正庚烷；③—甲苯
F_M（致孔剂用量）=单体混合物体积/单体混合物与致孔剂体积之和

21.2.3　大网格聚合物物理性能的测定

网格聚合物的主要物理性能有比表面、骨架密度、视密度、空隙度、平均孔径和孔径分布等，现分别简述其测定方法。

（1）比表面　一般用 BET 法吸附惰性气体而测得，常用在低温（-195 ℃）下吸附氮气的方法。先求出在吸附等温线上形成单分子层吸附之范围，计算在此范围内所吸附的总体积从而求出吸附的分子总数，乘上每一分子之截面积（对氮为 0.162 nm^2）就得到比表面。

（2）骨架密度（真密度）　最好用氮密度计测定，这是利用测定空隙中保留的氮的量，但由于技术上的困难，通常以比重瓶用一种不能溶胀的液体如庚烷、异辛烷等测定，此法误差较大。

（3）视密度　也可以比重瓶用水银测定，因为水银作为不润湿的液体，不会进入到空隙中。

测得真密度和视密度后，空隙度 P（空隙所占的体积百分率）、孔容 V_p（每克聚合物所含有的空隙，m^3/g）和平均孔径 $\bar{d}$ 就可按下式求得：

$$P = 1 - \frac{d_0}{d_c} \qquad (21\text{-}11)$$

$$V_P = \frac{P}{(1-P)d_c} \times 10^{-6} \quad m^3/g \qquad (21\text{-}12)$$

$$\bar{d} = 4(V_P/A_{S比}) \times 10^9 \quad nm \qquad (21\text{-}13)$$

式中　d_0 为视密度，g/ml；d_c 为骨架密度（真密度），g/ml；$A_{S比}$ 为比表面积，m^2/g。（在推导式 21-13 时，系假定空隙成圆柱形）

孔径分布可用汞孔度计测定。因为汞不能润湿聚合物，为使汞进入孔内，必须升高压力，超过它的表面张力。将汞压入孔半径为 r 的小孔所需的压力为

$$p = \frac{-2\sigma\cos\phi}{r} \qquad (21\text{-}14)$$

式中 σ 为汞的表面张力，其值为 480×10^{-3} N/m；ϕ 为水银与毛细管壁间的接触角，可取为 $140°$（平均值）。

因而有

$$p = \frac{73.5}{r}$$

观察进入孔内水银的体积（通过毛细管内水银面的降低）与压力之间的关系，就可求出孔径分布。

孔径分布也可利用吸附、解吸等温线，按开尔文（Kelvin）方程式计算得到：

$$r = \frac{-2V\sigma\cos\phi}{RT\ln p/p_0} \tag{21-15}$$

式中 r 为孔半径；V 为摩尔体积；σ 为表面张力；ϕ 为液体和毛细管壁的接触角。

假定孔为圆柱形。当孔半径小于式（21-15）中之 r 时，蒸汽都冷凝，因此可求出半径小于 r 的小孔的体积与半径 r 之间的关系。

21.2.4 大网格聚合物吸附剂的应用

大网格吸附剂是一种非离子型共聚物。它能够借助范德华力从溶液中吸附各种有机物质。

大网格吸附剂的吸附能力，不但与树脂的化学结构和物理性能有关，而且与溶质及溶液的性质有关。根据"类似物容易吸附类似物"的原则，一般非极性吸附剂适宜于从极性溶剂（如水）中吸附非极性物质。相反，高极性吸附剂适宜于从非极性溶剂中吸附极性物质。而中等极性的吸附剂则对上述两种情况都具有吸附能力。

大网格吸附剂的吸附作用可用图 21-16 来表示[9]。非极性吸附剂从极性溶剂中吸附时，溶质分子的憎水性部分优先被吸附，而它的亲水性部分在水相中定向排列［图 21-16（a）］。相反，中等极性吸附剂从非极性溶剂中吸附时，溶剂分子以亲水性部分吸着在吸附剂上［图 21-16（c）］；而当它从极性溶剂中吸附时，则可同时吸附溶质分子之极性和非极性部分［图 21-16（b）］。

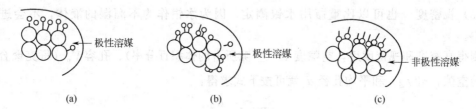

图 21-16　大网格吸附剂的吸附作用示意图

（a）在极性溶剂中，非极性吸附剂之吸附；（b）在极性溶剂中，中等极性吸附剂之吸附；

（c）在非极性吸附剂中，中等极性吸附剂之吸附

○——溶质分子；◑—溶质分子亲水性部分；-—溶质分子疏水性部分；◯—吸附剂分子

当从水溶液中吸附时，对同族化合物，一般分子量越大，极性越弱，吸附量就越大。和离子交换不同，无机盐类对吸附不仅没有影响，反而会使吸附量增大。因此用大网格吸附剂提取有机物时，不必考虑盐类的存在，这也是大网格吸附剂的优点之一。

选择合适的孔径也很重要。溶质分子要通过孔道而到达吸附剂内部表面，因此吸附有机大分子时，孔径必须足够大，但孔径增大，吸附表面积就要减少［式（21-13）］。经验表明，孔径等于溶质分子直径之 6 倍比较合适。因此宜根据吸附物的极性和分子大小，选择具

有适当极性、孔径和表面积的吸附剂。例如吸附酚等分子较小的物质，宜选用孔径小、表面积大的 XAD-4，而对吸附烷基苯磺酸钠，则宜用孔径较大，表面积较小的 XAD-2 吸附剂。

溶液的 pH 会影响弱电解质的离解程度，因此也影响其吸附量。如用 XAD-4 从废水中吸附酚时，选用 pH3.0 要优于 pH6.5。但如溶质是中性物质，则溶液的 pH 当然没有影响。例如以某大网格吸附剂吸附维生素 B_{12}，在 pH3、pH5、pH7 下的吸附量，几乎相等，分别为 9120 $\mu g/mL$、9100 $\mu g/mL$、9070 $\mu g/mL$。

由于是分子吸附，而且大网格吸附剂对有机物质的吸附能一般低于活性炭，所以解吸比较容易。从大网格吸附剂上的解吸有下列几种方法。

（1）最常用的是以低级醇、酮或其水溶液解吸　所选用的溶剂应符合两种要求。一种要求为溶剂应能使大网格聚合物吸附剂溶胀，这样可减弱溶质与吸附剂之间的吸附力；另一种要求为所选用的溶剂应容易溶解吸附物，因为解吸时不仅必须克服吸附力，而且当溶剂分子扩散到吸附中心后，应能使溶质很快溶解。

溶剂对聚合物的溶胀能力可用溶解度参数 δ（Solubility parameter）[10] 或内聚能密度（cohesive energy density，简写为 CED）来表征，它们的定义如下：

$$CED = \delta^2 = \frac{E}{V} \tag{21-16}$$

式中　E 为摩尔内能；V 为摩尔体积。

热力学分析表明，当溶剂的溶解度参数和聚合物的溶解度参数接近时，溶剂愈易溶胀聚合物。而聚苯乙烯等聚合物的溶解度参数约为 18.4，所以下列溶剂的解吸能力逐渐降低：

溶　剂	2-丁酮	2-丙酮	丁醇	丙醇	乙醇	甲醇	水
$\delta/(\text{J/cm}^3)^{\frac{1}{2}}$	19.0	20.4	23.3	24.3	25.9	29.6	47.3

（2）对弱酸性物质可用碱来解吸　如 XAD-4，吸附酚后，可用 NaOH 溶液解吸，此时酚转变为酚钠，亲水性较强，因而吸附较差。NaOH 最适浓度为 0.2%～0.4%，超过此浓度由于盐析作用对解吸反而不利。

（3）对弱碱性物质可用酸来解吸。

（4）在高浓度盐类溶液中进行吸附时则常常仅用水洗就能解吸下来

（5）对于易挥发溶质可用热水或蒸汽解吸。

为了使吸附法能经济实惠地用于工业化大生产，除了上述吸附和解吸外，还需要其他各种条件的配合，如空间速度（体积流速/树脂体积，h^{-1}），线性速度（$m \cdot h^{-1}$），树脂柱的几何形状（高度/直径的比例），柱结构，工作程序等。其中空间速度往往作为主要考察因素，线性速度不太重要，对于非极性吸附剂，如果吸附亲水性产物，其最适宜的空间速度仅为 1～2 h^{-1}，而吸附亲脂性产物，空间速度可达 10 h^{-1}。

树脂层的几何形状会引起树脂压力降和径向压力的变化，大多数最适树脂层的高和直径之比为小于或等于 3:1。

大网格吸附剂在生化物质的生产和研究上的应用日益增多。对于在水中溶解度不太大，而较易溶于有机溶剂中的生化物质都可考虑用大网格吸附剂提取，除此以外，也可用于对已被分离出的产物的各组分分离，用来处理离子交换的洗脱液使盐与产物或色素与产物分离，然后用酸或碱或溶剂将产物以有机酸和有机碱的形式解吸下来。

例如维生素 B_{12} 一般用羧酸性阳离子交换树脂提取。实验证明，用大网格吸附剂提取，吸附容量高，洗脱高峰集中。它与 Amberlite IRC-50 吸附维生素 B$_{12}$ 的比较见表 21-6。

表 21-6　大网格吸附剂吸附维生素 B$_{12}$

吸附剂	饱和吸附容量/(mg/mL)	洗脱高峰×10^{-6}	甲醇用量/床体积倍数
Amberlite IRC-50	0.14	150	5
Amberlite XAD-2	5.2	7200	2

注：浓度为 15×10^{-6}，流速为 9.64 L/h，洗脱剂为甲醇。

表 21-7　大网格吸附剂吸附四环素、土霉素和竹桃霉素

溶液浓度	四环素		土霉素		竹桃霉素	
	吸附容量	洗脱高峰	吸附容量	洗脱高峰	吸附容量	洗脱高峰
1000	44	30 000			40	20 000
100	7.4	16 000	7.6	17 600		

注：浓度单位为 10^{-6}，吸附容量单位为 mg/mL。

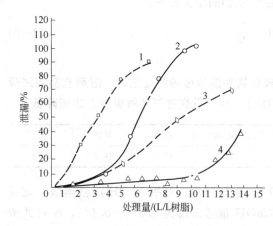

图 21-17　大网格吸附剂（XAD-2）吸附赤霉素

1—0% NaCl，流速 8 L/min；2—0.1% NaCl，流速 2 L/min；3—5% NaCl，流速 8 L/min；4—5%NaCl，流速 2 L/min

四环素、土霉素和竹桃霉素都能用 XAD-2 吸附。以不同浓度的上述抗生素溶液，通过 XAD-2 柱，进行吸附，然后以 2 倍吸附剂体积的甲醇洗脱，其吸附容量和洗脱高峰见表 21-7。赤霉素也可用 XAD-2 吸附，但泄漏过早（即很快就有赤霉素从柱中漏出），故应将流速降低，使接触时间增长，或加入盐，可改善吸附性能（见图 21-17）。由图可见，在合适的条件下，可吸附 10 倍量的溶液（泄漏为 10% 时）。

头孢菌素 C（CPC）可在 pH2.5～3.0 时，从发酵液中吸附在 XAD-2 或 XAD-4 上，洗脱可用醇的水溶液[11]，并可分离除去其中的脱乙酰头孢菌素 C（DCPC），其在树脂上的吸附、水洗和解吸流出曲线如图 21-18、图 21-19。

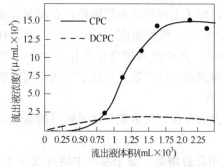

图 21-18　头孢菌素 C 的吸附流出曲线

CPC—头孢菌素 C；DCPC—脱乙酰头孢菌素 C

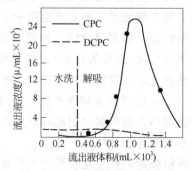

图 21-19　水流和解吸流出曲线

DCPC—脱乙酰头孢菌素 C；CPC—头孢菌素 C

对于大环内酯类抗生素可在碱性条件下吸附在 XAD-2 上，然后用有机溶剂洗脱。对于大环内酯类抗生素的粗制品也可通过 XAD-2 树脂吸附，然后用丁酯与 pH3～8 的数种 pH

水溶液组成的混合液洗脱进行分离精制[12,13]。

同样 XAD-2 可吸附生物活性物质，XAD-7 可吸附有机酸见图 21-20 和图 21-21。

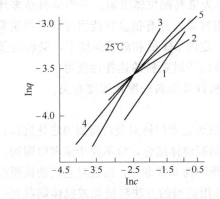

图 21-20　XAD-2 对生物活性物质的吸附

q—吸附量，mmol/g；c—浓度，mol/L；1—茶叶碱；

2—马来酸吡拉明盐（pyrilamine）；3—咖啡因；

4—胆酸钠；5—苯丙醇胺

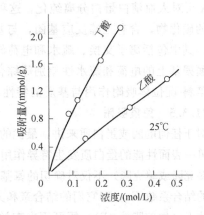

图 21-21　XAD-7 对乙酸及丁酸的吸附（水）

此外，大网格吸附剂还可用于污水处理，如含酚、含氯、含硝基化合物废水处理，造纸、印染、洗涤剂废水等的处理；做色谱法的载体，分析痕量物质，也可作为野外采样保存剂；食品工业上做糖浆脱色剂。此外大网格吸附剂在医疗化验和治疗等方面都有着广泛的应用。

21.3　其他类型的吸附

吸附过程始于对小分子的分离，但目前的趋势其应用正在扩大，特别是在蛋白质分离中占有主导地位，并出现了许多以新的吸附原理为基础的色谱分离技术，所以在此有必要对有关新型吸附过程的原理进行简单的介绍，详细的色谱分离方法请见色层分离一章。

21.3.1　疏水作用吸附

利用溶质和吸附剂表面之间弱的疏水性相互作用而被吸附的过程称为疏水作用吸附。疏水作用的强度随着盐浓度的增加而增加，因此，在高盐浓度下大部分溶质（蛋白质）被惰性基质上的疏水基团所吸附，而当淋洗液的离子浓度逐渐降低时，蛋白质样品则按其疏水特性被依次洗脱下来，疏水性越强洗脱时间越长，用此原理实现分离。

21.3.2　盐析吸附

这类吸附剂是由疏水吸附和盐析沉淀组合而成的，首先添加一个硫酸铵—沉淀蛋白质的悬浮液到被硫酸铵预平衡的纤维素或葡聚糖和琼脂糖的吸附柱中，然后用递减的盐浓度梯度展开，达到分离产物的目的。这一方法在疏水吸附剂合成之前已成功地进行了试验。

21.3.3　亲和吸附

亲和吸附系借助于溶质和吸附剂间的特殊的生物结合力而实现的吸附过程。它既非依赖于范德华力的物理吸附，也非依赖于静电作用的离子交换，而是生物学上的特异性识别，具有很强的专一性，如抗原与抗体、抗原与细胞或病毒表面受体的识别，酶与底物的识别等。亲和吸附剂是由载体和配基两部分组成，它们之间以共价键或离子键形式相互结合，载体不与溶质起反应，仅起基体的作用，而配基能选择性地与溶质起反应，常喻这种相互作用为"锁匙结合"见图 16-7。

21.3.4 染料配位体吸附

当亲和吸附剂中配基是三嗪染料时，它对许多蛋白质有识别作用，如使用 Ciaeron blue F3GA 可对人血清白蛋白分离纯化，这种吸附过程称为染料配位体吸附。三嗪染料是多环芳香族的磺化物，含有三嗪反应基团，与基质的连接很容易，并有很多官能团可同蛋白质发生作用，其中包括离子交换、疏水和电荷转换等。在一定的 pH 值和离子强度下，染料与蛋白质表面残基上的电荷和疏水性差别等综合因素造成蛋白质对染料的选择性吸附。

染料-配位体吸附作用与基质的特性，染料的结构以及染料的取代程度有关。

21.3.5 免疫吸附

对于任何的酶或蛋白质来讲，最优的吸附剂应该认为是专门针对蛋白质的固定化抗体，它能与单一表面性能的蛋白质发生特异作用，而非单纯的配位体结合，故不同于亲和吸附剂。抗体（多克隆或单克隆）不仅对确切的氨基酸序列和三维结构非常专一，而且对它们的抗原有非常高的结合系数 K_d，即它们的结合亲和力极强，因此用适当的方法将抗原或抗体耦联到一固相载体上（如琼脂糖-4B），便可用来有效地分离和纯化各自的互补的免疫物质。这种利用抗原-抗体的亲和反应来进行分离纯化的方法称为免疫吸附。它包括有单克隆和多克隆方法。

21.3.6 固定金属亲和吸附

当亲和吸附剂中配基是利用过渡金属如 Fe^{2+}、Ni^{2+}、Cu^{2+} 和 Zn^{2+} 等与电子供给体的 N、S 和 O 等原子以配位键连接。用亚氨二乙酸类螯合剂与重金属离子作用，生成带有多个配位基的金属螯合物时，这类螯合物在水溶液中与水分子高度溶剂化，具有活泼的羟基和由盐产生的活性基团。这些与基质连接的金属螯合物上的配价位点就是生物分子的吸附位点，这些点在溶液中由溶剂分子或阴离子占据。不同吸附位点的螯合物对蛋白质的选择性和容量也不相同。金属螯合物与蛋白质的作用主要通过静电吸附，配价键结合和共价键结合等三种方式进行作用，利用它分离蛋白质。

21.3.7 羟基磷灰石吸附

羟基磷灰石是一种属于六方晶系的结晶状无机盐。羟基磷灰石的制备是将 $CaHPO_4$ 和 0.5 mol/L $CaCl$ 溶液以及 Na_2HPO_4 和 1 mol/L $NaCl$ 溶液一起慢慢混合，产生透钙磷石 $CaHO_4 \cdot 2H_2O$，然后用 NaOH 熟化，就会转化成羟基磷灰石 $Ca_{10}(PO_4)_6(OH)_2$（HAP），它的大小较均匀，约 $1\sim3\ \mu m$ 厚。

羟基磷灰石的吸附主要是基于钙离子和磷酸根离子的静电引力即在羟基磷灰石晶体表面存在两种不同的吸附面（a 晶面和 b 晶面）即存在两种不同的吸附点：①起阴离子交换剂作用的称为 C 点，带正电荷，为构成羟基磷灰石晶体的钙离子所致；②起阳离子交换剂作用的称为 P 点，带负电荷，由羟基磷灰石晶体中的 PO_4^{3-} 离子所致。在中性 pH 环境下，酸性蛋白质主要吸附于 C 点，碱性蛋白质主要吸附于 P 点。然后利用 K_2HPO_4-KH_2PO_4 缓冲液梯度洗脱分离（如溶菌酶、核糖核酸等的分离）。

从上可见吸附与离子交换的内容是很丰富的，过程的机理是多种多样的，而操作方法仅为间歇法和连续法两种，其中连续法以柱式为主，故许多色层分离技术（而不是科学）是以吸附或离子交换原理为基础的。

符 号 说 明

$\bar{a}$	平均孔径,nm	c	溶液中吸附质的浓度
$A_{s比}$	比表面积,m^2/g	CED	内聚能密度

$\overline{d}$	斥力常数		$U_{范德华}$	范德华分子引力总能量
d_0	视密度/(g/mL)		$U_{色散}$	色散力的平均能量
d_c	骨架密度/(g/mL)		$U_{定向}$	定向力的平均能量
E	摩尔内能		$U_{诱导}$	诱导力的平均能量
F^0	标准自由能		V	摩尔体积
H	普朗克常数		v_a	吸附速度
I	原子的电离能/J		v_b	解吸速度
K	波尔兹曼常数		V_p	孔容,m^3/g
k_1	吸附速度常数		α	分子的极化度
k_2	解吸速度常数		γ	两偶极子中心之间的距离
M	单位吸附剂吸附溶质的量		δ	溶解度参数
m_∞	单位吸附剂的最大吸附量		μ	偶极矩
p	施加压力		ν_0	电子的振动频率,s^{-1}
P	空隙度/%		σ	表面张力
R	吸附剂孔半径		ϕ	液体与毛细管壁间的接触角
T	热力学温度			

复 习 题

1.吸附过程有几种类型,它们的原理分别是什么?

2.有哪几种吸附等温线,各具有什么特点?

3.大网格聚合物吸附剂的特点是什么,分为几种类型?比表面积和孔径存在着什么依赖关系,在合成中采用什么方法可以得到所需的比表面和孔径要求的吸附剂?

4.庆大霉素水溶液含有少量色素,现用活性炭进行吸附脱色实验(假设活性炭不吸附庆大霉素),测得的溶液平衡色度结果如下:

吸附剂用量/(kg 活性炭/kg 溶液)	0	0.001	0.004	0.008	0.02	0.04
平衡时溶液的色度	9.6	8.1	6.3	4.3	1.7	0.7

色度的标准是人为确定的,它正比于色素的浓度。

工艺过程要求吸附后色素降至原始含量(色度9.6)的10%计算按下述操作方式每处理100 kg溶液所需的活性炭量 (a) 单级操作;(b) 二级逆流。

参 考 文 献

1 Комарлв B C. Адсорьенты и их свойства. Минск:Наукии Техника,1997

2 严希康等. 上海化工学院学报. 1979,1 (2):93

3 Kunin R. Ion Exchang in the Process Industries. London:SCI,1970

4 Kunin R. Pure & Appl Chem. 1976,46:205

5 何炳磷. 石油化工. 1977,6 (3):263

6 西村正人. 水处理技术 [日]. 1973,14 (7):701

7 野崎正士. Organo Hi-Lites. 1970,19 (3):38

8 Howe R H L,Simpson R M. Separation of Organic Chemicals from Water. "Progress in Hazardous Chemicals Handling and Disposal". Park Ridge:Noyes Data Corporation,1972,77

9 上海化工学院抗菌素教研组离子交换小组. 医药工业. 1977,(8−9):55

10 Small P A. J Appl Chem. 1953,3 (2):17

11　赵凤生等. 医药工业. 1987，18 (10)：438

12　严希康等. 中国抗生素杂志. 1990，15 (5)：366

13　严希康等. 中国抗生素杂志. 1991，16 (4)：288

阅 读 材 料

1　钱庭宝，刘维琳，李金和编. 吸附树脂及其应用. 北京：化学工业出版社，1990. 795

2　Когановский А М. Адсорьция Органических Веществ из Воды. Ленинкрад：Химия，1996. 256

3　叶振华. 化工吸附分离过程. 北京：中国石化出版社，1992

22 色层分离法

色层（chromatography 又称层析）分离法是蛋白质纯化中普遍使用的方法。在应用中经常用到的方法有亲和层析、离子交换层析、凝胶排阻层析；在蛋白质分析中用到聚丙烯酰胺凝胶电泳。层析分离法一般用在蛋白质精制后工序，蛋白质在进行色层法纯化之前，需经过适当预处理。层析法纯化效果好，纯化倍数一般在几倍到几百倍不等。生产规模层析柱体积几升至几十升。用于实验室科学研究层析柱体积在几毫升至十几毫升不等。本章所要讨论的层析主要是指在生产或科学实验中经常用于蛋白质纯化的柱层析，对于小分子纯化或分析所用的层析、薄层层析、纸层析等不作介绍。

针对某种目标物而设计的专一性配基尽管纯化效果好，但有时配基的制备困难、或者成本太高，不易得到。采用一些有普适性的亲和配基，制备方便、廉价易得。实际工作中应用很广。这些配基有染料分子，疏水分子，金属螯合分子，共价分子；从而衍生出染料层析，疏水层析，金属螯合层析，共价层析。

22.1 色层法基本概念

将欲分离的混合液加入层析柱的上部［图 22-1（a）］令其流入柱内，然后加入洗脱剂（eluant）冲洗［图 22-1（b）］。如果各组分和固定相不发生作用，则各组分都以流动相（洗脱剂）速度向下移动，因而得不到分离。实际上各组分和固相间常存在一定的化学亲和力，故各组分和移动速度低于流动相的速度，如果亲和力大小不同，则各组分的移动速度也不一样，因而产生差别阻滞。图 22-1 中各组分对固定相亲和力的次序为：白球分子○＞黑球分子●＞三角分子△。当继续加入洗脱剂时，如果柱有足够长度，则三种组分逐次分层［图 22-1(c)～(g)］。三角分子跑在最前面，最先从柱中流出［图22-1(h)］，加入洗脱剂而使各组分分层的操作称为展开（development）。洗脱时从柱中流出的溶液称为洗脱液（eluate），而将展开后各组分的分布状况称为色谱（chromatograph）。

在一定温度下，溶质在两液相之间的平衡关系服从分配定律：

$$K_d = \frac{c_1}{c_2} \qquad (22-1)$$

式中 c_1，c_2 为两液相中的溶质浓度。在分配色层分离法中，它们分别为固定相（液体）和流动相（另一液体）中的溶质浓度。K_d 为分配系数。因为

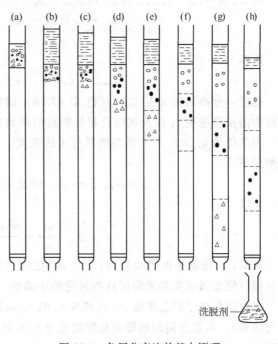

图 22-1 色层分离法的基本原理

低浓度时，K_d 为常数，故分配关系成为线性关系。

在溶液与固体接触时，实质分配的平衡关系应符合米尔（Langmuir）吸附等温式：

$$q = \frac{ac}{1+bc} \qquad (22\text{-}2)$$

式中 q、c 表示溶质在固相和液相中的浓度；a、b 为常数。与温度及所用的计量单位有关。

由于吸附等温式中的液相浓度 c 是平衡浓度，在操作过程中一般难以测量。所以不能用做确立色层分离定量关系的特征参数。

溶质在层析柱（纸或板）中的移动可以用解离常数 k_p 分离因数 α，阻滞因数 R_f，以及洗脱容积 V_e 来表征。

下面以吸附层析柱为对象讨论色层分离理论，它的结论具有普遍性，可适用于各类色层分离过程。

（1）解离常数 k_p 和分离因数 α 在反应工程中，人们习惯于应用解离常数 k_p 来讨论分子间的相互作用。令吸附柱中空余的有效结合位子浓度为 m，结合溶质分子的有效位子总浓度 m_t，溶质总浓度（游离的浓度 c＋被结合的浓度 q）为 c_t，那么：

$$m_t = m + q \qquad (22\text{-}3)$$
$$c_t = c + q \qquad (22\text{-}4)$$

按通常定义，溶质分子-吸附剂分子之间相互作用的解离常数 k_p 为：

$$k_p = \frac{mc}{q} \qquad (22\text{-}5)$$

分离因数 α 定义为某一瞬间被吸附的溶质量占总量的分数，即：

$$\alpha = \frac{q}{c_t} \qquad (22\text{-}6)$$

那么，$q = c_t \alpha$，以及方程式（22-3），式（22-4）中的 m，c 代入式（22-5），得到

$$k_p = \frac{(m_t - c_t\alpha)(c_t - c_t\alpha)}{c_t\alpha} = \frac{(m_t - c_t\alpha)(1-\alpha)}{\alpha} \qquad (22\text{-}7)$$

所以

$$c_t\alpha^2 - (m_t + c_t + k_p)\,\alpha + m_t = 0 \qquad (22\text{-}8)$$

这里，分离因数 α 是二次方程式（22-6）的解，它是层析柱有效结合位子总浓度 m_t，溶液中溶质总浓度 c_t 以及被结合目标物质的解离常数 K_p 函数。

当条件为 $m_t \gg c_t$ 时，即与溶质分子的浓度（低浓度）相比较，有效结合位子大大过剩的情况下：

$$m \approx m_t, \quad q = c_t\alpha, \quad \text{以及} \quad c = c_t - q = c_t(1-\alpha)$$

所以

$$k_p = \frac{mc}{q} \approx \frac{m_t(1-\alpha)}{\alpha} \qquad (22\text{-}9)$$

这里，α 很容易由实验测得，c_t，m_t 也能在规定的条件下求得。由此可以求得 k_p 值，并且很方便地通过实验来验证这些讨论的正确性。

有效结合位子的总浓度 m_t 可能在 0.01 mmol/L（亲和层析剂）到 1 mmol/L 以上（离子交换剂）。而欲分离的溶质的总浓度也可在类似范围内。对于一个有效的柱色层分离，通常要求 α 值至少为 0.8，由此 k_p 一般要求小于 0.1 mmol/L。这一点在亲和吸附技术中特别

重要。

如果柱色层分离技术用于生物大分子物质的制备，则所用的样品量一般较大，其体积往往比柱体积要大得多。分离因数为 α 的目标物质（$0<\alpha<1$），将沿柱不断向下移动。当操作开始后有 $1/(1-\alpha)$ 柱体积的流动相通过柱时，目标物将从柱末端流出。因此，如果样品体积是柱体积的 5 倍，并且再用 5 倍柱体积的缓冲液洗涤层析柱，要使目标物仍旧留在柱上，那么目标物质的 α 就该大于 0.9。这时，杂质分子或者已从柱中流掉，或者被洗涤除去，因此样品得到了纯化。另一方面，如果样品量较少，并且混合液中目标物质（如酶）$\alpha_1=0$（或略大于 0），而杂质分子如杂蛋白 $\alpha_2=0.4$，将样品上柱后，用洗脱剂洗脱，当洗脱液为 1 倍体积时，目标物质酶便出现，继续洗脱，当 $1/(1-\alpha_2)=1.7$ 倍体积时，杂质分子开始流出。只要分段收取，同样能使它们分离（图 22-2）。

从方程式（22-8）可知，在同一层析系统中（m_t，K_p 一定）分离因数 α 值取决于溶质的浓度 c_t，较高的溶质浓度往往得到较低的结合比例，而较低的溶质浓度一般有较高的 α 值。

当柱中目标组分的色带移动时，如果有些分子由于纵向扩散或者不均匀的流动超出了色带前缘。无疑它们的浓度都将变稀。于是分离因数 α 增大，其大部分将被吸附，相对于后面的主色带而言，它被阻滞了。结果在主色带的前缘产生了一个自动削

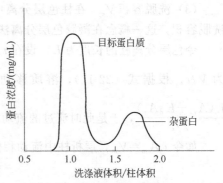

图 22-2　两种蛋白质的混合物（$\alpha_1=0$ 和 $\alpha_2=0.4$）的柱色层分离

尖效应（self-sharpening effect）。但是，在色带尾部的边缘上，溶质浓度的减少，将引起不断增加的结合强度。如 α 值达到了 0.9，则色带后部仅以缓冲液流动速度的 10% 移动。而主色带却以缓冲液流动速度的 30%～40% 移动。结果，在不变的缓冲液条件下，溶质的洗脱有一个尖锐的富集的前缘，和一个很长的尾（图 22-3）。这是一种在离子交换色层分离中经常观察到的现象。但是，如果使用不同的梯度缓冲液条件，这种现象能被克服。

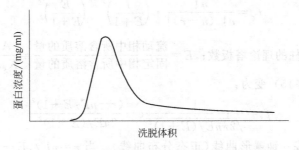

图 22-3　恒定缓冲液条件下，色层分离的拖尾现象

（2）阻滞因数或 R_f 值　阻滞因数（或 R_f 值）是分配色层分离系统中溶质的移动速度和一理想标准物质（通常和固定相没有亲和力的流动相，即分配系数的物质）的移动速度之比，即：

$$R_f=\dfrac{溶质的移动速度}{流动相在层析系统中的移动速度}$$
$$=\dfrac{溶质的移动距离}{在同一时间内溶剂（前缘）的移动距离} \tag{22-10}$$

令 A_s 为固定相的平均截面积，A_m 为流动相的平均截面积（$A_s + A_m = A_1$）即系统或柱的总截面积如体积为流动相流过色层分离系统，流速很慢，可以认为溶质在两相间的分配达到平衡。则

$$溶质移动距离 = \frac{V}{能进行分配的有效截面积} = \frac{V}{A_m + K_d A_s} \tag{22-11}$$

$$流动相移动距离 = \frac{V}{A_m} \tag{22-12}$$

从式（22-10），式（22-11），式（22-12）可得：

$$R_f = \frac{A_m}{A_m + K_d A_s} \tag{22-13}$$

因此当 A_m、A_s 一定时（它们决定于装柱时的紧密程度），一定的分配系统 K_d 有相应的 R_f 值。

（3）洗脱容积 V_e 在柱色层分离中，使溶质从柱中流出时所通过的流动相体积，称为洗脱容积，这一概念在凝胶色层分离法中用得很多。

令色层分离柱的长度为 L。设在 t 时间内流过的流动相体积为 V，则流动相的体积速度为 V/t。根据式（22-11），溶质移动速度为 $\frac{V}{t(A_m K_d A_s)}$。溶质流出层析柱所需时间为 $\frac{L(A_m + K_d A_s)}{V/t}$，于是此时流过的流动相体积 $V_e = L(A_m + K_d A_s)$。

如令 $LA_m = V_m$，层析柱中流动相体积，$LA_s = V_s$，层析柱中固定相体积，则有：

$$V_e = V_m + K_d V_s \tag{22-14}$$

由上式可见，不同溶质有不同的溶出体积 V_e，后者决定于分配系数。

（4）色层分离的塔板理论 塔板理论可以给出在不同瞬间，溶质在柱中的分布和各组分的分离程度与柱高之间的关系。和化工原理中的蒸馏操作一样，这里要引入"理论塔板高度"的概念。所谓"理论塔板高度"是指这样一段柱高，自这段柱中流出的液体（流动相）和其中固定相的平均浓度成平衡。设想把柱等分成若干段，每一段柱高度等于一块理论板。假定分配系数是常数且没有纵向扩散，则不难推断，第 r 块塔板上溶质的质量分数为

$$f_r = \frac{n!}{r!\,(n-r)!} \cdot \left(\frac{1}{E+1}\right)^{n-r} \left(\frac{E}{E+1}\right)^r \tag{22-15}$$

式中 n 为层析柱的理论塔板数；$E = \dfrac{流动相中所含溶质的量}{固定相中所含溶质的量} = \dfrac{A_m}{K_d A_s}$

当 n 很大时，式（22-15）变为：

$$f_r = \frac{1}{\sqrt{2\pi nE/(E+1)^2}} e^{-\frac{(r-nE/E+1)^2}{2nE/(E+1)^2}} \tag{22-16}$$

用图来表示，即成一钟罩形曲线（正态分布曲线）。当 $r = nE/(E+1)$ 时，f_r 最大，即最大浓度塔板 $r_{max} = nE/(E+1)$，而最大浓度塔板上溶质量为：

$$f_{max} = \frac{E+1}{\sqrt{2\pi nE}} \tag{22-17}$$

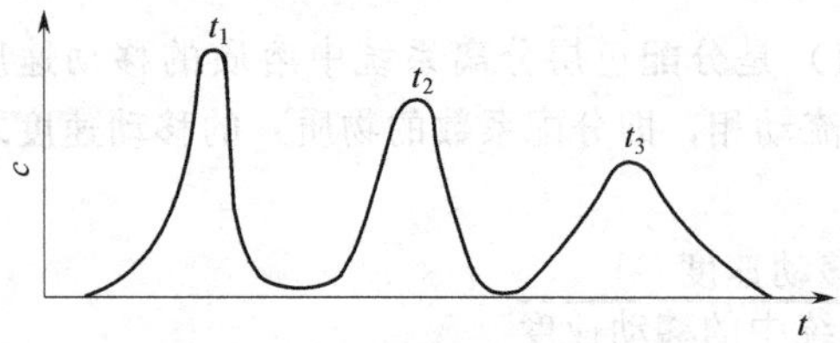

图 22-4 色带的变化过程

c—溶质的浓度；t—时间，$t_1 < t_2 < t_3$

由式（22-17）可见，当 n 越大，即加入的溶剂越多，展开时间越长，也即色带越往下流动，其高峰浓度逐渐减少，色带逐渐扩大（图 22-4）。

（5）分辨率 分辨率定义为两个邻近的峰之间的距离除以两个峰宽的平均值。用公式表示为：

$$R = \frac{2S}{W_1 + W_2} \tag{22-18}$$

式中 R 为分辨率；S 为两峰之间的距离；W_1 为峰1的宽度；W_2 为峰2的宽度。

溶液中各组分的分辨率是每一步纯化的目的，它表示所需要的目标物质与其他物质的分离程度。具有高度选择性的方法往往能以高的分辨率分离混合物。通常色层分离法比经典的单元操作（多级蒸馏，多级萃取，结晶等）具有较高的分辨率。这是因为在流动相前缘沿柱展开时，溶质在流动相与分离介质（层析剂）之间有多次重新平衡的机会，因而大大提高了分离的程度。分辨率可通过层柱中色带的测量求得，也可由洗脱曲线的分析而求得。

22.2 亲和层析

亲和层析（affinity chromatography）是利用生物体内存在的特异性相互作用的分子对而设计的层析方法。生物体内相互作用的分子对有酶-底物或抑制剂，抗原-抗体，激素-受体，糖蛋白与凝集素，生物素-生物素结合蛋白等。将特异性相互作用的分子对其中一种分子用化学方法固定化到亲水性多孔固体基质上，装入层析柱中，用一定的 pH 和一定的离子强度缓冲液对柱子进行平衡，然后将样品溶解在缓冲液中上柱进行亲和吸附，之后用缓冲液淋洗层析柱，除去未结合杂蛋白，最后用适当的洗脱剂洗脱，得到纯化的目标蛋白。

22.2.1 基质

基质（matrix）是用于固定配基，起支持作用的亲水性多孔载体。用做亲和层析的基质需满足下列条件：①具有亲水性，尽可能少的产生非特异性吸附；②具有可活化的大量化学基团用于连接配基；③机械强度好，具有一定刚性，能耐受层析柱操作中一定的压力，并不随溶剂环境而发生显著体积收缩或膨胀；④稳定性好，不被微生物降解，能耐受一定酸碱性和促溶剂清洗；⑤颗粒大小及孔径均匀，能容纳生物大分子进出，有适当流速。

在满足上述条件的介质中，琼脂糖是应用最普遍的。它具有亲水性和可活化的羟基（图22-5），不被微生物降解，在 pH2～13 范围内稳定。由海洋生物琼脂提取得到的主要成分琼脂糖用做制备层析介质。琼脂主要有两种成分，即琼脂糖与琼胶。琼脂糖是中性不带电荷的3,6-脱水-L-吡喃半乳糖与 β-D-半乳糖残基的交替连接物。琼胶则是含磺酸基团和少量羧基的多糖聚合物。这些带负电荷基团的琼胶在制备琼脂糖的过程中混杂到产品中，用做层析介质时易产生非特异性吸附。因此，由琼脂制备琼脂糖时应设法除去琼胶而得到中性琼脂糖[4,5]。

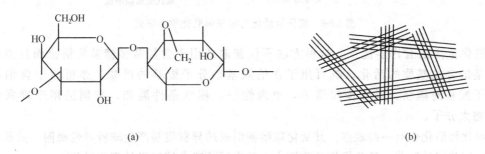

图 22-5 琼脂糖的基本结构单位和亲水性凝胶结构

（a）琼脂糖结构；（b）亲水性凝胶结构

由琼脂糖制备珠状层析介质一般是将溶化的琼脂糖采用悬浮，乳化或喷珠的方法制得珠状介质。为增加介质的机械强度，采用交联剂交联介质中的羟基使得介质化学与机械稳定性提高。

Pharmacia 公司商业琼脂糖介质根据琼脂糖含量不同有 Sepharose 2B，Sepharose 4B，Sepharose 6B。其中 2B，4B，6B 分别代表琼脂糖含量为 2%，4%，6%。经过交联而增加机械强度的琼脂糖介质分别称为 Sepharose CL-2B，Sepharose CL-4B，Sepharose CL-6B。除了琼脂糖外，还有纤维素、多孔玻璃及其他化学合成的介质，应用不及琼脂糖普遍，这里不再述及。

以下讨论基质活化方法与配基耦联的问题

基质（matrix）上的化学基团是不活泼的，无法与配基直接耦联。通过化学反应使介质上化学基团处于活化状态，称为活化（activation）。根据基质的化学基团不同可以有不同的活化方法，同一化学基团根据具体情况，可采用不同的活化方法。对于大分子配基如蛋白质等可与活化基质直接耦联。而对于小分子配基，为减少空间位阻，需在基质与配基之间插入若干碳原子手臂（spacer），然后再与配基耦联。常用的手臂有乙二胺，己二胺，6-氨基己酸，β-羟基丙氨酸等。另外环氧氯丙烷，1,4-丁二醇缩水甘油醚本身是活化剂亦具有手臂作用。这样，在亲和目标物时不会产生空间位阻。配基耦联后，残留的未完全反应手臂或活化基团带有电荷，需要进行掩蔽（blocking），使耦联配基的亲和介质不带电荷。下面是几种典型的基质活化与配基耦联方法。

（1）溴化氰法　溴化氰活化是最早出现的基质活化方法，直到今天，这种方法的应用仍然十分普遍。溴化氰在碱性条件下与多糖上的羟基反应导入氰酯键或亚氨碳酸酯到基质上，进而与配基耦联。其反应式见图 22-6。

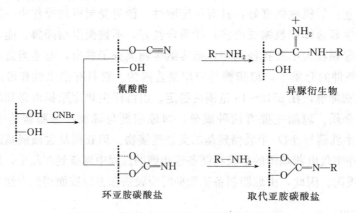

图 22-6　溴化氢活化与配基耦联化学反应式

溴化氰活法有许多优点。这种方法不仅普遍适用于含羟基多糖基质活化而且适用于含羟基的合成基质的活化。既可用于含伯氨基小分子配基的耦联，亦可用于含伯氨基大分子配基的耦联。操作步骤简单，重现性好。耦联条件温和，特别适用于耦联敏感性生物大分子。

溴化氰活化也有一些缺点。其活化琼脂糖形成的异脲键易产生非特异性吸附，共价键不稳定，配基容易脱落，活化操作危险性大，反应后的残余液需经处理再排放[3]。

（2）环氧氯丙烷活化　与溴化氰活化相比，环氧氯丙烷活化法所形成的共价键稳定，并自动引入手臂，耦联配基不易脱落，有更小的非特异性吸附，活化操作简单易行，危险性相对较小[9]。其反应式见图 22-7。

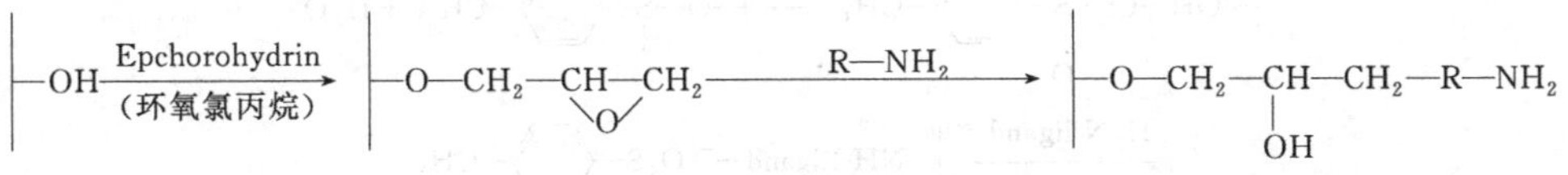

图 22-7 环氧氯丙烷活化反应式

活化需在强碱性条件进行，耦联配基时，pH 控制在 9～11 范围，小分子配基浓度控制在 0.5～1 mmol/mL，蛋白质配基浓度在 5～10 mg/mL。对于水中难溶小分子配基，加入 50％有机溶剂二氧六环或二甲基亚砜（DMSO）增加溶解度。小分子配基可在 40 ℃反应 24～48 h，蛋白质配基在室温搅拌。

环氧基可与含氨基配基直接耦联，但反应活性较低，配基需大大过量，配基用量需在环氧基密度 40 倍以上，且不适用于对碱敏感的配基。在浓氨溶液中将环氧基转化为氨基，反应活性大大增加，与丁二酸酐定量反应延长手臂，并使氨基转化为羧基进而与含氨基配基反应（图 22-8）。环氧基转化为氨基后亦可与含羧基配基反应。羧基与氨基的连接需要有水溶性碳二亚胺作缩合剂[10]。

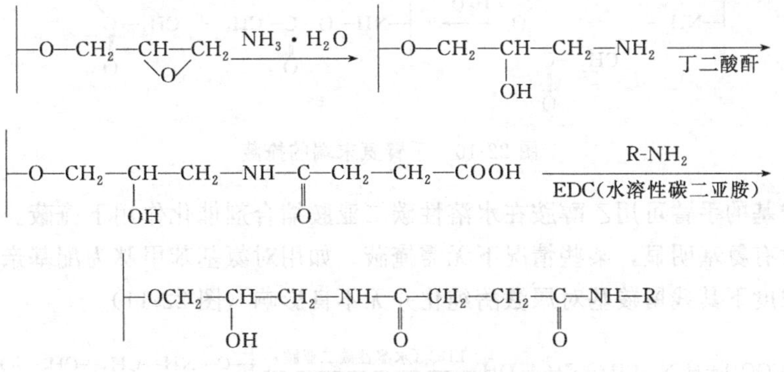

图 22-8 环氧基的氨化及耦联配基反应

通过控制环氧氯丙烷的加量能够方便地控制活化胶的环氧基的密度，最高可达 100 μmol/mL，这为制备高密度配基的亲和载体提供可能。残留的活化基团在以后的反应过程中会自行水解，不会产生非特异性吸附。环氧氯丙烷活化琼脂糖载体存在一定的交联作用，这种轻度的交联可增加琼脂糖的机械和化学稳定性而目标蛋白透过性几乎没有影响。氨化反应中反应时间在 3 h，采用浓氨水可保证转化率在 90％以上。在氨化胶转化为羧化胶的反应步骤中，丁二酸酐的加量可以调整以保证反应完全，因为残留氨基会产生较强的非特异性吸附。控制配基的加入量可控制耦联配基的密度。配基耦联后，还残留羧酸基团，对某些目标蛋白可能产生非特异性吸附，需要根据具体情况用乙醇胺加以掩蔽。

另外，还有一种环氧活化剂，即 1,4-丁二醇缩水甘油醚也是比较常用的活化剂，其亲水性手臂可达 12 个原子。其反应机理与环氧氯丙烷相同[3]。

（3）对甲苯磺酰氯活化　对甲苯磺酰氯用于活化含羟基基质，将羟基转化为磺酰基，磺酰基在配基耦联后容易脱落，不引入电荷。配基与羟基间形成稳定化学键。活化操作需在无水丙酮环境中进行。耦联配基根据情况，既可在有机相中进行，亦可在水相中进行[11]。其活化与耦联反应式见图 22-9。

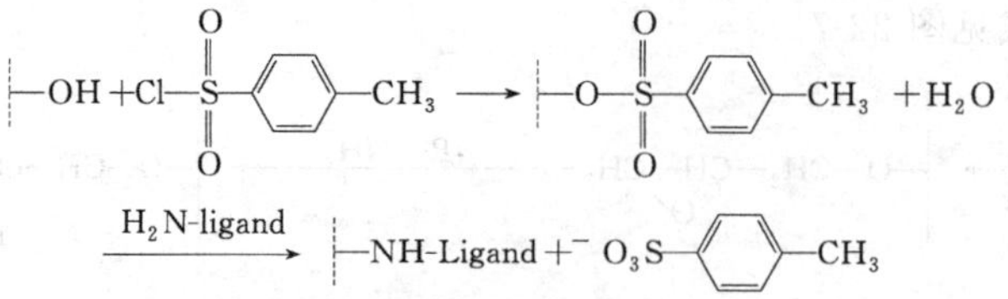

图 22-9 对甲苯磺酰氯活化反应式

反应中用无水吡啶中和释放 HCl。耦联配基的缓冲液可用 pH 9.5，0.25 mol/L 碳酸盐缓冲液，其他的缓冲液也可使用，但避免使用含氨基的缓冲液，因其能与配基产生竞争性反应。反应在 pH 8.0～9.5 进行相当有效。蛋白质配基在缓冲液中浓度约在 5 mg/mL 左右，可达到 85%耦联得率。对于小分子配基，其应用浓度应大于 3 倍活化胶上活化基团的浓度。对于琼脂糖基质，对甲苯磺酰氯活化将会产生 20～40 μmol/mL 活化基团。

（4）残余电荷的掩蔽　对于带氨基的手臂，带正电荷，非特异性吸附比较严重，可用醋酸酐进行掩蔽，其反应式见图 22-10。

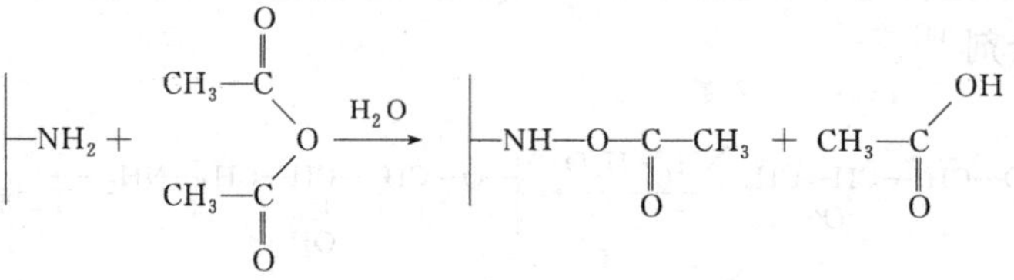

图 22-10 手臂氨末端的掩蔽

对于带羧基的手臂可用乙醇胺在水溶性碳二亚胺缩合剂催化作用下掩蔽。羧基所产生的非特异吸附没有氨基明显，某些情况下无需掩蔽。如用对氨基苯甲脒为配基亲和吸附尿激酶时，在高盐浓度下其残留羧基对尿激酶纯化并无不良影响（图 22-11）。

$$—COOH + H_2N—CH_2—CH_2—OH \xrightarrow{\text{EDC（水溶性碳二亚胺）}} ┆—C—NH—CH_2—CH_2—OH$$

图 22-11 残留羧基掩蔽反应

（5）活化基团与配基密度测定　在基质活化后及配基耦联后，需要知道活化及耦联效果。因此，对活化或耦联的配基进行测定是必要的。测定所采用的方法根据具体的反应而定。方法尽量简便易行，不破坏样品为好。如氨基或羧基可用酸碱滴定。有紫外吸收特征的，可用紫外分光法测定。通过测定反应余液中配基残留量并与配基初始用量相减而推算出耦联配基密度是一种较好的选择。特别是在配基偶联得率较高的情况下准确度高。当加入配基量大而耦联得率很低的情况下误差较大。某些情况下需将亲和胶样品分解破坏测定，一般并不提倡。特别是在实验室制备样品量本来就少，经破坏之后，可用的制备亲和胶量太少。

（6）亲和介质吸附容量测定　制备好的亲和介质需要测定其对目标蛋白的吸附容量，一般将胶装入几毫升小层析柱中，按柱操作进行上样，待样品流出液中目标蛋白浓度达到进口浓度的 90%时，计算每毫升样品的目标蛋白吸附量。亦可按 Langmiur 吸附等温线法，测定亲和介质在不同浓度目标蛋白的吸附量，与平衡液中目标蛋白浓度计算目标蛋白吸附容量。其计算方程式为：

$$q^* = \frac{q_m \cdot c^*}{K_d + c^*} \tag{22-19}$$

式中 q^* 为单位体积介质吸附目标物的量；q_m 为单位体积介质最大吸附量；c^* 为吸附平衡时，溶液中游离目标物的浓度；K_d 为解离常数[12]。

在应用上式时，应当注意，样品纯度不同时，其计算得到的吸附容量会有差异。

22.2.2 柱操作系统

柱层析系统一般有蠕动泵，层析柱，检测器，记录仪及分部收集器组成（图 22-12）。对于长度在 10 cm 以内的层析柱有时单靠样品静压力即可获得足够的流速。对于颗粒较细的介质或较长的层析柱，需要有蠕动泵增加压力以获得均匀的流速。层析柱根据使用目的不同尺寸大小不一，小则仅有几毫升做成试验盒，用于摸索工艺条件。生产用层析柱体积在几升至十升，一般实验室用层析体积在几至十几毫升。琼脂糖介质装柱不可过高，最高不超过 40 cm，体积大者可通过扩大直径做成矮胖型层析柱。检测器用于检测流经层析柱样品。根据蛋白质或核酸的紫外吸收特征，检测器可同时测定多个波长，也可只检测一个波长。检测器还可以装备电导率仪，用于指示层析过程中电导率的变化。记录仪用于记录检测器所检测的信号变化。更清楚地记录和了解层析过程。分部收集器用来收集层析柱中流出的样品，可按体积、时间、质量等不同方法分管收集。

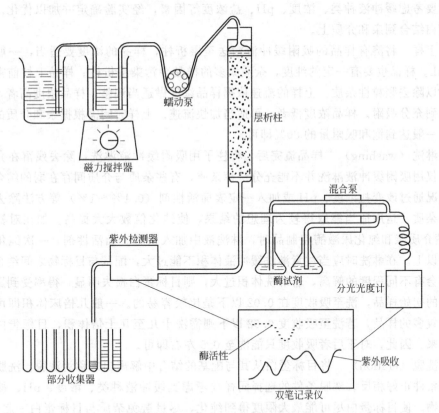

图 22-12　柱色层分离法的有关装置

Pharmacia 公司最新推出的 ÄKTA 层析设备（图 22-13），应用很流行。该设备自动化程度高，电脑控制，可设定梯度洗脱控制，多参数在线检测，峰值积分计算，资料分析与保存，层析操作程序设定等。该设备应用于摸索层析工艺条件很方便[13]。

（1）装柱　装柱对层析操作的成功起着至关重要的作用。介质装填要均匀，不能有气泡产生，表面平整。其操作可简述为：将层析柱垂直固定，打开下端出口，旋开上盖，拧上螺

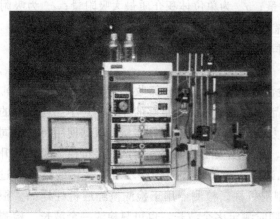

图 22-13 Pharmacia ÄKTA 层析系统

旋漏斗。将计算体积的亲和介质悬浮到等体积水中，做成 50% 悬浮液，一次加到漏斗中，残留在杯子壁上的胶用少量水冲洗，一并加入至漏斗中，待水面接近胶面时，关闭下端出口。旋出漏斗，将适配器插至接近胶面。若无适配器，则剪一片塑料纸置胶面上，防止液滴扰动胶面。连接蠕动泵，打开下端出口，将水输送至层析柱；流过一定体积水后，柱中介质得到压实，关闭出口。柱子装好后应对光检查，看是否均匀。装柱时环境温度应与应用时环境温度一致，否则已装好的介质会有气泡产生。

（2）平衡 用 5 倍体积吸附缓冲液输送至层析柱，使介质充分得平衡。在选择吸附缓冲液时，需要考虑缓冲液种类、浓度、pH、盐浓度等因素，经实验确定并加以优化。使有利于目标蛋白结合到亲和介质上。

（3）上样 将溶有样品的吸附缓冲液输送至层析柱，样品的浓度要适当，一般不超过 10 mg/mL。样品也要有一定的纯度，杂质太多的样品会污染层析柱。样品上柱前需经微孔滤膜过滤以除去颗粒性杂质。上样的流速依据样品浓度做适当调整，样品浓度高者，流速慢些，以达到充分吸附。样品浓度低者，可适当加快流速。上样时间需根据亲和介质的吸附容量而定，一般达到饱和吸附量的 80% 即可。

（4）淋洗（washing） 样品流完后，将柱子用吸附缓冲液淋洗，除去残留在介质中杂质。有时仅用吸附缓冲液淋洗并不能充分洗掉杂质，有些杂质与介质间存在弱的结合。可根据具体情况通过改变盐浓度、pH 或加入一定表面活性剂（0.1%～1%）等方法除去结合在介质上的杂质，运用适当能取得较为理想的结果，使纯化倍数大大提高。如在对氨基苯甲脒-琼脂糖介质亲和纯化尿激酶粗制品时，淋洗液中加入适量表面活性剂，一次纯化倍数可达三百倍以上。在淋洗时应当注意淋洗缓冲液体积不能过大，配基与目标物之间结合所形成的复合物会有不同程度的解离，若淋洗体积过大，则目标蛋白损失明显，得率受到影响。对于比较纯的初始样品，洗至吸收度在 0.02 以下是比较容易的。一般几倍床体积即可。而对于含杂质较多的样品，若洗至吸收度 0.02 以下则需洗十几至几十倍体积，目标蛋白几乎大半被洗下来。因此，对于后者吸收度只能洗至 0.5 左右即可。

（5）洗脱（elution） 将目标蛋白从其与配基的结合中解离出来称为洗脱。洗脱的条件与吸附的条件正好相反。洗脱条件的选择同样要考虑到缓冲液种类、浓度、pH、盐浓度及其他添加物。使目标蛋白尽可能最大限度得到纯化，尽量避免杂质与目标蛋白一起被洗脱。实际工作中可选择的洗脱缓冲液有专一性洗脱液和非专一性洗脱液：

① 专一性洗脱（specific elution） 用相同的配基或配基的类似物加到缓冲液中，用量通常为 0.05～0.1 mol/L，能有效地与固定化到介质上的配基竞争目标蛋白，能得到尖锐的洗脱峰。纯化凝集素粗提物用糖为配基制备亲和介质，在洗脱缓冲液中加入 0.1 mol/L 蔗糖，能有效洗脱凝集素。专一性洗脱法得到目标物纯度高，洗脱集中。但专一性洗脱剂并不总是能像蔗糖那样容易得到，其成本也就高。且在洗脱后需要将洗剂除去，这增加了麻烦。

② 非专一性洗脱（nonspecific elution）　非专一性洗脱是通过改变缓冲种类、浓度、pH、盐浓度或添加物使目标物从柱上洗脱的方法。这种方法虽然没有专一性洗脱法目标物纯度高，但易于配制，运用得当也能得到理想的效果，从而成为应用最为广泛的洗脱方法。

亲和作用通常与 pH 有关系，在不利于亲和作用的条件下，打破目标物与配基之间的结合。但极端 pH 应当避免使用，以免引起失活，或介质不稳定。亲和层析的 pH 范围一般在 3～12 内操作。多数情况下仅靠 pH 的作用是难以洗脱完全的。若亲和作用中伴有离子性电荷作用，可考虑采用调节盐浓度的方法协助洗脱，某些情况下仅靠调节盐浓度亦能取得理想的洗脱效果。

在洗脱缓冲液中加入某些添加剂可有助于目标物洗脱。如乙二醇，NaCNS、脲素、盐酸胍等。加入的浓度需经实验确定，既能保证洗脱得率，又能保证纯度。

所采用洗脱方法有三种：

① 恒定洗脱（isocratic elution）　将洗脱缓冲液加至淋洗后的层析柱上，将目标产物一次性洗脱下来。这种方法适用于样品纯度比较高，洗脱方便的情况。这种方法是应用最多的。其操作简便易行［图 22-14（a）］。

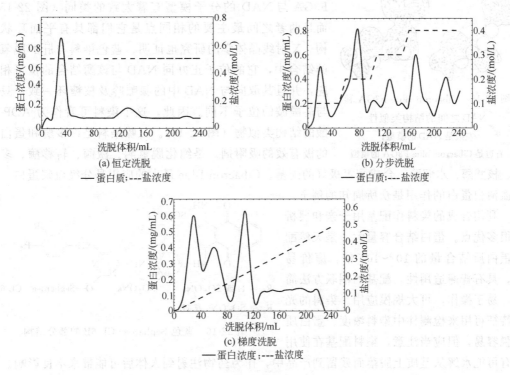

图 22-14　亲和层析洗脱方法

② 分步洗脱（step elution）　当样品含杂质较多时，可先用一种洗脱缓冲液洗脱杂质。然后用更强烈的洗脱缓冲液洗脱目标物，见［图 22-14（b）］。在肝素亲和柱纯化酸性成纤维细胞因子时，用 0.05 mol/L，pH7.5 Tris-HCl（含 0.6 mol/L NaCl）淋洗缓冲液，淋洗层析柱后，用相同缓冲液（含 1.0 mol/L NaCl）洗脱液，洗脱杂质，最后用含 1.8 mol/L NaCl 上述缓冲液洗脱目标物，一次层析就能得到银染法电泳纯目标物。

③ 梯度洗脱（gradient elution）　　连续改变洗脱液的组成可使目标物洗脱集中，避免拖尾出现。并提高分辨率，与其他成分洗脱峰分开，见［图 22-14（c）］。梯度洗脱设备可以

自制，一般在层析仪上附带有梯度混合器可以方便的控制。

（6）层析柱清洗　层析柱反复使用若干次后，杂质污染变得愈来愈明显，吸附容量开始下降，这时需要加以清洗。层析柱的清洗是整个层析操作的重要步骤。根据亲和介质的稳定性，可选用低浓度酸或碱、促溶剂 3 mol/L NaCNS、变性剂 6 mol/L 脲素、6 mol/L 盐酸胍、有机溶剂 70%乙醇、表面活性剂等处理，清洗剂的选择需经实验确定。在清洗时注意清洗剂与亲和介质接触时间不能太长，以免破坏介质。经过清洗后的亲和介质吸附性能得到显著恢复[6]。

22.3　染料层析（dye ligand chromatography）

用做亲和配基的染料主要有两类，一类是 Cibacron 另一类是 Procion。这些染料结构中都有三嗪环，环上有一至两个可被取代的氯原子。三嗪环可与含羟基的介质反应耦联到介质上，在介质与染料间形成醚键。染料部分常有蒽醌或萘衍生物，含有一个或多个氨基或磺酸基。其结构类似某些酶的底物。Cibacron Blue F3GA 与 NAD 的分子模型有着大致的类同（图 22-15）。而且两者之间最主要的相同点是它们都具有平面环状结构。X 射线晶体学的研究也证明，蓝色染料与肝醇脱氢酶的结合中，它的位子正好同 NAD 与该酶结合的位子相对应，并且其取向与 NAD 中的腺嘌呤及核糖环一致，只是与菸酰胺的位子不同。因此，这个染料可看作为 ADP-核酸的结构类似物（图 22-16）。三嗪染料是许多酶和蛋白质的极有效的吸附剂。是纯化脱氢酶、激酶、转移酶、多聚酶、核酸酶、水解酶、合成酶等极好的配基。Cibacron Blue 最大的应用是分级血浆蛋白。它同血清白蛋白的作用是众所周知的例子。

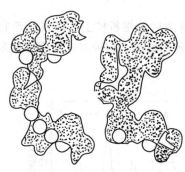

图 22-15　Cibacron Blue F3GA 和
NAD 之间的结构类似性
左边是 NAD 的模型；
右边是 Cibacron Blue F3GA 的模型

利用合成的染料作配基用于亲和层析有很多优点。蛋白结合容量大，是天然配基蛋白质结合量的 10～100 倍，廉价易得。具有普遍适用性。配基的耦联方法简单，易于操作，可大规模应用。染料的光谱特征可用来检测柱中染料浓度。蛋白质洗脱容易，但应当注意，染料配基在使用中有可能水解从基质上脱落而残留到产品中，作为药物注射到人体后可能带来不良影响。

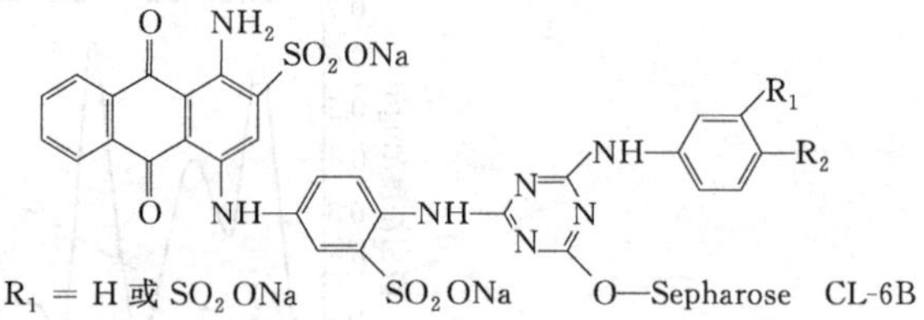

$R_1 = H$ 或 SO_2ONa
$R_2 = SO_2ONa$ 或 H

图 22-16　蓝色 Sepharose CL-6B 的部分结构

22.4　疏水层析（hydrophorbic interaction chromatography）

将疏水性基团如丁烷、辛烷、苯固定化到介质上，这些基团会与蛋白质生物大分子上的疏水区亲和。同一疏水基团对不同蛋白质的亲和会存在差异，不同疏水基团对同一蛋白质的亲和也存在差异。亲和作用与配基密度有很大关系。配基密度高，亲和作用强，反之则较弱。在高盐浓度中有利于亲和。

疏水亲和介质的制备需在有机溶剂中进行。疏水配基的耦联采用琼脂糖在有机溶剂中用 CDI（羰基二咪唑）活化后再与芳胺或烷胺在水相或部分水相中耦联形成酰胺键得到电中性疏水层析介质。其反应过程见图 22-17[3]。

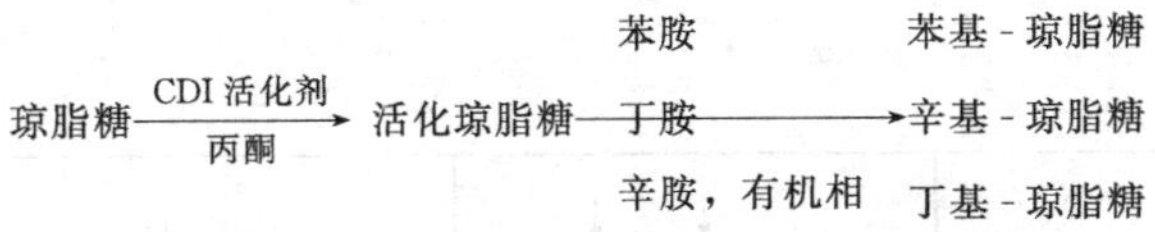

苯胺 → 苯基-琼脂糖

$$琼脂糖 \xrightarrow[\text{丙酮}]{\text{CDI 活化剂}} 活化琼脂糖 \xrightarrow{\text{辛胺}} 辛基-琼脂糖$$

辛胺，有机相 → 丁基-琼脂糖

图 22-17 疏水层析介质制备过程示意图

采用上述方法所得到的疏水层析介质配基密度 $40\sim80\ \mu mol/mL$ 胶，吸附牛血清蛋白（BSA）大于 $40\ mg/mL$。根据需要控制反应条件可得到不同配基密度的疏水介质[3]。

疏水亲和层析需在高盐浓度的环境中，一般用 $(NH_4)_2SO_4$ 或 NaCl 调节盐浓度在 $1\sim2\ mol/L$。疏水性强的蛋白质，盐浓度可低些，疏水性弱的蛋白质盐浓度可调高些。盐浓度的控制既能使目标蛋白结合完全，又要防止杂蛋白过多吸附。pH 控制一般选在中性或偏酸性范围。

在样品吸附后，仅用结合缓冲液洗涤杂蛋白是不够的，最好用 $0.5\%\sim2\%$ 表面活性剂洗涤杂蛋白，能明显除去大量杂蛋白。

疏水层析洗脱往往比较困难，降低盐浓度是必须的，一般在缓冲液中加入 $0.1\sim0.5\ mol/L$ NaCl，再配合 pH 变化。若不能洗脱完全，则考虑采用低浓度促溶剂，$0.1\%\sim0.5\%$ NaSCN，或 $20\%\sim40\%$ 乙二醇等增加洗脱率。一个好的洗脱条件，需要精心设计、反复实验才能最终确定。

22.5 固定化金属离子亲和层析（immobilized metal ion affinity chromatography）

利用亚氨二醋酸盐与环氧活化的琼脂糖耦合，可以形成一种带有双羧甲基氨基琼脂糖。这种琼脂糖层析介质能与过渡金属离子（Cu^{2+}，Zn^{2+} Ni^{2+}）牢固螯合，形成稳定的吸附活性中心。

在中性 pH 条件下，金属螯合介质能与蛋白质中的组氨酸上的咪唑基及半胱氨酸上的巯基结合。利用金属螯合原理进行色层分离的方法称为金属螯合层析法（图 22-18）。

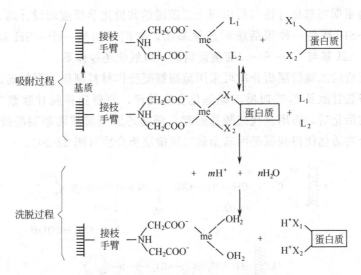

图 22-18 金属螯合色层分离法的作用过程

洗脱可采用降低 pH，提高盐浓度方法，也可采用在缓冲液中加入螯合剂 EDTA。通过结合使用上述方法，并联用梯度洗脱，可分辩出不同的蛋白质组分（图 22-19）。金属螯合层析作为强有力的分离工具可以解决大量的纯化问题。特别是当专一性的亲和介质不能得到的时候更显示其作用。

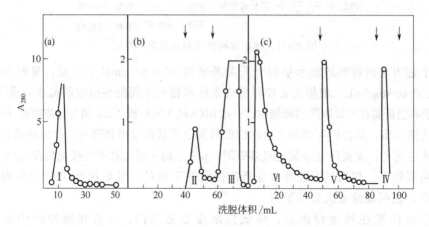

图 22-19 含锌和铜螯合层析介质对人血清中各组分的分离

(a) 通过两柱后流出的蛋白（峰 I 组成：白蛋白；条件：0.05 mol/L Tris-HCl，0.15 mol/L NaCl，pH 8.0）；(b) 从 Cu^{2+} 柱洗脱的物质（峰 II 组成：白蛋白，γ-球蛋白，前白蛋白，微量 α_1-抗胰蛋白酶；洗脱条件：0.1 mol/L 醋酸，pH 4.5，0.8 mol/L NaCl；峰 III 组成：白蛋白，铁传递蛋白，结合球蛋白，β-脂蛋白，微量球蛋白，γ-球蛋白；洗脱条件：0.05 mol/L EDTA，0.5 mol/L NaCl，pH 7.0）；(c) 从 Zn^{2+} 柱洗脱的蛋白（峰 IV 组成：铁传递白蛋白，α_1-抗胰蛋白酶，酸性糖蛋白，γ-球蛋白，血浆铜蓝蛋白；洗脱条件：0.05 mol/L 磷酸钠，pH 6.5；峰 V 组成：铁传递白蛋白，微量血红蛋白和微量 γ-球蛋白；洗脱条件：0.05 mol/L 磷酸钠，0.8 mol/L，NaCl，pH 6.5；峰 VI：α_2-巨球蛋白，微量血红蛋白；洗脱条件：0.1 mol/L 醋酸钠，0.8 mol/L NaCl，pH 4.5）

22.6 共价层析（covalent chromatography）

共价层析是根据巯基化合物与层析剂上二硫键的共价化学反应而设计的。我们知道，巯基化合物中的—SH 基是一种很活泼的还原基团，它们可与另一个—SH 基结合成二硫键（—S—S—）。—SH 基与—S—S—二硫键能组成一组氧化还原体系。

具有共价反应的二硫键层析介质可采用琼脂糖凝胶作材料制得。凝胶通过 BrCN 方法活化后，先后用谷胱甘肽及 2,2′-吡啶二硫基化合物处理，便得到谷胱甘肽型二硫键。凝胶也可通环氧氯丙烷活化后，再用硫代硫酸盐处理，得到还原型巯基丙基型凝胶，最后用 2,2′-吡啶基二硫化合物活化便得到巯基丙基型的二硫键层析介质（图 22-20）。

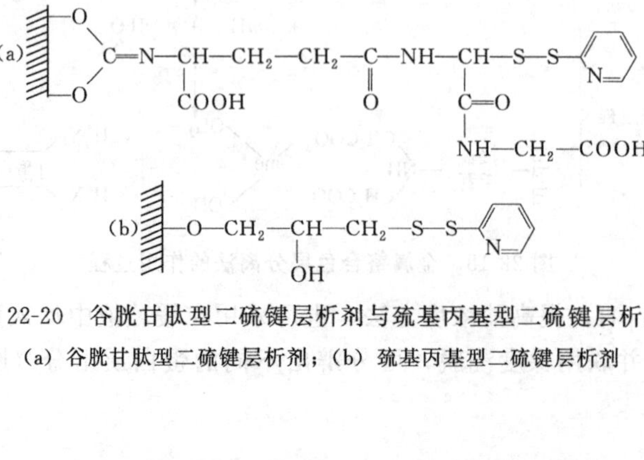

图 22-20 谷胱甘肽型二硫键层析剂与巯基丙基型二硫键层析剂

（a）谷胱甘肽型二硫键层析剂；（b）巯基丙基型二硫键层析剂

二硫键存在于多种肽和蛋白质分子中，它对蛋白质和多肽分子的立体结构有维持稳定的作用。许多蛋白质含有未被氧化的半胱氨酸残基，带有—SH，它们能与层析介质上的二硫键发生共价交换反应。蛋白质通过新的混合二硫键被结合到层析介质上。

由于巯基与二硫键共价交换反应是可逆的，因此洗脱可以用 L-半胱氨酸、巯基乙醇、谷胱甘肽以及二硫苏糖醇等小分子巯基化合物。如果吸附后，柱上有剩余的未反应的巯基吡啶基团，可在洗脱前，先用 pH 4 低浓度（4 mmol/L）的二硫苏糖醇，0.1 mol/L 醋酸钠缓冲液洗涤处理。蛋白质的洗脱 pH 一般在中性条件下进行。如果洗脱时使用还原能力逐次增加的巯基化合物或者逐渐增加巯基化合物的浓度，都可以增加蛋白质的洗脱分辨率，使选择性提高。

洗脱时，释出的吡啶-2-硫酮是为发色化合物，在 343nm 处能检出吸收。

洗脱后的还原型巯基层析介质，需要再生，一般用 2,2′-吡啶基二硫基化合物处理。对于还原型的巯基丙基琼脂糖还必须 80 ℃回流 3 h。整个分离过程见图 22-21。

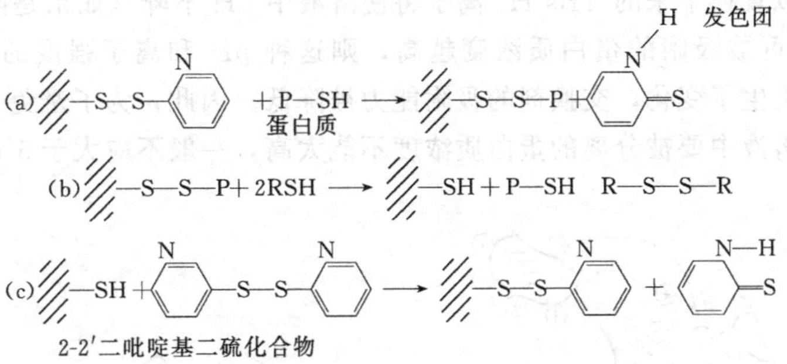

图 22-21　靠巯基-二硫键作用的共价色层分离法过程
(a) 吸附过程；(b) 洗脱过程；(c) 再生过程

二硫键层析介质价格较贵，再生操作又麻烦，因此这种共价层析分离法目前还未大规模使用。

还有一种共价层析，用苯基硼酸盐琼脂糖为吸附介质。它的吸附作用是通过被固定的硼酸盐与溶液中化合物上的顺-羟基基团之间的可逆共价连接进行。因此这种吸附剂对有邻接羟基的化合物具有选择性的吸附作用（图 22-22）。

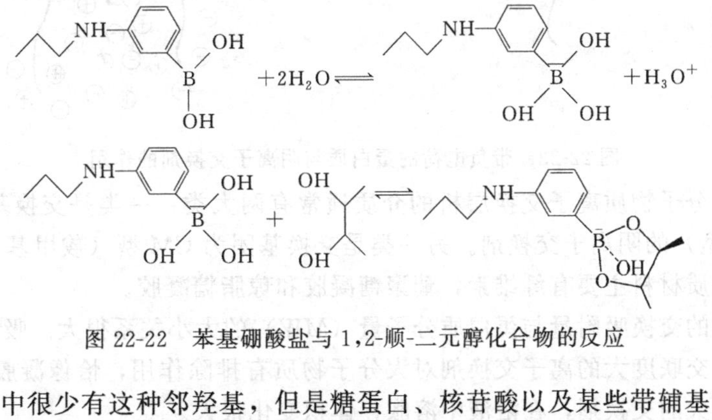

图 22-22　苯基硼酸盐与 1,2-顺-二元醇化合物的反应

一般蛋白质中很少有这种邻羟基，但是糖蛋白、核苷酸以及某些带辅基的酶可以与这种吸附剂结合。苯基硼酸型琼脂糖凝胶可用来分离纯化糖蛋白和一些辅基上有邻羟基的酶。一个典型的应用例子是间氨基苯硼酸琼脂糖用于测定糖化血红蛋白而作为诊断糖尿病的一个

指标[14]。

苯硼酸琼脂糖与邻二羟基在 pH 8～9 条件下形成可逆复合物，在高盐浓度时，苯基可产生疏水作用力，加入少量表面活性剂促进吸附。洗脱条件为 pH 3～4，在洗脱缓冲液中加入甘露醇，三羟甲基氨基甲烷，或其他含有竞争性的添加物可提高洗脱率。

22.7 离子交换层析（ion exchange chromatography）

蛋白质与离子交换剂的结合是通过蛋白质表面的电荷与层析剂上离子基团之间的静电作用而结合。在偏离等电点的 pH 下，溶液中蛋白质以多价离子状态存在，并为缓冲液中反离子所中和。如果蛋白质在 Tris-HCl 缓冲液（pH 7.2～9.2）中带负电荷，那么反离子应是 Tris-H$^+$ 正离子（图 22-23）。当样品进入阴离子交换柱后，蛋白质被吸附，大量反离子被取代出来（交换剂上的和蛋白质上的）。这样必定增加溶液中的离子强度，一般来说，每 1 mg/mL 蛋白质被吸附，将使溶液中缓冲浓度增加约 1 mmol/L。另外，由于 Tris-HCl 是一个酸式盐，所以置换下来的 Tris-H$^+$ 离子将使溶液中 pH 下降（如果是阳离子交换剂，则会使 pH 升高），可被吸附的蛋白质浓度越高，则这种 pH 和离子强度的变化越大。这样，离子交换的条件发生了变化，交换剂的吸附能力被降低。因此，为了避免 pH 和离子强度的明显变化，样品溶液中要被分离的蛋白质浓度不能太高，一般不应大于 5 mg/mL。

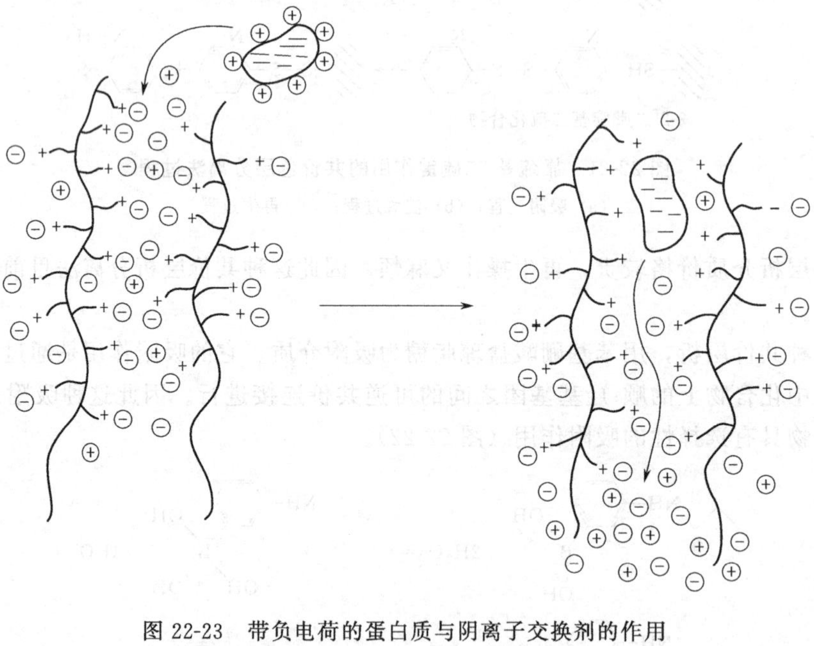

图 22-23　带负电荷的蛋白质与阴离子交换剂的作用

用于生物大分子物质离子交换层析的介质通常有两大类：一类是交换基团为 DEAE 型（二乙氨基乙基型）的阴离子交换剂。另一类是交换基团为 CM 型（羧甲基型）的阳离子交换剂。所用的基质材料主要有纤维素，葡聚糖凝胶和琼脂糖凝胶。

离子交换剂的交换吸附量与蛋白质分子量（MW）的大小关系很大。吸附容量与 lgMW 接近线性关系。交联度大的离子交换剂对大分子物质有排除作用，恰像凝胶过滤作用一样。交联度小，孔度大的交换剂，在溶液中溶胀，体积变化很大。

与通常离子交换树脂一样，用于生物大分子物质层析分离的离子交换剂中，也存在着道南效应（Donnan effect）。由于基质材料上的离子基团不能移动，层析剂内外的可移动的粒子浓度不相等，粒子有向层析剂内部扩散的倾向，在平衡时通常阴离子交换内部的 pH 值要比主体溶液高出 1 个单位，而阳离子交换内部的 pH 值要比主体溶液低 1 个单位（图 22-24）。缓冲液离子强度越低，这种差别越大。这一点对生物活性物质（酶等）分离关系极大。大多数生物活性物质的稳定性与溶液 pH 有关，例如，酶稳定 pH 范围是 5.5～9，一些物质在主体溶液 pH 下是稳定的，但在交换剂内部却有可能变性失活。所以在决定操作 pH 操作时，必须考虑到离子交换层析剂内部的道南效应产生的影响。

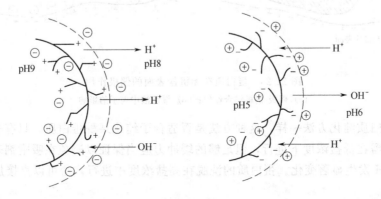

图 22-24　离子交换层析剂中 pH 的道南效应

离子交换层析介质上被吸附物质的洗脱，同样有三个选择：恒定溶液洗脱法，分部洗脱法和梯度洗脱法。对于恒定洗脱，假如柱中洗脱样品需要分级，样品上柱体积应控制在床体积 1%～5%。层析柱应细长些，直径与长度之比为 1:20 左右，高度可达 100 cm，这样一般能获得较好的分辨率。恒定溶液洗脱法所用的洗脱剂体积往往较大。

在分部洗脱和梯度洗脱法操作中，样品上样后，对于需要分级的样品，溶质与柱的结合量应控制在柱总交换容量的 5%～10%。如样品中目标物较纯，不需要分级，上样量相应加大。柱的长度通常较短（20～40 cm）。梯度洗脱中，柱直径与长度之比不大于 1:5。一般说来，梯度变化太快，分辨率下降。如果变太慢，洗脱液将被稀释，洗脱时间也增加。所以应控制总洗脱体积为床体积的 5 倍左右。

应当注意，一般不常采用改变 pH 梯度洗脱法。其原因为：①这种操作往往要求缓冲液有一个很大的缓冲容量；②pH 梯度的变化常引起离子强度变化；③当一种蛋白质被洗出时，pH 会突然发生较大变化，结果使一些组分不能得到很好分离，因此改变 pH 的洗脱，一般采用分部洗脱法。

22.8　羟基磷灰石层析

羟基磷灰石 [hydroxyapatite，$Ca_{10}(PO_4)_6(OH)_2$] 是一种应用广泛的纯化蛋白质的无机介质。它的优点是廉价，易于大规模应用，使用后易于清洁。不像离子交换或亲和层析，羟基磷灰石并没有易于解释的作用模式。它的结晶表面是由水合作用的离子组成，电性作用是它吸附蛋白质的重要原因。但在其表面每一个正电荷区周围都有负电荷区，反之亦然。因而这种结合作用更可能是偶极离子作用而不是离子交换作用。蛋白质在中性 pH 范围具有最大的形成毗邻正负离子的可能性。无论蛋白质等电点是多少，在 pH 在 6～9 之间吸附最有可能发生 [图 22-25 (a)]。

在缓冲液存在时（通常是磷酸盐），缓冲液离子吸附到介质表面。因此介质在吸附蛋白质时，总体上表现为负电荷的表面［图 22-25（b）］。增加缓冲液浓度会在吸附剂表面引起蛋白质与缓冲液离子竞争带电位点，这类似于典型离子交换行为。

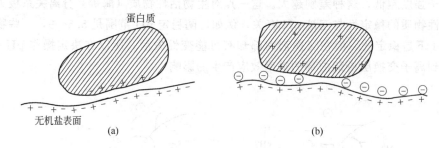

图 22-25　蛋白质在无机盐表面的偶极作用
(a) 偶极-偶极键合作用；(b) 缓冲液中离子的影响

同其他蛋白质纯化方法一样，这种方法是否适合于纯化某种蛋白质，只有通过实验尝试而决定。吸附需在低盐浓度下进行，但足够的缓冲力应当保证以避免在吸附剂表面高度偶极环境中局部 pH 发生显著变化。蛋白质的洗脱在高盐浓度中进行，盐可以直接加入或以梯度形式应用。

通过对羟基磷灰石改进，将羟基磷灰石晶体固定在交联的琼脂糖凝胶中制得蛋白质吸附剂商品名为 HA-Ultrogel。这种新型吸附剂具有很多优良性能。它可以用来分离分子量或电荷量非常接近的生物大分子物质。例如，一种天然蛋白质——麦芽外源凝聚素（WGA，分子量 36 000）能够与琥珀酰麦芽外源性凝集素（Suc-WGA）在 HA-Ultrogel 柱上完全分离。HA-Ultrogel 的特点是晶体得到交联琼脂糖保护，不受损害，故操作中无碎粒产生。柱的线性流速高，可达 10～45 cm/h。晶体在使用中不会变形，所以实验结果有重现性。另外，由于琼脂糖是交联的，它的稳定性好，HA-Ultrogel 可在 pH4～13 及温度 4～121 ℃范围内操作，其至可高压消毒。

22.9　凝胶层析法（gel filtration chromatography）[5]

凝胶层析有多种名称，又称凝胶排阻层析、分子筛层析法、凝胶过滤法等。是根据溶质分子的大小进行分离的方法。它具有一系列的优点：操作方便，不会使物质变性，层析介质不需再生，可反复使用等；因而在蛋白质纯化中占有重要位置。由于凝胶层析剂的容量比较低，所以在生物大分子物质的分离纯化中，一般不作为第一步的分离方法，而往往在最后的处理中被使用。它的应用主要包括脱盐，生物大分子按分子大小分级分离以及分子量测定等。

22.9.1　基本原理

在显微镜下，可观察到凝胶过滤层析介质具有海绵状结构。将凝胶装于层析柱中，加入混合液，内含不同分子量的物质，小分子溶质能在凝胶海绵状网格内，即凝胶内部空间全都能为小分子溶质所达到，凝胶内外小分子溶质浓度一致。在向下移动的过程中，它从一个凝胶颗粒内部扩散到胶粒孔隙后再进入另一凝胶颗粒，如此不断地进入与流出，使流程增长，移动速率慢而最后流出层析柱。而中等大小的分子，它们也能在凝胶颗粒内外分布，部分进入凝胶颗粒，从而在大分子与小分子物质之间被洗脱。大分子溶质不能透入凝胶内，而只能沿着凝胶颗粒间隙流运动，因此流程短，下移速度较小分子溶质快而首先流出层析柱。因而层析分离结果，不同分子量的溶质能得到分离，大分子溶质先自柱中流出（图22-26）。

设凝胶床总体积 V_t 是三种体积之和，即凝胶颗粒外部水体积 V_0，凝胶颗粒内部的体积 V_i 和干胶颗粒体积 V_g 之和。

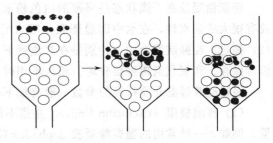

图 22-26 凝胶色谱法的原理
●—大分子溶质；•—小分子溶质；○—凝胶颗粒

$$V_t = V_0 + V_i + V_g \qquad (22-20)$$

式中 V_t 可从柱的半径（R）和高度（h）计算，即 $V_t = \pi R^2 h$；V_0 简称为外水体积，等于被完全排阻的大分子的洗脱体积 [用一个已知相对分子量远远超过凝胶排阻极限的有色分子，如常用蓝色葡聚糖-T2000（分子量2百万）溶液通过柱床，即可测出 V_0]；V_i 简称为内水体积，可由 $g \cdot W_r$ 得到（g 为干胶质量，单位为 g，W_r 为凝胶吸水量，以 mL/g 表示）。V_i 也可以从洗脱一种完全不受凝胶微孔排阻的小分子溶质（如重铬酸钾）的洗脱体积 V_e 计算，即

$$V_e = V_0 + V_i \qquad (22-21)$$

凝胶过滤法实际上也可看做为一种分配层析分离法，即它是根据不同分子量（或分子大小）的溶质分子在凝胶结构内相溶液与外相溶液之间的分配关系不同而分离的。所以可以用分配平衡理论来讨论它们的分离情况，根据分配平衡理论，有：

$$V_e = V_0 + K_d V_i \qquad (22-22)$$

式中 V_e 为洗脱体积，它包括自加入样品时算起，到组分最大浓度区出现时所流出的体积；K_d 是分配系数，它只与被分离物质分子大小和凝胶颗粒内孔隙大小分布有关，K_d 可通过实验由 V_e，V_0，V_i 求得。

在凝胶层析中，凝胶内部网格中的水分起固定相作用，凝胶外部间隙中的水分作为流动相。如果生物大分子完全被排阻，$K_d = 0$；小分子能自由进入凝胶内部，凝胶内外浓度一致，则 $K_d = 1$；而对于中等大小的分子，只有部分凝胶内部空间能达到，故内部浓度小于外部浓度 $0 < K_d < 1$。但在实际操作中，有时 $K_d > 1$，这表明除了凝胶的分子筛效应外，可能存在吸附作用。如果这种吸附作用是由离子交换原因引起的，那么增加缓冲液的离子强度常可排除这种影响。通常，50 mmol/L 缓冲液的离子强度已足够避免凝胶过滤中的离子交换作用了。如果吸附作用是由于疏水作用造成的，则适当降低缓冲液的离子强度往往可减轻这种影响。设有两种溶质，其分配系数分别为 K_{d1} 和 K_{d2}，则两者洗脱容积相差为 $\Delta V_e = (K_{d1} - K_{d2}) V_i$。由此可见，欲将两种溶质分子完全分离，试样的体积最大可等于 ΔV_e。

22.9.2 葡聚糖凝胶的理化性质

葡聚糖凝胶是应用广泛的凝胶过滤介质，国外商品名为 Sephadex。它由葡聚糖 Dextran（右旋糖酐）通过交联而得。葡聚糖是血浆代用品，由蔗糖发酵得到。发酵得到的葡聚糖分子量大小差别很大，用乙醇进行分部沉淀后，选择分子量为3万～5万的部分，经交联后就得到了不溶于水的葡聚糖凝胶。交联剂通常用环氧氯丙烷等。葡聚糖和环氧氯丙烷在碱性下，以透平油作为分散介质，在40 ℃进行交联，然后用酒精脱水、烘干，过筛即得葡聚糖凝胶。交联剂在原料总质量中所占的百分比称交联度。交联度越大，网状结构越紧密，吸水量越少，吸水后体积膨胀也越小；反之交联度越小，网状结构越疏松，吸水量越多，吸水后体积膨胀也越大。

葡聚糖凝胶在干燥状态是坚硬的白色粉末，不溶于水和盐类溶液。因具有大量的羟基，故有很大的亲水性，在水中即显膨胀，吸水后机械强度大大降低。它对碱和弱酸（pH 2～12）稳定。在强酸溶液中，特别是在高温度下，糖苷键要水解。在中性下，可在 120 ℃加压消毒保存。和氧化剂接触要分解。长久不用时，有时要长霉。宜加防腐剂。

表征凝胶过滤介质特征的参数一般有如下一些。

（1）排阻极限（exclusion limit） 是指不能扩散到凝胶基质内部中去的最小分子的分子量。例如，一种常用的葡聚糖凝胶 Sephadex G-50，它的排阻极限是 30 000，就是说，分子量大于这一数值的所有分子将以同一个区带迅速通过凝胶柱床层，它都不能进入凝胶网格内并为凝胶所阻滞。

（2）分级范围（fractionation range） 它指出了当溶液通过凝胶柱时，能够为介质阻滞并且分离的溶质分子量范围。例如 Sephadex G-50，它的分级范围为 1500～30 000。

（3）吸水量（water regains） 市售的凝胶层析介质一般都是脱水干燥的颗粒。使用前要经过溶胀，溶胀后 1 g 干凝胶所吸收的水分称为吸水量。例如 G-50 的吸水量为 5.0 g±0.3 g，凝胶型号中的数字就是根据这个吸水量而来，它的数值相当于吸水量乘以 10。

（4）凝胶颗粒大小 凝胶颗粒一般为球形。球体大小可以用筛目大小表示，也可以用珠体直径表示。颗粒大小对分辨率与流速都有影响，颗粒大的层析剂，操作中流速较大，但分离效果就差。相反，若颗粒很小，分辨率提高，但流速太慢。通常选用的颗粒大小为 100～200 目（50～150 μm）。

（5）床体积（bed volume） 表示 1g 干凝胶在溶胀后所具有的最后体积。可用来估计凝胶装柱后的床层体积。Sephadex G-50 的床体积值为：9～11 mL/g 干凝胶。

（6）空隙体积（void volume） 表示填充柱中凝胶粒子周围的总空间。通常可利用平均分子量为二百万的可溶性蓝色葡聚糖来测出。

22.9.3 凝胶层析操作

（1）凝胶选择 首先要选择合适的凝胶。如果凝胶用于脱盐，即从高分子量的溶质中除去低分子量的无机盐，则可选择型号较小的凝胶（如 G-10，G-15，G-25）；如果凝胶用于层析分离法，则可根据商品资料中所列分离范围而选择。

市售凝胶的粒度分粗（50 目），中（100 目），细（200 目），极细（300 目）四种。一般粗、中者用于生产上层析分离，细者用于提纯和科研，极细者由于装柱后容易堵塞、影响流速，不用于一般凝胶分离。

市售凝胶必须经充分溶胀后才能使用。将干燥凝胶加水或缓冲液在烧杯搅拌、静置，倾去上层混悬浮液，除去过细的粒子。如此反复数次，直至上层澄清为止。G-75 以下凝胶只需浸泡 1 d，但 G-100 以上型号，至少需要浸泡 3 d。加热能缩短浸泡时间。

（2）装柱 柱的长度是决定分离效果的重要因素。一般选用细长柱作凝胶过滤。进行脱盐时，柱高 50cm 比较合适；分级分离时，100 cm 就足够。

装柱是层析的重要环节。其操作已在亲和层析一节述及。装好的柱要检查其均匀性。可用有色蓝色葡聚糖-T 2000 配成 2 mg/mL 的溶液过柱，观察色带是否均匀下降。也可对光检查，看其是否均匀或有无气泡存在。

（3）加样 样品上样前应除去不溶物。在平衡后，吸去胶面上液体，准备上样。被分离样品溶液一般以浓度大些为好，分析用量一般为每 100 mL 床体积中加样 1～2 mL，制备用量一般为每 100 mL 加样 20～30 mL，这样可使样品的洗脱体积小于样品各组分之间的分离体积，获得较满意的分离效果。待样品在柱中自然流进凝胶后，再在凝胶表面加一些洗脱液，也使其流进凝胶。

（4）洗脱　洗脱液成分应与膨胀胶所用的液体相同，不相同时可通过平衡操作来达到。洗脱液加在柱上的压力（即所谓操作压），对于凝胶过滤是一个重要因素。一般操作压大，流速快；如操作压太大，将会使凝胶压缩，流速会很快减慢，从而影响分离操作。每种凝胶都有适宜的操作压限制，特别是使用交联度小的葡聚糖凝胶时更要特别注意。SephadexG-100 的适宜液位差是 2.4～9.4 kPa，而 G-200 凝胶则为 0.4～0.6 kPa。

洗脱液可分步收集，根据检测器及记录仪或根据样品具体性质采用的分析方法，得到洗脱图谱。

（5）凝胶再生和保养　在洗脱过程中所有成分一般都被洗脱下来，所以装好柱后可反复使用，无需特殊处理。但多次使用后，凝胶颗粒可能逐步压紧，流速变慢。这时只需将凝胶倒出，重新填装。如短期不用，可加防腐剂（如 0.02％叠氮化钠 NaN$_3$ 等）。若长期不用，则可逐步以不同浓度的酒精浸泡，末一次脱水需用 95％酒精，然后 60～80 ℃烘干。

对于一些离子交换葡聚糖凝胶，例如在 G-25 和 G-50 的基质上，接上一些功能团后，具有离子交换能力，它们的凝胶网格同样有排阻极限，因此也可在一些条件下用做凝胶过滤层析分离法。

离子交换凝胶的操作方法如下：阴离子交换凝胶 1 g 干胶约用 100 mL 0.5 mol/L HCl 溶液处理 20 min 后，布氏漏斗过滤，漏斗上充分水洗，再用同量 0.5 mol/L NaOH 溶液处理约 20 min 后，水洗至中性。如此反复处理 2～3 次。阳离子凝胶可把酸和碱的次序颠倒过来临用时用缓冲液平衡，然后装柱。

22.10　电泳法（electrophoresis）[15~17]

电泳法是靠溶质在电场移动中移动速度不同而分离的方法。溶质必须带电，它本身可以是离子或由于表面吸附离子而带电。蛋白质或其他多电解质由于自身所带电。蛋白质具有正负两类解离基，称为两性电解质，蛋白质在酸性带正电，在碱性带负电。电泳中因通电发热等原因而引起的对流，常会使已分离的溶质重新混合。为了防止对流，可将电泳在多孔介质中进行，称为区带电泳；而多孔介质称为载体，应用最普遍的是凝胶作为载体，故称为凝胶电泳法。

22.10.1　原理[18]

在一个稀溶液且无其他盐类存在的情况下，一个净电荷为 Q 的带电质点在电场中运动所受之力 F 为

$$F = XQ \tag{22-23}$$

这里 X 为电场强度。质点运动的阻力和其形状有关，若为球形，且其半径为 r，当运动速度不大时，阻力服从于 Stokes 定律：

$$F = 6\pi r \eta v \tag{22-24}$$

式中　η 为介质黏度；v 为质点运动速度。

当达到稳定状态时

$$X \cdot Q = 6\pi r \eta v \tag{22-25}$$

单位电场强度（1 V/cm）下的运动速度称为离子淌度或迁移率：

$$\upsilon_0 = \frac{\upsilon}{X} = \frac{Q}{6\pi r \eta} \qquad (22\text{-}26)$$

和层析中的 R_f 值相似，在电泳法中，常以迁移率来表征各个组分。

但电荷 Q 常常是未知的，因此应用式（22-26）有困难。根据强电解质理论，在稀溶液中，且无其他离子干扰时，电荷 Q 与电动电位 ζ 有如下关系：

$$\zeta = \frac{Q}{Dr} \qquad (22\text{-}27)$$

式中 D 为介质介电常数。

将式（22-27）代入式（22-26）中，得到稀溶液中的离子淌度 υ_0 为：

$$\upsilon_0 = \frac{\xi D}{6\pi \eta} \qquad (22\text{-}28)$$

由式（22-28）可以看出，此时粒子的运动速度和其半径无关。

通常溶液中含有相当数量的其他粒子，此时式（22-28）不能直接应用。ζ 需作一校正，而式（22-27）成为：

$$\xi = \frac{Q}{Dr} \frac{1}{1 + rA\sqrt{\mu}} \qquad (22\text{-}29)$$

式中 μ 为离子强度，$\mu = 1/2 \sum m_i Z_i^2$；m_i 为离子浓度，mol/L；Z_i 为离子价；A 为常数，对于水，在 25 ℃时，其值等于 2.3×10^7。

将式（22-29）代入式（22-28）中，得到在较浓溶液中的离子淌度 υ：

$$\upsilon_0 = \frac{Q}{6\pi r \eta} \cdot \frac{1}{1 + \gamma A\sqrt{\mu}} = \upsilon_0 \frac{1}{1 + \gamma A\sqrt{\mu}} \qquad (22\text{-}30)$$

由式（22-30）可见，粒子半径对运动速度也有影响，且溶液越浓，离子强度越大，则运动速度就越小。显然，各组分的离子淌度相差越大，就越易分离。

在电泳中，常伴有电渗现象。在电场中，液体对于一个固定固体的相对移动，称为电渗。通常滤纸含有一定量的羧基，在碱性溶液中羧基电离，滤纸带负电荷，而与纸相接触的介质（通常为水）就带正电荷。在电场中介质就向负极移动。所以在测定离子的电泳速度时，需对电渗现象加以校正。常以中性物质如葡聚糖，氯霉素，淀粉等来测定电渗速度。单位电场强度的电渗速度称为电渗迁移率。对于阳离子需将所测得的迁移率减去电渗迁移率，而对于阴离子需加上电渗迁移率。

22.10.2 聚丙烯酰胺凝胶电泳

由于凝胶电泳的作用是基于凝胶过滤作用（分子筛作用）和电泳淌度双重机理，所以它能获得较高的分辨率，并且操作方便，应用面又广。常用的凝胶材料是聚丙烯酰胺。聚丙烯酰胺含量为 7.5％的凝胶，适用于分子量范围为 10 000～1 000 000，而能产生最佳分辨率的分子量范围是 30 000 到 300 000。聚丙烯酰胺含量 3.5％的凝胶，可适用的分子量范围为 1 000 000 到 5 000 000，高于 5 000 000 的生物大分子物质的电泳，需采用琼脂糖和聚丙烯酰胺的混合物，或者单一地为琼脂糖凝胶。

聚丙烯酰胺凝胶是由丙烯酰胺单体（Acr）和交联剂亚甲基双丙烯酰胺（Bis）在催化剂的作用下聚合成酰胺基侧链的脂肪族长链，相邻的两个链通过亚甲基桥交链起来而形成三维网状结构的凝胶。单体的聚合物化学结构式如图 22-27。

催化系统包括催化剂过硫酸铵$[(NH_4)_2S_2O_3]$和加速剂四甲基乙二胺（tetramethylethylene diamine 简称 TEMED）。过硫酸铵产生出游离氧原子使单体成为具有游离基的状态从而发生聚合作用。这种催化系统要在碱性条件下进行，如在 pH 8.8 条件下 7％的丙烯酰胺溶液 30 min 就能聚合完毕。在 pH 4.3 时聚合得很慢，要 90 min 才能完成；温度过低，在氧分子或不纯物存在时都能延迟凝胶的聚合。一般在室温下就能很快聚合。为避免溶液中气泡窝藏有氧分子而妨碍聚合，在聚合前有必要将溶液分别抽气，然后再混合。将混合后的凝胶溶液放在 0 ℃就能延迟聚合。

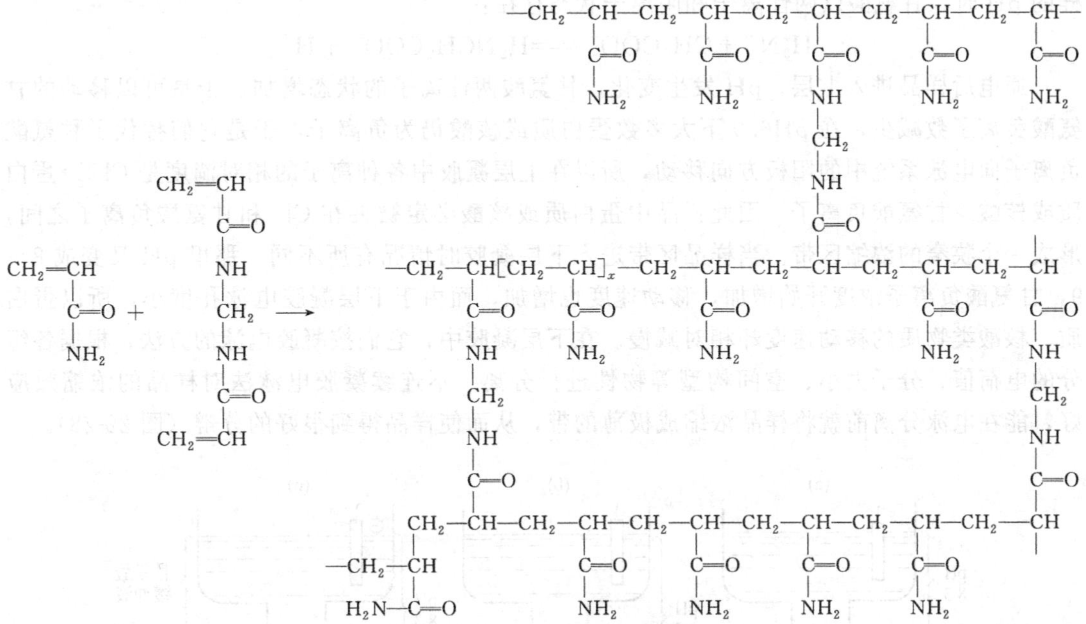

图 22-27　聚丙烯酰胺聚合反应

　　凝胶的机械性能，弹性是否适中是很重要的，胶太软易于断裂，特别是在制作板型凝胶时太软很难操作。太硬则脆，也易折断。凝胶的机械性能、弹性、透明度及黏着度（凝胶与器壁黏着，防止样品渗漏）取决于凝胶总浓度和 Acr 和 Bis 两者之比例。一般在有关电泳操作手册中总会给出参考配方。

　　缓冲液的选择对成功的电泳也是很关键的。结合样品的性质，选用适当 pH，离子种类和离子强度的缓冲液。pH 的变化范围会显著地影响蛋白质分子羧基和氨基的解离而左右其泳动率。选择 pH 应能使蛋白质分子处于最大电荷状态，能使样品中各种蛋白质分子表现出泳动率的差别最大。因此选择的 pH 值接近蛋白质和等电点显然是不利的。酸性蛋白质在高 pH 条件下，碱性蛋白质在低 pH 条件下常能得到较好的分离，电泳分离效果较好。在考虑离子种类和离子强度时，原则上只要有导电离子存在的任何溶剂就能用于电泳，不过要避免因离子种类与离子强度选择不当使样品各蛋白质分子之间相互作用而形成人为假象。常选用离子强度低的缓冲液（0.01～0.1 mol/L 之间）。离子强度低，从而电导低，低电导能产生高电压梯度，电泳分离过程短，产生的热量也较小，分离效果好。

　　凝胶电泳与凝胶过滤的区别是，在凝胶电泳中样品混合物中各分子的运动速度是小分子物质大于大分子物质，这和凝胶过滤中的情况恰好相反。这是因为在凝胶电泳中，系统里没有空隙体积，只有充满整个凝胶的连续的网状骨架。因此在其内部大分子物质不及小分子物质容易移动。

　　在电泳中聚丙烯酰胺凝胶电泳最为常用，其中以凝胶电泳以薄板操作法常用，本节仅讨论不连续电泳和十二烷基硫酸钠-聚丙烯酰胺凝胶电泳（SDS-PAGE）。

（1）不连续凝胶电泳 不连续凝胶电泳由两层组成，一层为上层，或叫堆积凝层，另一层为下层，或叫分辨率凝胶层。这两凝胶的性质不同，上层的聚丙烯酰胺含量较低（2%～5%）所以孔度较大。另外，两层凝胶在制备时所用缓冲液的 pH 和离子强度也不相同。上层 pH 6.9，下层 pH 8～9，样品所用缓冲液通常应为 pH 8～9 的甘氨酸-HCl 缓冲液，在这样的 pH 时，甘氨酸以两性离子和阴离子状态存在：

$$H_3N^+ + CH_2COO^- \Longleftrightarrow H_2NCH_2COO^- + H^+$$

通电后样品进入上层，pH 发生变化，甘氨酸两性离子的状态增加。于是可以移动的甘氨酸负离子数减少，在 pH6.9 下大多数蛋白质或核酸仍为负离子，于是它们替代了甘氨酸负离子向电泳系统中的阳极方向移动，所以在上层凝胶中各种离子的相对淌度是 Cl⁻＞蛋白质或核酸＞甘氨酸负离子。因此样品中蛋白质或核酸必定被夹在 Cl⁻ 和甘氨酸负离子之间，形成一个狭窄的浓缩区带。当样品区带进入下层凝胶时情况有所不同，那里 pH 又变成 8～9，甘氨酸负离子浓度开始增加，移动速度也增加，而由于下层凝胶电泳孔度小，所以蛋白质、核酸类物质的移动速度却相对减慢。在下层凝胶中，它们按凝胶电泳的方法，根据各组分的电荷值、分子大小、空间构型等物性进行分离。不连续凝胶电泳法对样品的浓缩效应好，能在电泳分离前就将样品浓缩成极薄的带，从而使样品得到很好的分辩（图 22-28）。

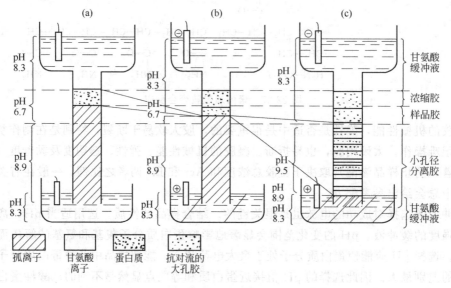

图 22-28 不连续凝胶电泳基本原理示意图
(a) 样品在样品胶内；(b) 样品在浓缩胶内被浓缩；
(c) 样品在小孔径的分离胶内被分离

（2）十二烷基硫酸钠聚丙烯酰胺凝胶电泳 在分析蛋白质时往往希望破除共价键以外的其他分子间的键，虽然无机的强酸，强碱能解离或溶解许多蛋白质，但有使蛋白质肽键裂解，重排或使某些氨基酸发生化学上改变的危险。目前广泛使用的较温和而有效的解离试剂是阴离子去污剂十二烷基硫酸钠（SDS）。

十二烷基硫酸钠聚丙烯酰胺凝胶电泳（简称 SDS-PAGE）这一方法主要用于分析测量生物大分子物质的分子量，它利用十二烷基硫酸钠（SDS）和二硫苏糖醇（DTT）或巯基乙醇作变性剂使蛋白质解体成为多肽。而 SDS 分子中的直链烷烃部分与多肽链的疏水区以疏水作用相结合，络合物带上负电荷。当在电场中移动时，它的淌度便决定于它的分子量，较小的分子有较大的淌度，而较大的分子受凝胶分子筛效应的阻滞，淌度较小。实验证明电泳淌度与 lgMW 成线性关系。

SDS 是一种阴离子表面活性剂，在水溶液中作为单体和分子胶团（micelle）的混合体而存在，单体和分子胶团的浓度与 SDS 总浓度，离子强度以及温度有关。分子胶团在临界胶团浓度（critical micelle concentration，简称 CMC）以上时，SDS 总浓度再大也不会使单体浓度增加了，也就是说在此临界值以上时单体浓度达到平衡。在温度不变的情况下离子强度愈高而分子胶团浓度愈低，可见只要改变离子强度就能使单体和分子胶团浓度改变。与蛋白质结合是单体，因此若要保证所有蛋白质分子能与 SDS 结合就应控制 SDS 在水溶液有一定的平衡浓度，当离子强度低到一定程度（0.1 mmol/L 以下）时，使分子胶团临界浓度提高，单体浓度也随着提高。单体浓度在 0.5 mmol/L 以上时蛋白质和 SDS 结合成复合物。大多数蛋白质在 SDS 单体浓度大于 1 mmol/L 时，以 1.4 g SDS/g 蛋白质的比例结合。当 SDS 浓度高达 1～2 g/100 mL 时其结合比例甚至能达到 2 g/g 蛋白质。尽管有少数例外但大多数蛋白质都能与 SDS 在质量/质量的基础上以同等比例结合，蛋白质带上大量 SDS 的阴离子，所结合的 SDS 的负电荷，大大超过了天然蛋白质的电荷，因而就消除了不同蛋白质之间的电荷差。和 SDS 等比例结合后，蛋白质之间的不同泳动率反映了各蛋白质间分子量的差别。酸性蛋白质因带负电荷，与 SDS 相互排斥，不易结合。对如核糖核酸酶有相当牢固的二硫键维持其高级结构，也很难与 SDS 结合。

与 SDS 结合的蛋白质其构型发生改变，如原来螺旋构型较少的蛋白质与 SDS 结合后螺旋增加了。由亚单位组成的蛋白质和 SDS 结合后大多数都解离成亚单位并同时失去原有的活性。SDS-蛋白质复合物的形状是细杆状，其粗细与蛋白质种类无关，其长度与蛋白质分子量成正比。

操作时，未知分子量的蛋白质与已知分子量的蛋白质标准混合物一起进行凝胶电泳。蛋白质标准混合物有两组，一组，可用为低分子量蛋白质的标准（蛋白质的分子量范围在 14 000～200 000 之间），而另一组，可用为高分子量蛋白质标准（分子量范围在 45 000～200 000 之间）。在电泳之后，将凝胶用染料显色，根据标准混合物的色带图谱，可以求得未知分子量的物质的分子量范围。

参 考 文 献

1 Dean PGG., Johnson WS., Middle FA. (ed). Affinity Chromatography A practical approach. Oxford Washington DC. IRL Press, 1985

2 Peter Mohr and Kcaus Pommerening. Affinity Chromatography Practical and Theoretical Aspects. Inc：Marcel Dekker Inc，1986

3 Greg T., Hermanson A., Krishna Mallia and Paul K. Smith. Immobilized Affinity Ligand Techniques. Inc：Academic Press，1992

4 Jan-Christer Jansom and Lars Ryden (ed). Protein purification. Inc：VCH Publishers，1989

5 Ian M. Rosenberg ed. Protein Analysis and Purification. Portland, or. Birkhauser, 1996

6 Ajit Sadana (ed). Bioseparation of proteins. San Diego. Academic Press, 1998

7 Stellan Hjerten. J. Chromatography. 1971，61：73～80

8 Rudolf Quast. Journal of chromatography. 1970，54：405～412

9 Isamu Matsumoto，Yuko Mizuno and Nobuko Seno. J. Biochem. 1979，85 (4)：1091～1098

10 Isamu Matsumoto, Nobuko Seno, Anne M. Golovtchenkomatsumoto, and Toshiaki Osawa. J. Biochem. 1980，87

(2)：535～540

11 Kurt and Nilsson and Klaus Mosbach. eur. J. Bjiochem. 1980，1 (2)：397～402

12 Howard Allaker Chase. Journal of chromatography. 1984，297：179～202

13 Pharmacia Biotech. Products. Amersham Pharmacia Biotech，1998

14 A. Krishna Mallia，Greg T. Hermanson，Randall I. Krohn，Edward K. Fujimoto and Paul K. Smith. Analytical letters. 1981，14 (B8)：649～661

15 M. J. Dunn (ed). Gel Electrophoresis：Proteins. UK：BIOS Scientific Publishers Limited，1993

16 Hames BD. and Rickwood D. (ed). Gel Electrophoresis of Proteins. UK：Oxford University press，1990

17 Reiner Westermeier (ed). Electrophoresis in Practice. Second Edition. Inc：VCH Publishers，1997

18 邬行彦，熊宗贵，胡章助. 抗生素生产工艺学. 北京：化学工业出版社，1982

19 Scopes R K. Protein Purification. 3rd ed. New York：Springer，1994

23 结 晶 法

结晶是制备纯物质的有效方法。在生物技术中，结晶主要应用于抗生素、氨基酸、有机酸等小分子的生产中，以作为精制的一种手段。由于晶体外观较好，并易为消费者所喜爱，所以小分子生产中常以结晶作为最后一步的精制操作。对不同的产品，结晶的原理都是相同的。故下面主要以抗生素为例来说明。

固体有结晶和无定形两种状态。两者的区别在于它们的构成单位（分子、原子或离子）的排列方式的不同，前者有规则，后者无规则。由于排列需要一定的时间，故在条件变化缓慢时，有利于晶体的形成；相反，当条件变化剧烈，使晶体快速强迫析出，溶质分子来不及排列时，就形成沉淀（无定形）。例如将光神霉素的氯仿浓缩液滴入石油醚中，得到的是光神霉素沉淀，而将光神霉素的氯仿（含一定量的醋酸异戊酯）溶液，逐渐蒸去氯仿，得到的是晶体。但沉淀和结晶的过程本质上是一致的，都是新相形成的过程。

由于只有同类分子或离子才能排列成晶体，故结晶过程有很好的选择性，析出的晶体纯度较高。此外，结晶过程成本低、设备简单、操作方便，所以广泛用于抗生素的精制中。

对于蛋白质、核酸等大分子的结晶，近年来发展也很快，但结晶的原理还是相同的，只是结晶方法有所不同。在本章的最后，将简单地介绍蛋白质的结晶方法。

23.1 结晶过程的实质

如溶液的浓度等于溶质的溶解度，则该溶液称为饱和溶液。溶解度和温度有关，一般物质的溶解度都随温度而增加，但也有少数例外。例如红霉素在水中的溶解度 7 ℃时为 14.20 mg/mL，而 40 ℃时则降为 1.28 mg/mL。溶解度还和溶质颗粒的大小有关，微小颗粒的溶解度要比正常颗粒大。用热力学的方法，可以得到颗粒大小与溶解度有如下关系式[1]：

$$\ln \frac{c}{c^*} = \frac{2M\sigma}{RT\rho r} \tag{23-1}$$

式中 c 为颗粒半径为 r 的溶质的溶解度；c^* 为溶质的正常溶解度；M 为溶质的相对分子质量；σ 为固体颗粒和溶液间的界面张力；R 为气体常数；T 为绝对温度；ρ 为固体颗粒的密度。

由式（23-1）可见，当 r 减少时，溶解度 c 就增大。

溶质从溶液中结晶析出是一个新相（固相）形成的过程。这一过程不仅包括溶质分子凝聚成固体，并包括这些分子有规则地排列在一定的晶格中。这种有规则的排列和表面分子化学键力的变化有关，因此结晶过程又是一个表面化学反应过程。

形成新相（固相）需要一定的表面自由能，因为要形成新的表面，就需对表面张力作功。因此溶质浓度达到饱和浓度时，尚不能使晶体析出。当浓度超过饱和浓度达到一定的过

---

[1] 这是 Kelvin 方程的一种形式，其推导可参见物理化学教科书。胡英，陈学让，吴树森编. 物理化学. 第二版. 中册. 北京：人民教育出版社，1983. 86～92

饱和程度时，才可能析出晶体。过饱和程度通常用过饱和溶液的浓度 c 与饱和溶液浓度 c^* 之比 S 来表示，S 称为过饱和度：

$$S = \frac{c}{c^*} \tag{23-2}$$

最先析出的微小颗粒是以后结晶的中心，称为晶核。如上所述，微小的晶核具有较大的溶解度，因此在饱和溶液中，晶核是要溶解的。只有达到一定过饱和度时，晶核才能存在。晶核形成后，靠扩散而继续成长为晶体。因此结晶包括三个过程：①形成过饱和溶液；②晶核形成；③晶体生长。溶液达到过饱和是结晶的前提，过饱和度是结晶的推动力。

物质在溶解时一般吸收热量，在结晶时放出热量，称为结晶热。相反的情况，即溶解时放热，结晶时吸热，比较少见。因此结晶又是一个同时有质量和热量传递的过程。

溶解度与温度的关系可以用饱和曲线来表示，图 23-1 中的实线代表饱和曲线（溶解度曲线）。开始有晶核形成的过饱和浓度与温度的关系用过饱和曲线（图中虚线，超溶解度曲线）来表示。饱和曲线与过饱和曲线根据实验大体上相互平行。可以把温度-浓度图分成三个区域：①稳定（不饱和）区，不会发生结晶；②不稳定区，结晶能自动进行；③介稳区，在稳定区与不稳定区之间，结晶不能自动进行。但如加入晶体，则能诱导产生结晶。这种加入的晶体称为晶种。

结晶过程可在图 23-1 中表示。点 A 表示不饱和溶液，将该溶液冷却，而溶剂量保持不变（直线 ABC），则当到达 C 点时，结晶才能自动进行。另一方面，如将溶液在等温下蒸发（直线 ADE），则当到达 E 点时，结晶才能自动进行。进入不稳定区的情况很少发生，因为蒸发表面的浓度一般超过主体浓度，在这种表面上首先形成晶体，这些晶体能诱导主体溶液在到达 E 点前就发生结晶。在实际操作中，有时将冷却和蒸发合并使用。

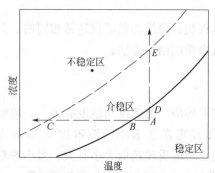

图 23-1 饱和曲线与过饱和曲线

和饱和曲线不同，过饱和曲线的位置不是固定的，在这方面丁绪淮曾进行了开拓性的研究工作[1]。对于一定的系统，它们的位置至少和三个因素有关：产生过饱和的速度（冷却或蒸发速度）、有没有加晶种和机械搅拌的强度。冷却或蒸发的速度越慢，晶种越小，机械搅拌越激烈，过饱和曲线越向饱和曲线靠近。

23.2 过饱和溶液的形成

结晶的首要条件是过饱和，制备过饱和溶液一般有四种方法。

23.2.1 过饱和溶液的形成方法

（1）将热饱和溶液冷却 这也就是图 23-1 中直线 ABC 所代表的过程。此法适用于溶解度随温度降低而显著减小的场合。而溶解度随温度升高而显著减小的场合，则应采用加温结晶，例如有一种生产红霉素的方法，即系利用此性质。将红霉素的缓冲液提取液调整 pH 至 $9.8 \sim 10.2$，再加温至 $45 \sim 55\ ^{\circ}\text{C}$，红霉素碱即析出。这种方法也称为等溶剂结晶。

（2）将部分溶剂蒸发 这也就是图 23-1 中直线 ADE 所代表的过程，也称为等温结晶，此法适用于溶解度随温度变化不显著的场合。例如灰黄霉素的丙酮萃取液真空浓缩除去丙酮后，即可得到结晶析出。

（3）化学反应结晶　加入反应剂或调节 pH 产生新物质，当其浓度超过它的溶解度时，就有结晶析出。例如土霉素经弱酸 122 树脂脱色后的酸性滤液，当调 pH 至 4.5 时，即有土霉素游离碱结晶析出。青霉素醋酸丁酯提取液中加入乙醇-醋酸钾溶液，即生成难溶于醋酸丁酯的青霉素钾盐结晶析出。

（4）盐析结晶　加一种物质于溶液中，以使溶质的溶解度降低，形成过饱和溶液而结晶的方法称为盐析法。这种物质可以是另一种溶剂或能溶于溶液中的另一种溶质。加入的溶剂必须和原溶剂能互溶。例如利用卡那霉素易溶于水，不溶于乙醇的性质，在卡那霉素脱色液中，加入 95％乙醇，加量为脱色液的 60％～80％，搅拌 6 h，卡那霉素硫酸盐即结晶析出，因为加入的是溶剂，所以这种方法也称为'溶析法'（solvent-out）。又如普鲁卡因青霉素结晶时，加入一定量的食盐，可以使晶体容易析出，即 NaCl 浓度增大，会使其溶解度降低[2]。

23.2.2　工业生产实例

工业上，常将几种方法合并使用。现将几种抗生素生产中所采用的结晶方法列举如下。

（1）采用第三种方法结晶

a. 苯甲异噁唑青霉素　在其游离酸的醋酸丁酯提取液中，加甲醇-醋酸钠溶液，在 50 ℃，经 2 h，其钠盐就结晶析出。

b. 噻吩乙酰头孢菌素的结晶方法和此类似

（2）采用第四种方法结晶

a. 多黏菌素 E　多黏菌素 E 的脱盐脱色液，以弱碱性树脂中和至近中性，加等量丙酮，其硫酸盐就结晶析出；

b. 巴龙霉素　巴龙霉素的浓缩液调 pH 至 7，加入 10～12 倍体积的 95％乙醇，其硫酸盐就结晶析出。

（3）并用第一、第四种方法结晶　利用丝裂霉素在甲醇中溶解度较大，在苯中较小的性质，将其粗品溶于少量甲醇中，加入 2 倍体积的苯，5 ℃放置过夜，就可得蓝紫色结晶。

（4）并用第二、第一种方法结晶

a. 制霉菌素　制霉菌素的乙醇提取液真空浓缩 10 倍，冷至 5 ℃放置 2 h，即可得制霉菌素结晶。

b. 光神霉素　将光神霉素粗品溶于氯仿中，加入一定量的醋酸异戊酯，真空浓缩蒸去氯仿，冷却后光神霉素晶体就析出。

（5）并用第一、第三种方法结晶

a. 普鲁卡因青霉素　将青霉素钾盐溶于缓冲液中，冷至 3～5 ℃，滴加盐酸普鲁卡因，就得到普鲁卡因青霉素结晶。

b. 四环素碱　四环素酸性滤液，用氨水调 pH 至 4.8，冷却至 10 ℃，2 h 后，四环素游离碱就可结晶析出。

（6）并用第四、第一种方法结晶　将维生素 B_{12} 水溶液以氧化铝层析法去除杂质，以 50％丙酮洗下色带，加入 4 倍体积的丙酮，在冰库中放置 3 d，就可得结晶。

23.3　晶核的形成

晶核的形成根据机理不同，可以分为两种，即初级成核（primary nucleation）和二次成核（secondary nucleation）。两者的区别在于有没有晶种的存在[3]。前者为当无晶种存在时，而后者则为在有晶种存在时产生。初级成核又可分为：①均相成核，指无固相存在；②非均相成核，指当有固体异物存在而促进成核，如灰尘、器壁等。二次成核又可分为：①剪切力成核，指由于搅拌的剪切力从晶体上刮落晶体碎粒，形成新的晶体；②接触成核，指晶体与晶体之间或晶体与搅拌桨叶、晶体与器壁之间的碰撞，落下碎粒，形成新的晶核。

在实际操作中。初级均相成核是很少见的，但其他各种成核类型的理论很不完备，多数系在前者理论基础上，加以一些修正。故下面仅介绍初级均相成核速度的理论[4]。

溶液在一定温度和压力下具有一定的能量，但这并不意味着在溶液的各个部分的能量都是相等的。实际上，从微观上看，能量是在一定的平均值上下波动，即分子的能量或速度具有统计分布的性质。在过饱和溶液中，当能量在某一瞬间、某一区域暂时达到较高值时，就有利于形成晶核。结晶时，分子运动减慢，有能量释出，因而系统的自由能减小。但是另一方面，结晶时有新相形成，需要消耗一定的能量，以形成固液的界面。因而自动成核时，总的自由能的变化 ΔG，应由两项组成：一项为表面过剩自由能 ΔG_S，即固体表面和主体的自由能的相差；另一项为体积过剩自由能 ΔG_V，即晶体中分子与溶液中溶质分子自由能的相差。显然 ΔG_S 为正值，其值为界面张力 σ 与表面积的乘积；而在过饱和溶液中，ΔG_V 为负值。设 ΔG_V 为形成单位体积晶体的自由能的变化，并设晶体为球形，其半径为 r，于是有

$$\Delta G = \Delta G_S + \Delta G_V = 4\pi r^2 \sigma + \frac{4}{3}\pi r^3 \Delta G_V \tag{23-3}$$

因为式（23-3）右端的两项有相反的符号，因而 ΔG 有一极大值（图23-2）。当 ΔG 达到极大值时，其相当的颗粒半径 r_c 可令 $\mathrm{d}(\Delta G)/\mathrm{d}r = 0$ 求得：

$$\frac{\mathrm{d}(\Delta G)}{\mathrm{d}r} = 8\pi r\sigma + 4\pi r^2 \Delta G_V = 0$$

则

$$r_c = \frac{-2\sigma}{\Delta G_V} \tag{23-4}$$

从式（23-3）和式（23-4）可得：

$$\Delta G_{max} = \frac{16\pi\sigma^3}{3(\Delta G_V)^2} = \frac{4}{3}\pi\sigma r_c^2 \tag{23-5}$$

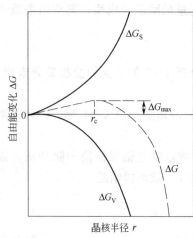

图 23-2　成核时自由能的变化

由图23-2可见，如形成的晶体的半径小于 r_c，则晶体会自动溶解；相反，如半径大于 r_c，则晶体会自动生长。因为只有这样，颗粒的自由能才减小。因而一个稳定的晶核，其半径必须大于 r_c，故 r_c 称为临界半径。

将式（23-1）、式（23-2）代入式（23-5）中，可得

$$\Delta G_{max} = \frac{16\pi\sigma^3 M^2}{3(RT\rho\ln S)^2} \tag{23-6}$$

此即表示成核时所必须逾越的能阀。于是按阿累尼乌斯方程式，成核速度为：

$$N = A e^{-\Delta G_{max}/RT} \tag{23-7}$$

式中　N 为成核速度，即单位体积的溶液，在单位时间内晶核数目的增多；A 为常数。

对于螺旋霉素，曾通过测量介稳区宽度（最大过热

温度）与加热速度的关系，按式（23-7），关联行到初级均相成核速度的公式[5]。

由式（23-6）和式（23-7）可见，对于饱和溶液 $S=1$，$lnS=0$，成核需要的能量为无穷大，成核速度为零。所以在饱和溶液中。不能自动成核。除过饱和度 S 外，另一个影响成核速度的重要因素是温度。在一定温度下，式（23-6）和式（23-7）可用图 23-3 中实线表示。图中实线表示当过饱和度超过某一值时，成核速度增加很快。但实际上成核速度系按图中虚线进行，在某一过饱和度时有最大的成核速度。这是因为在式（23-6）和式（23-7）中没有考虑到黏度的影响。当系统黏度大时，分子运动减慢，成核就受阻。

由式（23-6）和式（23-7）还可见，温度升高，成核速度也升高。但温度又对过饱和度有影响，一般当温度升高时，过饱和度降低。所以温度对成核速度的影响要以 T 与 S 相互消长速度来决定。根据实验，一般成核速度随温度上升，达到最大值后，温度再升高，成核速度反而降低，见图 23-4。

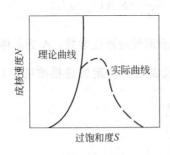

图 23-3　过饱和度对成核速度的影响

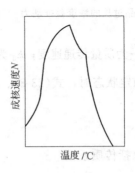

图 23-4　温度对成核速度的影响

成核速度和离子的种类有关。对于无机盐类，有下列经验规则：阳离子或阴离子的化合价增加，就愈不易成核；而在相同的化合价下，含结晶水愈多，就愈不易成核。对于有机物质，一般结构愈复杂，分子量愈大，成核速度就愈慢。例如过饱和度很高的蔗糖溶液，可长时间保持而不析出。

真正自动成核的机会很少。机械震动，摩擦器壁或搅拌都能促使成核。电、磁场、紫外光、超声波等都能在一定程度上促进成核。当硬度较高的水用做冷却水时，遇热易结垢，但若加以电磁场，则可使其成核速度增大。析出晶核较多而不易沉积，因此可用此法来防止形成水垢而影响传热。

加入晶体能诱导结晶。晶种可以是同种物质或相同晶型的物质，有时惰性的无定形物质也可作为结晶中心，例如尘埃有时也能导致结晶。

不加晶种时，在不稳定区始能形成晶核。图 23-5（a）表示不加晶种的溶液迅速冷却一直达到不稳定区，于是有大量晶核析出。由于结晶时放出热量使温度略有升高，但外面的冷却又使温度降低而继续成核，最后温度、浓度如图所示降低。在这种过程中成核和晶体生长速度都不能控制。图 23-5（b）表示接有晶种的溶液缓慢冷却，温度进行控制，以使系统始终处于介稳区中，不能自动成核。

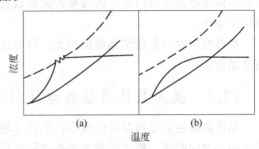

图 23-5　晶种对结晶过程的影响
(a) 不加晶种；(b) 加晶种

这样能得到均匀的、一定大小的晶体。

23.4 晶体的生长[6]

晶体的生长过程由扩散和表面化学反应相继组成。在晶体的表面始终存在着一层滞流层（薄膜），经过滞流层的物质传递只能靠分子扩散。扩散的推动力是液相主体浓度 c 和晶体表面浓度 c_i 的差（图23-6）。c_i 不等于平衡浓度 c^*，它们的差 $c_i - c^*$ 表示表面化学反应的推动力。

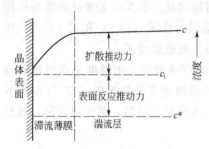

图 23-6 结晶过程的浓度差推动力

这两个过程可以用下式表示：

扩散
$$\frac{dm}{dt} = k_d A(c - c_i) \tag{23-8}$$

表面反应
$$\frac{dm}{dt} = k_r A(c_i - c^*) \tag{23-9}$$

式中 $\dfrac{dm}{dt}$ 为质量传递速度；k_d 为传质系数；k_r 为表面反应速度常数；A 为晶体表面积。

当达到稳定状态时，式(23-8)、式(23-9)可合并成以较易测定的总括浓度差 $(c - c^*)$ 表示的方程式，

$$\frac{dm}{dt} = \frac{A(c - c^*)}{1/k_d + 1/k_r} \tag{23-10}$$

令 k 为总括传质系数

$$\frac{1}{k} = \frac{1}{k_d} + \frac{1}{k_r} \tag{23-11}$$

则式 (23-10) 成为

$$\frac{dm}{dt} = kA(c - c^*) \tag{23-12}$$

如表面反应速度很快，即 k_r 较大，$k \approx k_d$，结晶由扩散控制。反之，如 k_d 值较大，则由表面反应控制。

搅拌能促进扩散，因此能加速晶体生长。但这并不意味着加强搅拌能得到大晶体，因为还需考虑其他因素的影响，如加强搅拌能同时加速成核速度。一般可通过由弱到强的搅拌试验，以求得一适宜的搅拌速度，使晶体颗粒最大。搅拌也可防止晶体聚结。

升高温度既有利于扩散，也有利于表面化学反应，因而能使结晶速度增快。例如卡那霉素 B 采用高温快速结晶。又如在四环素盐酸盐生产中，利用它在有机溶剂中，在不同温度下有不同结晶速度的性质，将四环素碱转成盐酸盐。另外，温度升高能降低黏度，有利于得到均匀晶体。

增高饱和度一般使结晶速度增大。但应注意过饱和度过分高，会使溶液黏度增加，而影响结晶速度。

23.5 提高晶体质量的途径[7]

晶体质量主要是指晶体的大小，形状（均匀度）和纯度三个方面。工业上通常希望得到粗大而均匀的晶体。粗大而均匀的晶体较细小，不规则的晶体过滤、洗涤都比较容易，在储存过程中也不易结块。但抗生素作为药品有时有其特殊的要求，非水溶性抗生素一般为了使人体容易吸收，粒度要求较细。例如灰黄霉素规定细度 4 μm 以下占 80% 以上，这样才有利

于吸收；普鲁卡因青霉素规定细度 5 μm 以下占 65％以上，最大颗粒不得超过 50 μm，否则不仅不利于吸收而且在注射时易阻塞针头。但晶体过分细小，有时粒子会带静电荷，它们相互排斥，四处跳散，并且会使比容过大，给成品的分包装带来不便。

23.5.1 晶体的大小

得到的晶体大小决定于晶核形成速度和晶体生长速度之间的对比关系。如晶核形成速度大大超过其生长速度，则过饱和度主要用来生成新的晶核，因而得到细小的晶体。反之，如晶体生长速度超过晶核形成速度，则得到较粗大的晶体。

决定晶体大小的因素主要有过饱和度、温度、搅拌速度和杂质等。以上曾分别讨论了这些因素对晶核形成和晶体生长速度的影响，但实际上成核及其生长是同时进行的，因此必须同时考虑这些因素对结晶过程的两个阶段，亦即最后成品大小的影响。

从式（23-6）、式（23-7）、式（23-12）可知，过饱和度增加能使成核速度和晶体生长速度增快，但对前者影响较大，因此过饱和度增加，得到的晶体就较细小（图 23-7）。实践证明，过饱和度对晶体颗粒大小的影响，往往不甚显著，当过饱和度很高时才显出影响。

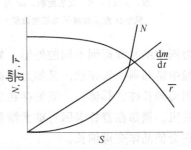

图 23-7 过饱和度 S 对成核速度 N，

晶体生长速度 $\dfrac{\mathrm{d}m}{\mathrm{d}t}$ 和最终晶体

平均半径 $\bar{r}$ 的影响

生产上常用的青霉素钾盐的结晶方法为：加醋酸钾反应剂于醋酸丁酯萃取液中，形成的青霉素钾盐难溶于丁酯，过饱和度很高，因而形成的晶体较细。采用共沸蒸馏结晶法时，醋酸丁酯萃取液的初始含水量较高；加入醋酸钾反应剂后，不致析出青霉素钾盐。随着共沸蒸馏的进行，水分不断馏出，而使晶体慢慢析出。这样延长了结晶时间，在结晶过程中维持较低的过饱和度，因而得到的晶体较大，其长度可比用通常结晶方法得到的增大 20 倍[9]。

当溶液快速冷却时，能达到的过饱和度较高，因而得出的晶体较细小，而且常导致生成针状结晶，这可能是由于针状较粒状晶体易散热。反之缓慢的冷却常得到较粗大的晶体。例如土霉素的水溶液以氨水调 pH 至 5，温度自 20 ℃降低到 5 ℃，以使土霉素碱结晶析出，温度降低速度越快，得到的晶体的比表面就越大，母液单位则越低（见图 23-8）[10]。

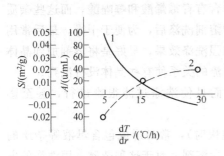

图 23-8 土霉素碱结晶时，温度变化

速度对母液浓度（1）和

比表面积（2）的影响

$\mathrm{d}T/\mathrm{d}t$—温度变化速度，℃/h；

A—母液浓度，u/mL；S—比表面积，m²/g

（纵坐标表示偏离平均值的数值）

温度升高也使成核速度和晶体生长速度增快。经验表明，对后者影响较显著。因此在较低的温度下结晶，得到的晶体较细小。例如普鲁卡因青霉素结晶时所用晶种、粒度要求在 2 μm 左右，制备晶种时温度要保持在 −10 ℃左右。必须注意，温度改变时，常会导致晶型和结晶水的变化。

如上所述，搅拌能促使成核和加快扩散，提高晶核长大速度。但当搅拌强度到一定程度后，再加快搅拌效果就不显著，反而会使晶体打碎。经验表明，搅拌越快、晶体越细。例如普鲁卡因青霉素的微粒结晶采用的搅拌转速为 1000 r/min，而制备晶种时，则采用高达 3000 r/min 的转速[11]。又如土霉素碱结晶时，搅拌转速越快，母液单位越低，而得到的晶体的比表

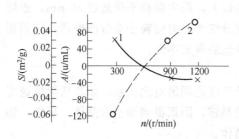

图 23-9　土霉素碱结晶时，搅拌转速对母液
浓度（1）和比表面积（2）的影响

n—搅拌转速，r/min；A—母液浓
度，u/mL；S—比表面积，m²/g

（纵坐标表示偏离平均值的数值）

面则越大（见图 23-9）[12]。

加入晶种能控制晶体的形状、大小和均匀度，为此要求晶种首先要有一定的形状、大小而且比较均匀，普鲁卡因青霉素微粒结晶获得成功，适宜的晶种是一个关键问题。用于普鲁卡因青霉素的晶种为 2 μm 左右的椭圆形晶体，最大不超过 5 μm[11]。

23.5.2　晶体的形状（晶习，habit）

同种物质用不同方法结晶时，得到的晶体形状可以完全不一样，虽然它们属于同一种晶系，外形的变化是由于在一个方向生长受阻，或在另一方向生长加速，前已指出，快速冷却常导致针状结晶。过饱和度、搅拌、pH 等也对晶形有影响。从不同溶剂中结晶常得到不同的外形。如普鲁卡因青霉素在水溶液中结晶得方形晶体，而从醋酸丁酯中结晶则呈长棒状。又如光神霉素在醋酸戊酯中结晶，得到微粒晶体，而从丙酮中结晶，则得到长柱状晶体。杂质的存在也会影响晶形。杂质可吸附在晶体表面上，而使其生长速度受阻。例如在普鲁卡因青霉素结晶中，作为消沫剂的丁醇的存在会影响晶形，醋酸丁酯的存在会使晶体变得细长。

改变结晶温度，也会改变晶体外形[1]。例如红霉素乳酸盐在丙酮中转碱，加水结晶的工艺中，在 20 ℃结晶得到的是针状晶体，易夹带母液和杂质，而在 55 ℃下结晶时，则得到片状结晶，成品效价可从 926 u/mg 提高到 968 u/mg（干基）[13]。

23.5.3　晶体的纯度

从溶液中结晶得出的晶体并不是十分纯粹的。晶体常会包含母液、尘埃和气泡等。所以结晶器需非常清洁，结晶液也应仔细过滤，以防止夹带灰尘、铁锈等。要防止夹带气泡可不用强烈搅拌和避免激烈翻腾。晶体表面有一定的物理吸附能力，因此表面上有很多母液和杂质。晶体越细小，表面积越大，吸附的杂质也就越多。表面吸附的杂质可通过晶体的洗涤除去。对于非水溶性晶体，常可用水洗涤，如红霉素、制霉菌素等。有时用溶剂洗涤能除去表面吸附的色素，对提高成品质量起很大作用。例如灰黄霉素晶体，本来带黄色，用丁醇洗涤后就显白色。又如青霉素钾盐的发黄变质主要是成品中含有青霉烯酸和噻唑酸，而这些杂质都很易溶于醇中，故可用丁醇洗涤除去。用一种或多种溶剂洗涤后，为便于干燥，最后常用易挥发的溶剂，如乙醇、乙醚、醋酸乙酯等顶洗。为加强洗涤效果，最好是将溶剂加到晶体中，搅拌后再过滤。边洗涤边过滤的效果较差，因为沟流的关系使有些晶体没有洗到。

必须着重指出，太细的晶体不仅吸附的杂质多，而且使洗涤过滤很难进行，甚至影响生产。

当结晶速度过大时（如过饱和度较高，冷却速度很快时），常易形成包含母液等杂质的晶簇，或因晶体对溶剂有特殊的亲和力，晶格中常会包含溶剂。对于这种杂质，用洗涤的方法不能除去，只能通过重结晶来除去。例如红霉素碱从有机溶剂中结晶时，每 1 分子碱可含 1～3 个分子有机溶剂，用通常加热的方法很难除去，而要用水中重结晶的方法除去。

选择不同的溶剂进行结晶也会影响成品的纯度，这是因为不同的溶剂对杂质的溶解能力不同。例如红霉素乳酸盐在丙酮或乙醇中转碱，加水结晶的工艺中，由于乙醇对杂质红霉素 C 有较大的溶解度，故成品中红霉素 C 含量较低。但丙酮在以氨水碱化时会形成两相，分去下面的水相可除去一部分杂质，故从丙酮中得到的成品，杂质总量较低。因此选择在丙酮-乙醇（体积比为 3：1）混合溶剂中结晶，既能使纯度提高到 91.6%，又能使红霉素 C 含量降至 1.9%[14]。

有些杂质具有相同的晶型，称为同晶现象。对于这种杂质，利用重结晶的方法也很难除去，需用其他物理化学分离方法除去。

23.5.4　晶体的结块

晶体的结块给使用带来不便。结块的主要原因是母液没有洗净，温度的变化会使其中溶质析出，而使颗粒胶接在一起。另一方面吸湿性强的晶体容易结块。当空气中湿度较大时，表面晶体吸湿溶解成饱和溶液，充满于颗粒隙缝中，以后如空气中湿度降低时，饱和溶液蒸发又析出晶体，而使颗粒胶接成块。

粒度不均匀的晶体、隙缝较少，晶粒相互接触点较多，因而易结块，所以晶体粒度应力求均匀一致。要避免结块，还应储藏在干燥、密闭的容器中。

23.5.5　重结晶

重结晶，特别是在不同溶剂中反复结晶，能使纯度提高。因为杂质和结晶物质在不同溶剂和不同温度下的溶解度是不同的。

重结晶的关键是选择合适的溶剂。如溶质在某种溶剂中加热时能溶解，冷却时能析出较多的晶体，则这种溶剂可以认为适用于重结晶。如果溶质溶于某一溶剂而难溶于另一溶剂，且该两溶剂能互溶，则可以用两者的混合溶剂进行试验。其方法为将溶质溶于溶解度较大的一种溶剂中，然后将第二种溶剂加热后小心地加入，直到稍显浑浊，结晶刚开始为止，接着冷却、放置一段时间使结晶完全。

23.6　蛋白质的结晶[15]

蛋白质结晶的理论和小分子相同，但蛋白质大分子由于扩散、碰撞、旋转速度都很慢，要排列成有序结构、形成结晶的速度要慢得多。用通常产生过饱和度的办法，如在第 16 章中所述的加入盐类、有机溶剂、高分子聚合物等方法，得到的常是无定形沉淀。所以结晶不常用于蛋白质的纯化。多数的场合是在得到了较纯的蛋白质后，在一定的适宜条件下，结晶得到较粗大的晶体（通常各边长需在 0.3 mm 左右），以供用 X 射线衍射法，测定三维结构。这里所谓适宜的条件是指过饱和度要维持在较低的水平，采用的办法是当晶体析出同时，同时使体积逐渐缩小，或补充加入沉淀剂。

现在介绍一种应用最广泛的方法称为悬滴法（hanging drop method）。将 5～20 μL 样品溶液［蛋白质的缓冲溶液，含沉淀剂，如 $(NH_4)_2SO_4$ 或 PEG］成液滴状悬挂在一张显微镜的载玻片上，该载玻片预先涂有一层有机硅烷，以防液滴润湿扩展，然后将载玻片放在一个容器上，容器中盛有大量的含较高浓度的沉淀剂溶液，其渗透摩尔浓度（osmolarity）较高，见图 23-10。水分从样品液滴中挥发而凝结于容器中的溶液，直到

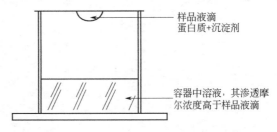

样品液滴
蛋白质+沉淀剂

容器中溶液，其渗透摩尔浓度高于样品液滴

图 23-10　悬滴结晶法

两者的渗透摩尔浓度相等为止。水分的挥发使液滴中蛋白质和沉淀剂的浓度增加，因而蛋白质的溶解度降低，而结晶析出。

参 考 文 献

1 丁绪淮，谈道编著. 工业结晶. 北京：化学工业出版社，1985

2 陆杰，王静康. 中国抗生素杂志. 1999，24（5）：337

3 Nyvlt J., et al. The Kinetics of Industrial Crystallization, Academia Prague 1985

4 Mullin J. W.. Crystallisation. 2nd Edition. London：Butterworths. 1972

5 陶中东，徐志南，岑沛霖. 化学反应工程与工艺. 1998，14（1）：49～55

6 Muffin J W. in Kirk-Othmer Encyclopedia of Chemical Technology. 3rd edition. John wiley and Sons, 1979. volume
   7，243～285

7 Матусевич. П Н. Кристаллзации из растворов в Химическои Промылшенности Химиф，Химия，Москва. 1968

8 Nyvlt J. Industrial Crystalllsation from Solutions. London：Butterworths, 1971

9 苏州第二制药厂. 医药工业. 1997，（4—5）：8～12

10 Линьков Г И.，Жуковская С А. Антибиотики. 1975，20：423

11 上海第三制药厂. 普鲁卡因青霉素微粒结晶试验研究总结报告. 上海：上海第三制药厂，1955

12 Линъков Г И.，Жуковская С. А. Антибиптики. 1975，20：591

13 赵茜，高大维，于淑娟等. 中国抗生素杂志. 1998，23（1）：14～16

14 赵茜，高大维，陈永泉等. 中国抗生素杂志. 1999，24（6）：410～414

15 A. Mopherson. Crystallization of Biological Macromolecules. New York：Cold Spring Harbor Laboratory Press，
    1999

典型生物过程篇

24 基因工程菌产品的生产与研究概况

24.1 引言

传统用得最多的菌种改良方法是诱变选育。诱变只能改变少数碱基对，而通过基因工程却能操纵上千碱基对的 DNA 片断。故重组 DNA 技术可将所需的遗传信息直接插入到微生物的基因组中。如将编码人血清白蛋白的基因克隆到毕赤酵母中；也可通过增强基因剂量以提高基因工程菌产品的产率和质量。在微生物的培养中质粒可作为生产肽和代谢物的有力工具。除非在生长期间克隆的基因在寄主细胞载体质粒中能保持稳定并能充分表达，否则用重组质粒作为提高基因工程产物的生产是不可能的。近年来，分子克隆技术和表达载体方面的进展，已能做到高效生产一些临床上很重要的哺乳动物的肽，用携带适当基因的微生物生产工业用酶，以及用一些克隆基因编码的酶来生产人们所需的代谢物。

24.2 干扰素

24.2.1 高密度细胞培养的策略

高密度细胞培养是基因工程菌产品生产的重要手段。建立高细胞密度发酵试验方案应遵循以下原则：①使用最低合成培养基以便于进行准确的培养基设计和计算生长得率，这也有助于避免对细胞生长不利的养分限制；②细胞要在这样一种比生长速率下生长，即不至于使较多的碳-能源用于形成胞内储藏物或胞外潜在抑制性的部分氧化的有机物，其生长速率应优化，使得碳源能被充分利用和获得较高的产率，用养分流加来限制菌的生长速率还能控制培养物对氧的需求和产热速率；③用碳源作为限制性养分的另一好处是其用量比其他养分大，且易控制。为了能得到最大的细胞浓度和减轻恒化培养所带来的不稳定问题，宜采用补料-分批培养。

Fieschko 等[1] 利用恒化器和源自大肠杆菌 K12 的具有多重噬菌体抗性的基因工程菌 AM-7 来研究比生长速率对菌代谢和基因产物合成的影响。构建的质粒含有编码新的白血球干扰素，又称为 α-同感（consensus）干扰素（IFN-α-Con-1）基因。这是一种含有氨苄青霉素抗性标记的由温度调节的多拷贝质粒。其干扰素基因受强 λ 启动子的转录控制。在细胞内还有第二种含 λ 阻遏物的质粒，其复制也受温度调节。

图 24-1 的数据显示，比生长速率大于 $0.14\ h^{-1}$ 时，培养液便开始积累乙酸。乙酸的积累和所用培

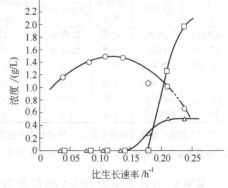

图 24-1 重组大肠杆菌的恒化培养
○—细胞干重；△—乙酸；□—葡萄糖

养基有关。用大肠杆菌 K12 试验，在合成培养基中的和复合培养基中的乙酸比生成速率分别为 $0.35\ h^{-1}$ 和 $0.20\ h^{-1}$。据此，补料-分批高密度培养的补料速率以此（$0.14\ h^{-1}$）为准。作者用恒化器求得，在未诱导前菌的维持系数为 $0.025\ g/(g \cdot h)$，细胞得率为 0.33（g 细胞/g 葡萄糖），这和用非重组菌所得试验结果相似。

24.2.2 重组菌的高密度培养和 α-干扰素的表达

含 IFN-α-Con-1 基因的重组菌 AM-7 分别在含 $200\ \mu g \cdot L^{-1}$ 和 $500\ \mu g \cdot L^{-1}$ 的种子和发酵培养基中生长。在大约 38.5 h 进入生长期，这时的细胞密度为 30 g/L，将温度从 30 ℃ 提升到 37 ℃，导致质粒拷贝数的增加。在 46 h 进入发酵阶段，温度进一步提升到 42 ℃，使充分诱导重组菌生产干扰素。在整个发酵期间可维持乙酸浓度低于 0.5 g/L，细胞密度高达 70 g/L，50～52 h 干扰素单位达高峰，为 7.6×10^{12} U/L，相当于 5.5 g/L。在发酵期间生成的干扰素被包裹在具反光的内涵体里。

24.2.3 酿酒酵母的高密度培养及人免疫干扰素的表达

要使酵母在葡萄糖培养基中高效地生长，需避免乙醇的产生。乙醇的形成不仅是基质碳和能源的浪费，也会出现抑制生长的问题。试验发现，葡萄糖浓度高于 5%，便会阻遏氧化代谢，导致乙醇的堆积。即使在有氧条件下也可能堆积乙醇，这种现象称为氧化性发酵，葡萄糖或 Crabtree 效应。此外，如比生长速率高于 $0.2～0.25\ h^{-1}$ 也会堆积乙醇。故酵母高密度培养成功的关键在于：①在葡萄糖限制条件下让细胞生长，这样在培养基内不会有多余的葡萄糖存在，②酵母的生长需在低于事先确定的比生长速率下生长，以免乙醇的堆积。

以构建含有磷酸甘油酸激酶（PGK）基因启动子的酵母菌株进行高细胞密度培养，用于表达 IFN-γ 的效果不佳，原因在于积累的 IFN-γ 对质粒的稳定性和细胞生长有不利的影响。据此，Fieschko 等[2] 构建了一种新型的调节性启动子系统 GPD(G)，它能让细胞高密度生长，只堆积少量的 IFN-γ，此时用添加半乳糖来诱导产物的表达。此 GPD(G) 系统是由 GPD 可携带的启动子衍生的，它是通过引入一段从 GAL1 来的上游调节性序列，10 基因间的区域构成的。GPD(G) 杂合启动子只有在半乳糖或乳糖＋半乳糖的培养基中可以表达 IFN-γ，葡萄糖阻遏 GPD(G) 杂合启动子。

从不同条件下酿酒酵母 IFN-γ 表达效果的比较（见表 24-1）中可以发现，影响 IFN-γ 表达的因素有：构建工程菌所用的启动子系统、培养基、诱导方法和寄主的选择。

表 24-1　酿酒酵母 IFN-γ 表达效果的比较

寄主	启动子	培养基类型	诱导方法①	最高细胞浓度 /(g/L)	质粒稳定性 /%	最高 IFN-γ 浓度 $\times 10^8$ /(U/L)	IFN-γ 的表达 $\times 10^7$ /(U/g)
RH218	PGK	最低	组成型	15	16	1.5	1.5
RH218	PGK	丰富	组成型	19	11	2.2	22
J17-3A	GPD(G)	丰富	1#	76	50	20	4.0
J17-3A	GPD(G)	丰富	2#	83	60	33	2.4
J17-3A	GPD(G)	丰富	3#	53	53	56	5.6
DM-1	GPD(G)	丰富	1#	110		220	20

① 1# 方法，在碳源限制下生长，分次补入半乳糖（每次 10 g/L）到培养物中；2# 方法，以流加半乳糖代替葡萄糖，半乳糖是主要的碳-能源；3# 方法，前两种方法的联合应用，先用 1# 方法接着用 2# 方法。

采用 1# 方法寄主为 DM-1 的最高 IFN-γ 浓度比寄主为 J17-3A 的高出 1 个数量级，后者又比寄主为 RH218（启动子为 PGK）的同样高出 1 个数量级。这说明，强有力的启动子和活力旺盛的二倍体寄主（由 RH218 和 J17-3A 接合）是表达 IFN-γ 的关键，诱导方法和培养基的影响也不容忽视。这种高表达水平和高细胞密度发酵导致 IFN-γ 的产量高达 2.2×10^{10} U/L，相当于 2 g/L。

人 α2a 型干扰素（IFN-α2a）是国外已大量生产和广泛应用的抗病毒及抗肿瘤多肽药物。它是由 165 个氨基酸组成的单链多肽，相对分子质量为 19219 U。它对不同人体肿瘤有抗增生作用，抑制病毒核酸密码的转录和分解病毒的 RNA 核酸，是一种具有调节免疫力，治疗乙型、丙型肝炎、白血病、卡波氏肉瘤（艾滋病相关的）等疗效的多功能细胞因子[3]。酿酒酵母是迄今为止研究最深入的真核生物，它具有比大肠杆菌更完备的基因表达调控机制，和更强的对表达产物的加工修饰及分泌能力。因此，酿酒酵母作为基因工程的表达系统日益得到广泛的应用，并已成功地表达了多种外源基因[4]。

发酵中使用的酵母工程菌为 DCO4（Cir⁰，pHC11-IFNαAl），由重组质粒 pHC11-IFNαA1（由人-αA 干扰素基因表达分泌单元插入高稳定载体 pHC11 构成）转化 *Saccharomyces carlsbergensis* DCO4（Cir⁰，MATa，ade1，leu2-04）得到[5]。此工程菌是在磷酸甘油激酶（PGK）启动子下表达 IFN-α2a。由于组成型酶系的合成速率既不受诱导物诱导，也不受辅阻遏物的控制，基因表达随时都在进行。重组质粒和酵母染色体基因竞争利用共同的蛋白质表达系统、代谢能量以及生物合成的前体等，从而造成受体细胞生长缓慢和重组质粒的不稳定性。那些丢失了重组质粒的细胞与受体细胞共享培养基并竞争生长，导致基因表达物的产率减少。外源基因在宿主细胞中的表达受很多因素的影响，不仅要考虑工程菌本身的因素，还要顾及工程菌培养过程中外部条件，如发酵过程中各种营养成分的含量、温度、pH、溶氧浓度等。因此，对发酵过程中各种参数进行监测，优化其工艺条件，通过工程菌高密度发酵，有助于实现产物的高表达。这些对人 α2a 干扰素能否实现大规模生产是一个相当重要的环节。

储炬等[6] 研究了培养条件对人 α2a 干扰素酵母工程菌生长及表达的影响，结果表明，当基础料中腺嘌呤含量为 20 μg/mL，在发酵进行至 12h 时再加入 20 μg/mL 腺嘌呤时，IFN-α2a 生物活性及比活分别达到了 7.3×10^6 IU/mL 及 6.77×10^7 IU/mg。发酵过程中后期补入适量葡萄糖，且维持低糖水平，有利于表达。维持总碳源含量不变，使培养基中葡萄糖与蔗糖的比例为 1∶0.1，结果 IFN-α2a 生物活性及比活分别比对照增加了一倍以上。在发酵进行至 12 h 时，加入 2 g/L 谷氨酸时，IFN-α2a 生物活性及比活分别比对照提高了 1.76 倍及 1.94 倍，而添加 0.25～1.0 g/L 赖氨酸也能显著提高表达水平。培养基初始 pH 对产物表达有较大影响，初始 pH 为 6.5 时，对表达最有利。

进一步采用 2.6L 多参数监控发酵罐研究人 α2a 干扰素重组酿酒酵母的补料分批培养[7]，结果表明，培养过程中待葡萄糖耗尽时，流加葡萄糖，并维持低糖浓度；在培养 10～20 h 时，恒速流加 20 mg/L 的腺嘌呤，能较大幅度提高表达水平，生物活性从原工艺的 3.1×10^6 IU/mL 提高至 1.3×10^7 IU/mL，为原工艺的 4 倍。表达期 pH 值对生产水平有很大影响，表达期 pH 值宜控制在 5.0～5.30。

24.3　源自克隆基因的蛋白

生物技术在医学科学上也起着重要作用，其热点在于应用新技术大量生产一些对医疗有预防、临床疾病的治疗、抗体存在的诊断和新疗法的发现。这方面研究的重点着眼于应用克隆基因来生产一些称之为生物制品的蛋白，如疫苗、诊断工具和激素等。利用重组 DNA 技术来生产蛋白有 4 方面的理由：①品种的需求，天然蛋白的供应受到限制，使它得不到广泛应用；②数量上的满足，现有的天然蛋白将来随需求的不断增加，难于满足，需扩展新的来源；③安全方面，一些天然蛋白的原材料可能受到致病性病毒的污染，难于保证这些病毒的消除或钝化；④特异性，从天然原料来的残留污染蛋白会引起诊断试验所不应有的背景读数。有些疾病被诊断为激素缺乏症，现已能用补充天然或重组体衍生的激素的办法治疗这类疾病。以下将介绍三种激素的特殊临床和发展方面的问题。

24.3.1 胰岛素

在 1982 年由大肠杆菌生产的胰岛素成为第一个获得执照的由重组体衍生的人用生物制品。胰岛素是用来治疗 I 型糖尿病患者。这种病人的胰岛自己不能生成足够的胰岛素，需依赖外源供给。重组体衍生的胰岛素的生产过程涉及大肠杆菌发酵，生成胰岛素的 A-和 B-肽链，随后提取、纯化，在体外将这两条链缔合[8]。在引入重组体衍生的胰岛素前，全球用的胰岛素大多数来自猪原料。这两种胰岛素结构上的差别在于 B-链的羧基末端，人胰岛素的是苏氨酸，而猪胰岛素的是丙氨酸。

在考虑用怎样的表达系统来生成胰岛素较适合时首先想到的是重组体产物的生物活性。大肠杆菌被认为是胰岛素表达最为满意的寄主细胞。由重组体衍生的胰岛素的许多性质与猪衍生的没有多大区别。因此，用大肠杆菌的表达系统来生产胰岛素是很有吸引力的。况且重组大肠杆菌的生产很容易放大，其成本较低，安全性符合生物制品的要求。

24.3.2 生长激素

儿童的生长和体重的增加要靠生长激素。这是一种垂体产物。如垂体不能生产足够量的生长激素，生长便会受阻，导致侏儒症。由大肠杆菌衍生的人生长激素（hGH）已在 1985 年批准作为缺少生长激素的儿童的治疗药物。此激素的生产过程与胰岛素的相似，都是通过发酵，然后从大肠杆菌的完整细胞中分离获得[9]。第一代重组体衍生的 hGH 的序列与天然 hGh 的区别在于前者的氨基末端多了一个甲硫氨酸残基，将其看做 met-hGH；现已开发出一种缺少此附加甲硫氨酸残基的 hGH。

在引入重组体衍生的 hGH 前，多年来天然的 hGH 源自尸体的垂体。故其价格昂贵，来源受限制，且不安全，在 1985 年后禁止使用。这以后经批准的 met-hGH 上市，为患者提供一种安全的激素。

经临床试验，证明 met-hGH 在生物活性方面与天然的 hGH 一样，其附加的甲硫氨酸残基对活性无影响。如同人胰岛素的情况那样，可利用大肠杆菌表达系统来生产此激素，其生产放大和产率都能过经济这一关。第二代不含末端甲硫氨酸的 hGH 也已批准上市。

24.3.3 促红细胞生成素

促红细胞生成素（Epo）是一种为响应低氧而由肾脏产生的激素，它在骨髓中负责促进红血球细胞的生长和分化。已克隆编码 Epo 的基因，并在 CHO 细胞中表达，分泌生物活性激素[10]。从培养物的上清液中纯化的重组体 Epo 的技术已用于需血液透析的晚期肾病临床试验，结果令人鼓舞。Epo 可使血液中的血红蛋白浓度增加，无需给病人输血，从而避免输血可能带来的病毒性肝炎和艾滋病感染的危险。用过 Epo 的大多数病人感觉良好，在治疗期间无明显毒副作用或功能失调。重组体 CHO 细胞可以放大到生产规模以满足对 Epo 的需求。

24.4 外源蛋白酵母表达系统

酵母是单细胞真核微生物，具有遗传操作简易和对蛋白质翻译后加工修饰能力的特点，因此在生物技术表达外源蛋白方面是一个很有吸引力的表达系统。其优点在于与原核表达系统如大肠杆菌、枯草芽孢杆菌等相比，酵母有先进的外源蛋白折叠系统、分泌能力和后加工能力；与动物细胞表达系统相比，酵母可以生长在简单的合成培养基中，并且生长速率快、成本低。酵母表达系统中主要有常规的酿酒酵母和非常规的酵母，如以甲醇为惟一碳-能源的甲醇营养型酵母（methylotrophic yeast），主要有巴斯德毕赤酵母（pichia pastoris）、多形汉逊酵母（hansenula polymorpha）和能以乳糖为惟一碳-能源的乳酸克鲁维酵母（kluyveromyces lactis）等[11]。这些非常规酵母表达系统在近年的研究中表现出更广泛的应用前景，尤其是甲醇营养型毕赤酵母。

24.4.1　甲醇营养型毕赤酵母的优势

甲醇营养型酵母（主要是毕赤酵母和多型汉逊酵母）是近年来作为表达外源目的蛋白最有前途的表达系统。1987 年 Cregg 等首次报道甲醇营养型毕赤酵母（methylotrophic pichia pastoris）表达外源蛋白，与重组酿酒酵母比较具有以下优势：①具有精确调控的启动子，而酿酒酵母缺乏强有力的严格调控的启动子；②分泌效率高，本身分泌的背景蛋白较小，分泌的外源蛋白可占总分泌蛋白的 90% 以上，十分利于目的蛋白的分离纯化；③在简单合成培养基中可实施高密度培养。至今利用该系统表达的外源基因多达二百多种。事实上，根据现有统计数据表明，已有 50%～75% 的把握在毕赤酵母系统表达我们感兴趣的任何蛋白，并达到相当水平。其中大部分可成为医药制品，发酵罐规模可达 20 m^3 以上。由此可见，它的研究进展具有极重要的经济效益和社会意义。

24.4.2　巴斯德毕赤酵母表达系统研究进展

巴斯德毕赤酵母表达系统的研究获得许多新进展。Cregg 等[12] 和 Cereghino 等[13] 在重组蛋白的表达方面做过较全面和详细的综述。在分子水平方面，主要表现在：①载体类型的发展，载体一般为穿梭载体（shuttle Vector），通常具有甲醇精确诱导调控的醇氧化酶（alcohol oxidase，AOX）启动子 P_{AOX}，根据 AOX 结构基因被外源基因表达盒所替换情况，形成 Mut^+、Mut^s、Mut^- 等不同表型。载体含有多克隆位点，AOX1 转录终止子以及来自大肠杆菌质粒 pBR322 的 Amp^r 和 ColEI ori 序列等。②酵母作为真核细胞，可用整合型表达质粒，以线形化质粒或环型质粒形式整合到酵母基因组内，随着酵母宿主菌染色体的复制而复制。外源目的基因在酵母世系传代中趋于稳定，不易丢失。③载体单元的发展，除 P_{AOX1} 启动子外，还有 P_{DAS}、P_{GAP} 等组成型启动子构成的表达质粒也具有较高的表达潜力。在选择性标记上，一般为对应于营养缺陷型受体的野生型基因，常用 HIS4，也有用蔗糖酶基因 SUC2 和 $G418^r$、$Zeocin^r$ 等。④在信号肽序列上，可用自身的信号肽在毕赤酵母中表达，也可用来自酿酒酵母交配因子（α-MF）的信号肽序列（pre-proα-MF）等，达到分泌表达产物的目的。另外，还可使用来自酿酒酵母的 SUC2 信号肽序列，酸性磷酸酶基因 PHO1 的信号肽、间质金属蛋白酶（MMP）/间质金属蛋白酶组织抑制剂（TIMP）信号肽序列等。⑤为增加分泌蛋白的稳定性，避免被宿主蛋白降解，一些研究者使用蛋白酶缺陷型菌株，如 SMD1168 等。⑥在基因剂量上，虽然外源基因在整合拷贝数上大多为单拷贝整合，即可获得较高的产量，但提高拷贝数仍是研究提高表达的重要方面。毕赤酵母的分泌产物之一，泛肽，也可提高外源蛋白的分泌。⑦由于培养毕赤酵母主要是合成培养基，与动物细胞培养系统相比，也是用同位素示踪研究外源蛋白表达机理和分泌过程以及蛋白结构研究的优秀模型之一。

24.4.3　甲醇营养型毕赤酵母的特征

其主要特征之一是能以甲醇作为惟一碳源和能源。甲醇代谢的第一个酶是醇氧化酶，即将甲醇氧化为甲醛的酶。醇氧化酶有两种基因，分别为 AOX1 和 AOX2，二者编码序列有92％的同源性，其蛋白产物则97％有同源性。AOX1 基因的表达是控制在转录水平。AOX1基因的调控主要表现为两种机制即阻遏/去阻遏以及诱导机制。

甲醇的存在对于高水平的转录是必需的。甲醇营养型毕赤酵母的另一重要特征是在甲醇被醇氧化酶氧化为甲醛后有两条代谢途径：①甲醛被氧化为甲酸后生成 CO_2 的完全氧化途径；②与三羧酸循环相耦合同化甲醛的木酮糖单磷酸途径。这两条代谢途径都能为细胞生长提供能量和构成物质，Katakura 等认为在甲醇诱导阶段酵母细胞生长和外源蛋白表达都是由甲醇氧化提供能量，生长和外源蛋白表达是相互竞争能量的，因此，在甲醇营养型毕赤酵母表达外源蛋白时其代谢流的合理分布是一个十分重要的问题。Chauvatcharin 等认为在不同环境条件下对细胞代谢流的分析可以使人们对细胞培养的基础代谢有更好的认识，这对细胞培养的反应器设计，培养基改良和高表达的调控都是极其必要的，它的解决将为甲醇营养型毕赤酵母高密度高表达的发酵过程调控提供坚实的理论基础。

此外，针对 AOX1 启动子的调控特征，甲醇营养型巴斯德毕赤酵母表达外源蛋白时有三个明显的阶段：第一阶段为生长期，即批发酵过程，这个阶段主要是毕赤酵母质量增长阶段。在高细胞密度培养物中所形成的乙醇及乙酸的浓度会累积，从而影响酵母的进一步繁殖及外源蛋白的生产。第二阶段为补料分批培养阶段或称为过渡相。在此阶段甘油以限制性速度流加。其主要目的是去阻遏，一方面要把在快速生长相所形成的阻遏性物质乙醇及乙酸等耗竭；另一方面将甘油控制在几乎零的浓度，为诱导做准备。第三阶段为诱导表达相。当阻遏性碳源（如甘油、乙醇等）完全耗竭时，以限制性速率流加甲醇或甲醇/甘油混合料，诱导表达外源蛋白。在各阶段碳源都为限制性基质，其补加速率的动力学模型是高效表达的基础。

24.4.4　表达产物的糖基化

酵母是单细胞真核细胞，无论在蛋白质翻译后修饰加工、基因表达调控还是生理生化特征上，都与高等真核生物相似，其中表现在表达产物的糖基化，毕赤巴斯德酵母能进行 N型及 O 型糖基化，倾向于形成 N-型高甘露糖型的糖基侧链。重组糖蛋白中糖基的差别将影响蛋白的稳定性，免疫原性，体内外生物活性等方面，人们已开始注意蛋白质糖基化所带来的产品生物学功能的变化。

毕赤巴斯德酵母的高密度发酵过程中，外源蛋白的表达浓度随着细胞密度的增加而增加，但其他细胞物质的浓度，特别是蛋白酶也增加很快。如何降低蛋白酶引起的外源蛋白的不稳定性值得研究。解决办法除从基因和氨基酸序列结构设计上考虑外，可采用蛋白酶缺失型宿主细胞表达系统以及对培养基等操作条件的优化。

近年来在研究产物糖基化时，发现了除多肽链自身结构和细胞内因素外，还存在如pH、基质浓度等环境影响因素，这种因素又往往通过菌体生长速率、代谢生理特性等形式影响糖基化或糖型结构。建立毕赤酵母工程菌外源蛋白糖基化程度与细胞的生长速率、代谢生理特性等因素为目标的动力学关系，对发酵过程优化具有重要意义。

24.5　疟疾疫苗

利用基因重组技术生产疫苗，不仅成本低，而且它在抗原位点和结构基因的选择等诸方面均具有灵活、简便等特点，有利于多个含 T-/B-细胞表位的目的克隆和表达。研制有效的疟疾疫苗被认为是人类控制乃至消灭疟疾的重要途径，已越来越受到重视，并已构建和鉴定多个疫苗候选抗原[14]。恶性疟原虫融合抗原蛋白是当今疟疾疫苗主要的候选抗原，分子量约 35KD 的糖蛋白，它能诱导很强的疟疾保护性免疫。由第二军医大学病原生物学教研室构建的融合抗原就是一个疫苗候选抗原。郭美锦等[15] 采用 GS115/pfcp 菌株和多参数全自动发酵罐进行高密度高表达恶性疟原虫融合抗原基因，在罐上目的蛋白表达浓度达到 2.6g/L，是摇瓶水平的 20 倍。表达产物蛋白经 Western Blot 印迹法验证具有生物学活性。

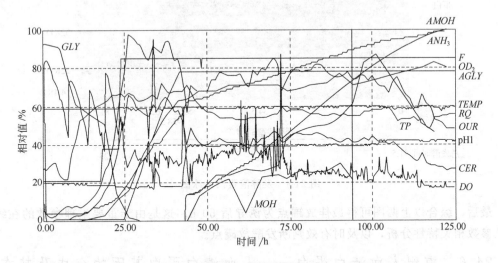

图 24-2　恶性疟原虫融合抗原发酵参数随时间的变化

TEMP—温度；AGLY—甘油累计量；AMOH—甲醇累计量；ANH_3—氨水累计量；

CER—二氧化碳释放率；DO—溶解氧；ECO_2—尾气 CO_2 含量；EO_2—尾气 O_2 含量；

F—空气流量；GLY—甘油浓度；MOH—甲醇浓度；OD_2—光密度 OD_{600}；

OUR—氧气摄入率，TP—总蛋白量

　　发酵整个过程长达 125 h，从图 24-2 可以看出，发酵可以分三个阶段，批发酵阶段（0～24 h），生长表达过渡阶段（补甘油，24～41.5 h）与蛋白表达阶段（补甲醇，41.5～125 h）。由十几个发酵参数监控发酵过程中菌体的生长、生理与代谢状况以及发酵环境条件的变化（温度、pH、搅拌、通气量等）。这些参数相关性变化是发酵过程分子水平、细胞水平、工程水平变化的综合体现。在分别对分批发酵阶段、补料菌体生长阶段和甲醇诱导蛋白诱导阶段的发酵过程参数进行了相关分析，发现每个阶段均有它们的相关特点，并发现了代谢流迁移特征，为我们动态优化发酵过程提供了很好的理论依据。

　　图 24-3 和图 24-4 分别是发酵过程总蛋白趋势和进入蛋白表达期后每 4 h 样品跟踪电泳图，很明显，从诱导 0 h 开始到诱导 53.5 h，目的蛋白量逐渐上升，降解蛋白较少。而 53.5 h 以后，蛋白开始出现降解现象。到 62.5 h 以后，发现目的蛋白基本上被降解完。这说明此蛋白以诱导 50 h 为最佳放罐点。蛋白降解的原因可能是随着蛋白本身浓度的逐渐变浓，可能激发蛋白水解酶的活性，从而导致大量降解。也有可能是环境因素（例如某种无机

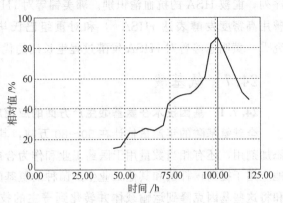

图 24-3　发酵过程中总蛋白趋势图

盐耗尽）造成蛋白降解。

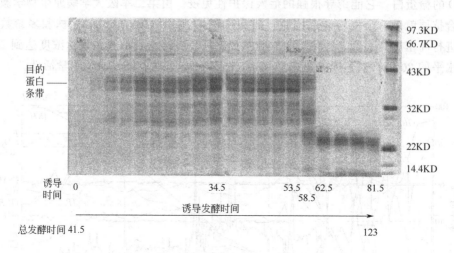

图 24-4　发酵液蛋白电泳图

最后，综合以上两图可得最佳放罐点为诱导后 50 h。这是由于重要生理参数的在线采集及参数相关特性分析，以及时有效判断发酵放罐点。

24.6　重组人血清白蛋白——人血清白蛋白基因的合成及其在酵母中的表达

Kalman 等[16] 利用化学合成方法制备了一种具有 1761 碱基对的编码人血清白蛋白（HSA）的人造基因。所合成的寡核苷酸只是对应于 HSA 基因中的一股，而其互补的一股是通过酶反应和克隆步骤获得的，其中使用了 24 个合成的第 69～85 核苷酸长的寡核苷酸，覆盖 HSA 基因的主要部分（41～1761 核苷酸）作为建筑单位。通常，4 组 6－6 这样的寡核苷酸被成功地克隆到大肠杆菌 pUC19 载体中，以获得约为基因的 1/4 大小的片断。将这 4 个片断连接在一起便产生一种编码 HSA 的第 13～585 氨基酸的克隆 DNA。此寡核苷酸在与编码氨基末端 12 个氨基酸的双股序列衔接。HSA 的完整结构基因是由在高度表达酵母基因中常用的密码子组成的。这样获得的 HSA 表达系统被插入大肠杆菌-酿酒酵母穿梭载体中。此载体能指导酿酒酵母表达和正确加工所需的 HSA。生成的 HSA 具有 N-末端氨基酸序列，能被 HSA 的抗血清识别。郭美锦等对 rHAS 表达的研究进展作过一篇综述[17]。他们曾用高密度发酵表达 rHSA[18] 和对重组巴氏毕赤酵母作过动力学与代谢迁移特性的研究[19]。黄明志等曾对 rHSA 发酵过程生长期的代谢进行计算[20]。

24.7　氨基酸

24.7.1　基因技术在氨基酸生产方面的应用成果

全球氨基酸的年产量估计在 50～80 万吨，其中 2/3 用于食品，其余大部分作动物饲料添加剂用，还有相当数量用于医药工业和作为合成化学试剂的前体。重组 DNA 技术已成功地应用于提高棒杆菌和其他工业生产菌种的氨基酸生产。现已掌握分离氨基酸生物合成基因和将这些基因克隆到运输载体并转化到寄主的技术。其典型的构建步骤示于图 24-5，有关棒杆菌基因库的构建和氨基酸生物合成基因的分离列于表 24-2。

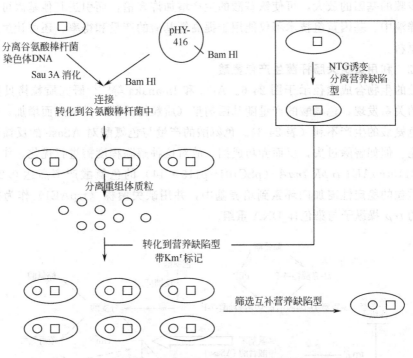

图 24-5　棒杆菌基因库的构建和氨基酸生物合成基因的分离

表 24-2　棒杆菌基因技术在氨基酸生产方面的应用成果

氨基酸	菌种	重组 DNA 技术的应用要点和效果	参考文献
天冬氨酸	1. 大肠杆菌	克隆天冬氨酸酶重组菌,其酶活增长 30 倍	Nishimura[21]
	2. 拈质沙雷氏菌	克隆天冬氨酸酶重组菌,其酶活增长 39 倍	Kisumi[22]
谷氨酸	谷氨酸棒杆菌	引入高拷贝数质粒,使谷氨酸增产	Katsumata[23]
组氨酸	1. 谷氨酸棒杆菌	引入克隆的编码 ATP 磷酸核糖基转移酶的 hisG 基因,使受体菌株的 L-组氨酸产量翻倍;诱导野生型过量生产 L-组氨酸	Mizukami[24]
	2. 短杆菌属	引入带有 L-组氨酸基因的重组 DNA,诱导 L-组氨酸过量生产	Mizukami[25]
苯丙氨酸	1. 谷氨酸棒杆菌	引入克隆分支酸变位酶和预苯酸脱氢酶基因,导致苯丙氨酸增产 50%,达 19 g/L	Ozaki[26]
	2. 谷氨酸棒杆菌	引入克隆预苯酸脱氢酶基因,导致此酶的比活增加 6 倍	Follettie[27]
脯氨酸	1. 乳醇短杆菌	克隆 PEP 基因的放大,使 L-脯氨酸的生产提高 1.8 倍克隆 proA 与 ProB 基因的放大,使 L-脯氨酸增产 1.5 倍;携带克隆脯氨酸 dpr-1 基因的质粒促进 L-脯氨酸的分泌,达 75 g/L	Sano[28]
	2. 拈质沙雷氏菌		Sugiura[29]
苏氨酸	1. 谷氨酸棒杆菌	克隆大肠杆菌苏氨酸操纵子的表达,使 L-苏氨酸增产 4 倍	Katsumata[30]
	2. 乳醇短杆菌(Brevibacterium lactofermentum)	克隆高丝氨酸脱氢酶(HD)基因的放大,使 HD 活性提高 1 倍,L-苏氨酸增产 1.4 倍,达 25 g/L。在苏氨酸产生菌中 HD 和高丝氨酸激酶的共存促进生产 30%,达 33 g/L,并降低副产物的形成。引入质粒携带苏氨酸操纵子,促进 L-苏氨酸的生产	Morinaga[31]
	3. 大肠杆菌		Mizukami[32]
L-色氨酸	1. 大肠杆菌	构建的大肠杆菌 W3110trpAE1 trpR tnaA(pSC101trp115·14)的色氨酸产率高达 6.2(g/L)27 h=0.23(g/L)/h	Aiba[33]
	2. 乳醇短杆菌	克隆色氨酸基因族	Matsui[34]

　　通过多拷贝质粒引进生物合成的关键基因使菌种改良获得成功。这类方法,特别是编码

速率限制步骤的基因的放大，可使氨基酸的生产增加许多倍，而引进其他基因可促使氨基酸分泌到培养液中。基因重组技术不仅能用于提高氨基酸的产量和得率，还可让生产菌利用更为廉价的原料。

24.7.2 利用重组大肠杆菌生产色氨酸

色氨酸的生物合成途径示于图 24-6。Aiba 和 Imanaka 等[33] 研究质粒拷贝数与色氨酸生产之间的关系发现，色氨酸的产量随基因剂量（质粒拷贝数）的增加而增加，但拷贝数过高反而对色氨酸的生产不利（表 24-3）。色氨酸的产量与色氨酸对 ASase 的反馈抑制的解除程度成正比。但如解除过头，反而弄巧成拙。故对这种解除程度需进行优化。作者构建的大肠杆菌 W3110$trpAE1$ $trpR$ $tnaA$（pSC101trp115・14）的色氨酸产率高达 0.23（g/L）/h。为了确保质粒的稳定性需加四环素到培养基中，并用缺失菌株（trpAE1）作为寄主菌株以避免克隆的 trp 操纵子与染色体 DNA 重组。

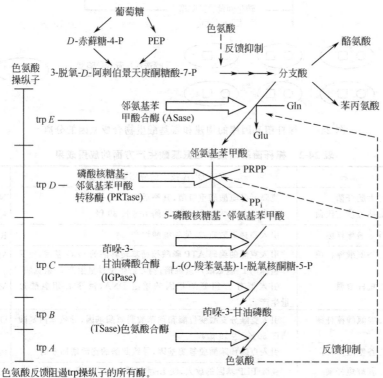

图 24-6 L-色氨酸生物合成的主要途径

PEP—磷酸烯醇式丙酮酸；PRPP—5-磷酸核糖基-1-焦磷酸；PP$_i$—焦磷酸

表 24-3 色氨酸合酶的活性与色氨酸生产的关系①

菌株（质粒）	质粒拷贝数/染色体	质粒稳定性/%	色氨酸合酶/（U/mg 蛋白）	色氨酸产量/（g/L）
Tna（RP4-trp115）	1～3	约 100	36	1.7
Tna（pSC101-trp115）	约 5	约 35	107	3.1
Tna（RSF1010-trp115）	10～50	约 35	215	2.6
Tna（pBR322-trp115）	60～80	—	—②	—

① 细胞生长在最低培养基中，37 ℃直到生长对数晚期。

② 难于获得稳定的转化子。

Sakoda and Imanaka[35] 曾建立一种极其稳定的寄主重组质粒系统。该载体具有以下的特征：①寄主的染色体色氨酸操纵子被消除；②在寄主细胞内缺乏色氨酸的主动运输机能；③携带色氨酸操纵子的重组质粒被转化到寄主菌内。这样，色氨酸营养缺陷突变株大肠杆菌的 Tna 菌株不能生长在最低培养基中。将 pSC101-trp115·14 转化到此缺陷型菌株后便能正常生长在最低培养基中，其质粒也相当稳定，因细胞的生长依赖于此重组质粒。但在完全培养基内质粒不那么稳定，因细胞的生长不依赖于质粒上的色氨酸操纵子。若寄主菌不能有效地吸收色氨酸，即使在完全培养液中含 trp 操纵子重组质粒的寄主能生长，且质粒也能维持稳定。故要使质粒稳定必须同时具备上述的三个特征。

24.8 肌苷酸和鸟苷酸

作为调味品，这两种核苷酸，5'IMP 和 5'GMP 已在日本大规模生产，年产量均数千吨。曾用重组 DNA 技术改良调味核苷酸生产菌种，枯草杆菌的生产性能。Miyagawa 等[36] 测定了鸟苷酸生产的速率限制性反应为 IMP 脱氢酶（图 24-7）。因此，作者将枯草杆菌中编码此酶的基因（guaA）克隆到大肠杆菌中，然后将此基因再克隆到需次黄嘌呤的枯草杆菌 NA6128 中，将重组质粒 pBX121 引入肌苷-鸟苷生产菌株中。携带质粒的所有转化子都具有 IMP 脱氢酶，其活性比未转化的寄主的高约 10 倍，是克隆 DNA 来源菌株，枯草杆菌 NA7821 的 1.6 倍。鸟苷的生产从 7.0 g/L 提高到 20.0 g/L，而肌苷的生产从 19.0 g/L 降低到 5.0 g/L。在发酵后超过 90% 的细胞仍携带质粒，这可从其保留对氯霉素的耐药性证实。如引入更强的 IMP 脱氢酶的启动子，使用高拷贝数的载体和强化合成 IMP 的酶，便能大幅度提高鸟苷的水平。

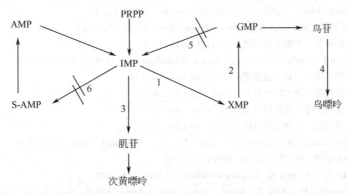

图 24-7　枯草杆菌中的嘌呤核苷酸生物合成途径的遗传阻断部位

1—IMP 脱氢酶；2—GMP 合成酶；3.5'—核苷酸酶；4—嘌呤核苷磷酸化酶；5—GMP 还原酶；

6—腺苷酰琥珀酸（s-AMP）合酶；　　　—为阻断部位

24.9 微生物多糖

全球的微生物多糖的产值估计已超过 10 亿美元。这类生物高分子，又称为胶。其独特功能在于它们可作为增稠剂、亲水胶体，用于水基系统中的乳化、悬浮和稳定混合物。它们在温度、pH 和盐浓度大幅度变化的条件下仍能与其他系统相容，甚至起协同增效作用。多糖的这些性质是由其结构和组成决定的，而多糖的结构和组成又取决于生产菌种或菌株，碳源和发酵条件。

基因的引入使黄原胶产生菌，黄单孢菌能生长在来源丰富的碳源上，也被用于提高黄原胶的生产，使成本降低许多。Harding 等[37] 克隆了四种与黄原胶生物合成有密切关系的基因，并发现携带此基因族一部分的质粒转化到受体菌株后可以使其黄原胶增产 10% 并使其胶的丙酮酸含量提高 45%。Thorne 等[38] 获得野生型黄单孢菌完整的 DNA 片段文库，并用一适应广泛寄主的 cosmid 载体将这些片断引入大肠杆菌中，然后通过接合配对，将它们转移到黄单孢菌突变株内。携带多拷贝质粒的野生型菌株可提高黄原胶的产量 1.2～2 倍。这是由于这些额外的基因拷贝数克服了酶反应中的速率限制步骤，也可能是大的质粒本身促进细胞的生长和解除对黄原胶生产的阻遏作用。这类开拓性的研究很可能导致黄原胶生产的大幅度提高，改进现有的工艺，甚至设计出新型的生物聚合物。

参 考 文 献

1 Fieschko J. and Ritch T. Chem. Eng. Commun. 1986, **45**: 229

2 Fieschko J., Egan K., Ritch T., Koski R., et al. Biotechnol. Bioeng. 1987, **29**: 1113

3 吴梧桐，丁锡申，刘景晶编著. 基因工程药物-基础与临床 [M]. 北京：人民卫生出版社，1996. 154～161

4 李育阳. 生物工程学报. 1987, 3 (2): 81～85

5 霍克克，虞兰兰，陈新杰. 中国科学 B 辑. 1992, 922～929

6 储炬，蔡海波，胡千德等. 华东理工大学学报. 2000, 26 (3): 279～283

7 储炬，胡千德，郭元昕等. 华东理工大学学报. 2001, 27 (4): 349～352

8 Miller W L. and Baxter J D. Diabetologia. 1980, **18**: 431

9 Goeddel D V., Heyneker H L., Hozumi T., et al. Nature (London). 1979, **281**: 544

10 Lin F-K., Suggs S., Lin C-H., et al. Proc. Natl. Acad. Sci. (USA) 1987, **84**: 431

11 Romanos M A., Clare C A., Clare J J. Yeast. 1992, 8 (2): 423

12 Cregg J M., Cereghino J L., Shi J-Y., et al. Molecular Biotechnology. 2000, 16: 23

13 Cereghino J L., Cregg J M., FEMS Microbilology Reviews. 2000, 24: 45

14 Weiqing P., Ravot E., Tolle R., et al. Neucleic Acid Res. 1999, 27: 1094

15 郭美锦、吴康华、储炬等. 生物工程学报. 2001, 17 (4): 456

16 Kalman M., Cserpan I., Sajszar G., et al. Nucleic Acids Research. 1990, 18: 6975

17 郭美锦，储炬，张嗣良等. 生物工程进展. 2000, 20 (5): 39～45

18 郭美锦，吴康华，储炬等. 微生物学通报. 2001, 28 (3): 6～11

19 郭美锦，吴康华，庄英萍等. 微生物学报. 2001, 41 (5): 617～623

20 黄明志，郭美锦，储炬等. 生物工程学报. 2000, 16 (5): 631

21 Nishimura N., Komatsubara S., Kisumi M. Appl. Environ. Microbiol. 1987, 53: 2800

22 Kisumi M. and Takagi T. U. S. Patent. 1987, 4656136

23 Katsumata R., Oka T., Furuya A. Kagaku to Seibutsu. 1986, 24: 382

24 Mizukami T., Katsumata R., Oka T. Abstr. Annu. Meet. Agric. Chem. Soc. Japan. 1984. 249

25 Mizukami T., Katsumata R., Oka T. Japan. Patent. 1985, 60210994

26 Ozaki A., Katsumata R., Oka T., et al. Agric. Biol. Chem. 1985, 49: 2925

27 Follettie M T., Sinskey A J. J. Bacteriol. 1986, 167: 695

28 Sano K., Ito K., Miwa K., et al. Agric. Biol. Chem. 1987, 51: 597

29 Sugiura M., Imai Y., Takagi T., et al. J. Biotechnol. 1985, 3: 47

30 Katsumata R., Ozaki A., Oka T., et al. Eur. Patent Appl. 1982, 82495

31 Morinaga Y., Takagi H., Ishida M., et al. Agric. Biol. Chem. 1987, 51: 93

32 Mizukami T., Yagisawa M., Oka T., et al. Agric. Biol. Chem. 1986, 50: 1019

33 Aiba S., Ysunekawa H., Imanaka, Y. Appl. Environ. Microbiol. 1982, **43**: 289～297

34 Matsui K., Miwa K. and Sano K. Agric. Biol. Chem. 1987, 51: 823

35 Sakoda H., Imanaka T. J. Ferment. Bioeng. 1990, **69**: 75～78

36 Miyagawa K., Kimura H., Makahama K., et al. Bio/Technology. 1986, 4: 225

37 Harding N E., Cleary J M., Cabanas d K., et al. J. Bacteriol. 1987, 169: 2854

38 Thorne L., Tansey L., Pollock T J. J. Bacteriol. 1987, 169: 3593

25 氨基酸生产工艺

25.1 概况

目前世界上可用发酵法生产的氨基酸已有 20 多种（包括酶法生产的氨基酸），发酵法已成为氨基酸生产的主要方法，本章重点讨论的是氨基酸发酵生产的方法与工艺。

25.1.1 氨基酸的用途

氨基酸是构成蛋白质的主要成分，主要用在以下几个方面：

（1）食品工业 一般在主要食物如小麦中缺少赖氨酸、苏氨酸和色氨酸，适量添加这些氨基酸可强化食品，提高食品的营养价值；具有鲜味的氨基酸如谷氨酸单钠盐和天冬氨酸钠，具有甜味的氨基酸如甘氨酸、DL-丙氨酸、L-天冬氨酸苯丙氨酸甲脂等都常用做调味剂。

（2）饲料工业 一般在饲料中缺乏赖氨酸和蛋氨酸，如适量添加这两种氨基酸可提高饲料的营养价值，促进鸡的产蛋与猪的生长等。

（3）医药工业 氨基酸参与体内代谢和各种生理机能活动，因此可用来治疗多种疾病。在医药工业上最常用的是氨基酸输液。手术后或烧伤等病人需要补充大量的蛋白质，可注射各种氨基酸的混合液，即氨基酸输液。复合氨基酸注射液含氨基酸浓度高、体积小、无热原与过敏物质，比水解蛋白好。此外许多氨基酸及其盐或衍生物还用来治疗各种疾病。

（4）化学工业 用谷氨酸可制成各种制品。对皮肤刺激的洗涤剂——十二烷基谷氨酸钠肥皂，能保持皮肤湿润的润肤剂——焦谷氨酸钠，质量接近天然皮革的聚谷氨酸人造革，以及人造纤维和涂料，用丙氨酸制造聚丙氨酸纤维的研究正在进行中。

（5）农业 用氨基酸可制造具有特殊作用的农药，由于氨基酸农药能被微生物分解，是无公害的农药，例如日本使用的 N-月桂酰-L-异戊氨酸，能防治稻瘟病，又能提高稻米的蛋白质含量；氨基酸烷基酯及 N-长链酰基氨基酸能提高农作物对病害的抵抗力，具有和一般杀虫剂一样的防治效果。

目前已经生产的二十几种氨基酸中，产量最大的是谷氨酸约占总产量的 75％，其次为赖氨酸（约占总产量的 10％），其他约占 15％左右。从消费构成来看，食品行业的用量约占66％，饲料占 30％，其他 4％。日本在氨基酸的产量和技术上都具世界领先地位，其氨基酸产量占世界总产量的 32％，生产的品种达 26 个，其中 18 种几乎为日本所独有，占领了世界特殊用途氨基酸的全部市场。

25.1.2 氨基酸的生产方法

过去氨基酸都是用酸水解蛋白质进行制得的。自从 1956 年日本协和发酵公司用发酵法生产谷氨酸后，氨基酸的发酵生产发展很快，到目前为止绝大部分氨基酸已能用发酵法或酶法生产，仅少数氨基酸用抽提法或合成法生产，如表 25-1 所示。

（1）抽提法 生产氨基酸最早采用的生产方法，即将蛋白质原料用酸水解，然后从水解液中抽提出氨基酸的生产方法。目前，胱氨酸、半胱氨酸和酪氨酸仍用抽提法生产。

表 25-1　氨基酸生产方法

名称	制法	名称	制法
L-缬氨酸	发酵法、合成法	L-半胱氨酸	抽提法
L-亮氨酸	抽提法、发酵法	L-酪氨酸	抽提法
L-异亮氨酸	发酵法	甘氨酸	合成法
L-苏氨酸	发酵法	DL-丙氨酸	合成法
DL-蛋氨酸	合成法	L-丙氨酸	发酵法
L-蛋氨酸	合成法、酶法	L-丝氨酸	发酵法
L-苯丙氨酸	合成法	L-谷氨酰胺	发酵法
L-色氨酸	合成法、发酵法	L-谷氨酸	发酵法
L-赖氨酸	发酵法、酶法	L-脯氨酸	发酵法
L-精氨酸	发酵法、抽提法	L-羟基脯氨酸	抽提法
L-组氨酸	发酵法、抽提法	L-鸟氨酸	发酵法
L-天门冬氨酰	发酵法	L-瓜氨酸	发酵法
L-天门冬氨酸	酶法		

（2）发酵法　是目前最常用的生产方法。发酵法分为直接发酵与添加前体的发酵法。直接发酵法是利用微生物的作用直接将粮食原料经过发酵生产氨基酸。添加前体发酵是指在发酵中添加氨基酸代谢途径上的中间产物，利用微生物的作用转化为相应的氨基酸，这样可以避免氨基酸生物合成途径中的反馈抑制作用并提高得率。

（3）合成法　用化学合成的方法制造氨基酸。目前用合成法制造的氨基酸有 DL-蛋氨酸、DL-丙氨酸、甘氨酸和苯丙氨酸。

（4）酶法　利用微生物细胞或微生物产生的酶来制造氨基酸的方法一般称为酶法。赖氨酸、色氨酸、天门冬氨酸、酪氨酸、丙氨酸等氨基酸均可用酶法生产。酶法介于合成法与发酵法之间。酶法能得到 L-氨基酸，产物浓度高、易于提炼。采用固定化酶或细胞连续生产，其优点更突出。

我国从 1963 年开始用发酵法生产谷氨酸，目前已经发展成相当规模的谷氨酸工业。对赖氨酸、天门冬氨酸和丙氨酸等一些氨基酸也已先后分别用发酵法和酶法生产，此外某些氨基酸的发酵生产技术正在开发。但是总体来讲同国外先进水平相比仍有较大的差距。

25.2　氨基酸合成的代谢调控与育种

25.2.1　氨基酸生物合成的代谢调控

25.2.1.1　反馈抑制与优先合成

氨基酸生物合成的基本调节机制有反馈控制和在合成途径分枝点处的优先合成，如图 25-1 所示。

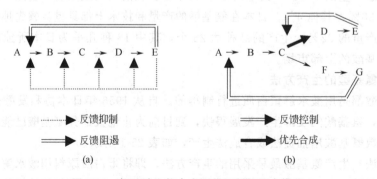

图 25-1　氨基酸生物合成调节机制的基本模式

反馈控制调节机制如图 25-1（a）所示。催化合成途径最初反应 A→B 的初始酶受终产物氨基酸 E 的反馈抑制，同时合成途径上各种酶的生物合成受终产物氨基酸 E 的反馈阻遏。

在途径分枝点处优先合成的调节机制见图 25-1（b）。在分枝点后，其中的一个终产物 E 优先合成，优先合成的关键酶，即催化 C→D 反应的酶受 E 的反馈控制，催化 A→B 反应的共用酶受第二个终产物 G 的反馈控制。首先 E 比 G 优先合成，E 过剩时，反馈抑制催化 C→D 反应的酶，转换为合成 G。G 过剩，催化 A→B 反应的酶，就会为 G 所控制。假使人为地让特定氨基酸（G）过剩的话，就会因为 E 的合成不足，而抑制细菌的生长。

25.2.1.2 其他特殊的控制机制

在微生物氨基酸合成的代谢调控中，除了上面两种基本调节机制外，还有一些特殊的调节机制，如图 25-2 所示。

（1）协同反馈 如图 25-2（a）所示，当一条代谢途径中有两个以上终产物时，任何一种终产物都不能单独的抑制途径中第一个共同的酶反应，但多种终产物同时过剩时，能协同地抑制共同酶的活性。

（2）合作（或增效）反馈抑制 如图 25-2（b）所示，任何一终产物单独过剩，都会部分地反馈抑制初始酶活性，两种以上的终产物同时过剩时产生强烈抑制，其抑制程度大于各自单独存在的和。

（3）同功酶控制 如图 25-2（c）所示，分支途径共用的初始酶，如果是几个同功酶，则各终产物只反馈控制各自对应的同功酶，使各终产物适当生产而不致过剩。

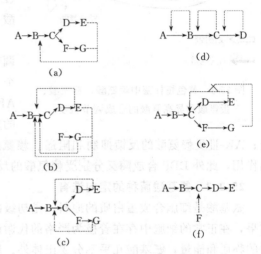

图 25-2 其他特殊的调节机制

（4）顺序控制 如图 25-2（d）所示，D 过剩，反馈控制 C→D 的反应；C 过剩，控制 B→C 的反应；B 过剩，控制 A→B 的反应。这是非常特殊的控制机制。如枯草杆菌中芳香族氨基酸的生物合成就是受顺序控制。

（5）平衡合成（balanced synthesis） 如图 25-2（e）所示，经分枝合成途径生成两种终产物 E 与 G，E 与 G 取平衡合成。E 优先合成，E 过剩时，E 反馈控制与优先合成有关的催化 C→D 的酶，转而合成 G。G 过剩时，可逆转 E 的反馈控制，即 E 的反馈控制为 G 所抑制，又转为优先合成 E。

（6）代谢互锁（metabolic interlock） 如图 25-2（f）所示，从生物合成途径来看，是受一种完全无关的氨基酸的控制，F 的过量积累会抑制 E 的合成。它只是在很高浓度下（与生理学浓度相比）才能示抑制作用，而且是部分性的抑制（阻遏）作用。

25.2.1.3 氨基酸合成调节机制实例——天门冬氨酸族氨基酸生物合成的调节机制

黄色短杆菌中，赖氨酸、蛋氨酸、苏氨酸和异亮氨酸生物合成的调节机制见图 25-3 所示。由图可知，蛋氨酸优先合成，蛋氨酸过剩时，会反馈阻遏高丝氨酸转乙酰酶（HT）的合成，转而合成苏氨酸和异亮氨酸。若异亮氨酸过剩，就会反馈抑制苏氨酸脱氨酶（TD）的活性；同样，当苏氨酸过剩时，会反馈抑制催化天冬氨酸半醛生成高丝氨酸反应的高丝氨酸脱氢酶（HD）的活性，使生物合成转向赖氨酸。从天冬氨酸生物合成赖氨酸、蛋氨酸、

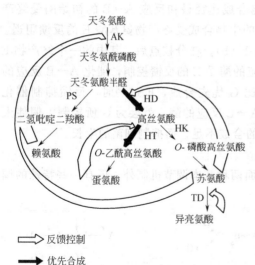

天冬氨酸

AK

天冬氨酰磷酸

天冬氨酸半醛

PS — HD

二氢吡啶二羧酸 — 高丝氨酸

赖氨酸 — HT — HK

O-乙酰高丝氨酸 — O-磷酸高丝氨酸

蛋氨酸 — 苏氨酸

TD

异亮氨酸

⟹ 反馈控制

➡ 优先合成

图 25-3 黄色短杆菌中赖氨酸、苏氨酸、
蛋氨酸和异亮氨酸的合成调节机制

苏氨酸及异亮氨酸的初始酶（关键酶）天冬氨酸激酶（AK）是单一的，该酶受赖氨酶和苏氨酸的协同反馈抑制。

在乳糖发酵短杆菌中，天门冬氨酸族氨基酸合成途径同黄色短杆菌，但合成调节机制是不一样的。AK 不但受末端产物苏氨酸和赖氨酸的协同反馈抑制，而且赖氨酸单独过量时 AK 的活性也被抑制 50％。此外在乳糖发酵短杆菌中，赖氨酸合成分支上的第一个酶二氢吡啶合成酶（DDP 合成酶）受到与本途径无关的另一种氨基酸——亮氨酸的阻遏（代谢互锁）。

在大肠杆菌中天门冬氨酸族氨基酸的合成调节机制就更复杂。其天门冬氨酸激酶是由三个同功酶（AK-Ⅰ、AK-Ⅱ、AK-Ⅲ）组成。AK-Ⅰ受苏氨酸的反馈抑制和苏氨酸＋异亮氨酸的反馈阻遏；AK-Ⅱ受蛋氨酸的反馈抑制和阻遏；AK-Ⅲ受赖氨酸的反馈抑制和阻遏。赖氨酸对天门冬氨酸-β-半醛脱氢酶（PS）也有阻遏作用，此外 DDP 合成酶又分别受赖氨酸的反馈抑制和阻遏。

25.2.2 氨基酸菌种的定向选育

氨基酸是细胞合成蛋白质的原料，是初级的中间代谢产物。由于长期进化和自然选择的结果，在正常的细胞中存在着极为严格的代谢调控机制，微生物能够最经济的利用外界的有效的物质和能量，氨基酸几乎不分泌出体外。目前也仅仅发现谷氨酸、丙氨酸可以通过野生株进行生产。所以要使得微生物过量的积累氨基酸就必须根据菌种的代谢特性，人为地改变菌种的代谢调节机制，使得微生物体内的代谢流按照人们所需要的方向进行，过量的积累氨基酸，这种发酵称为代谢控制发酵。

目前大多数氨基酸的生物合成代谢调节机制已经被阐明，这为氨基酸产物的育种提供了有力的指南。可以说氨基酸菌种选育工作和取得的成果是代谢控制理论应用于实践的成功典范。这方面的经验不仅仅局限于氨基酸行业，而且揭示了很多初级代谢产物生产菌育种的方向。

不同的菌种的代谢调控方式不尽相同，采用不同的出发株，育种途径也有所差异，所以在考虑出发菌株时，应尽量吸收前人的育种经验，选择那些代谢途径比较简单研究的比较清楚的、又易于解除代谢调控机制的菌种为出发株。目前谷氨酸发酵的生产菌，均属于棒杆菌属、短杆菌属、小杆菌属或节杆菌属的棒型细菌。其他氨基酸发酵的生产菌株，也多以谷氨酸生产菌为出发菌株。个别的也用大肠杆菌、枯草杆菌和黏质赛氏杆菌等为出发菌株获得的。出发菌株选定后，育种的原理是部分或全部解除微生物对氨基酸合成代谢的自我调节机制及定向育种。目前随着分子生物学实验技术的发展，基因工程的手段也引入到氨基酸生产菌种的构建中。但这里仅就在氨基酸育种上最有特色的定向育种方法作一介绍。

25.2.2.1 解除反馈调节——结构类似物抗性株的选育

选育结构类似物抗性的突变株是选育氨基酸产生菌的主要手段。这种突变株解除了目的物质对自身合成途径的酶的调节机制，不受培养基中所要求的物质浓度影响，生产比较稳定。氨基酸发酵育种中常用的结构类似物见表 25-2。

表 25-2　氨基酸发酵育种中常用的结构类似物

氨基酸	氨基酸结构类似物
天门冬氨酸	磺胺胍(SG)、天门冬氨酸氧肟酸(AspHx)
精氨酸	L-精氨酸氧肟酸(ArgHx)、D-精氨酸、α-噻唑丙氨酸(α-TA)、刀豆氨酸
脯氨酸	3,4-脱氢脯氨酸(Dp)
赖氨酸	S-(2-氨基乙基)-L-半胱氨酸(AEC)、γ-甲基赖氨酸(ML)、苯酯基赖氨酸(CBL)、α-氨基月桂基内酰胺(ALL)、赖氨酸氧肟酸(LysHx)
苏氨酸	α-氨基-β-羟基戊酸(AHV)、苏氨酸氧肟酸(ThrHx)、邻甲基-L-苏氨酸(OMT)
蛋氨酸	α-甲基蛋氨酸、、三氟蛋氨酸(TFM)、乙硫氨酸(Eth)、蛋氨酸氧肟酸(MetHx)、硒代蛋氨酸(SLM)、1,2,4-三唑(TrZ)
组氨酸	三唑丙氨酸(TRA)、α-甲基组氨酸(α-MH)、4-硫尿嘧啶(4-TU)、$5',5',5'$-三氟亮氨酸、亮氨酸氧肟酸
亮氨酸	(LeuHx)、α-噻唑丙氨酸(α-TA)
异亮氨酸	α-氨基丁酸(α-AB)、异亮氨酸氧肟酸(IleHx)、乙硫氨酸
缬氨酸	α-氨基丁酸(α-AB)、α-噻唑丙氨酸(α-TA)
苯丙氨酸	苯丙氨酸氧肟酸(PheHx)、对氟苯丙氨酸(PFP)、对氨苯丙氨酸(PAP)β-2-噻唑基丙氨酸
酪氨酸	D-酪氨酸(D-Tyr)、酪氨酸氧肟酸(TyrHx)、3-氨基酪氨酸(3-AT)、对氟苯丙氨酸(PFP)
色氨酸	4-甲基-色氨酸(4-MT)、5-甲基色氨酸(5-MT)、6-甲基色氨酸(6-MT)、色氨酸氧肟酸(TrpHx)

　　例如在黄色短杆菌的赖氨酸、苏氨酸和异亮氨酸的生物合成中，选育抗苏氨酸结构类似物 AHV 的突变株，解除了苏氨酸对高丝氨酸脱氢酶（HD）对反馈调节，能积累苏氨酸14 g/L，这是工业上最早利用的抗结构类似物突变株。

　　又如在乳糖发酵短杆菌的赖氨酸合成途径中，二氢吡啶合成酶（DDP 合成酶）受到与本途径无关的另一种氨基酸——亮氨酸的阻遏（代谢互锁），可选育亮氨酸结构类似物（α-噻唑丙氨酸，α-TA）抗性的突变株。如上海工业微生物研究所以赖氨酸产生菌 Au111-2（AEC^r、Hse$^-$）为亲株经 NTG、α-TA 处理，选育得到了 α-TA 抗性突变株 Tt24（AEC^r、Hse$^-$、α-TA^r），其产酸率由原来的 $60\sim65$ g/L 提高到 $80\sim90$ g/L。

25.2.2.2　切断支路代谢——营养缺陷型的选育

　　氨基酸的合成途径是有分支的。如选育赖氨酸产生菌时，在黄色短杆菌和谷氨酸棒杆菌中，赖氨酸单独对自身合成途径中的酶是没有调节作用的，对天门冬氨酸激酶的反馈调节是赖氨酸和苏氨酸协同反馈抑制的结果。于是通过诱变使高丝氨酸脱氢酶缺失，选育高丝氨酸营养缺陷型菌株，可以切断通向蛋氨酸和苏氨酸代谢流。通过控制培养液中高丝氨酸（或苏氨酸＋蛋氨酸）的量，降低苏氨酸的浓度，解除苏氨酸＋赖氨酸对天门冬氨酸激酶的协同反馈抑制作用，就可以过量地积累赖氨酸。

　　但是使用营养缺陷型菌株生产氨基酸时，由于微生物体内酶的代谢的调节机制没有解除，必须严格控制缺陷营养物质添加的量，否则生产不稳定。添加量一般保持在亚适量的水平，既能保持菌体的基本生长，同时添加物的浓度又不足以引起代谢的反馈调节。某些氨基酸生产菌所需缺陷物质的供给量见表 25-3，大约为生长所需最适量的 $\frac{1}{3}\sim\frac{2}{3}$。目前氨基酸菌种选育中营养缺陷型和结构类似物抗性两种手段一般同时采用，使生物合成的代谢流流向产物的合成，减少副产物的形成，同时又可以解除微生物体内酶的调节机制，更有利于生产上的控制。

表 25-3　营养缺陷型菌株的生长与氨基酸的产生能力

菌　株	营养要求	要求物质添加量(mg/mL)	
		生产最适量	生长最适量
赖氨酸产生菌	高丝氨酸	0.4	1.0
高丝氨酸产生菌	苏氨酸	0.4	0.6
鸟氨酸产生菌	精氨酸	0.1	0.3

25.2.2.3　优先合成的转换——渗漏缺陷型的选育

在分支代谢途径的调节中，在分支点处的有限合成与反馈调节一起完成重要的功能。所以有限合成的转化会引起一种终产物的过剩积累。例如在赖氨酸、苏氨酸的合成中，高比活性的高丝氨酸脱氢酶（HD）使苏氨酸优先合成。若往培养基中添加过量的蛋氨酸，将 HD 的活性抑制在原来的 1/3，则在野生株中也能积累 5 g/L 的赖氨酸。通过诱变将 HD 的比活性降为原来的 1/3 可积累 20 g/L 的赖氨酸。在这样低的比活性下不添加苏氨酸和蛋氨酸，菌株也能生长。但是如果只单独过量添加苏氨酸，反而会由于过量的苏氨酸抑制本来已经活性很低的 HD 的活性，使蛋氨酸的合成不足而抑制生长，利用这种特性（渗漏缺陷型）比较容易地选择这种突变株。

25.2.2.4　选育温度敏感突变株

适应微生物生长的温度范围较宽，很多微生物在 20～50 ℃的温度范围内都能生长。通过诱变可以得到在低温下生长而在高温下不生长的突变株，这样的突变株称为温度敏感型突变株。温度敏感突变株的突变位置多发生在某酶的肽键编码的某个碱基对发生了转换或颠转，使翻译出来的酶对温度敏感，容易受热失活。如果该酶是微生物初级代谢产物合成途径中的某个酶，那么该突变株在高温下就是一种营养缺陷型。

如在赖氨酸发酵的育种中，户板修等为了解除代谢互锁，在合成培养基（不含亮氨酸）中，选育了在 30 ℃下生长良好，而在 34 ℃下不能生长的温度敏感突变株 AJ11093。该菌株高温时不能合成亮氨酸，即为亮氨酸缺陷型。AJ11093 发酵时，在发酵前期控制温度 29～33 ℃，发酵 24～48 h 提高温度 34 ℃以上，抑制菌体繁殖，并解除亮氨酸对 DDP 合成酶的阻遏，结果积累赖氨酸盐酸盐达 45 g/L，对糖转化率为 45%。

又如为了寻找能在生物素丰富培养基上大量生物合成谷氨酸的突变株，用 NTG（亚硝基胍）处理乳糖发酵短杆菌 2256 菌株，育出了一批对温度敏感的突变株，在基本培养基上 30 ℃时培养生长良好；若在 37 ℃培养时，就不能生长或仅微弱生长。并发现其中 20 株在温度从 30 ℃转变成 37 ℃以后，能在生物素丰富的培养基中生产谷氨酸，而出发菌株 2256 在这种情况下几乎不产谷氨酸。使用典型的温度敏感突变株 TS-88 生产谷氨酸时，通过控制发酵条件，在生长适当阶段将发酵温度由 30 ℃提高到 40 ℃，可在生物素含量为 33 μg/L，含糖 3.6% 的甜菜糖蜜发酵培养基中，产生 20 g/L 谷氨酸，对糖转化率＞55%，这是一种新型的谷氨酸发酵工艺。

25.2.2.5　改善细胞膜的通透性能

改变细胞膜透性，把属反馈抑制因子的终产物氨基酸迅速不断的排除出细胞外，就可以预防反馈抑制，大量合成氨基酸。例如所有筛选出来能够生产谷氨酸的微生物，无一例外的都是生物素营养缺陷型，这就是野生株也能分泌大量谷氨酸的重要原因。

生物素的作用是作为催化脂肪酸合成初始酶乙酰 CoA 羧化酶的辅酶，参与了脂肪酸的生物合成，而脂肪酸又是形成细胞膜磷脂的重要成分，从而间接地起到干扰细胞膜磷脂合成的作用。因此如果选育丧失脂肪酸合成酶的油酸缺陷型或丧失 α-磷酸甘油脱氢酶的甘油缺陷型，则可以在生物素含量丰富的培养基中积累谷氨酸。

25.3　氨基酸发酵的工艺控制

25.3.1　培养基

发酵培养基的成分与配比是决定氨基酸产生菌代谢的主要因素，与氨基酸的产率、转化率及提取收率关系很密切。

（1）碳源　在氨基酸发酵中，淀粉水解糖、糖蜜、醋酸、乙醇、烷烃等均可作为培养基的碳源。选择何种碳源，采用何种浓度，决定于菌种性质、所生产的氨基酸种类和所采用的发酵操作方法。

（2）氮源　氮源除供给菌体生长与氨基酸合成所需要的氮外，还用来调节 pH 值。氨基酸发酵一般以铵盐、尿素、氨水等作为无机氮源。以尿素为氮源时，采用分批流加法，除在基础培养基中加入尿素外，在发酵过程中还需分期分批流加尿素。尿素用量根据菌的尿酶活力强弱和耐尿素程度而定，尿酶活力强，尿素浓度宜低，而流加尿素则以少量多次为好。以氨水为氮源，宜采用 pH 自动控制连续流加法。尿素在一般的培养基灭菌温度下会分解，当培养基中有磷酸盐和镁盐存在时，在灭菌过程中会生成不溶性的磷酸铵镁盐，故尿素必须和培养基分开进行单独灭菌。生产上将尿素配成 40％的溶液，在 108 ℃下灭菌 10 min，如灭菌温度过高会生成缩尿，抑制氨基酸产生菌生长，对发酵不利。

几乎所有的氨基酸产生菌都是生物素缺陷型，同时也是一些氨基酸的营养缺陷型，而且大多数氨基酸产生菌不能分泌胞外水解蛋白酶。因此常用的有机氮源有玉米浆，及豆饼、毛发、棉子饼、麸皮等蛋白质原料的水解液。

有机氮源是氨基酸发酵中生长因子的重要来源。在氨基酸发酵的定向育种中这些生长因子都是对氨基酸合成途径具有重要调控作用的关键因子，对氨基酸发酵具有重要的意义。

以生物素为例，生物素的作用主要是影响细胞膜透性。以淀粉水解糖为原料进行谷氨酸发酵时，必须控制生物素的浓度为亚适量，以 2～5 μg/L 为宜（实际上是控制玉米浆的浓度），保证长菌体细胞膜的通透性好，谷氨酸能大量分泌。生物素过多时，菌体生长繁殖快、耗糖快、pH 值低（生成乳酸等），谷氨酸产量少或不产谷氨酸；生物素不足时，菌体生长缓慢、糖耗慢、发酵周期长，谷氨酸产量低，当供氧不足、生物素过量时，发酵向乳酸发酵转换；当供氧充足而生物素过量时，糖倾向于完全被氧化，长菌体不产酸。天门冬氨酸族氨基酸（赖氨酸、苏氨酸、蛋氨酸等）发酵菌种都是由谷氨酸生产菌种选育来的，也是生物素缺陷型，也必须向培养基中添加生物素，但是生物素浓度的控制方法由于代谢调节机制的不同，与谷氨酸有很大的差异。在谷氨酸生产菌中谷氨酸比天门冬氨酸优先合成，由于细胞不允许谷氨酸分泌，谷氨酸在胞内积累到一定浓度后，反馈抑制谷氨酸脱氢酶，使细胞的代谢流转向天门冬氨酸。所以在天门冬氨酸族氨基酸的发酵中希望细胞膜合成完整，要求控制生物素过量。如在赖氨酸发酵中添加过量的生物素（200～500 μg/L），赖氨酸合成显著增加。在赖氨酸发酵中对于另外一些生长因子如高丝氨酸（或苏氨酸），由于过量会引起反馈调节，影响赖氨酸的生物合成，对这些生长因子一定要控制在亚适量的水平。

由于在发酵培养基的配制中，这些影响代谢调节的关键调控因子是包含在有机氮源中被添加到培养基中的，如控制生物素的浓度实际上是控制玉米浆的浓度。因此合理确定有机氮源的种类和浓度，从而使得这些影响氨基酸合成的关键调控因子处于合适的水平，是氨基酸发酵培养基配制的一个关键。而且这些有机氮源成分的稳定是氨基酸发酵稳产的重要保证。

(3) 碳氮比　氨基酸发酵，不仅菌体生长和氨基酸合成需要氮，而且氮源还用来调节pH 值，因此氮源的需要量比一般发酵（例如有机酸发酵）多。例如谷氨酸发酵的碳氮比为 100：15～21，当碳氮比为 100：11 时才开始积累谷氨酸。在消耗的氮源中，合成菌体用的氮源仅占总氮的 3%～6%，合成谷氨酸的氮源占 30%～80%。在实际生产中，采用尿素或氨水为氮源时，还有一部分氮用于调节 pH 值，另一部分氮被分解随空气逸出，为此用量更大。在谷氨酸发酵培养基中当糖浓度为 12.5%、总尿素量为 3% 时，碳氮比为 100：28。不同的碳氮比对氨基酸生物合成产生显著的影响，例如谷氨酸发酵中，适量的 NH_4^+ 可减少 α-酮戊二酸的积累，促进谷氨酸的合成；过量的 NH_4^+ 会使生成的谷氨酸受谷酰胺合成酶的作用转化为谷酰胺。

(4) 磷酸盐　磷酸盐浓度对氨基酸发酵的影响极为显著。例如谷氨酸发酵中，磷酸盐浓度高时，抑制 6-磷酸葡萄糖脱氢酶的活性，菌体生长好，谷氨酸产量低，代谢向合成缬氨酸转化；磷酸盐不足时，糖代谢受抑制，糖耗慢。

(5) 镁　镁离子是己糖磷酸化酶、柠檬酸脱氢酶和羧化酶等的激活剂，并能促进葡萄糖-6-磷酸脱氢酶的活力。镁含量太少会影响碳源的氧化。一般革兰氏阳性菌要求镁离子浓度最低为 25 ppm，革兰氏阴性菌要求镁离子浓度为 4～6 ppm，$MgSO_4$ 在碱性溶液中生成 $Mg(OH)_2$ 沉淀，因此配料时必须注意。

(6) 钾　钾离子是许多酶的激活剂，能促进糖代谢。氨基酸发酵需要的钾，因菌种性质、培养条件和发酵阶段等而异，例如谷氨酸发酵的产酸期需要的钾比生长期多，钾盐多时有利于产酸，钾盐少时有利于菌体生长。

(7) 其他无机盐　硫、钠、锰、铁等元素都是氨基酸发酵所需要的。硫是构成细胞蛋白质的含硫氨基酸的组成成分，也是构成某些活性物质如辅酶 A 和谷胱甘肽等的成分。培养基中的硫，在加入 $MgSO_4 \cdot 7H_2O$ 时已提供，不必另加。钠在培养基中起调节渗透压作用，一般在调节 pH 值时加入的钠已足够，也不必另加。锰是许多酶的激活剂，据报道，在谷氨酸生物合成途径中，草酰琥珀酸脱羧生成 α-酮戊二酸是在 Mn^{2+} 存在下完成的。一般培养基中使用 $MnSO_4 \cdot 4H_2O$ 2ppm 已足够。铁是细胞色素、细胞色素氧化酶和过氧化氢酶的活性基的组成成分，据报道，大量铁离子可促进谷氨酸产生菌的生长。

铜离子对氨基酸发酵有明显的毒害作用，培养基中含 0.001% 硫酸铜时，谷氨酸产率明显下降，当铜离子达到 0.1% 时菌体停止生长。

25.3.2　pH 值对氨基酸发酵的影响及其控制

pH 值对氨基酸发酵的影响和其他发酵一样，主要是影响酶的活性和菌的代谢，例如谷氨酸发酵、在中性和微碱性条件下（pH7.0～8.0）积累谷氨酸，在酸性条件下（pH5.0～5.8），则易形成谷氨酰胺和 N-乙酰谷氨酰胺，发酵前期 pH 值偏高对生长不利，糖耗慢、发酵周期延长；反之，pH 值偏低则菌体生长旺盛，糖耗快，不利于谷氨酸合成。但是，前期 pH 值偏高（pH7.5～8.0）对抑制杂菌有利，故控制发酵前期的 pH 值以 7.5 左右为宜。由于谷氨酸脱氢酶的最适 pH 值为 7.0～7.2，氨基转移酶的最适 pH 值为 7.2～7.4，因此控制发酵中后期的 pH 值为 7.2 左右。

生产上控制 pH 值的方法一般有两种，一种是流加尿素，一种是流加氨水。国内普遍采用前一种方法。流加尿素的数量和时间主要根据 pH 值变化、菌体生长、糖耗情况和发酵阶段等因素来决定。例如当菌体生长和糖耗均缓慢时，要少量多次地流加尿素，避免 pH 值过高而影响菌体生长；菌体生长和糖耗均快时，流加尿素可多些，使 pH 值适当高些，以抑制生长；发酵后期，残糖很少，接近放罐时，应尽量少加或不加尿素，以免造成浪费和增加氨基酸提取的困难。一般采用少量多次地流加尿素，可以使 pH 值较稳定，对发酵比较有利。流加氨水，因氨水作用快，对 pH 值的影响大，故应采用连续流加，至于国外已趋向用电子计算机自动控制 pH。

25.3.3 温度对氨基酸发酵的影响及其控制

氨基酸发酵的最适温度因菌种性质和所生产的氨基酸种类不同而异。从发酵动力学来看，氨基酸发酵一般属于 Gaden 分类的 Ⅱ 型发酵，及生长部分耦联型，菌体生长达一定程度后再开始产生氨基酸，因此菌体生长最适温度和氨基酸合成的最适温度是不同的。例如谷氨酸发酵，菌体生长最适温度为 30～32 ℃，谷氨酸合成的最适温度为 34～37 ℃。菌体生长阶段温度过高，则菌体易衰老，pH 值高、糖耗慢、周期长、酸产量低。如遇这种情况，除维持最适生长温度外还需适当减少风量，并采取少量多次流加尿素等措施，以促进菌体生长。在发酵中、后期，菌体生长已基本停止，需要维持最适的产酸温度，以利谷氨酸合成。

25.3.4 氧对氨基酸发酵的影响及其控制

（1）氧对氨基酸发酵的影响　在氨基酸发酵中要求糖的菌体得率与氨基酸得率（转化率）均达到最大。在菌体生长期如 p_L（溶氧分压）$< p_{LC}$（临界溶氧分压），即氧不足，则积累乳酸等副产物，因而菌体减少。因此要求生长期供氧充分，即 $p_L > p_{LC}$。但是，高氧分压下生长的菌体往往不能进行高效率的氨基酸发酵，例如精氨酸发酵，在氧分压 $0.32 \times 10^5 \sim 0.42 \times 10^5$ Pa 下生长的菌体与氧分压 $0.01 \times 10^5 \sim 0.05 \times 10^5$ Pa 下生长的菌体相比，精氨酸产率显著下降（表 25-4）。由此可见，在高罐压下进行精氨酸发酵会使产酸受到阻碍，因此要尽可能使罐压接近大气压。在高氧分压下生长，其产酸能力低的，除精氨酸发酵外，还有谷氨酸发酵及用枯草杆菌进行的鸟氨酸发酵。

表 25-4　精氨酸发酵过程中氧分压对菌体生长和产酸的影响

溶解氧分压/(10^5Pa)		精氨酸产量/(mg/mL)	溶解氧分压/(10^5Pa)		精氨酸产量/(mg/mL)
生长阶段	产酸阶段		生长阶段	产酸阶段	
0.01～0.05	0.01～0.05	30.3	0.32～0.42	0.01～0.05	19.5
0.01～0.05	0.32～0.42	28.4	0.32～0.42	0.32～0.42	22.8

氨基酸发酵根据发酵时需氧程度的不同一般可以分为下列三类。

a. 要求供氧足够的谷氨酸族氨基酸发酵　谷氨酸、谷氨酰胺、脯氨酸和精氨酸等谷氨酸族氨基酸发酵，在供氧足够时产酸率最高。这些氨基酸的生物合成与 TCA 循环有关，故可预计这些氨基酸的积累对氧的依赖性高。在实验中，这些氨基酸的最大产率是在氧足够条件下菌体呼吸充分时（$p_L > p_{LC}$）得到的，在供氧不足、菌呼吸受阻的情况下，产酸显著减少。例如脯氨酸发酵，当氧电极测定的溶氧分压在 0.01×10^5 Pa 以上时，就能获得最大产量，在溶氧分压为 "0" 的范围内，即在低氧分压下发酵，产酸受阻碍。

b. 适宜在缺氧条件下进行的亮氨酸、苯丙氨酸和缬氨酸发酵　一般氨基酸发酵，在氧充足，r_{ab}（呼吸速度）：K_{rm}（最大呼吸速度）$= 1$ 或 $p_L > p_{LC}$ 时产酸率最高。但是亮氨酸、苯丙氨酸和缬氨酸发酵，当菌体呼吸有一定程度受阻时最适合这些氨基酸的发酵生产，它们的产酸率分别在 r_{ab}：$K_{rm} = 0.85$、0.55 和 0.6 时最高，如图 25-4 所示。

c. 供氧不足时产酸受轻微影响的天冬氨酸族氨基酸发酵 赖氨酸、异亮氨酸、苏氨酸等天冬氨酸族的氨基酸发酵，对氧的要求介于脯氨酸发酵和亮氨酸发酵之间。例如赖氨酸发酵，在供氧充足的条件下，即 $p_L \geqslant p_{LC}$ 时酸的产率最高，发酵时用氧电极控制 $p_L \geqslant 0.01 \times 10^5$ Pa，即可得到满意的结果；在供氧不足的条件下，菌呼吸受到影响时（$r_{ab} : K_{rm} < 1.0$），虽然产量有所减少，但是没有谷氨酸族氨基酸发酵那样显著，如图 25-5 所示。

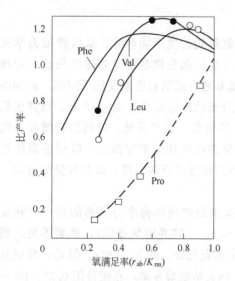

图 25-4 溶氧对 Leu、Val、Phe 和 Pro 发酵的影响

○—Leu 亮氨酸；●—Val 缬氨酸；

△—Phe 苯丙氨酸；□—Pro 脯氨酸

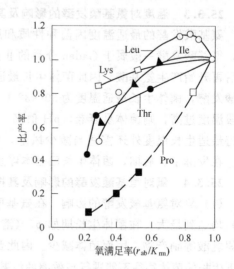

图 25-5 溶氧对 Leu、Lys、Ile、Thr 和 Pro 的影响

○—Leu 亮氨酸；□—Lys 赖氨酸；▲—Ile 异亮氨酸；●—Thr 苏氨酸；■—Pro 脯氨酸

（2）氨基酸发酵最适的通气搅拌条件 由上可知，当谷氨酸、谷氨酰胺，脯氨酸、精氨酸、赖氨酸，苏氨酸和异亮氨酸发酵时，通过通气搅拌将溶氧分压控制在 0.01×10^5 Pa 以上是有效的。当亮氨酸、缬氨酸和苯丙氨酸发酵时，将培养液的电位控制在如表 25-5 所示的值，可以得到最大产量。表 25-5 所列的数据可以作为设计通气搅拌及控制溶氧的依据。

表 25-5 氨基酸发酵中最适的供氧条件

氨基酸	控制 pH 值	$p_L/(10^5 \text{ Pa})$	$E^①/\text{mV}$	r_{ab}/K_{rm}	$E_{临界}/\text{mV}$
谷酰胺	6.50	$\geqslant 0.01$	$\geqslant -150$	1.00	-150
脯氨酸	7.00	$\geqslant 0.01$	$\geqslant -150$	1.00	-150
精氨酸	7.00	$\geqslant 0.01$	$\geqslant -170$	1.00	-170
谷氨酸	7.80	$\geqslant 0.01$	$\geqslant -130$	1.00	-130
赖氨酸	7.00	$\geqslant 0.01$	$\geqslant -170$	1.00	-170
苏氨酸	7.00	$\geqslant 0.01$	$\geqslant -170$	1.00	-170
异亮氨酸	7.00	$\geqslant 0.01$	$\geqslant -180$	1.00	-180
亮氨酸	6.25	≈ 0	-210	0.85	-180
缬氨酸	6.50	≈ 0	-240	0.60	-180
苯丙氨酸	7.25	≈ 0	-250	0.55	-160

① $E = -0.033 + 0.039 \lg p_L$。

25.4 谷氨酸发酵

利用淀粉水解糖为原料通过微生物发酵生产谷氨酸的工艺，是最成熟、最典型的一种氨基酸生产工艺，现介绍于下。

25.4.1 淀粉水解糖的制备

淀粉水解糖的制备方法，一般有酸水解和酶水解两种，国内味精厂多数采用淀粉酸水解工艺。

淀粉酸水解工艺流程如下。

原料（淀粉、水、盐酸）→调浆（液化）→糖化→冷却→中和、脱色→过滤→糖液。

（1）调浆　干淀粉用水调成 $10\sim11°$ 波美的淀粉乳，用盐酸调 pH 值为 1.5 左右，盐酸用量（以纯 HCl 计）约为干淀粉的 $0.5\%\sim0.8\%$。

（2）糖化　在糖化锅内进行。淀粉水解用直接蒸汽加热，水解压力以控制蒸汽压力（表压）在 $29.34\times10^4\sim34.43\times10^4$ Pa 为好，糖化时间约为 25 min 左右。

（3）冷却　中和时温度过高易生成焦糖，脱色效果差；温度低，糖液黏度增大，过滤困难。生产上一般冷却到 80 ℃ 以下中和。

（4）中和　中和的目的是调节 pH 值，使糖化液中的蛋白质和其他胶体物质沉淀析出。一般采用烧碱配成一定浓度进行中和、中和终点的 pH 值一般控制在 $4.0\sim5.0$ 左右（有利于蛋白质沉淀析出），如原料不同，中和终点的 pH 值也不同，薯类原料的终点 pH 值略高些，玉米原料的终点 pH 值略低些。

（5）脱色　水解液中存在着色素（如蛋白质水解产物—氨基酸与葡萄糖分解产物起化学反应产生的物质）和杂质（如蛋白质及其他胶体物质和脂肪等）对氨基酸发酵和提取不利，需进行脱色处理。一般脱色方法有活性炭吸附法和脱色树脂法两种，其中活性炭吸附法工艺简便、效果好，为国内多数味精厂所采用。脱色用的活性炭以采用粉末状活性炭较好，活性炭用量为淀粉原料的 $0.6\%\sim0.8\%$ 左右，在 70 ℃ 及酸性条件下脱色效果较好。脱色时需搅拌以促进活性炭吸附色素和杂质。

（6）过滤　如过滤温度高，蛋白质等杂质沉淀不完全；如温度低，黏度大，过滤困难。过滤温度以 $45\sim60$ ℃ 为宜。

国外味精厂淀粉水解糖的制备方法一般采用酶水解法，则在水解液中的色素等杂质明显减少，并简化了脱色工艺。

25.4.2 菌种扩大培养

菌种扩大培养的工艺流程如下。

斜面培养→一级种子培养→二级种子培养→发酵。

（1）斜面培养　谷氨酸产生菌主要是棒状杆菌属、短杆菌属，小杆菌属及节杆菌属的细菌。除节杆菌外，其他三属中有许多菌种适用于糖质原料的谷氨酸发酵。这些菌都是需氧微生物，都需要以生物素为生长因子。我国谷氨酸发酵生产所用的菌种有北京棒状杆菌 AS1229、钝齿棒状杆菌 AS1542、HU7251 及 7338、B9、T6-13 及 672 等。这些菌株的斜面培养一般采用由蛋白胨、牛肉膏、氯化钠组成及 pH 为 $7.0\sim7.2$ 的琼脂培养基，在 32 ℃ 培养 $18\sim24$ h 经质量检查合格，即可放冰箱保存备用。

（2）一级种子培养　一级种子培养采用由葡萄糖、玉米浆、尿素、磷酸氢二钾、硫酸镁、硫酸铁及硫酸锰组成，pH 为 $6.5\sim6.8$ 的液体培养基，以 1000 mL 三角瓶装液体培养基 $200\sim250$ mL 进行振荡培养，于 32 ℃ 培养 12 h，如无杂菌与噬菌体感染，质量达到要求，即可贮于 4 ℃ 冰箱备用。

（3）二级种子培养　二级种子用种子罐培养，料液量为发酵罐投料体积的 1%，培养基组成和一级种子相仿，主要区别是用水解糖代替葡萄糖，一般于 32 ℃下进行通气培养 7～10 h 经质量检查合格即可移种（或冷却至 10 ℃备用）。

种子质量要求，首先是无杂菌及噬菌体感染，在这个基础上进一步要求菌体大小均匀，呈单个或八字形排列。二级种子培养结束时还要求活菌数为每毫升含 10^8～10^9 细胞。

25.4.3 谷氨酸发酵

谷氨酸发酵过程的代谢变化大致如下。

发酵初期，即菌体生长的迟滞期，糖基本没有利用，尿素分解放出氨使 pH 值略上升。这个时期的长短决定于接种量，发酵操作方法（分批或分批流加）及发酵条件，一般为 2～4 h。接着即进入对数生长期，代谢旺盛、糖耗快，尿素大量分解，pH 值很快上升，但随着氨被利用 pH 值又下降；溶氧浓度急剧下降，然后又维持在一定水平上；菌体浓度（OD值）迅速增大，菌体形态为排列整齐的八字形。这个时期，为了及时供给菌体生长必需的氮源及调节培养液的 pH 值至 7.5～8.0，必须流加尿素；又由于代谢旺盛，泡沫增加并放出大量发酵热，故必须进行冷却，使温度维持 30～32 ℃。菌体繁殖的结果，菌体内的生物素含量由丰富转为贫乏。这个阶段主要是菌体生长，几乎不产酸，一般为 12 h 左右。

当菌体生长基本停滞就转入谷氨酸合成阶段，此时菌体浓度基本不变，糖与尿素分解后产生的 α-酮戊二酸和氨主要用来合成谷氨酸。这一阶段，为了提供谷氨酸合成所必需的氨及维持谷氨酸合成最适的 pH7.2～7.4，必须及时流加尿素，又为了促进谷氨酸的合成需加大通气量，并将发酵温度提高到谷氨酸合成最适的温度 34～37 ℃。

发酵后期，菌体衰老、糖耗缓慢、残糖低，此时流加尿素必须相应减少。当营养物质耗尽酸浓度不再增加时，需及时放罐，发酵周期一般为 30 多小时。

为了实现发酵工艺条件最佳化，国外利用电子计算机进行过程控制，目前国内也正在积极开发这方面的技术。

谷氨酸发酵的代谢变化如图 25-6 所示。

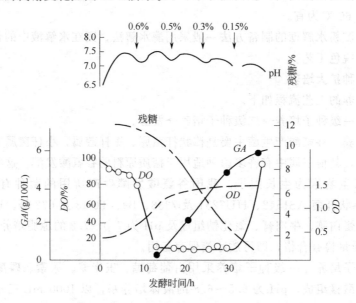

图 25-6　B9 菌谷氨酸发酵代谢变化曲线

DO—溶解氧；GA—谷氨酸；OD—菌体浓度（以光密度表示）

25.4.4 谷氨酸提取

从谷氨酸发酵液中提取谷氨酸的方法，一般有等电点法、离子交换法、金属盐沉淀法、盐酸盐法和电渗析法，以及将上述某些方法结合使用的方法，其中以等电点法和离子交换法较普遍，现介绍于下：

(1) 等电点法　谷氨酸分子中有两个羧基和一个碱性氨基，$pK_1=2.19$（α-COOH）、$pK_2=4.25$（γ-COOH）、$pK_3=9.67$（α-NH$_2$），其等电点为 pH3.22。故将发酵液用盐酸调节到 pH 3.22，谷氨酸就可分离析出。此法操作方便，设备简单，一次收率达 60% 左右，缺点是周期长，占地面积大。图 25-7 表示等电点法提取谷氨酸的工艺流程。

(2) 离子交换法　当发酵液的 pH 值低于 3.22 时，谷氨酸以阳离子状态存在，可用阳离子交换树脂（如型号 732）来提取吸附在树脂上的谷氨酸阳离子，可用热碱液洗脱下来，收集谷氨酸洗脱流分，经冷却、加盐酸调 pH 至 3.0～3.2 进行结晶，再用离心机分离即可得谷氨酸结晶。

此法过程简单、周期短，设备省、占地少，提取总收率可达 80%～90%，缺点是酸碱用量大废液污染环境。

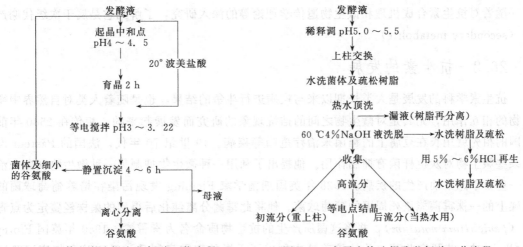

图 25-7　等电点法提出谷氨酸工艺流程　　　　图 25-8　离子交换法提取谷氨酸工艺流程

离子交换法提取谷氨酸工艺流程如图 25-8 所示。从理论上来讲上柱发酵液的 pH 值应低于 3.22，但实际生产上发酵液的 pH 值并不要求低于 3.22，而是在 5.0～5.5 就可上柱，这是因为发酵液含有一定数量的 NH$_4^+$、Na$^+$ 等阳离子，而这些阳离子优先与树脂进行交换反应，放出 H$^+$ 离子，使溶液的 pH 值降低，谷氨酸带正电荷成为阳离子而被吸附，上柱时应控制溶液的 pH 值不高于 6.0。

阅 读 材 料

1 俞俊棠，唐孝宣主编. 生物工艺学. 上海：华东化工学院出版社，1992. 226～239

26 抗生素生产工艺

26.1 抗生素概述

抗生素是青霉素、链霉素、红霉素等一类化学物质的总称。它是生物，包括微生物、植物和动物在其生命活动过程中所产生，并能在低微浓度下有选择性地抑制或杀灭其他微生物或肿瘤细胞的有机物质。

抗生素的生产目前主要用微生物发酵法进行生物合成。很少数抗生素如氯霉素、磷霉素等亦可用化学合成法生产[1]。此外还可将生物合成法制得的抗生素用化学或生化方法进行分子结构改造而制成各种衍生物，称半合成抗生素（如氨卡青霉素 ampicillin 就是半合成青霉素的一种）。

随着对抗生素合成机理和微生物遗传学理论等的深入研究，了解到它是属于次级代谢产物（secondary metabolite）。

26.2 抗生素的发展

抗生素学科的发展是人类长期以来与疾病进行斗争的结果，也是随着人类对自然界中微生物的相互作用，尤其是对微生物之间的拮抗现象的研究而发展起来的。相传在 2500 年前我国的祖先就用长在豆腐上的霉菌来治疗疮疖等疾病。19 世纪 70 年代，法国的 Pasteur 发现某些微生物对炭疽杆菌有抑制作用。他提出了利用一种微生物抑制另一种微生物现象来治疗一些由于感染而产生的疾病。1928 年英国细菌学家 Fleming 发现污染在培养葡萄球菌的双碟上的一株霉菌能杀死周围的葡萄球菌。他将此霉菌分离纯化后得到的菌株经鉴定为点青霉（*peniclllium notatum*），并将这菌所产生的抗生物质命名为青霉素。1940 年英国 Florey 和 Chain 进一步研究此菌，并从培养液中制出了干燥的青霉素制品。经实验和临床试验证明，它毒性很小，并对一些革兰氏阳性菌所引起的许多疾病有卓越的疗效。在此基础上 1943～1945 年间发展了新兴的抗生素工业。以通气搅拌的深层培养法大规模发酵生产青霉素。随后链霉素、氯霉素、金霉素等品种相继被发现并投产。

从 20 世纪 50 年代起许多国家还致力于农用抗生素的研究。如杀稻瘟素（blasticidin A），春日霉素（kasusamacin），灭瘟素 S、井冈霉素等高效低毒的农用抗生素相继出现。

20 世纪 70 年代以来，抗生素品种飞跃发展。到目前为止，从自然界发现和分离了 4300 多种抗生素，并通过化学结构的改造，共制备了约三万余种半合成抗生素。目前世界各国实际生产和应用于医疗的抗生素约 120 多种，连同各种半合成抗生素衍生物及盐类约 350 余种。其中以青霉素类、头孢菌素类、四环素类、氨基糖苷类及大环内酯类为最常用。

解放前我国没有抗生素工业。解放后，在 1953 年建立了第一个生产青霉素的抗生素工厂以来，我国抗生素工业得到迅速发展。不仅能够基本保证国内医疗保健事业的需要，而且还有相当数量出口。目前国际上应用的主要抗生素我国基本上都有生产，并研制出国外没有的抗生素——创新霉素。它主要用于治疗大肠杆菌所引起的各种感染与菌痢。

26.3 抗生素的分类

随着新抗生素的不断出现，需要将抗生素进行分类，以便于研究。现简要将常见的分类方法列述如下。

26.3.1 根据抗生素的生物来源分类

微生物是产生抗生素的主要来源。其中以放线菌产生的为最多，真菌其次，细菌的又次之，而来源于动、植物的最少。

（1）放线菌产生的抗生素　在所有已发现的抗生素中，由它产生的抗生素占一半以上，其中又以链霉菌属产生的抗生素为最多。诺卡氏菌属、小单孢菌属次之。这类抗生素中主要有氨基糖苷类。如链霉素；四环类（如四环素）；大环内酯类（如红霉素）；多烯类（如制霉菌素）；放线菌素类（如放线菌素 D）等。

（2）真菌产生的抗生素　在真菌的四个纲中，不完全菌纲中的青霉菌属和头孢菌属等分别产生一些很重要的抗生素（如青霉素、头孢菌素）。其次为担子菌纲。藻菌纲和子囊菌纲产生的抗生素很少。

（3）细菌产生的抗生素　由细菌产生的抗生素的主要来源是多黏杆菌、枯草杆菌、芽孢杆菌等。属这类抗生素的有多黏菌素等。

（4）植物或动物产生的抗生素　例如从被子植物蒜中制得的蒜素；从动物脏器中制得的鱼素（ekmolin）等。

26.3.2 根据抗生素的作用分类

按照抗生素的作用，可以分成以下类别。

（1）广谱抗生素　如氨苄青霉素，它既能抑制革兰氏阳性菌，又能抑制革兰氏阴性菌。

（2）抗革兰氏阳性菌的抗生素　如青霉素等。

（3）抗革兰氏阴性菌的抗生素　如链霉素等。

（4）抗真菌抗生素　如制霉菌素等。

（5）抗病毒抗生素　如四环类抗生素对立克次体及较大病毒有一定作用。

（6）抗癌抗生素　如阿霉素（adriamycin）等。

目前在抗病毒、抗癌及抗原虫方面，还没有很理想的抗生素。

26.3.3 根据抗生素的化学结构分类

由于化学结构决定抗生素的理化性质、作用机制和疗效，故按此法分类具有重大意义。但许多抗生素的结构复杂，而且有些抗生素的分子中还含有几种结构。故按此法分类时，不仅应考虑其整个化学结构，还应着重考虑其活性部分的化学构造，现按习惯法分类如下。

（1）β-内酰胺类抗生素　包括青霉素类、头孢菌素类等。它们都包含一个四元内酰胺环。这是在当前最受重视的一类抗生素，尤其是头孢素类在发达国家中其销售金额在各抗生素类别中已占领先地位。

（2）氨基糖苷类抗生素　包括链霉素、庆大霉素等。它们既含有氨基糖苷，也可含有氨基环醇的结构。

（3）大环内酯类抗生素　如红霉素、麦迪加霉素（medicamycin）。它们含有一个大环内酯作配糖体，以苷键和 1～3 个分子的糖相连。

（4）四环类抗生素　如四环素、土霉素等。它们以四并苯为母核。

（5）多肽类抗生素　如多黏菌素、杆菌肽等。它们大多由细菌、特别是由产孢子的杆菌产生，并含有多种氨基酸，经肽键缩合成线状、环状或带侧链的环状多肽。

（6）蒽环类抗生素　如阿霉素、柔红霉素等。主要属于抗癌类抗生素。

（7）喹诺酮类抗生素　如环丙沙星、诺氟沙星等，虽然这类抗生素的获得均用全合成法，但一些学者仍将其归入抗生素类中。这类药由于其抗菌谱广、活性强、毒副反应小而受到重视。

26.3.4　根据抗生素的作用机制分类

根据抗生素对致病菌作用的机制，可分成五类。

（1）抑制细胞壁合成的抗生素　如青霉素、头孢菌素。

（2）影响细胞膜功能的抗生素　如多烯类抗生素。

（3）抑制病原菌蛋白质合成的抗生素　如四环素。

（4）抑制核酸合成的抗生素　如影响 DNA 结构和功能的丝裂霉素 C。

（5）抑制生物能作用的抗生素　如抑制电子转移的抗霉素（antimycin）。

26.3.5　根据抗生素的生物合成途径分类

（1）氨基酸、肽类衍生物　如青霉素、头孢菌素等寡肽抗生素。

（2）糖类衍生物　如链霉素等糖苷类抗生素。

（3）以乙酸、丙酸为单位的衍生物　如红霉素等丙酸衍生物。

26.4　抗生素的应用

26.4.1　抗生素在医疗上的应用

（1）抗生素在临床治疗中占有重要地位　自发现抗生素并将其应用于临床上以来，使很多感染性疾病的死亡率大幅度下降。但抗生素如使用不当，会带来许多不良后果。例如细菌耐药性逐渐普遍，产生过敏反应和由于体内菌群失调而引起的二重感染等。因此，应严防滥用，严格掌握抗生素的适用条件和剂量，并注意用药时的配伍禁忌。

对医用抗生素的评价应包括以下要求：①它应有较大的差异毒力，即对宿主人体组织或正常细胞只是轻微毒性而对某些致病或突变肿瘤细胞有强大的毒害；② 它能在人体内发挥其抗生效能，而不被人体中血液、脑脊液等所破坏，同时它不应大量与体内血清蛋白产生不可逆的结合；③在给药后应较快地被吸收，并迅速分布至被感染的器官或组织中；④致病菌在体内对该抗生素不易产生耐药性；⑤不易引起过敏反应；⑥具备较好的理化性质和稳定性，以利于提取、制剂和贮藏。

（2）抗生素的剂量单位　抗生素除了以质量作为剂量单位外，更常用特定的效价单位。如一个青霉素效价单位为能在 50 mL 肉汤培养基中完全抑制金黄色葡萄球菌标准菌株发育的最小青霉素剂量；一个链霉素效价单位为能在 1 mL 肉汤培养基中完全抑制大肠杆菌标准菌株所需的最小链霉素剂量。

在抗生素已能被制成纯净的化学物质时。就可用质量来表示单位，例如 1 mg 青霉素钠盐相当于 1667 个单位；1 mg 链霉素碱相当于 1000 个单位等。

26.4.2　抗生素在农牧业中的应用

不少农用抗生素作用强、剂量小、且不易引起环境污染，故受到欢迎。如春日霉素（kasuyamycin）对防治稻瘟病很有效。

在畜牧业中可用以治疗和预防牲畜的疾病，以及作为幼畜、幼畜的生长刺激剂。在兽医临床上已使用的抗生素有四环类、杆菌肽等。

26.5　抗生素生产的工艺过程

现代抗生素工业生产过程如下：

菌种→孢子制备→种子制备→发酵→发酵液预处理→提取及精制→成品包装

26.5.1　菌种

它来源于自然界土壤等，获得能产生抗生素的微生物，经过分离、选育、纯化和鉴定后即称为菌种。菌种可用冷冻干燥法制备后，以超低温，即在液氮冰箱（－190 ℃～－196 ℃）内保存。所谓冷冻干燥是用脱脂牛奶或葡萄糖液等和孢子混在一起，经真空冷冻干燥后，在真空下保存。如条件不足时，则沿用砂土管在 0 ℃冰箱内保存的老方法，但如需长期保存时不宜用此法，在发达国家中此法已被淘汰。一般生产用菌株经多次移植往往会发生变异而退化，故必须经常进行菌种选育和纯化以提高其生产能力。

在菌种方面当前新的动向是基因工程菌的应用。由于定向选育，再结合原生质体融合和重组 DNA 技术，已有 10 种以上产生抗生素的结构基因被克隆，包括头孢菌素 C，放线紫红素、次甲基霉素及红霉素的生物合成基因族。

在抗生素产生菌的克隆研究中主要采用：

（1）克隆生物合成的关键酶基因，如默克公司克隆了生物合成的关键酶、扩环酶的基因，从而使头孢菌素 C 的产量提高 15％；

（2）通过基因转移产生杂合抗生素；

（3）沉没基因的获得，如日本东京大学大岳等用溴化乙锭处理聚醚类抗生素产生菌，获全新结构的新抗生素 Curromycin[2]。

26.5.2　孢子制备

生产用的菌株需经纯化和生产能力的检验，若符合规定，才能用来制各种子。制备孢子时，将保藏的处于休眠状态的孢子，通过严格的无菌手续，将其接种到经灭菌过的固体斜面培养基上，在一定温度下培养 5～7 d 或 7 d 以上，这样培养出来的孢子数量还是有限的。为获得更多数量的孢子以供生产需要，必要时可进一步用扁瓶在固体培养基（如小米、大米、玉米粒或麸皮）上扩大培养。

26.5.3　种子制备

其目的是使孢子发芽、繁殖以获得足够数量的菌丝，并接种到发酵罐中，种子制备可用摇瓶培养后再接入种子罐进行逐级扩大培养。或直接将孢子接入种子罐后逐级放大培养。种子扩大培养级数的多少，决定于菌种的性质、生产规模的大小和生产工艺的特点。种子扩大培养级数通常为二级。摇瓶培养是在锥形瓶内装入一定数量的液体培养基，灭菌后以无菌操作接入孢子，放在摇床上恒温培养。在种子罐中培养时，在接种前有关设备和培养基都必须经过灭菌。接种材料为孢子悬浮液或来自摇瓶的菌丝。以微孔差压法或打开接种口在火焰保护下接种。接种量视需要而定，如用菌丝，接种量一般相当于 0.1％～0.2％（接种量的百分数，系对种子罐内的培养基而言，下同）。从一级种子罐接入二级种子罐接种量一般为 5％～20％，培养温度一般在 25～30 ℃。如菌种系细菌，则在 32～37 ℃培养。在罐内培养过程中，需要搅拌和通入无菌空气。控制罐温、罐压，并定时取样做无菌试验，观察菌丝形态，测定种子液中发酵单位和进行生化分析等，并观察无杂菌情况，种子质量如合格方可移种到发酵罐中。

26.5.4　培养基的配制

在抗生素发酵生产中，由于各菌种的生理生化特性不一样，采用的工艺不同，所需的培养基组成亦各异。即使同一菌种，在种子培养阶段和不同发酵时期，其营养要求也不完全一样。因此需根据其不同要求来选用培养基的成分与配比，其主要成分包括碳源、氮源、无机盐类（包括微量元素）和前体等。

（1）碳源　主要用以供给菌种生命活动所需的能量并构成菌体细胞及代谢产物。有的碳源还参与抗生素的生物合成，是培养基中主要组成之一，常用碳源包括淀粉、葡萄糖和油脂类。对有的品种，为节约成本也可用玉米粉作碳源以代淀粉。使用葡萄糖时，在必要时采用流加工艺，以有利于提高产量。油脂类往往还兼用做消沫剂。个别的抗生素发酵中也有用麦芽糖、乳精或有机酸等作碳源的。

（2）氮源　主要用以构成菌体细胞物质（包括氨基酸、蛋白质、核酸）和含氮代谢物，亦包括用以生物合成含氮抗生素。氮源可分成两类：有机氮源和无机氮源。有机氮源中包括黄豆饼粉、花生饼粉、棉籽饼粉（经精制以去除其中的棉酚后称 pharmamedia）。玉米浆、蛋白胨、尿素；酵母粉、鱼粉、蚕蛹粉和菌丝体等。无机氮源中包括氨水（氨水既作为氮源，也用以调节 pH）、硫酸铵、硝酸盐和磷酸氢二铵等。在含有机氮源的培养基中菌丝生长速度较快，菌丝量也较多。

（3）无机盐和微量元素　抗生素产生菌和其他微生物一样，在生长、繁殖和产生生物产品的过程中，需要某些无机盐类和微量元素。如硫、磷、镁、铁、钾、钠、锌、铜、钴、锰等，其浓度与菌种的生理活性有一定影响。因此，应选择合适的配比和浓度。此外，在发酵过程中可加入碳酸钙作为缓冲剂以调节 pH。

（4）前体　在抗生素生物合成中，菌体利用它以构成抗生素分子中的一部分而其本身又没有显著改变的物质，称为前体（precursor）。前体除直接参与抗生素生物合成外，在一定条件下还控制菌体合成抗生素的方向并增加抗生素的产量。如苯乙酸或苯乙酰胺可用作为青霉素发酵的前体。丙醇或丙酸可作为红霉素发酵的前体。前体的加入量应当适度。如过量则往往前体有毒性，并增加了生产成本；如不足，则发酵单位降低。

此外，有时还需要加入某种促进剂或抑制剂；如在四环素发酵中加入 M 促进剂和抑制剂溴化钠，以抑制金霉素的生物合成并增加四环素的产量。

（5）培养基的质量　培养基的质量应予严格控制，以保证发酵水平，可以通过化学分析，并在必要时作摇瓶实验以控制其质量。培养基的储存条件对培养基质量的影响应予注意。此外，如果在培养基灭菌过程中温度过高、受热时间过长亦能引起培养基成分的降解或变质。培养基在配制时调节其 pH 亦要严格按规程执行。

26.5.5　发酵

发酵过程的目的是使微生物大量分泌抗生素。在发酵开始前，有关设备和培养基也必须先经过灭菌后再接入种子。接种量一般为 10％或 10％以上，发酵期视抗生素品种和发酵工艺而定。在整个发酵过程中，需不断通无菌空气和搅拌以维持一定罐压或溶氧，在罐的夹层或蛇管中需通冷却水以维持一定罐温。此外，还要加入消沫剂以控制泡沫，必要时还加入酸、碱以调节发酵液的 pH。对有的品种在发酵过程中还需加入葡萄糖、铵盐或前体，以促进抗生素的产生。对其中一些主要发酵参数可以用电子计算机进行反馈控制。在发酵期间每隔一定时间应取样进行生化分析、镜检和无菌试验。分析或控制的参数有菌丝形态和浓度、残糖量、氨基氮、抗生素含量、溶解氧、pH、通气量、搅拌转速和液面控制等。其中有些项目可以通过在线控制。（在线控制，指不需取样而直接在罐内测定，然后予以控制）。

26.5.6 发酵液的过滤和预处理

发酵液的过滤和预处理其目的不仅在于分离菌丝，还需将一些杂质除去。尽管多数抗生素品种当发酵结束时存在于发酵液中。但也有个别品种当发酵结束时抗生素大量残存在菌丝之中，在此情况下，发酵液的预处理应当包括使抗生素从菌丝中析出，使其转入发酵液。

（1）发酵液的预处理　发酵液中的杂质如高价无机离子（Ca^{2+}、Mg^{2+}、Fe^{2+}）和蛋白质在离子交换的过程中对提炼影响甚大，不利于树脂对抗生素的吸附。如用溶媒萃取法提炼时，蛋白质的存在会产生乳化，使溶媒和水相分离困难。对高价离子的去除，可采用草酸或磷酸。如加草酸则它与钙离子生成的草酸钙还能促使蛋白质凝固以提高发酵滤液的质量。如加磷酸（或磷酸盐），既能降低钙离子浓度，也利于去除镁离子。

$$Na_5P_3O_{10}+Mg^{2+} \Longrightarrow MgNa_3P_3O_{10}+2Na^+$$

加黄血盐及硫酸锌，则前者有利于去除铁离子，后者有利于凝固蛋白质。此外，两者还有协同作用。它们所产生的复盐对蛋白质有吸附作用。

$$2K_4Fe(CN)_6+3ZnSO_4 \longrightarrow K_2Zn_3[Fe(CN)_6]_2\downarrow+3K_2SO_4$$

对于蛋白质，还可利用其在等电点时凝聚的特点而将其去除。蛋白质一般以胶体状态存在于发酵液中，胶体粒子的稳定性和其所带的电荷有关。它属于两性物质，在酸性溶液中带正电荷，在碱性溶液中带负电荷，而在某一 pH 下，净电荷为零。溶解度最小，称为等电点。因其羧基的电离度比氨基大，故很多蛋白质的等电点在酸性（pH4.0～5.5）范围内。

某些对热稳定的抗生素发酵液还可用加热法，使蛋白质变性而降低其溶解度。蛋白质从有规律的排列变成不规则结构的过程称为变性。加热还能使发酵液黏度降低、加快滤速。例如在链霉素生产中就可用加入草酸或磷酸将发酵液调至 pH3.0 左右，加热至 70 ℃，维持约30 min，用此方法来去除蛋白质，这样滤速可增大 10～100 倍。滤液黏度可降低至 1/6。如抗生素对热不稳定，则不应采用此法。

为了更有效地去除发酵液中的蛋白质，还可以加入絮凝剂。它是一种能溶于水的高分子化合物。含有很多离子化基团（如—NH_2，—$COOH$，—OH 等）。如上所述。胶体粒子的稳定性和它所带电荷有关。由于同性电荷间的静电斥力而使胶体粒子不发生凝聚，絮凝剂分子中电荷密度很高，它的加入使胶体溶液电荷性质改变从而使溶液中蛋白质絮凝。对絮凝剂的化学结构一般有下列几种要求：①其分子中必须有相当多的活性基团；能和悬浮颗粒表面相结合；②必须具有长链线性结构，但其相对分子质量（分子量）不能超过一定限度，以使其有较好的溶解度。

在发酵滤液中多数胶体粒子带负电荷，因而用阳离子絮凝剂功效较高。例如可用含有季铵基团的聚苯乙烯衍生物，分子量在 26 000～55 000 范围内。加入絮凝剂后析出的杂质再经过滤除去，以利于以后的提取。

（2）发酵液的过滤　发酵液为非牛顿型液体、很难过滤。过滤的难易与发酵培养基和工艺条件，以及是否染菌等因素有关。过滤如用板框压滤则劳动强度大，影响卫生，菌丝流入下水道时还影响污水处理。建议选用鼓式真空过滤机为宜，并在必要时在转鼓表层涂以助滤剂硅藻土。当转鼓旋转时，以刮刀将助滤剂连同菌体薄薄刮去一层，以使过滤面不断更新。

另一种设备是自动除渣离心机，但所排出的菌丝滤渣中尚含有较大量的发酵液，因此如要提高过滤收率，可将此滤渣以水洗后再次用同样型号离心机分离。第一次和第二次离心分离液体合并后进入下一工序。

再一种设备称倾析器（decanter）。它既可用于固、液相的分离，也可用于固相、有机溶媒相和水相三者的混合和分离，从而将过滤菌丝和溶媒萃取这两步合并在这一设备中完成。这就简化了发酵液后处理工艺，提高了收率，并缩短了生产周期，也节约了劳力、动力、厂房和成本。

26.5.7 抗生素的提取

提取的目的是在于从发酵液中制取高纯度的符合药典规定的抗生素成品。在发酵滤液中抗生素浓度很低，杂质的浓度相对地较高。杂质中有无机盐、残糖、脂肪、各种蛋白质及其降解物、色素、热原质、或有毒性物质等。此外，还可能有一些杂质其性质和抗生素很相似，这就增加了提取和精制的困难。

由于多数抗生素不很稳定，且发酵液易被污染，故整个提取过程要求：①时间短；②温度低；③pH宜选择对抗生素较稳定的范围；④勤清洗消毒（包括厂房、设备、管路并注意消灭死角）。

常用的抗生素提取方法包括有溶媒萃取法、离子交换法和沉淀法等。今分述如下：

（1）溶媒萃取法　这是利用抗生素在不同pH条件下以不同的化学状态（游离酸、碱或盐）存在时，在水及与水互不相溶的溶媒中其溶解度不同的特性，使抗生素从一种液相（如发酵滤液）转移到另一种液相（如有机溶媒）中去，以达到浓缩和提纯的目的。利用此原理就可借助于调节pH的办法使抗生素从一个液相中被提取到另一液相中去。所选用的溶媒与水应是互不相溶或仅很小部分互溶，同时所选溶媒在一定的pH下对于抗生素应有较大的溶解度和选择性，方能用较少量的溶媒使提取完全，并在一定程度上分离掉杂质。

目前一些重要的抗生素，如青霉素、红霉素和林可霉素等均采用此法进行提取。

（2）离子交换法　这是利用某些抗生素能解离为阳离子或阴离子的特性，使其与离子交换树脂进行交换，将抗生素吸附在树脂上，然后再以适当的条件将抗生素从树脂上洗脱下来，以达到浓缩和提纯的目的。应选用对抗生素有特殊选择性的树脂，使抗生素的纯度通过离子交换有较大的提高。由于此法具有成本低、设备简单、操作方便，已成为提取抗生素的重要方法之一。如链霉素、庆大霉素、卡那霉素、多黏菌素等均可采用离子交换法。

此法也有其缺点，如生产周期长，对某些产品质量不够理想。此外，在生产过程中pH变化较大，故不适用于在pH大幅度变化时，稳定性较差的抗生素等。

（3）其他提取方法　由于近年来许多抗生素发酵单位已大幅度提高，提取方法亦相应适当简化。如直接沉淀法就是提取抗生素的方法中最简单的一种。例如四环类抗生素的提取即可用此法。发酵液在用草酸酸化后，加黄血盐、硫酸锌，过滤后得滤液，然后以脱色树脂脱色后，直接将其pH调至等电点后使其游离碱析出。必要时将此碱转化成盐酸盐。

26.5.8 抗生素的精制

这是抗生素生产最后工序。对产品进行精制、烘干和包装的阶段要符合"药品生产管理规范"（即GMP）的规定。例如其中规定产品质量检验应合格、技术文件应齐全、生产和检验人员应具有一定素质；设备材质不应能与药品起反应，并易清洗，空调应按规定的级别要求，各项原始记录、批报和留样应妥为保存，对注射品应严格按无菌操作的要求等。

下面对抗生素精制中可选用的步骤分述如下。

（1）脱色和去热原质　脱色和去热原质是精制注射用抗生素中不可缺少的一步。它关系到成品的色级及热原试验等质量指标。色素往往是在发酵过程中所产生的代谢产物，它与菌种和发酵条件有关。热原质是在生产过程中由于被污染后由杂菌所产生的一种内毒素。各种杂菌所产生的热原反应有所不同。革兰氏阴性菌产生的热原反应一般比革兰氏阳性菌的为强。热原注入体内引起恶寒高热，严重的引起休克。它是多糖磷类脂质和蛋白质的结合体，为大分子有机物质，能溶于水。在 120 ℃加热 4 h 它能被破坏 90%；180～200 ℃加热 0.5 h 或 150 ℃加热 2 h 能被彻底破坏。它亦能被强酸、强碱、氧化剂（如高锰酸钾）等破坏。它能通过一般滤器，但能被活性炭、石棉滤材等所吸附。生产中常用活性炭脱色去除热原，但需注意脱色时 pH，温度、活性炭用量及脱色时间等因素，还应考虑它对抗生素的吸附问题，否则能影响收率。

此外，也可用脱色树脂去除色素（如酚醛树脂，即 122 树脂）。对某些产品可用超微过滤办法去除热原，此外还应加强在生产过程中的环境卫生以防止热原。

（2）结晶和重结晶　抗生素精制常用此法来制得高纯度成品。常用的几种结晶方法如下：

a. 改变温度结晶　利用抗生素在溶剂中的溶解度随温度变化而显著变化的这一特性来进行结晶。例如制霉菌素的浓缩液在 5 ℃条件下保持 4～6 h 后即结晶完全。分离掉母液、洗涤、干燥、磨粉后即得到制霉菌素成品。

b. 利用等电点结晶　当将某一抗生素溶液的 pH 调到等电点时，它在水溶液中溶解度最小，则沉淀析出。如 6-氨基青霉烷酸（6-APA）水溶液当 pH 调至等电点（4.3）时，6-APA 即从水溶液中沉淀析出。

c. 加成盐剂结晶　在抗生素溶液中加成盐剂（酸、碱或盐类）使抗生素以盐的形式从溶液中沉淀结晶。例如在青霉素 G 或头孢菌素 C 的浓缩液中加入醋酸钾，即生成钾盐析出。

d. 加入不同溶剂结晶　利用抗生素在不同溶剂中溶解度大小的不同，在抗生素某一溶剂的溶液中加入另一溶剂使抗生素析出。如巴尤霉素具有易溶于水而不溶于乙醇的性质。在其浓缩液中加入 10～12 倍体积的 95%乙醇，并调 pH 至 7.2～7.3 使其结晶析出。

重结晶是进一步精制以获高纯度抗生素的有效方法。

（3）其他精制方法　其他精制方法包括：

a. 共沸蒸馏法　如青霉素可用丁醇或醋酸丁酯以共沸蒸馏进行精制。

b. 柱层析法　如丝裂霉素 A、B、C 三种组分可以通过氧化铝层析来分离。

c. 盐析法　如在头孢噻吩水溶液中加入氯化钠使其饱和，其粗晶即被析出后进一步精制。

d. 中间盐转移法　如四环素碱与尿素能形成复盐沉淀后再将其分解，使四环素碱析出。用此法以除去 4-差向四环素等异物，以提高四环素质量和纯度，又如红霉素能与草酸或乳酸盐成复盐沉淀等。

e. 分子筛　如青霉素粗品中常含聚合物等高分子杂质，可用葡聚糖凝胶 G-25（粒度 20～80 μm）将杂质分离掉。此法仅用于小试验。

26.5.9　抗生素生产实例

以青霉素生产工艺为例，作简要介绍。

（1）菌种　常用菌种为产黄青霉素（*pen chrysogenum*）。当前生产能力可达 40 000～80 000 u/ml。按其在深层培养中菌丝的形态，可分为球状菌和丝状菌。今以常用的绿色丝状菌为代表将其生产流程描述。

（2）发酵工艺　发酵工艺流程：冷冻管→斜面母瓶 $\xrightarrow[\text{25 ℃，6～7 d}]{\text{孢子培养}}$ 大米孢子 $\xrightarrow[\text{25 ℃，6～7 d}]{\text{孢子培养}}$

一级种子罐 $\xrightarrow[\text{25 ℃，40～45 h，1:2VVM}]{\text{种子培养}}$ 二级种子罐 $\xrightarrow[\text{25 ℃，13～15 h，1:1.5VVM}]{\text{种子培养}}$ 发酵罐

$$\underline{\quad\text{发 酵}\quad}_{22\sim26\ ℃;\ 1:1\sim0.8\text{VVM},\ 6\sim7\text{d}} \rightarrow 放罐 \xrightarrow{\text{冷至}15\ ℃} 至提炼。$$

(3) 培养基　培养基包括：

a. 碳源　青霉菌能利用多种碳源如乳糖、蔗糖、葡萄糖等。目前普遍采用淀粉经酶水解的葡萄糖糖化液（DE 值 50％以上）进行流加。

b. 氮源　可选用玉米浆、花生饼粉、精制棉籽饼粉或麸子粉，并补加无机氮源。

c. 前体　为生物合成含有苄基基团的青霉素 G，需在发酵中加入前体如苯乙酸或苯乙酰胺。由于它们对青霉菌有一定毒性，故一次加入量不能大于 0.1％，并采用多次加入方式。

d. 无机盐　包括硫、磷、钙、镁、钾等盐类。铁离子对青霉菌有毒害作用，应严格控制发酵液中铁含量在 30 $\mu g/mL$ 以下。

(4) 发酵培养控制　发酵培养控制包括：

a. 青霉素产生菌生长发育可分为下面六个阶段：

Ⅰ期　分生孢子发芽。孢子先膨胀，再形成小的芽管，此时原生质未分化，具有小空泡。

Ⅱ期　菌丝繁殖，原生质嗜碱性很强，在Ⅱ期末有类脂肪小颗粒。

Ⅲ期　形成脂肪粒，积累贮藏物。原生质嗜碱性仍很强。

Ⅳ期　脂肪粒减少，形成中、小空泡。原生质嗜碱性弱。

Ⅴ期　形成大空泡，其中含有一个或数个中性红染色的大颗粒。脂肪粒消失。

Ⅵ期　细胞内看不到颗粒，并出现个别自溶的细胞。

其中Ⅰ～Ⅳ期初称菌丝生长期，产生青霉素较少，而菌丝浓度增加很多；Ⅲ期适于作发酵用种子；Ⅳ～Ⅴ期称青霉素分泌期，此时菌丝生长趋势渐减弱，大量产生青霉素；在Ⅳ期末、Ⅴ期初即应放罐；Ⅵ期即菌丝自溶期，菌体开始自溶。

b. 加糖控制　加糖的控制系根据残糖量及发酵过程中的 pH。或最好是根据排气中 CO_2 及 O_2 量来控制。一般在残糖降至 0.6％左右，pH 上升时开始加糖。

c. 补氮及加前体　补氮是指加硫酸铵、氨或尿素，使发酵液氮源控制在 0.01％～0.05％。补前体以使发酵液中残余苯乙酰胺浓度为 0.05％～0.08％。

d. pH 控制　对 pH 的要求视不同菌种而异，一般为 6.4～6.6，过去加葡萄糖来控制 pH。当前应是加酸或碱自动控制 pH。

e. 温度控制　一般前期 25～26 ℃，后期 23 ℃，以减少后期发酵液中青霉素的降解破坏。

f. 通气与搅拌　抗生素深层培养需要通气与搅拌，一般要求发酵液中溶解氧量不低于饱和情况下溶解氧的 30％。通气比一般为 1：0.8 VVM。搅拌转速在发酵各阶段应根据需要而调整。

g. 泡沫与消沫　在发酵过程中产生大量泡沫，可以用天然油脂如豆油、玉米油等或用化学合成消沫剂"泡敌"（环氧丙烯环氧乙烯聚醚类）来消沫。应当控制其用量并少量多次加入，尤其在发酵前期不宜多用，否则会影响菌的呼吸代谢。

(5) 过滤　青霉素发酵液过滤宜采用鼓式真空过滤器，如采用板框压滤机则菌丝常流入下水道而影响废水治理。且劳动强度大，并对环境卫生不利。过滤前加去乳化剂并降温。

(6) 提炼　采用溶媒萃取法。将发酵滤液酸化至 pH2，后加相当于发酵滤液体积 1/3

的醋酸丁酯（简称 BA），混合后以碟片式离心机分离。为提高萃取效率将两台离心机串联使用，进行二级对向逆流萃取。得一次 BA 提取液。然后以 $1.3\%\sim1.9\%$ NaHCO$_3$ 在 pH6.8～7.1 条件下将青霉素从 BA 提取到缓冲液中。然后调 pH 至 2.0 后，再一次将青霉素从缓冲液转入到 BA 中去，其方法同上。得到二次 BA 提取液。

（7）脱色　在二次 BA 提取液中加活性炭 $150\sim300$ g/10 亿单位，进行脱色、过滤。

（8）共沸蒸馏或直接结晶　鉴于以丁醇共沸结晶法所得产品质量优良，国际上较普遍采用此法生产注射品。其简要流程如下：将二次 BA 萃取液以 0.5 mol/L NaOH 液萃取，调 pH 至 6.4～6.8。得青霉素钠盐水浓缩液，加 3～4 倍体积丁醇，在 $16\sim26$ ℃、5～10 mm 汞柱下真空蒸馏，将水与丁醇共沸物蒸出，并随时补加丁醇。当浓缩到原来水浓缩液体积、蒸出馏分中含水达 $2\%\sim4\%$ 时，即停止蒸馏；青霉素钠盐结晶析出，过滤、将晶体洗涤后进行干燥得成品。可在 60 ℃、20 mm Hg 柱真空中烘 16 h，然后磨粉、装桶。

其他结晶法为采用 BA 提取液，共沸蒸馏或加醋酸钾至 BA 提取液中结晶。如采用严格质量措施，采用上述其他结晶法时亦能达到较优产品。

26.6　半合成抗生素

抗生素的开发和应用对人民保健起了重要作用。但随着它们的广泛应用，也发现一些问题，如抗菌活力不强、抗菌谱不广、耐药性、毒副反应或稳定性不好等。解决上述问题，除了进一步从微生物来源中寻找新的更有效的抗生素外，对原有抗生素品种进行化学结构改造也是一个重要方面。

所谓半合成抗生素是指用化学或生物化学的方法改变已知抗生素的化学结构，或引入特定的功能基团而获得的新抗生素品种或其衍生物的总称。

对抗生素化学结构改造的目的要求：①增强抗菌力；②扩大抗菌谱；③对耐药菌有效；④便于口服；⑤减低毒副作用；⑥改善药理性质、提高生物有效性。

目前研究重点为 β-内酰胺类抗生素，包括半合成青霉素及半合成头孢菌素。以制备半合成青霉素为例，首先将青霉素 G 的苯乙酸基以裂解法去除：

苄青霉素（即青霉素 G）　　　　　　　　　　　　　　　6-APA

上述酶的获得可将产青霉素酰化酶的大肠杆菌在发酵罐内以好气培养，得大肠杆菌菌体。将其以戊二醛及明胶（或琼脂）包埋后装入柱式反应器内。将青霉素裂解成 6-APA 和苯乙酸。最后调 pH 至 4.0，即得 6-APA 结晶。

将此青霉素母核与各种不同侧链相接，即能得到一系列的半合成青霉素。今将氨苄青霉素的制备为例，其反应式如下：

DC-1-2　氨基苯乙酸　乙酰乙酸乙酯

227

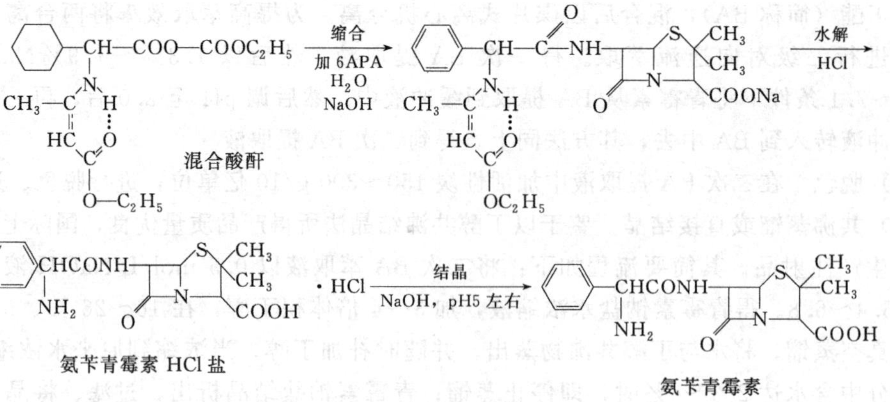

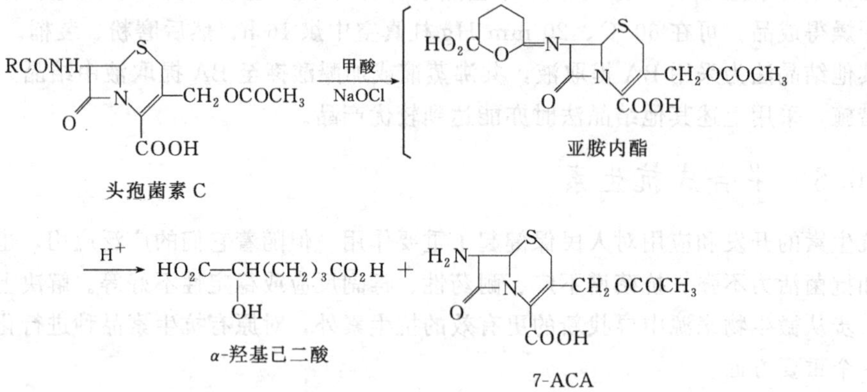

混合酸酐　　缩合 加6APA H_2O NaOH　　水解 HCl

氨苄青霉素 HCl 盐　　·HCl　结晶 NaOH，pH5 左右　　氨苄青霉素

头孢菌素 C　　甲酸 NaOCl　　亚胺内酯

$$\xrightarrow{H^+} HO_2C\text{—}CH(CH_2)_3CO_2H + \text{7-ACA}$$

α-羟基己二酸　　7-ACA

其中 $R = HO_2C\text{—}CH\text{—}(CH_2)_3\text{—}$，其中 NH_2。

头孢菌素的生产可由发酵法得头孢菌素 C 后将其裂解成 7-ACA（即 7-氨基头孢霉烷酸）然后以 7-ACA 为出发原料，接上适当侧链以制备一系列的头孢菌素产品。

制备头孢菌素类的另一条路线是以青霉素 G 为出发原料，经扩环和裂解等步骤得 7-ADCA（即 7-氨基-3-去乙酰氧基头孢霉烷酸）。再接上适当侧链。其反应通式如下：

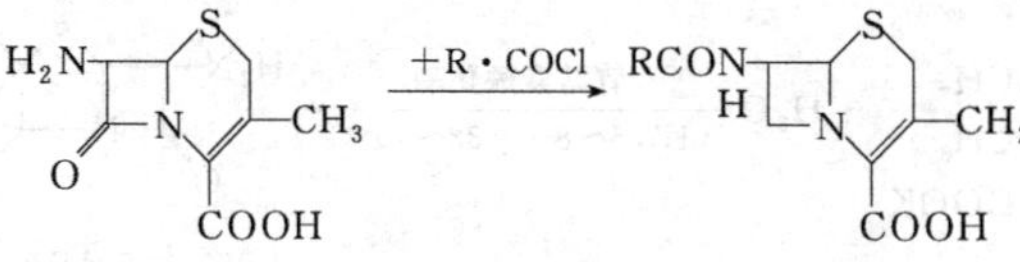

7-ADCA　　$+R\cdot COCl$

此外，对其他抗生素亦可进行化学结构改造后开发一些半合成抗生素以供临床使用。例如，从卡那霉素制备丁胺卡那霉素，从土霉素制备强力霉素，从利福霉素 S 制备利福平，从林可霉素制备氯林可霉素等。

参 考 文 献

1 张致平. 中国抗生素杂志. 1996，21 卷增刊：47
2 Drows J. Nature Biotechn. 1996，14（Nov）：1516

27 微生物酶制剂生产工艺

27.1 概述

27.1.1 微生物酶工业的发展概况

人类利用微生物生产酶具有悠久的历史，最有代表性的就是制曲酿酒。然而直到 19 世纪末随着酶蛋白学术的建立，才开创了酶工业生产的历史。如 1894 年日本人高峰让吉利用米曲酶生产商品酶制剂高峰淀粉酶作为消化药物。但在本世纪初几十年，酶制剂工业尚处于开发阶段，直到第二次世界大战后，由于抗生素发酵工业的兴起和研究的深入，通风搅拌的深层培养技术被成功地运用到酶制剂生产上后，酶制剂工业进入了飞速发展的阶段。

1949 年日本开始用深层培养法生产细菌 α-淀粉酶。随着酶工业提纯技术的进步和应用领域的开发，特别是 20 世纪 50 年代末糖化酶用于葡萄糖生产、60 年代中期碱性蛋白酶应用于加酶洗衣粉等成就，使微生物酶制剂的生产真正进入了大规模生产阶段。这一时期果胶酶、葡萄糖氧化酶等也相继进入了工业化生产阶段。

70 年代后，固定酶技术的发展，特别是固定化酰化酶用于氨基酸拆分，固定化葡萄糖异构酶用于高果糖浆的生产，进一步拓宽了酶的应用领域，加速了酶制剂工业的发展。这一时期又相继开发了脂肪酶，微生物凝乳酶、柚苷酶，磷酸二酯酶等。

近年来，先后又开发了青霉素酰化酶、异淀粉酶、蜜二糖酶、天冬酰氨酶等等。目前从自然界发现的酶已达 2500 多种，其中数百种已经得到结晶，其中工业上应用有价值的仅 60 种左右，而工业上大量生产的却只有 20 种左右，占已知酶很小的一部分。

27.1.2 酶制剂的应用

据 1991 年日本报道的世界工业酶的销售额为 6.1 亿美元，其中食品工业占 58%，洗涤剂用占 25%，纤维工业用占 5%，其他占 12.5%。近 10 年来酶制剂除了在食品、洗涤剂等传统应用领域拓展用途外，在其他行业的应用也越来越广泛，得到了显著的发展。这里仅就其他行业中有代表性的介绍如下：

(1) 有机合成和制药工业　将酶反应和常规的化学合成反应结合，用酶反应代替其中的一些有机合成反应步骤，可以降低生产成本，减少公害，提高收率，减少副产物的形成。例如天门冬氨酸的生产用化学合成的延胡索酸和氨作为原料经天门冬氨酸酶的催化，几乎可以定量生成 L-天门冬氨酸，此外在核苷酸、半合成抗生素、甾类激素的制造上也广泛使用酶法和化学合成相结合的方法。这样的工艺将是以后化学合成和制药合成工业中的一种重要手段。

(2) 医学上的应用　酶广泛用于治疗各种疾病，酶疗法是临床上的一种重要手段。如淀粉酶、蛋白酶广泛用做消化剂，尿激酶、链激酶可以缓解血栓等等。

(3) 用于分析化学和临床检验　高纯度的试剂用酶是用于分析化学和临床检验的极重要的工具。酶法分析具有微量、灵敏、精确、高效的特点。若将试剂酶固定化后与离子选择性电极相结合而构成一种酶电极，可作为自动分析仪器的传感器，这种自动分析仪已是近代分析化学与临床检验的有力工具。

（4）生物工程　在遗传工程和蛋白质工程上广泛应用到各种试剂酶。这些应用研究的成就，将给 21 世纪的生命科学带来重大的影响。

27.1.3　酶制剂的生产

早期的酶都是动物、植物中提取的。但动植物资源受到各种条件的限制，不易扩大生产。微生物具有生长迅速，种类繁多的特点。再加上几乎所有的动植物酶都可以由微生物得到，且微生物易变异，通过菌种改良可以进一步提高酶的产量，改善酶的生产和酶的性质，因此目前工业酶制剂几乎都是用微生物发酵进行大规模制造的。微生物发酵法酶的生产方法，一般有固态法和深层液体发酵法之分，究竟采用哪种发酵方法，这应由微生物的种类和酶的种类不同而决定，必须进行详细的试验后决定。

（1）固态发酵法　固态发酵法中微生物的培养物是固态，一般使用麸皮作为培养基。通常是在曲房内将培养基拌入种曲后（固态，含水量 60％左右）铺成薄层（1 cm 左右）在曲盘或帘子上，然后置于多层的架子上进行微生物的培养。培养过程中控制曲房的温度和湿度（90％～100％），逐日测定酶活力的消长，待菌丝布满基质，酶活力达到最大值不再增加时，即可终止培养，进行酶的提取。

固态培养法一般适用于霉菌的生产。这种方法起源于我国酿造生产特有的传统制曲技术，生产简单易行，但劳动强度高。由于固态培养法有许多优点，近年来又有新的发展，如通风制曲工艺，曲箱中麸皮培养基的厚度可达 30～60 cm，而且随着机械化程度的提高，在酶制剂的生产中仍占据着重要的作用。

（2）深层液体培养法　同其他需氧发酵产品一样，采用在通风搅拌的发酵罐中进行微生物深层液体培养，是目前酶制剂发酵生产中最广泛应用的方法。液体深层发酵法机械化程度高，发酵条件易控制，而且酶的产率高、质量好。因此许多酶制剂产品都趋向用液体深层培养法来生产，但是液体深层培养的无菌要求高，在生产上要特别注意防止染菌。

27.2　酶生物合成的代谢调节及育种

27.2.1　酶生物合成的代谢调节

微生物的酶可以分为组成酶和诱导酶两类。诱导酶需要有作用底物或底物的类似物存在下才能生成。而有些酶在微生物体内总是存在的，与环境中有无作用底物没有关系。但是不管是诱导酶还是组成酶，酶的合成有时会受到代谢终产物的阻遏（反馈阻遏）和分解代谢物的阻遏（葡萄糖效应）的调节。因而概括起来酶的合成调节机制有诱导，反馈阻遏和分解代谢产物的阻遏三种。

（1）酶合成的诱导　许多工业生产的酶都是诱导酶（表 27-1），培养基中需要有诱导物存在时才能大量生成。能起诱导作用的物质通常是酶的底物；也可能是分解代谢的产物（如纤维二糖可诱导纤维素酶）；或者是不能被微生物利用的底物类似物以及底物的衍生物，例

表 27-1　某些工业酶的诱导物

酶	诱　导　物	酶	诱　导　物
α-淀粉酶	淀粉或麦芽糊精	乳糖酶	乳糖
葡萄糖淀粉酶	淀粉或麦芽糊精	脂肪酶	脂肪或脂肪酸
过氧化氢酶	过氧化氢、氧	果胶酶	果胶
纤维素酶	纤维素、纤维二糖、槐糖	普鲁兰糖酶	聚麦芽三糖或麦芽糖
葡萄糖氧化酶	葡萄糖、蔗糖	葡萄糖异构酶	木二糖、木聚糖、木糖
蔗糖酶	蔗糖		

如异丙基-β-D 巯基乳糖苷（一种乳糖的结构类似物）诱导大肠杆菌半乳糖苷酶的能力是乳糖的 5 倍，这类物质本身不能被微生物利用，故这类物质又称安慰诱导物。

（2）分解代谢阻遏　当培养基中有容易利用的基质时，微生物体内的一些酶系的合成会受到阻遏，这种阻遏成为"分解代谢阻遏"。例如葡萄糖通常阻遏分解代谢酶类的形成，即所谓葡萄糖效应。不论组成酶或诱导酶的合成，都受到"分解代谢阻遏作用"的调节。分解代谢阻遏是酶制剂生产中主要的阻遏。

（3）末端产物阻遏　酶的合成也受到代谢途径终产物的阻遏（反馈阻遏），例如蛋白酶的合成受到氨基酸的阻遏，甲壳质酶的合成受到其代谢产物 N-乙酰基氨基葡萄糖的阻遏，以及磷酸酯酶的合成受到磷酸盐的阻遏等等。

27.2.2　酶制剂生产菌种的选育

（1）生产酶制剂的微生物　目前工业生产的酶制剂 80％是由微生物来制造的，工业生产酶的微生物主要有细菌（主要是芽孢杆菌），真菌（曲霉、青霉、担子菌、酵母等），放线菌等。

特别是用于食品行业的酶制剂更要考虑到使用中的安全性。如多数放线菌可以产生抗生素，法国 Morlau 总结了 2000 件报告后指出 200 多种霉菌能产生霉菌毒素，因而是不适宜生产食品用酶制剂的。因此对于一个新开发的食品用酶制剂都必须进行如表 27-2 所示的各项安全实验，而这些实验往往是很昂贵的。制造厂为节约开支，常从已经确定的安全的传统菌种中筛选。关于食品用酶，美国需得到食品与药物管理局（FDA）的批准，已经同意使用于酶制剂生产的微生物只限于黑曲霉、米曲霉、酵母、枯草杆菌以及放线菌等 20 多种（表 27-3）。

表 27-2　食品用酶制剂的毒性试验

测　试　项　目	实　验　动　物	测　试　项　目	实　验　动　物
1. 口服　　急性毒性	大白鼠	3. 畸胎组织发生试验(24 个月)	两种啮齿动物
4 个星期	大白鼠	4. 生产菌种病源试验	四种动物
12 个月	狗	5. 皮肤刺激试验	兔子、人
2. 致癌试验(24 个月)	两种啮齿动物	6. 抗原反应	人

表 27-3　美国政府同意使用的食品用酶及生产菌种

菌　　　种	酶
黑曲霉	α-淀粉酶、糖化酶、蛋白酶、纤维素酶、乳糖酶 果胶酶、过氧化氢酶、葡萄糖氧化酶、脂肪酶
米曲霉	α-淀粉酶、糖化酶、蛋白酶、乳糖酶、脂肪酶
米根霉	α-淀粉酶、糖化酶、果胶酶
紫红被孢霉	蜜二糖酶
雪白根霉	糖化酶
栗疫霉	凝乳酶
微小毛霉	凝乳酶
米赫毛霉	凝乳酶
面包酵母	转化酶
脆壁酵母	乳糖酶
克氏酵母	乳糖酶
链霉菌	葡萄糖异构酶
米苏里游动放线菌	葡萄糖异构酶
橄榄色产色链霉菌	葡萄糖异构酶
乔木黄杆菌	葡萄糖异构酶
枯草芽孢杆菌	α-淀粉酶、蛋白酶
地衣芽孢杆菌	α-淀粉酶
凝结芽孢杆菌	葡萄糖异构酶
球状二形节杆菌	葡萄糖异构酶
溶壁小球菌	过氧化酶
蜡状芽孢杆菌	凝乳酶

（2）酶制剂生产菌种的选育　生产用的酶制剂菌种都是通过选育获得的。在人工诱变和基因工程两种育种方法中，目前仍以诱变育种为主，但是随着基因工程技术的发展，基因工程菌的构建在酶制剂生产中将会起着越来越重要的作用。

运用选育无孢子突变株、药物抗性突变株、组成型突变株、解除分解代谢阻遏或产物反馈阻遏突变株这些手段进行定向的筛选，是目前酶制剂生产中广泛应用的常规育种方案。

a. 无孢子突变株　细菌 α-淀粉酶，β-淀粉酶以及蛋白酶的生物合成的与芽孢的形成有密切关系，筛选无孢子突变株有可能增加这些酶的合成与分泌。无孢子突变株可用氯仿熏蒸、斜面培养或镜检来确证。例如将生成的菌落用氯仿熏蒸，凡无孢子的菌株经过处理后会死亡，因而可以从对照平板上选出无孢子突变株。

b. 药物抗性突变株　某些抗生素可干扰细胞壁的合成，抗性株的细胞结构可能发生变化，抗药型和产酶能力之间可能存在着某种联系。例如枯草杆菌衣霉素抗性突变株，其 α-淀粉酶产量提高 5 倍。地衣芽孢杆菌环丝氨酸抗性突变株，其酶能力提高 200 倍。此外筛选利福平抗性的蜡状芽孢杆菌突变株可得到 β-淀粉酶的高产菌种，筛选杀霉素或制霉菌素抗性的黑曲霉突变株可得到糖化酶的高产菌株。

c. 组成型突变株　对于诱导酶，解除酶的诱导调节机制，选育无诱导物存在条件下也能分泌的酶的组成型突变株是提高产酶的一个重要手段。可以通过在恒化器中以低浓度诱导物（为单一限制型基质）连续培养，由于组成型突变株生长速度快，可以富集组成型突变株；交替在含有诱导物和不含诱导物的培养基上生长，也可以利用组成型突变株生长速度快的特点进行富集；或在诱导物（为微生物生长所必须的物质）与诱导物抑制剂共存的条件下生长，则仅有组成型突变株才能生长等方法选育组成型突变株。

d. 抗分解代谢阻遏突变株　分解代谢阻遏通常是酶制剂生产中的阻遏方式，解除分解代谢阻遏有时可获得极高的产酶。筛选方法有：

在筛选淀粉酶、蛋白酶和果胶酶的抗分解代谢阻遏突变株时，可以用平板检出的方法。如在含 10% 葡萄糖的淀粉培养基中，由于葡萄糖对 α-淀粉酶的生产有明显分解代谢阻遏作用，如果培养的菌落有明显的水解透明圈，则可选育出抗分解代谢阻遏的突变株。

如果被阻遏的酶的底物可作为该微生物的氮源，那么利用该酶的底物作为惟一的氮源，就可以进行抗分解代谢阻遏的突变株的筛选。例如产气杆菌的 L-组氨酸分解酶受葡萄糖的分解代谢阻遏，若在以组氨酸为惟一氮源的葡萄糖培养基中连续传代多次，挑选大菌落，可得到抗分解代谢阻遏突变株。

结构类似物抗性在分解代谢阻遏的突变株的筛选中也有应用。例如 2-脱氧葡萄糖是葡萄糖的一种结构类似物，不能为毕赤酵母所利用，但对毕赤酵母菊粉酶的合成起着与葡萄糖同样的阻遏作用。若在以菊粉为惟一碳源的条件下选育出 2-脱氧葡萄糖抗性的突变株，则有可能解除葡萄糖的分解代谢阻遏。

e. 解除反馈阻遏突变株　解除末端产物的反馈阻遏是酶制剂常规育种中另一种常用手段，具体方法为选育结构类似物抗性突变株。例如用三氯亮氨酸处理大肠杆菌，获得了亮氨酸合成酶产量提高 10 倍的突变株。

选育在末端产物存在下仍然可形成芽孢的突变株。芽孢杆菌的胞外酶的形成与芽孢的形成有关，因此可以利用这种联系筛选出解除反馈阻遏的突变株。例如蜡状芽孢杆菌的孢外蛋白酶的形成与芽孢的形成有关，筛选出在氨基酸存在条件下仍可形成芽孢的突变株，其蛋白酶的产量可提高 10 倍。

平板检出法。例如将大肠杆菌在含高浓度无机磷酸盐的平板上培养，正常的菌落其磷酸酯酶的合成受阻遏，解除反馈阻遏的突变株则能分泌出磷酸酯酶，菌落长好后喷洒对亚硝基苯酚磷酸盐，则解除反馈阻遏的突变株呈黄色。

27.3 酶制剂发酵生产的工艺控制

27.3.1 培养基

微生物酶生产的培养基包括以下几类。

（1）碳源 在酶制剂生产中碳源选取时最重要考虑的因素就是分解代谢阻遏和诱导。

葡萄糖等迅速利用的碳水化合物的分解代谢产物，对细菌和霉菌的蛋白酶生产、对枯草杆菌与地衣芽孢杆菌的 α-淀粉酶生产等都有阻遏作用。因此，除某些菌株的酶合成不易受糖分解代谢产物阻遏以外，一般不使用这一类碳水化合物为碳源。当然，如果采用流加法，使这一类糖的浓度保持较低的水平，使其不致对酶合成产生分解代谢产物阻遏作用，这一类糖还是可以用的。例如在枯草杆菌的蛋白酶生产过程中，用流加法使葡萄糖浓度保持在 0.4%～1%，酶产量比对照增加 1 倍。一般，酶产量高的突变株对糖分解代谢产物阻遏作用比野生型菌株敏感。

有些碳源对酶的合成有诱导作用，例如木糖、木聚糖等对链霉菌生产葡萄糖异构酶、纤维素对绿色木霉生产纤维素酶分别有诱导作用，是最好的碳源之一。有些有机碳水化合物如淀粉等是缓慢地被利用的碳源，它们的分解代谢产物不会对酶的合成产生阻遏作用，对酶生产有利，也是很好的碳源。例如淀粉，一般作为细菌和霉菌 α-淀粉酶生产的碳源，玉米粉是黑曲霉生产糖化酶和多黏芽孢杆菌 AS1.5466 生产 β-淀粉酶的理想碳源等。因此，许多酶类特别是各种淀粉酶和蛋白酶的生产以玉米粉、甘薯粉、淀粉等为碳源。当然，这些原料除了对酶生产有利外，还具有价格便宜、来源充足等优点。

淀粉质原料浓度的高低与菌种性质及通气搅拌等环境条件均有关系。从菌的性质来看，主要是看菌的淀粉酶（将淀粉分解为葡萄糖的有关酶类）活力的强弱与糖分解代谢产物是否对酶合成有阻遏作用。如果菌的淀粉酶活力强，淀粉会很快地分解为葡萄糖，造成葡萄糖积累，葡萄糖积累到一定程度也会产生分解代谢产物阻遏。因此，在淀粉酶活力强，且葡萄糖的代谢产物会对酶合成产生抑制的情况下，淀粉质原料的浓度不宜高，必须采用分批补料措施来控制其浓度。例如枯草杆菌 BF-7658 的 α-淀粉酶生产，采用分批补料，避免了葡萄糖堆积所引起的分解代谢产物阻遏，有利于酶生产，有利于 pH 控制，延长了产酶期，酶产量比对照提高 14%。

（2）氮源 微生物酶生产一般使用的有机氮源有豆饼、花生饼、棉籽饼、玉米浆和蛋白胨等；无机氮源有硫酸铵、氯化铵、硝酸铵、硝酸钠和磷酸氢二铵等。所选择的氮源的种类和浓度因菌种、所产生的酶类和通气搅拌等环境条件而异。

氮源对微生物酶生产也有诱导和抑制作用，例如蛋白胨对黑曲霉的酸性蛋白酶生产有很强的诱导作用；铵盐对某些霉菌和细菌蛋白酶的生产则有抑制作用等。以蛋白质为氮源往往对酶生产有促进作用，例如蛋白酶生产时，以蛋白质为氮源比蛋白质水解物好。这种情况普遍存在于各种微生物特别是芽孢杆菌中。又如蜡状芽孢 BQ10-SI 的 β-淀粉酶生产，当以豆饼为氮源时酶产量最高。各种氨基酸对酶生产的影响因菌株而异，某些氨基酸抑制酶的形成，另一些氨基酸则对酶合成有利。例如蛋氨酸等含硫氨基酸对黑曲霉合成酸性蛋白酶有妨碍；赖氨酸、天冬氨酸对泡盛曲霉合成酸性蛋白酶有刺激作用。在微生物酶生产中，多数情况下将有机氮源和无机氮源配合使用才能取得较好的效果。例如黑曲霉酸性蛋白酶生产，只用铵盐或硝酸盐为氮源时，酶产量仅为有胨时的 30%。只用有机氮源而不用无机氮源时产量也低，故一般除使用高浓度有机氮源外尚需添加 1%～3% 的无机氮源。但是也有单独使用有机氮源进行酶生产的，例如一些细菌（如枯草杆菌等）的中性及碱性蛋白酶生产、黑曲霉的糖化酶生产等。同样，也有单独使用无机氮源的情况，但是，这种情况往往只有在碳源中含有一定数量的有机氮时才存在。

（3）碳氮比　在微生物酶生产培养基中碳源与氮源的比例是随生产的酶类、生产菌株的性质和培养阶段的不同而改变的。一般蛋白酶（包括酸性、中性和碱性蛋白酶）生产采用碳氮比低的培养基比较有利，例如黑曲霉 3.350 酸性蛋白酶生产采用由豆饼粉 3.75%、玉米粉 0.625%、鱼粉 0.625%、NH_4Cl 1%、$CaCl_2$ 0.5%、Na_2HPO_4 0.2%、豆饼石灰水解液 10% 组成的培养基；枯草杆菌中性蛋白酶生产采用由山芋粉 3%、玉米粉 3%、豆饼粉 3.5%、麸皮 2.5%、Na_2HPO_4 0.4%、KH_2PO_4 0.03% 组成的培养基。淀粉酶（包括 α-淀粉酶、糖化酶、β-淀粉酶等）生产的碳氮比一般比蛋白酶生产略高，例如枯草杆菌 TUD 127 α-淀粉酶生产采用由豆饼粉 4%、玉米粉 8%、Na_2HPO_4 0.8%、$(NH_4)_2SO_4$ 0.4%、$CaCl_2$ 0.2% 组成的培养基，而在淀粉酶生产中糖化酶生产培养基的碳氮比是最高的。近年来为了提高糖化酶产量，倾向于使用高浓度碳源，玉米粉用量常达 15% 以上，例如以黑曲霉突变株 C-S-11 生产糖化酶采用由玉米粉 15%、米糠 4%、玉米浆 1.5%、草酸 0.02%～0.04% 组成的培养基。以上是蛋白酶和淀粉酶生产培养基碳氮比的一般规律，但是由于菌种很多而其性质各异，很难说都是符合上述规律的。

在微生物酶生产过程中，培养基的碳氮比也因培养过程不同而异。例如种子培养时，为了适应菌体生长繁殖的需要，要求提供合成细胞蛋白质的氮多些，容易利用的氮源的比例大些，种子培养基的碳氮比一般要比发酵培养基低些。发酵时，不同发酵阶段要求的碳氮比也是不同的，例如在枯草杆菌 BF-7658 生产 α-淀粉酶的发酵过程中，发酵前期要求培养基的碳氮比适当降低，以利菌体生长繁殖，发酵中后期要求培养基的碳氮比适当提高，以促进 α-淀粉酶的生成。

（4）无机盐　微生物酶生产和其他微生物产品生产一样，培养基中需要有磷酸盐及硫、钾、钠、钙、镁等元素存在。在酶生产中常以磷酸二氢钾、磷酸氢二钾等磷酸盐作为磷源，以硫酸镁为硫源和镁源。有时磷酸盐浓度很高，例如黑曲霉 ATCC15474 α-淀粉酶生产，培养基中的 NaH_2PO_4 为 4.6%，这是为了造成一个高渗透压的环境来提高酶产量。钙离子对淀粉酶、蛋白酶、脂肪酶等多种酶的活性有十分重要的稳定作用，例如在无 Ca^{2+} 存在时灰色链霉菌中性蛋白酶只在 pH 7～7.5 很狭范围内稳定，当有 Ca^{2+} 存在时稳定 pH 范围可以扩大到 5～7。钠离子有控制细胞渗透压使酶产量增加的作用，酶生产的培养基中有时以磷酸氢二钠及硝酸钠等形式加入，例如米曲霉 α-淀粉酶生产，添加适量的硝酸钠以促进酶生产。

在天然培养基中，一般微量元素不必另外加入，但也有一些例外。如玉米粉、豆粉为碳源时，添加 100 ppm Co^{2+} 和 Zn^{2+}，放线菌 166 蛋白酶活力可增加 70%～80%。

（5）生长因子　酶生产时供给微生物需要的氨基酸、维生素、嘌呤碱和嘧啶碱等生长因子很重要，例如添加含有生长因子的大豆的酒精抽提物，可使米曲霉的蛋白酶产量比对照提高 1.9 倍，很多事实说明生长因子对酶产量有显著影响。酶生产中微生物需要的生长因子一般通过加入玉米浆、酵母膏、麸皮、米糠，以及豆饼和玉米等来提供。

（6）产酶促进剂　据报道，某些表面活性剂能增加酶的产量，例如添加吐温-80 0.1%，则可提高多种酶的产量。表面活性剂提高酶产量的作用机制还未完全了解，生产上使用表面活性剂必须考虑对微生物是否有毒性。一般非离子表面活性剂对微生物几乎无毒性，生产上提高胞外酶的活力一般都采用非离子表面活性剂。

产酶的促进剂很多，常见的有吐温-80、植酸钙镁（非汀）、洗净剂 LS（脂肪酰胺磺酸钠）、聚乙烯醇、乙二胺四乙酸（EDTA）等。植酸钙镁可以刺激枯草杆菌、灰色链霉菌、曲霉、黏红酵母和解脂假丝酵母等的蛋白酶生产；洗净剂 LS 对栖土曲霉 3.942 的中性蛋白酶生产是一种很有效的产酶促进剂，黑曲霉糖化酶生产中添加少量聚乙烯醇衍生物"carbopol"可防止菌丝体结球而增加酶产量，添加 0.1％糖酯也有同样效果。

27.3.2　pH 值对酶生产的影响及其控制

酶生产的合适 pH 通常和酶反应的最适 pH 值相接近。因此，生成碱性蛋白酶的芽孢杆菌宜在碱性环境下培养，生产酸性蛋白酶的青霉和根霉应在酸性条件下培养，在中性、碱性和酸性条件下培养，栖土曲霉分别产生中性、碱性和酸性蛋白酶。但是也有例外，例如黑曲霉 3.350 酸性蛋白酶酶反应的最适 pH 值为 2.5～3.0，而黑曲霉都在 pH 6 左右培养时酸性蛋白酶的产量最高，在酶反应的最适 pH 条件下未必有利于产酶，可能和酶在最适 pH 条件下不稳定有关。

pH 还影响微生物分泌的酶系。例如利用黑曲霉生产糖化酶时除糖化酶外还有 α-淀粉酶和葡萄糖苷转移酶存在，当 pH 倾向中性时，糖化酶的活性低，其他两种酶的活性高；当 pH 倾向于酸性时，糖化酶的活性高，其他两种酶的活性低。其他两种酶特别是葡萄糖苷转移酶，会严重影响葡萄糖收率，在糖化酶生产时是必须除去的，因此将培养基 pH 调节到酸性就可以使这种酶的活性降低，如 pH 值达到 2～2.5 则有利于这种酶的消除。

27.3.3　酶生产的温度控制

酶生产的培养温度随菌种而不同，例如利用芽孢杆菌进行蛋白酶生产常采用 30～37 ℃，而霉菌、放线菌的蛋白酶生产以 28～30 ℃为佳。在 20 ℃生长的低温细菌，在低温下形成蛋白酶最多。嗜热微生物在 50 ℃左右蛋白酶产量最大。又如枯草杆菌的 α-淀粉酶生产，培养温度以 35～37 ℃为最合适；霉菌的 α-淀粉酶生产（深层培养），最适温度为 30 ℃左右。

在酶生产中，为了有利于菌体生长和酶的合成，也有进行变温生产的。例如以枯草杆菌 AS1.398 进行中性蛋白酶生产时，培养温度必须从 31 ℃逐渐升温至 40 ℃，然后再降温至 31 ℃进行培养，蛋白酶产量比不升温者高 66％。据报道，酶生产的温度对酶活力的稳定性有影响，例如用嗜热芽孢杆菌进行 α-淀粉酶生产时，在 55 ℃培养所产生的酶的稳定性比 35 ℃好。

27.3.4　通气搅拌对酶生产的影响

酶生产所用的菌种一般都是需氧微生物，培养时都需要通气搅拌，但是通气搅拌的需要程度因菌种而异。一般，通气量少对霉菌的孢子萌发和菌丝生长有利，对酶生产不利，例如米曲霉的 α-淀粉酶生产，培养前期降低通气量则促进菌体生长而酶产量减少；通气量大则促进产酶而对菌体生长不利，例如以栖土曲霉生产中性蛋白酶，风量大时菌丝生长较差而易结球，但酶产量是风量小时的 7 倍。然而并不是利用霉菌进行酶生产时产酶期的需氧量都比菌体生长期的需氧量大，也有氧浓度过大而抑制酶生产的现象，例如黑曲霉的 α-淀粉酶生产，酶生产时菌的需氧量为生长旺盛时菌的需氧量的 36％～40％。

利用细菌进行酶生产时，一般培养后期的通气搅拌程度也比前期加强，但也有例外的情况，例如枯草杆菌的 α-淀粉酶生产，在对数生长期末降低通气量可促进 α-淀粉酶生产。

据报道，利用霉菌进行固体培养生产蛋白酶时，CO_2 对孢子萌发与产酶有促进作用，而不利于生长，因此在孢子发芽与产酶时通入的空气中掺入 CO_2 有利于提高酶产量。在枯草杆菌的 α-淀粉酶生产中，CO_2 对细胞增殖与产酶均有影响，当通入的空气中含 CO_2 28%时，α-淀粉酶活性比对照提高 3 倍。

27.3.5　酶的提取技术

工业上应用的酶制剂，一般用量较大，纯度不高。但是工业用酶制剂并不意味着一个纯度等级。例如工业上销售量最大的 α-淀粉酶，用于食品工业的和用于织物退浆的，其质量有很大差别。食品工业用的酶制剂面广量大，质量要求特殊，不同于一般的工业用酶制剂和作为精制酶的中间酶的粗酶粉，本节简述的内容主要围绕食品工业用酶制剂。至于生化研究用酶，本节讨论的方法只能作为辅助手段，除此以外必须采用其他精制手段如透析、层析、电泳、超滤等技术。

工业用酶制剂的型式通常有两种，即液体酶制剂和粉剂。

酶生产的提取过程大致可分为下列几个步骤：

（1）发酵液预处理　如果目的酶是胞外酶，在发酵液中加入适当的絮凝剂或凝固剂并进行搅拌，然后通过分离（如用离心沉降分离机、转鼓真空吸滤机和板框过滤机等）除去絮凝物或凝固物，以取得澄清的酶液。如果目的酶是胞内酶，先把发酵液中的菌体分离出来，并使其破碎，将目的酶抽提至液相中，然后再和上述胞外酶一样处理，以取得澄清酶液。如果是生产液体酶，可以将酶液进行浓缩后加入缓冲剂、防腐剂（苯甲酸钠、山梨酸钾、对羟基苯甲酸甲酯、丙酯、食盐等）和稳定剂（甘油、山梨醇、氯化钙、亚硫酸盐、食盐等）而成，在阴凉处一般可保存 6～12 个月。至于粉状酶的生产还需要经过下面几个步骤。

（2）酶的沉淀或吸附　用合适的沉淀方法，如盐析法、有机溶剂沉淀法、丹宁沉淀法等，使酶沉淀，或者用白土或活性氧化铝吸附酶，然后再进行解吸，以达到分离酶的目的。

在酶的提取步骤中酶的沉淀和吸附是重要的一步，常用的方法有盐析法和有机溶剂沉淀法：

① 盐析法　盐析常用的中性盐有硫酸镁、硫酸铵、硫酸钠和磷酸二氢钠，其盐析蛋白质的能力因蛋白质种类而不同，一般以含有多价阴离子的中性盐盐析效果较好。但是由于硫酸铵的溶解度在低温时也相当高，故在生产上普遍应用硫酸铵。一般使各种酶盐析的盐析剂用量通过实验来确定。

以中性盐盐析蛋白酶时，酶蛋白溶液的 pH 对盐析的影响不大。在高盐溶液中，温度高时酶蛋白的溶解度低，故盐析时除非酶不耐热，一般不需降低温度。如酶蛋白不耐热，一般需冷却至 30 ℃ 或以下盐析。

同一中性盐溶液对不同的酶或蛋白质的溶解能力是不同的。利用这一性质，在酶液中先后添加不同浓度的中性盐，就可以将其中所含的不同的酶或蛋白质分别盐析出来，这就是分部盐析法。分部盐析是一种简单而有效的酶纯化技术，采用此法分离不同的酶与蛋白质，必须先通过实验求出液体中各种酶或蛋白质浓度与盐析剂浓度的关系。

用盐析法沉淀的沉淀颗粒其密度较小，而母液的密度却较大，故用离心分离法分离时分离速度慢。

盐析法的优点是常温沉淀过程中不会造成酶的失活，沉淀物在长时间放置也不易失活，在沉淀酶的同时夹带沉淀的非蛋白杂质少，而且适用于任何酶的沉淀，所以常作为从液体中提取酶的初始分离手段。它的缺点是沉淀中含有大量的盐析剂。如果硫酸铵一次沉淀法制取的酶制剂，就含有硫酸铵的恶臭气味，这种制剂如果不经脱盐直接用于食品工业，会影响食品的风味和工艺效果，特别是工业硫酸铵中可能含有毒性物质，不符合食品要求。

② 有机溶剂沉淀法　有机溶剂沉淀蛋白质的机理目前还不十分清楚。各种有机溶剂沉淀蛋白质的能力因蛋白质种类而异。乙醇沉淀蛋白质的能力虽不是最强，但因它挥发损失相对较少，价格也较便宜，所以工业上常以它作为沉淀剂。有机溶剂沉淀蛋白质的能力受溶解盐类、温度和pH等因素的影响，但有机溶剂也会使培养液中的多糖类杂质沉淀，因此用此法提取酶时必须考虑这些环境因素。分部有机溶剂沉淀法也可以用来分离酶或蛋白质，但其效果不如分部盐析法好。

按照食品工业用酶的国际法规，食品用酶制剂中允许存在蛋白质类与多糖类杂质及其他酶，但不允许混入多量水溶性无机盐类（食盐等例外），所以有机溶剂沉淀法的好处是不会引入水溶性无机盐等杂质，而引入的有机溶剂最后在酶制剂干燥过程中会挥发掉。由于具有此种特点，此法在食品用酶制剂提取中占有极重要的地位。又由于它不需要脱盐，操作步骤少、过程简单、收率高，国外食品工业用的粉剂酶如霉菌的淀粉酶、蛋白酶、糖化酶、果胶酶和纤维素酶等都是用有机溶剂一次沉淀法制造的。

为了节省有机溶剂的用量，一般在添加有机溶剂前先将酶液减压浓缩到原体积的40％～50％。有机溶剂的添加量，按照小型实验测定的沉淀曲线来确定，要避免过量，否则会使更多的色素、糊精及其他杂质沉淀。

除以上两种方法外，还有丹宁沉淀法、吸附法等提取方法。

（3）酶的干燥　收集沉淀的酶进行干燥磨粉，并加入适当的稳定剂、填充剂等制成酶制剂；或在酶液中加入适当的稳定剂、填充剂，直接进行喷雾干燥。

27.4　微生物酶制剂生产工艺举例—α-淀粉酶生产工艺

淀粉酶是研究最早、产量最大和应用最广泛的一种酶类。几乎占全部酶制剂总产量的50％。根据淀粉酶作用方式的不同，淀粉酶可分为以下四种主要类型：即α-淀粉酶、β-淀粉酶、葡萄糖淀粉酶和异淀粉酶。此外还有一些应用不是很广泛、生产量不大的淀粉酶，如环式糊精生成酶，G4、G5生成酶，α-葡萄糖苷酶等。本文仅就淀粉酶中产量最大的α-淀粉酶生产工艺作一介绍。

工业上α-淀粉酶的生产主要来自于细菌和霉菌。霉菌α-淀粉酶的生产大多采用固体曲法生产；细菌α-淀粉酶的生产则以液体深层发酵法为主，用霉菌生产时宜在微酸性下培养，细菌一般宜在中性至微碱性下培养。微生物生产的α-淀粉酶，根据作用的最适温度不同可分为一般和耐高温α-淀粉酶两种，大多数微生物分泌的α-淀粉酶液化温度只能维持在80～90℃，而有些微生物如地衣芽孢杆菌分泌的α-淀粉酶适用于高温105～110℃下液化淀粉，可以显著加快反应时间，提高得率和有助于糖化液的精制。

微生物α-淀粉酶的生产一般在酶活达到高峰时结束发酵，离心以硅藻土作为助滤剂去除菌体及不溶物。在钙离子存在下低温真空浓缩后，加入防腐剂、稳定剂以及缓冲剂后就成为成品。这种液体的细菌α-淀粉酶呈暗褐色，在室温下可放置数月而不失活。为制造高活性的α-淀粉酶，并便于贮运，可把发酵液用硫酸铵或有机沉淀剂沉淀制成粉状酶制剂，最好贮藏在25℃以下，较干燥、避光的地方。

有些菌株在合成α-淀粉酶时同时产生一定比例的蛋白酶，这种蛋白酶的存在不仅影响使用效果，还会引起α-淀粉酶在储藏过程中的失活，夹杂的蛋白酶量越大，失活就越严重，利用蛋白酶比淀粉酶的耐热性差，将 α-淀粉酶的发酵液加热处理可以使淀粉酶的储藏稳定性大为提高。处理的具体方法是在发酵液中添加 1% 的无水氯化钙，1% 的磷酸氢二钠，调节 pH 为 6.5 左右，65 ℃处理 30 min。此外在培养基中添加柠檬酸盐可抑制某些菌株产生的蛋白酶，用底物淀粉进行吸附也可将淀粉酶和蛋白酶进行分离。

27.4.1 米曲霉固态法 α-淀粉酶生产工艺

(1) 生产工艺流程　米曲霉 612 或 2120 固体厚层通风制曲生产 α-淀粉酶工艺流程见图 27-1，培养基制备见表 27-4。

表 27-4　米曲霉厚层通风制曲生产 α-淀粉酶培养基制备

种　类	斜　面	种　子　瓶	种　曲	发　　酵
制备	米曲汁或麦芽汁琼脂固体培养基	500 mL 三角瓶中装 25 g 麸皮、5 g 玉米粉及 24～26 mL 水，加三滴盐酸，拌匀于 121 ℃灭菌 30 min	同种子瓶	麸皮与谷壳按 100：5 混合，加 75%～80% 的稀盐酸（浓度 0.1%），拌匀后，常压下蒸煮 1 h，使原料淀粉糊化，并起灭菌作用

(2) 发酵　将试管斜面（于 32～34 ℃培养 70～72 h），接种到 500 mL 三角瓶（每瓶一菌耳种菌），摇匀于 32～34 ℃下培养 3 d，每 24 h 扣瓶一次以防结块，待菌体大量生长孢子转成黄绿色时，即可作为种子用于制备种曲。

种曲房要经常保持清洁，并定期用硫黄和甲醛熏蒸灭菌，种曲培养一般采用木制或铝制曲盒，培养基经高温灭菌后放入种曲箱房，打碎团块冷却到 30 ℃左右接入 0.5%～1% 的三角瓶种子，拌匀后放入曲盒，料层厚度 1 cm 左右为宜。盒上盖一层布后放入专用的木架上，曲房内保持 30 ℃左右进行培养。盖布应每隔 8～12 h 用水浸湿，以保持一定湿度，每 24 h 扣盘一次，经 3 d 后，种曲成熟，麦麸上布满黄绿色孢子。

厚层通风固体发酵，蒸煮 1 h 后培养基，冷却到 30 ℃接入 0.5% 的种曲，拌匀后入池发酵。前期品温控制在 30 ℃左右，每隔 2 h 通风 20 min，当池内品温上升至 36 ℃以上时则需要连续通风，使温度控制在 34～36 ℃。当池内温度开始下降后 2～3 h 则通冷风使品温下降到 20 ℃左右出池，整个发酵过程约需要 28 h。

(3) 提取　一种方法是直接把麸曲在低温下烘干，作为酿造工业上使用的粗酶制剂，特点是得率高、制造工艺简单，但酶活性单位低，含杂质较多。另一种方法是把麸曲用水或稀释盐水浸出酶后，经过滤和离心除去不溶物后然后用酒精沉淀或硫酸铵盐析，酶泥滤出烘干，粉碎后加乳糖作为填充剂最后制成供作助消化药、酿造等用的酶制剂。它的特点是酶活性单位高，含杂质较少，但得率低、成本高。

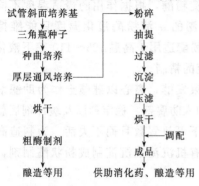

图 27-1　米曲霉固体厚层通风制曲生产 α-淀粉酶工艺流程

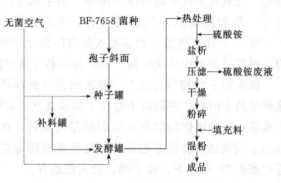

图 27-2　BF-7658 枯草杆菌 α-淀粉酶生产流程图

27.4.2 枯草杆菌 BF-7658 深层液体发酵 α-淀粉酶生产工艺

枯草杆菌 BF-7658 淀粉酶是我国产量最大，用途最广的一种液化型 α-淀粉酶，其最适温度 65 ℃左右，最适 pH 6.5 左右，pH 低于 6 或高于 10 时，酶活显著下降。其在淀粉浆中的最适温度为 80～85 ℃，90 ℃保温 10 min，酶活保留 87％。

（1）生产工艺流程　枯草杆菌 BF-7658 深层液体发酵 α-淀粉酶生产工艺流程见图 27-2，培养基制备见表 27-5。

表 27-5　枯草杆菌 BF-7658 深层液体发酵生产 α 淀粉酶培养基制备

种类	斜面	种子培养基	发酵培养基	
制备	孢子培养一般采用马铃薯培养基	豆饼粉 4％，玉米粉 3％，Na_2HPO_4 0.8％，$(NH_4)_2SO_4$ 0.4％，NH_4Cl 0.15％　总体积 200 L，121 ℃灭菌 30 min	基础料：豆饼粉 5.6％，玉米粉 7.2％，Na_2HPO_4 0.8％，$CaCl_2$ 0.13％，$(NH_4)_2SO_4$ 0.4％，NH_4Cl 0.13％，α-淀粉酶 100 万单位　总体积 4500 L，121 ℃灭菌 30 min	补料：豆饼粉 5.3％，玉米粉 22.3％，Na_2HPO_4 0.8％，$CaCl_2$ 0.4％，$(NH_4)_2SO_4$ 0.4％，NH_4Cl 0.2％，α-淀粉酶 30 万单位　总体积 1500 L，121 ℃灭菌 30 min

（2）发酵　孢子培养一般采用马铃薯培养基，于 37 ℃下培养 72 h，使菌体全部形成孢子即为成熟。种子培养维持罐温 37 ℃±1 ℃，罐压 0.5～0.8 atm，10 h 后加大通风，当菌体处于对数生长期后期，立刻接种至大罐，种子培养一般 14 h 左右。发酵控制温度 37 ℃，罐压 0.5 atm，通气量 0～12 h 控制 0.5～0.6 VVM，12 h 后控制在 0.8～1.0 VVM，发酵后期控制在 0.9 VVM。发酵培养一般采用补料工艺，这样一方面可解除分解代谢阻遏效应，另一方面也有利于 pH 的调节，最终达到提高产量的作用。补料体积和基础培养基体积一般为 1：3 左右。从 10 h 左右开始补加，一般前期、后期少，中期大，根据菌体的生长情况来调整。当 pH 低于 6.5，细胞生长粗壮时可酌减；当 pH 高于 6.5，细胞出现衰老并有空胞时可酌增，发酵周期一般为 40 h。

（3）提取　工业上回收 α-淀粉酶一般采用硫酸铵盐析法，硫酸铵浓度、酶液的浓度和 pH 对盐析效果都有影响，其至 α-淀粉酶来源或菌种不同对硫酸铵浓度的要求也不同，如枯草杆菌 α-淀粉酶的硫酸铵浓度一般为 37％～50％不等。

阅读材料

1　俞俊棠，唐孝宣主编．生物工艺学．上海：华东化工学院出版社，1992. 254～263

2　张树政主编．酶制剂生产技术．北京：科学出版社，1989

3　陈陶声主编．酶制剂生产技术．北京：化学工业出版社，1994

4　邬显章主编．酶的工业生产技术．北京：中国轻工业出版社，1992

28 维生素生产工艺

28.1 概况

维生素是一类性质各异的低分子有机化合物，是维持人体正常生理生化功能不可缺少的营养物质。它们不能被人和动物的组织合成，必须从外界摄取。

维生素与人体的生长发育和健康有着密切的关系，缺乏不同类别的维生素，会引起相应的维生素缺乏症。例如，维生素 A 缺乏会引起夜盲症；维生素 B_1 缺乏会患脚气病；维生素 C 缺乏会得坏血病。最近发现某些维生素能防治癌症和冠心病等，引起了人们对维生素越加重视。目前，尤其在解决即将到来的 21 世纪的社会老龄化问题，以及预防各种疾病方面，维生素将起着非常重要的作用。

28.1.1 维生素的分类

维生素可分为脂溶性维生素和水溶性维生素两大类，分别列于表 28-1 和表 28-2 中。

维生素的命名比较混乱。一般最常用的是按其发现顺序用拉丁字母来命名。但由于在后来发现的一些维生素是属于同一族的不同生物学特性或相类似的化合物，所以采用了在字母下脚的形式，例如维生素 B 族有维生素 B_1 至 B_{13} 及 B_T 等。而某些具有生物活性的物质并不冠以维生素。例如胆碱，肌醇等，也属于维生素。另有一类称为维生素原，它们和维生素的形成有关，但却不是维生素。它们不能被机体本身合成，但在新陈代谢或光合作用中却可以转变成维生素，例如 β-胡萝卜素称为维生素 A 原。

表 28-1 脂溶性维生素

名　称	学名及俗名	生物作用
维生素 A 族	视黄醇	抗干眼病
维生素 D_2	麦角钙化醇	抗软骨病
维生素 D_3	胆钙化醇	抗软骨病
维生素 E 族	生育酚（α-,β-,γ-等）	抗不育
维生素 F 族	亚油酸,亚麻酸,花生四烯酸	降胆固醇及防血栓
维生素 K 族	叶绿醌,合欢醌,α-甲基萘醌	抗出血

表 28-2 水溶性维生素

名　称	学名及俗名	生物作用
维生素 B_1	硫铵素	抗神经类
维生素 B_2	核黄素	抗口角溃疡,唇炎
维生素 B_3 族(维生素 PP)	烟酸,烟酰胺	抗糙皮病
维生素 B_5	泛酸	抗癫皮病
维生素 B_6 族	吡哆醇,吡哆醛,吡哆胺	抗皮炎
维生素 B_9 族	叶酸,黄蝶呤,赤蝶呤,蝶酸等	抗恶性贫血
维生素 B_{12}	钴胺素,氰钴胺素,羟钴胺素等	抗恶性贫血
维生素 B_{13}	乳清酸	抗早衰
维生素 B_T	L-肉碱	营养强化剂
维生素 C	抗坏血酸	抗坏血病
维生素 H(维生素 B_8)	生物素	抗毛发脱落及脂肪代谢混乱

28.1.2　维生素的特性和生化功能

各种维生素都具有自己的特性和不同的生化功能，它们多半是组成酶系而参加新陈代谢。例如维生素 B_1 是以辅羧化酶的形式参与羧化酶的组成而催化丙酮酸和其他 α-酮酸（例如 α-酮戊二酸）的脱羧反应，维生素 B_2 是黄素酶的组成成分，催化脱氢反应。表 28-3 列出一些维生素的特性和生化功能。

表 28-3　一些维生素的特性和生化功能

维生素	特　性	生　化　功　能	主　要　功　用
维生素 A	溶于多种有机溶剂（丙酮，氯仿，苯等）和脂肪，不溶于水。容易被空气中氧所氧化。	参与视觉机制；维持上皮细胞的完整	促进眼球内视紫质的合成或再生，维持正常视力；促进生长
维生素 B_1	溶于水和乙醇，在强酸性溶液中高度稳定；在中性或碱性溶液中及遇热条件下容易破坏	酮酸脱羧酶转醛基，催化丙酮酸和其他 α-酮酸的脱羧反应	是构成脱羧辅酶的主要成分，使身体充分利用碳水化合物。防止体内丙酮酸中毒，防止神经炎、脚气病、增进食欲，促进生长
维生素 B_2	稍溶于水和乙醇，不溶于丙酮醚、苯等溶剂。易被日光破坏，在碱性溶液中易被破坏，遇热较稳定	是黄素酶的组成成分，催化脱氢反应	为活细胞中氧化作用所必需，促进生长，维持健康
维生素 B_3	溶于水和乙醇，耐热，不易被氧化和破坏	以核苷的形式组成烟酰胺类酶，并与特殊的蛋白质结合而生成脱氢酶，催化机体内细胞的氢化与脱氢反应	促细胞呼吸作用；维持皮肤、神经健康，防止癞皮病，促进消化系统功能
维生素 B_{12}	溶于水，甲醇和乙醇，不溶于丙酮、苯、醚等有机溶剂。在中性或酸性溶液中较稳定	为造血过程反应的生物催化剂	促进红细胞的成熟
维生素 C	溶于水和乙醇，不溶于非极性溶剂，如芳香烃和脂肪烃。极易被氧化，在酸性溶液中比较稳定。在碱性溶液中，铜质容器中极易被破坏。大部分在烹调中损失	是活细胞中氧化还原反应的催化剂	为坏血病的预防和治疗形成连接组织，牙齿、结缔组织中细的黏结物所必需。维持牙齿、骨骼、血管、肌肉正常功能，促进外伤愈合

28.1.3　维生素的生产方法

生产维生素的方法有三种：提取法，化学合成法及生物合成法。提取法是从富含维生素的天然食物或药用植物中浓缩、提取而得。目前只有极少数的维生素采用提取法。例如维生素 A 原，维生素 E 等。这主要是由于天然动、植物的维生素含量相对比较低，而且波动很大；同时在加工过程中的损失也较大。化学合成法是目前生产维生素的主要方法。而微生物发酵法和微藻类的生物转化法（统称生物合成法）发展非常快，而且越来越显示出其优越性，表 28-4 及表 28-5 分别列出脂溶性维生素和水溶性维生素的工业生产状况。

表 28-4　脂溶性维生素的工业生产状况[1]

维生素类别	化学合成法	提取法	生物合成法			世界产量 /(吨/年)
			细菌	真菌	藻类	
维生素 A	+					2500
维生素 D_2				+		
维生素 D_3	+	+				25
维生素 E	+	+			(+)[①]	6800
维生素 F		+		+	(+)	1000
维生素 K_2	+					2

① 指中试规模。

表 28-5　水溶性维生素的工业生产状况[1]

维生素类别	化学合成法	提取法	生物合成法			世界产量 /(吨/年)
			细菌	真菌	藻类	
维生素 B_1	+					2000
维生素 B_2	+		+	+		2000
维生素 B_3	+		$(+)^①$			8500
维生素 B_5	+					
维生素 B_6	+					1600
维生素 B_8	+		$(+)^①$			3
维生素 B_9	+					300
维生素 B_{12}			+			10
维生素 B_{13}			+			100
维生素 C	+		+			70 000

① 指中试规模。

28.2　维生素 C 生产工艺

维生素 C（L-抗坏血酸）是人体营养必须的维生素。其生理作用非常广泛，不但用于治疗多种疾病，而且已作为预防和营养药物。此外，维生素 C 还可作为强化剂和抗氧化剂大量用于食品工业。1984 年全世界的维生素 C 产量为 35 000 吨，1994 年即达 80 000 吨。我国是维生素 C 的生产大国，1994 年我国的维生素 C 产量为 17 300 吨，1996 年增加至 26 000吨。除少量内销外，绝大部分外销。

28.2.1　维生素 C 的合成方法

维生素 C 的合成方法主要有莱氏化学合成法和微生物发酵合成法两种。最近发现的酵母发酵法合成维生素 C 则是惟一不需要经过中间化合物的生物合成法，虽然具有很大的吸引力，但目前远未达到可工业生产的水平。

（1）莱氏化学合成法　1933 年德国 Reichstein 等人首先用化学合成法制取维生素 C 获得成功。至今许多国家仍采用此方法或采用改进的莱氏法进行工业生产。该方法以 D-山梨醇作原料，需经四大步反应，才能得到维生素 C 产品：

a. D-山梨醇经黑醋菌（Gluconobacter melagenus）发酵得 L-山梨醇。

b. L-山梨糖和丙酮反应制得二丙酮-L-山梨醇

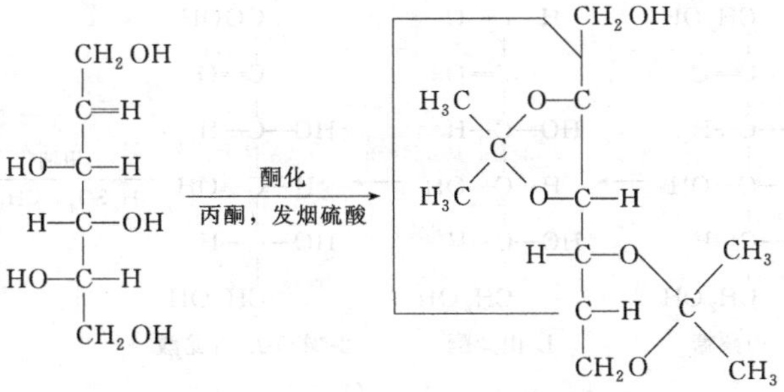

L-山梨糖   酮化 丙酮，发烟硫酸 →   二丙酮-L-山梨醇

c. 二丙酮-L-山梨醇氧化得二丙酮-2-酮-L-古龙酸钠，再经酸化得二丙酮-2-酮-L-古龙酸。

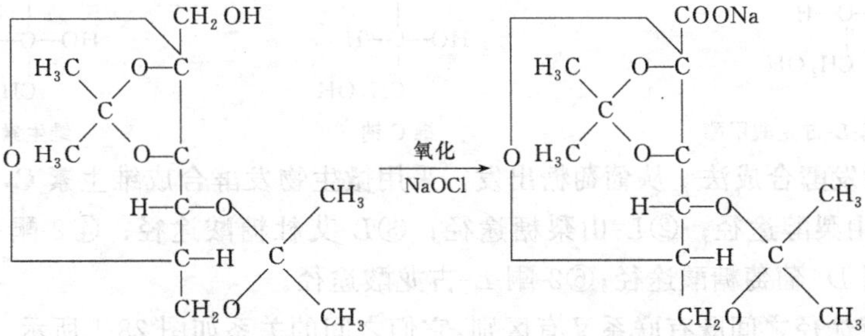

二丙酮-2-酮-L-山梨醇   氧化 NaOCl →   二丙酮-2-酮-L-古龙酸钠

酸化 →

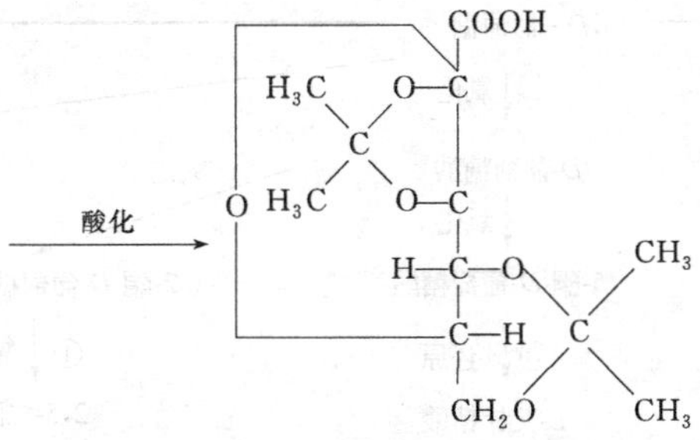

二丙酮-2-酮-L-古龙酸

d. 二丙酮-2-酮-L-古龙酸经转化得维生素 C

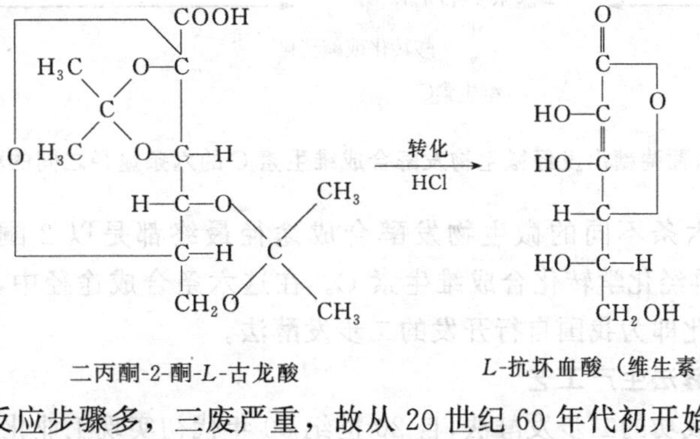

二丙酮-2-酮-L-古龙酸   转化 HCl →   L-抗坏血酸（维生素 C）

由于莱氏法的反应步骤多，三废严重，故从 20 世纪 60 年代初开始，许多研究者进行了改进，缩短了莱氏法的反应步骤。这里介绍一种碱转化工艺。

改进莱氏法（碱转化）工艺如下：

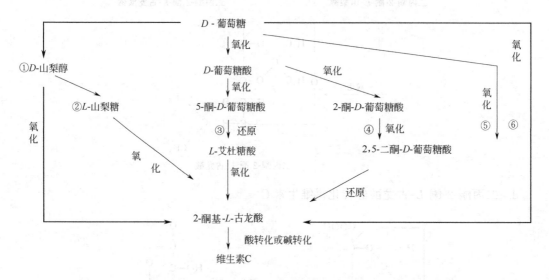

（2）微生物发酵合成法　从葡萄糖出发，采用微生物发酵合成维生素 C，有以下六种合成途径：①D-山梨醇途径；②L-山梨糖途径；③L-艾杜糖酸途径；④2-酮-D-葡萄糖酸途径；⑤2,5-二酮-D-葡萄糖酸途径；⑥2-酮-L-古龙酸途径。

这六种合成途径之间既有联系又有区别，它们之间的关系如图 28-1 所示。

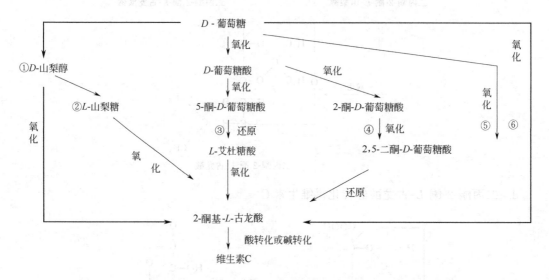

图 28-1　从葡萄糖出发经微生物发酵合成维生素 C 的六条途径之间的相互关系

由图 28-1 可见，六条不同的微生物发酵合成途径最终都是以 2-酮基-L-古龙酸（简称2KGA）为最终产物，再经化学转化合成维生素 C。在这六条合成途径中，只有第二条途径已实现了工业化生产。此即为我国自行开发的二步发酵法。

28.2.2　二步发酵法生产工艺

由我国自行开发成功的二步发酵法，自 20 世纪 80 年代初实现工业化生产以来，因其制备工艺简单，生产周期短和"三废"污染少等优点，除在国内推广应用外，已于 1985 年将此技术成功地转让给世界上生产维生素最大企业，瑞士霍夫曼·罗氏制药公司。这是我国医药工业史上首次出口技术。二步发酵法生产工艺有酸转化工艺和碱转化工艺两种。即由二步发酵得到的 2KGA 钠盐,经提取后得 2KGA,然后经酸转化或碱转化的方法制得维生素 C。酸转化的设备简单、流程短,但由于在酸转化过程中维生素 C 破坏较严重,生产所得的粗维生素 C 质量较差,设备的腐蚀严重,三废问题也未能很好解决,因此逐渐淘汰。碱转化虽然流程较长,投资大,但由于其产品质量好,故目前绝大部分工厂均采用碱转化工艺。下面仅介绍有关碱转化工艺。

28.2.2.1 二步发酵法反应步骤

从 *D*-山梨醇出发的二步发酵法(碱转化)是国内最为成熟的工艺,其反应步骤如下:

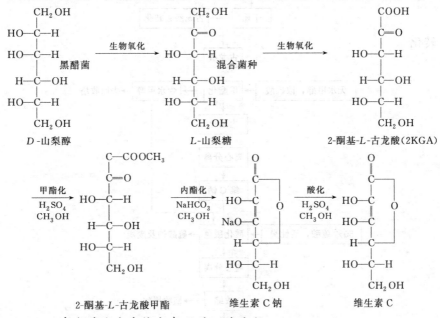

28.2.2.2 二步发酵法生产维生素 C 的工艺流程

二步发酵法的整个工艺流程可分为发酵、提取、转化和精制四部分。现分别以方块图表述如下:

(1)发酵

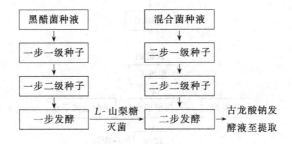

(2)提取

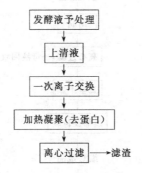

245

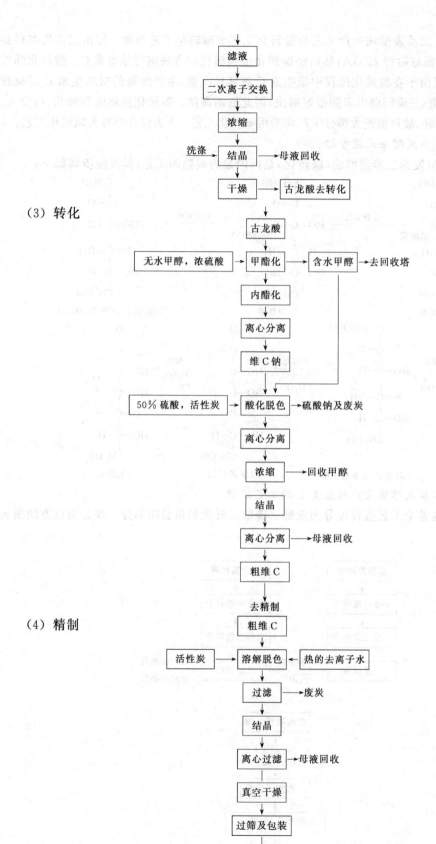

（3）转化

（4）精制

由上可知，维生素 C 的生产过程的工序较多将影响各步的收率，从而影响其总收率。目前国内的总收率水平在 50% 左右。大大落后于国际先进水平。为了提高总收率，在发酵方面采用新的高产菌种，可使二步发酵收率达到 90% 以上。提取和转化方面开发了转化新工艺，把复杂的二次离交法及去蛋白过程用絮凝法代替，制成古龙酸钠，然后由古龙酸钠直接转化制成维 C 钠。这个工艺不但节省了成本，并提高了收率及提高维 C 产品的质量，但有待工业化应用。

28.2.2.3 二步发酵菌种及发酵工艺

（1）第一步发酵

a. 菌种　一步发酵中所用菌种为生黑葡萄糖酸杆菌（*Gluconobacter melagenus*），简称黑醋菌。最常用的生产菌株为 R-30，其主要特征是：细胞椭圆至短杆状，革兰氏染色阳性，无芽孢大小为 $(0.5 \sim 0.8) \mu m \times (1.0 \sim 2.2) \mu m$。端生草根鞭毛运动，菌落边缘整齐，微显浅褐色。生长最适温度为 34 ℃±1 ℃，氧化 D-山梨醇的发酵收率可达 98% 以上。

b. 培养基　种子培养基成分为：山梨醇 20%，酵母膏 0.7%，碳酸钙 0.15%，无机盐溶液 0.4%。其中，无机盐溶液的组成为：$MgSO_4 \cdot 7H_2O$ 1.25 g/100 mL，$(NH_4)H_2PO_4$ 7.5 g/100 mL，KH_2PO_4 5 g/100 mL，K_2SO_4 1.25 g/100 mL。发酵液培养基成分为：酵母膏 0.035%，碳酸钙 0.1%，玉米浆 0.1%，复合维生素 B 0.001%，山梨醇浓度视需要而定。

c. 发酵过程特征　在发酵过程中，控制发酵温度（34±1）℃，初始 pH5.1～5.3。该氧化反应的耗氧量较大，所以通气比要求 1∶1VVM 以上。即使在通气量较大，且搅拌转速较高的条件下，发酵至 4 h 后溶解氧浓度急剧下降，甚至接近于零。直到 10 h 左右才逐渐回升。当溶解氧浓度回复至最高点，呈水平直线时，表示该反应已达终点。

该发酵过程受山梨醇底物浓度的影响，当其浓度超过 250 g/L 时，底物对产物形成有抑制作用。故要获得高浓度山梨糖时，必须采用流加发酵方式。为了配合第二步的高浓度山梨糖流加发酵工艺，尽可能提高一步发酵的最终山梨糖浓度是至关重要的。目前最终山梨糖浓度可达 450 g/L[2]。

（2）第二步发酵

a. 菌种　第二步发酵采用的菌种为由大、小两株细菌组成的混合菌种。小菌为氧化葡萄糖酸杆菌（*Gluconobacter Oxydans*），大菌可采用巨大芽孢杆菌（*Bacillus megateriam*），称 2980 菌，或蜡状芽孢杆菌（*Bacillus cereus*），称 152 菌，或浸麻芽孢杆菌（*Bacillus macerans*），称 169 菌。也可采用其他一些杆菌与小菌混合培养。但工业生产过程中使用最多的为 2980 及 152 菌混合菌。

氧化葡萄糖酸杆菌的主要特征为：细胞椭圆至短杆状，革兰氏染色阴性，无芽孢。30 ℃培养 2 d 后大小为 $(0.5 \sim 0.7) \mu m \times (0.6 \sim 1.2) \mu m$，单个或成对排列。在葡萄糖培养基上生长极微弱，甘露醇培养基上生长良好。

b. 培养基　种子培养基成分为：酵母膏 0.3%，牛肉胶 0.3%，玉米浆 0.3%，蛋白胨 1.0%，尿素 0.1%，山梨糖 2.0%，另加某些无机盐。发酵液培养基成分为：玉米浆 0.5%，尿素 0.1%，无机盐及山梨糖。

c. 发酵过程特征　第二步发酵为混合菌种发酵。由于大、小菌两者的最适培养条件是不同的，所以其操作适宜条件是兼顾大、小菌两者的条件。通常操作温度为 30 ℃；初始 pH 控制在 6.8 左右。该反应虽属氧化反应，但对氧的消耗并不很大。气升式发酵罐非常适合该发酵过程。溶氧浓度控制在 20％即可。

山梨糖的初始浓度对产物的生成影响较大。间歇发酵时初始山梨糖浓度超过 80 g/L，会对产物生成产生抑制[4]。所以要取得高浓度 2 KGA，需采用高浓度山梨糖流加发酵方式。若采用建立在数学模型基础上的流加控制策略，可获得高浓度的 2 KGA，二步收率可达 83％[3]。

28.3　生物合成法生产维生素的前景

生物合成法与化学合成法相比较，有许多优点。最为突出的优点是由发酵或生物转化反应得到的产物是所需的旋光化合物，它具有生物活性；而化学合成法得到的却是消旋混合物。例如维生素 E 的工业生产，目前仍以化学合成法为主。但化学合成法获得的是 α-生育酚的消旋体混合物，需要进一步分离才能得到维生素 E。现在则可以通过微生物的发酵或藻类的培养生产天然维生素 E。其中，裸藻属（*Eugleua gracilis*）是最为优良的生产维生素 E 的藻类。它在含有 *L*-酪氨酸，2,5-二羟基苯乙酸，乙醇和蛋白胨的培养基下进行光合异养培养，能合成具有旋光性的 α-生育酚，即维生素 E。目前已完成了中试规模生产。另外，生物合成在比较温和的条件下进行，所采用的设备也相对较为简单，成本也较低。对环境污染也小。所以生物合成法发展十分迅速，大有后来居上的趋势。

目前，生物合成法生产维生素的主攻方向有如下三方面：

（1）对自然界中微生物及藻类进行广泛和深入的筛选和分离，以获得优良的生产菌株。例如，维生素 K 是由化学合成法生产的。现在已开发出利用微生物发酵法制取维生素 K₂ 的方法。经过深入的筛选，得到兼性厌氧细菌 *Flavobacterium meningosepticum* 的突变株，它抗 1-羟基-2-萘酸盐（HNA）的抑制。这突变菌株在含有 *L*-酪氨酸和异戊烯的培养基上获得胞内的高产维生素 K₂(5.5 mg/g 干细胞)和其同系物 MK-4[1]。

（2）对现有生产菌株用突变等方法进行改进，以提高其生产能力。例如，维生素 B₁₂ 是以生物合成法为主的产品。其产生菌中以薛氏丙酸杆菌（*Propionibacterium Shermanii*）和邓氏假单孢菌（*Pseudomonas denifrificans*）最为优良。在采用突变和推理筛选法对邓氏假单孢菌进行改良，获得了高产突变型菌株，使邓氏假单孢菌产生 V_{B12} 的水平提高 300 倍以上[5]。

（3）利用基因重组技术，获得高产基因工程菌株。这是更为引人注目的方法。由于维生素的生物合成途径非常复杂，所以获得生产维生素的基因工程菌株的难度比较大。目前已取得了一些可喜的结果。例如合成维生素 B₁₂ 途径的几种基因已成功地表达在大肠杆菌宿主上。而在由葡萄糖生产维生素 C 的二步发酵中，已将生产 2,5-二酮基-D 葡萄糖酸的菌株 *Corynebacterium* 的还原酶基团克隆到欧文氏菌中表达，然后采用此基因工程菌直接从葡萄糖一步发酵，生产 2-酮基-*L*-古龙酸。但目前的表达水平较低，有待进一步提高。

思　考　题

1. 维生素对人体正常功能具有十分重要作用，但如何合理补充维生素？

2. 目前生产维生素 C 的方法主要是改进的莱氏法和二步发酵法两种，除中国外，世界上大多数国家采用改进的莱氏法，试述其理由。

3. 在二步发酵中，第一步发酵采用机械搅拌罐，而第二步发酵则采用气升式发酵罐，这是为什么？如果第一步也采用气升式发酵罐，会产生什么情况？

参 考 文 献

1 Erick J. Vandamme. J. Chem. Tech. Biotechnol. 1992，53：313～327
2 魏明旺．[硕士论文]．上海：华东理工大学，1993
3 魏明旺，章学钦．华东理工大学学报．1994，20（5）：615～620
4 章学钦，蒋加新等．化学反应工程与工艺．1988，4（4）：45～52
5 宋友礼．中国医药工业杂志．1995，26（6）：273～282

阅 读 材 料

1 B. M. 别列卓夫斯基著．维生素化学．江贞仪等译．北京：中国工业出版社，1965
2 聂洪勇，黄伟坤，唐英章等．维生素及其分析方法．上海：上海科学技术文献出版社，1987

29 污水生化处理技术

随着工业生产的发展，水质污染问题已越来越受到人们的关注。用生化法来处理废水，已成为污水处理的一个重要手段。本章着重介绍需氧、厌氧的生化处理技术。

29.1 污水处理概述

29.1.1 水污染概述

地球上水的覆盖面积比陆地大得多，但淡水资源并不多，再加上近年来，许多天然水体遭到严重浪费，所以目前世界上不少地方出现了水的危机。被污染的水，不仅不适合使用，而且还破坏水产资源和危害人体健康。因此，保护水质，防止水体污染是目前一项十分重要的工作。

流入水体的污染物因稀释、水解、氧化、光分解和微生物的降解等作用而被"净化"，水体对污染物的这种去除能力称用为水体的自净能力。在水体的自净中，生物自净起了主要作用。水体中的细菌和藻类以及其他一些微生物或生物能把污染物中的有机物和无机物同化而形成自身细胞的组成部分。在水体的正常循环中（见图29-1），污染物被分解利用，从而被水体自净了。但这种自净能力是有限的，当那些能被细菌、藻类等微生物利用的污染物过量时，细菌藻类会大量繁殖使耗氧量急剧增加，使溶解氧不断下降，当水中溶解氧浓度低于 $3\sim4$ mg/L 时，鱼类将难以生存，若溶解氧浓度继续降低会促使厌氧菌大量

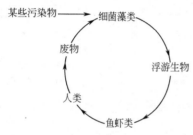

图 29-1 水体的生物循环（食物链）

繁殖，而产生带有恶臭的硫化氢和乌黑的硫化铁，水变得又黑又臭，使水体受到严重污染。若污染物中含有对微生物有毒的物质，则微生物降解有机物的能力将受到限制，影响水体的自净能力。而污染物绝大部分来自于工业废水和生活废水。

工业废水中的污染物主要来自于原料、产品和副产物等。它们中有的是固体悬浮物，有的是带有臭味的物质，如：甲胺、戊二胺、硫醚等。有的废水带有大量的热量，形成热污染；有的废水使水体受颜色污染；更有甚者是某些污染物本身是毒性较强的化合物，其 LD_{50} 小于 500 mg/kg，给人类的生存带来较大的危害。在污染物中有些有机物，如蛋白质、碳水化合物、油脂等本身并无毒害，但它们是细菌、霉菌等微生物的营养物质，它们会促使菌体大量繁殖，大量消耗水中溶解氧而造成水体严重缺氧，为厌氧菌的大量繁殖提供了条件，使水质恶化。由此可见，目前工业污染物是最大的污染源。

其次，生活废水的污染随着人口的增加及城市人口的密集，也大大增加，当然农药等大量使用也给环境带来严重影响。

29.1.2 衡量水质污染的指标及国家允许的排放标准

（1）衡量水质污染的指标 为了有效地解决水质污染问题，就必须通过一些控制水质质量的指标来了解水质污染的程度，从而为我们选择处理过程的方案、处理深度和综合治理提供科学依据，并以此来要求和严格控制所排污水的水质。

根据不同的水质要求，其所控制的指标也各有不同，几个主要指标如下：

a. pH 值　pH 值是废水的一个重要指标，它对于河流中水生植物、鱼、虾等的生存有较大的影响，而且其数值的大小也直接影响污水处理工艺及装置的选用。

b. 悬浮物　固体污染物在水中可呈以下几种形式存在：溶解、悬浮、胶体、沉淀等，除溶解外，其他形式都可能影响水体透光度、从而妨碍水生植物生长，或堵塞土壤的空隙、形成河底淤泥等现象，所以在污水处理中必须将固体污染物除去。

c. 生物需氧量（BOD）　生物需氧量是表示在一定温度、一定时间内微生物利用有机物（污染物）进行生物氧化所需要氧的量，常用 mg/L 作单位。废水中可被生物利用的有机物越多，则需要的氧也越多，所以 BOD 越大则表示废水中污染物越多，此参数的测定一般以 20 ℃培养 5 d 的 BOD 作指标，用 BOD_5 表示。测定 BOD 多年来一直用稀释法作为标准法，但此法误差大，重现性差。目前较多采用仪器测量，它们大致利用下列原理制成：①测量密封系统中由于氧量的减少而引起的气压变化来测定 BOD 值；②在密封系统中，氧的消耗量用电解来补给，从电解所需的电量来求得氧的消耗量；③用薄膜式溶解氧电极来求得生化过程中氧的消耗量；④利用亚甲基蓝脱色来推定 BOD 值；⑤用生物传感器，即将微生物固定于薄膜上再将其覆盖在 pH 电极或溶解氧电极顶端，从而了解生物需氧量，目前常用的是气压式或库仑计 BOD 测试装置。

BOD 的测定也有其局限性，例如在测定前必须找到一个活性较高的菌种，而用不同的菌种其测定数值也就不相同，所以常会出现同一废水不同测试单位得到的 BOD 数值不一样，且 BOD 值只能代表一些可被微生物降解的有机物的含量，所得的 BOD 值与这些有机物浓度之间也没有直接的化学计量关系，再加上目前的测试方法所需时间长，以上这些缺点影响了它的使用。若 BOD 电极研制成功，将大大缩短测试时间，简化测定方法。

d. 化学需氧量（COD）　用强氧化剂来氧化水中污染物时所需消耗的氧量，称之谓化学需氧量，也用 mg/L 作单位。常用的氧化剂有高锰酸钾（锰法）和重铬酸钾（铬法）。除一般的有机物外，废水中的硫化物、亚硫酸盐、亚硝酸盐以及对生物有抑制作用的有毒物质也都能被强氧化剂氧化，而且通过测定 COD 的量能较正确地反映出它们的存在量，所以化学需氧量比生物需氧量更全面地反映出有机污染物的存在量。但也不是所有的有机物都能被所用的氧化剂氧化，例如锰法其氧化能力较差，而且不易严格控制测试条件，所以现在不常用。目前常用的铬法也只能氧化直链脂肪族化合物，对某些芳香族化合物和吡啶等杂环化合物却不能分解氧化。重铬酸钾氧化反应原理如下：

$$C_nH_aO_b + cCr_2O_7{}^{2-} + 8cH^+ \longrightarrow nCO_2 + (a+8c)/2H_2O + 2cCr^{3+}$$

式中　$c = 2/3\, n + a/b - b/3$。

测定时将污水作一定稀释，然后用浓硫酸维持在酸性条件，加入一定量（过量）的重铬酸钾，以硫酸银作催化剂，加热回流 2 h，冷却后，用 0.1～0.15 mL 邻菲罗啉作指示剂，以硫酸亚铁铵滴定过量的重铬酸钾，以蓝绿色至红棕色的突变作为滴定终点。根据所消耗的硫酸亚铁铵的当量数即可求出化学需氧量。滴定方程如下：

$$K_2Cr_2O_7 + 7H_2SO_4 + 6FeSO_4(NH_4)_2SO_4 \longrightarrow$$
$$Cr_2(SO_4)_3 + 3Fe_2(SO_4)_3 + 7H_2O + K_2SO_4 + 6(NH_4)_2SO_4$$

废水若用生化法来处理，还需有一个可生化性处理指标，其定义为 BOD/COD 的比值，其比值范围为：

BOD/COD　＜0.3　　　　　此废水难用生化方法处理

BOD/COD　0.3～0.5　　　此废水可以用生化方法处理

BOD/COD ＞0.5 　　　　　此废水非常容易用生化方法处理

废水不可用生化处理主要原因是这种废水中可能含有能抑制或杀死微生物的有毒物质，也可能所含物质虽然对微生物无毒害作用，但不能被微生物分解氧化，这类废水可采用物理或化学法另作处理。

e. 有毒物含量的控制　有毒物是指那些对微生物、生物或人类有毒害的物质，包括一些重金属（如汞、砷、镉、铬、铅、铜等元素）和有机致癌化合物如 4-氨基联苯、乙烯亚胺、4-硝基联苯、N-亚硝基二甲胺等。

对于水质的控制指标除上述几项外，还有温度、臭味、颜色以及一些综合性指标，在污水处理时要根据排放水质的要求全面考虑。

(2) 废水排放标准　为了人体的健康和人类的生存对于污水的排放标准世界各国都根据本国情况制订了具体的要求。我国是社会主义国家，保护人民的身体健康是党和国家的一项重要政策，因此制订了"中华人民共和国关于保护和改善环境的若干规定"、"中华人民共和国大气污染治理法"等一系列法制和条例，以确保环境少受或不受污染。

按我国规定水系的水质，可按三种标准进行管理：①供人饮用的水源和风景游览区的水源必须保持水质清洁，严禁污染；②农业灌溉区、养殖鱼类和其他水生生物的水源必须保证动植物生存的基本条件，并使污染物质在动植物体内的积累不超过食用标准；③工业用水，其必须保证符合工业生产要求。工业废水排放标准的具体要求则规定废水中污染物质最高允许排放浓度分为二类：①能在环境或动植物体内积累并对人体健康产生长远影响的有害物质，含这类有害物质的废水车间排出口浓度要符合污水综合排放标准的规定，并不得用稀释法代替必要的处理；②长远影响小于第一类的有害物质，其排放口的水质亦应符合污水综合排放标准的规定。规定还指出：为保护饮用水的水源，在城镇集中或生活饮用水水源的卫生防护地带和风景游览区，不得排入工业废水。

29.1.3　污水处理的基本方法

污水处理的基本方法按处理原理可分为物化法、化学法和生化法三大类：①物化法　稀释、混合、格栅、筛网、混凝沉降、混凝气浮、粒状介质过滤、离子交换树脂、吸附、离心分离、沉降、上浮、蒸发、浓缩、吹脱、萃取、冷却、渗析、反渗透、电渗析等。②化学法　中和、氧化、还原等；③生化法　好氧氧化、厌氧消化、厌氧-好氧、好氧-厌氧合并法等。

一般废水处理都混合使用上述两种或三种方法，各种处理方法所除去污染物各不相同，并且一种处理方法所去除的污染物也不是固定不变的，表 29-1 可作为废水处理工艺选择的参考。

表 29-1　各种污染物处理技术的基本方法

处理原理 \ 处理方法 \ 污染物	悬 浮 物	溶解的无机物	溶解的有机物	微 生 物
物理法	筛滤法 自然沉降 自然上浮 粒状介质过滤 超滤 微滤 混凝气浮 混凝沉降	电渗析 反渗透 曝气 萃取 离子交换 吸附	萃取 活性炭吸附	超滤

252

处理方法 / 污染物 处理原理	悬 浮 物	溶解的无机物	溶解的有机物	微 生 物
化学法		酸碱中和 氧化还原	湿式氧化 曝气 氧化 焚烧	加氧 加氯
生化法	甲烷消化法 活性污泥法 生物膜法 氧化塘法 污水灌溉	生物硝化 生物反硝化	甲烷发酵法 活性污泥法 生物膜法 氧化塘法 污水灌溉	

从表 29-1 中可以看到一种污染物往往可用不同的处理技术予以消除，各种处理方法又各自有其优缺点。例如用沉降法处理污水，其设备简单费用较低，但对悬浮固体的除去率并不高（尤其是细小微粒）；臭氧和活性炭吸附对某些污染物去除效果较好，但设备及运行费用都很高；生化技术处理污水可使水质得到中等程度的改善，处理成本也较低，水处理量大，但若废水中含有有毒物就必须进行预处理。在废水处理中既要付出较少的代价，又要取得较好的处理效果，这样往往需要将几种处理方法综合应用。例如处理悬浮物比较多的废水可先用沉降法将其中大部分悬浮物去除，减轻以后处理环节的负担。又如废水经生化处理后再用臭氧处理或活性炭处理，这样处理效果好，而且处理费用也不太高。因此将几种方法巧妙地组合起来，是废水处理的极好方法，这种组合也叫流程设计。目前废水处理的组合流程可根据废水水质和处理量、排放要求等指标进行分级处理。一般先用成本低的方法去除大部分污染物，然后进一步用较高级的技术来提高排水口的水质。现在也有用三级处理：一级处理也叫预处理，其主要包括混悬物沉降、上浮除油等过程；二级处理常用生化处理，一般可去除 80% 以上的污染物；三级处理常用离子交换、臭氧氧化和活性炭吸附等法，这种逐步深化的流程成本低、水质好，被广泛采用在废水处理过程。

29.2 好氧生化处理技术

利用微生物来处理废水的方法叫生物法或生化法。而应用好氧微生物或兼性微生物来分解氧化污染物的方法叫好氧生化处理。好氧法处理废水，一般所需时间较短，在适合的条件下 BOD 去除率可达 80%～90% 左右，甚至可过 95% 以上。

好氧生化法又以微生物生物形式不同而分活性污泥法（将微生物悬浮生长在废水中，其实质即水体自净的人工化）和生物膜法（将微生物附着在固体物上生长，其实质即土壤自净的人工化）。

29.2.1 活性污泥法

活性污泥法是利用微生物在生长繁殖过程中形成表面积较大的菌胶团，它可以大量絮凝和吸附废水中悬浮的胶体状或溶解的污染物，并将这些物质吸收入细胞体内，在氧的参与下，将这些物质同化为菌体本身的组成，或将这些物质完全氧化释放出能量、CO_2 和 H_2O。这种具有活性的微生物菌胶团或絮状泥粒状的微生物群体即称之谓活性污泥。以活性污泥为主体的废水处理法就叫活性污泥法。

（1）组成活性污泥的微生物　组成活性污泥的微生物有细菌、真菌和原生动物等组成。

a. 细菌　细菌是活性污泥中最重要的成员。除一般的球菌、杆菌、螺旋菌外，还有许多比较高级的丝状细菌，这类细菌的细胞个体互相连接，形成细长的丝链，如图 29-2，其中硫丝细菌的菌丝柔软，能弯曲运动，且能将废水中的 H_2S 氧化成硫，以硫粒形式贮藏于细胞内。

球衣细菌　　　　白硫细菌　　　　硫丝细菌

图 29-2　几种高等细菌

不同的污泥其所含的菌的种类也有所不同，比较多的有产碱杆菌、短杆菌、丛毛单孢菌、纤维菌、假单孢菌、柄细菌、球衣细菌、枝动胶菌、小球菌和黄杆菌等。

在废水处理系统中，细菌并不是以游离状态存在，而是结合成相当庞杂的群落，这种由许多细菌结合成一定形状的胶团叫菌胶团。菌胶团的外形各不相同，活性污泥中常见的有团形、椭圆形、分枝形、垂丝形和蘑菇形等。菌胶团的大小影响着活性污泥的吸附和絮凝能力，所以在废水处理中要加以控制。

废水中的微生物除了进行群体生活以外，它们在消除有机物的能力方面也是相互配合的。在一种废水的处理中可以有一种菌占主要地位，但是要大幅度降低 BOD 和 COD，使污水达到处理要求，还得有多种微生物配合。

b. 真菌　真菌中的酵母和霉菌在活性污泥中都存在。它们能在酸性条件生长繁殖，且需氮量比细菌少，所以在处理某些特种工业废水及有机固体废渣中起到重要作用。有些霉菌对酚和氰有较强的转化能力。但总的来讲，在废水处理中真菌种类并不多，数量也较少。常见的为酵母菌、假丝酵母、青霉菌和镰刀霉菌。

c. 原生动物　原生动物大多数为好氧异养型的可游动的单细胞动物，它们常以废水处理中的细菌和有机微粒作为食物和能源，因此在废水处理中具有重要作用。原生动物一般可分五大类：肉足类、鞭毛类、孢子虫类、吸管类和纤毛类。在废水处理中以纤毛类最重要，其中又以草履虫和钟形虫较有代表性。在活性污泥中游离的细菌较多时，游泳型的草履虫就较多，它们尾随着细菌，大量消耗细菌和有机颗粒。当污泥培养成熟时，游离的细菌减少，则固定型（附着在固体或菌胶团上）的钟形虫增加，所以从不同种类纤毛虫的出现，在一定程度上可以反映废水处理的不同阶段。

d. 微形后生动物　后生动物是多细胞的动物，它们多数为好氧异养型，都以分散的细菌和有机微粒为食物。后生动物对溶解氧需求量大，所以在活性污泥中，若有后生动物出现，一般可以认为此废水处理已达到水质较好的程度。近年来，很多研究者都在尝试通过观察原生动物和后生动物的种类、数量和它们的活动情况来推测废水处理的效果。废水处理中常出现的微形后生动物有轮虫、甲壳虫和线虫。

在用生化技术处理废水时，首先要得到作为菌种的活性污泥，其来源可将下水道污泥、化粪池污泥或水处理厂周围的污泥取来，再用要处理的废水来"驯化"污泥，在驯化过程中逐步加大废水的浓度和处理量，待污泥中的微生物适应后，就能得到对特定废水具有较高活性的活性污泥，此时废水处理系统就可以进行正常运转，目前用诱变因子处理菌种，或采用基因工程的方法从而得到能分解某些原来不能分解的有机物的菌种，这样就扩大了生化处理废水的范围。

（2）活性污泥的工作参数　评价活泼污泥的工作状态，除了根据观察其中微生物种类、数量来判断外，主要还要根据以下参数来分析控制活性污泥的处理过程。

a. 混合液悬浮固体（MLSS）　MLLS的定义为一升曝气池混合液中所含悬浮固体的干重，单位用 g/L 或 mg/L 表示。此指标是表示污泥浓度的一个参数，它的大小间接地反映了正在处理的废水中的微生物浓度。一般活性污泥曝气池中 MLLS 值控制在 2～4 g/L。

b. 混合液挥发性悬浮固体（MLVSS）　其定义为每升曝气池混合液所含挥发性悬浮固体（指能完全被燃烧的物质）的质量，单位用 g/L 表示。此参数的意义和 MLLS 相似，只是它去除了曝气池混合液中无机物的质量，所以更接近活性污泥中微生物的质量。对生活污水而言，MLVSS/MLSS 比值常在 0.75 左右。

一种好的活性污泥，希望它有足够量的微生物以利于对污染垢絮凝和吸附，便于微生物分解利用这些污染物。但若在污泥形成过程中，由于控制不当，活性污泥体积过分膨胀，而使污泥密度减小，在水中不易沉降，这样在排水口就会出现污泥随处理好的废水一起排出的现象，此时的污泥却成为排出水的污染物，降低了排水口的水流质量，这种"污泥膨胀"的现象是应该设法避免的。以下介绍的两个参数就是用于控制污泥密度的。

c. 污泥沉降比（SV）　污泥沉降比是指一定量的曝气池混合液，静置 30 min 后，沉降污泥体积与原混合液体积之比，以百分数表示。

$$SV=沉降后污泥体积/所取水样的体积×100\%$$

一般在正常情况下，将活性污泥静置 30 min 后可接近它的最大密度，因此污泥沉降比也可以反映曝气池正常运行时的污泥量，其值可用于控制剩余污泥的排放量。同时其值的大小也能及时反映出污泥膨胀等异常现象，以便及早采取措施加以控制。此参数测定简单又能说明问题，所以已成为评定活性污泥的重要指标之一。

d. 污泥容积指数（SVI）　为了进一步控制污泥的膨胀特征，还可用污泥容积指数（简称污泥指数）来表示。污泥指数是指曝气池中混合液经 30 min 静置沉降后的体积与污泥干重之比，即表示每 1 g 污泥所占沉降体积的毫升数，其单位为 mL/g。

$$SVI=沉降污泥体积/污泥干重=SV×1000/MLSS$$

在一般使用中 SVI 不标注单位。SVI 能反映活性污泥凝聚性和沉降性。如 SVI 过高则说明污泥颗粒松散，不易沉降，可能发生了污泥膨胀。若 SVI 太低则说明污泥颗粒大，紧密细小，污泥的无机化程度太高，影响污泥的活性和吸附性。一般认为：

SVI＜100　　　　　沉降性能好

SVI＝100～200　　　沉降性能一般

SVI＞200　　　　　沉降性能差

一般控制 SVI 在 50～150 之间为好。

e. 污泥负荷（Ls）　污泥负荷即指在单位时间内，单位质量的活性污泥能处理的有机物数量，以下式表示：

Ls＝单位时间进入处理系统的有机物量（BOD）/曝气池混合液悬浮固体总量（MLSS）

Ls 的单位用 kg(BOD)/kg(MLSS)/D 或 kg (BOD)/kg (MLSS)/D，此处的 BOD 为进入曝气池废水的生物需氧量，但有时也可用曝气池中所去除掉的生物需氧量 BOD 来代替。污泥负荷有时也可称为食物/微生物比值，用 F/M 表示。Ls 在活性污泥处理法的设计中是一个重要的指标，在处理运行过程中若 Ls<0.3 d^{-1} 则表示此时曝气池中混合物的基质（BOD）不足，难以维持微生物生长的需要，微生物只能以内源呼吸（消耗本身的物质）来取得能量，这样将引起细胞自溶，使水中细胞夹膜等残渣增加，造成活性污泥不易沉淀，这种污泥称分散线粒。若 Ls>0.6 d^{-1}，则会促使污泥中丝状细菌的大量繁殖，形成污泥膨胀。因此一般取 Ls 在 0.3 d~0.6 d 之间。

除上述介绍的一些指标外，为能控制好活性污泥过程或设计好活性污泥处理装置，有时还需掌握活性污泥的另一些参数，如污泥龄（Ts）、氧容量、BOD 降解率、污泥回流比、剩余污泥、处理深度、污泥增长率等等。

（3）活性污泥法的过程及有关装置　活性污泥法一般过程是废水先通过一沉淀池，预先将一些悬浮颗粒去除掉，以减轻活性污泥的工作负担，然后此废水进入一带有曝气装置的容器或构筑物，活性污泥就在这种装置中将废水中的 BOD "吃掉"，并产生出新的活性污泥。当 BOD 降到一定程度，处理好的废水和部分活性污泥一齐流入另一沉降容器，去除活性污泥后的清水即可排放。

由于曝气池中的污泥不断被带走，因此还需要将一部分污泥返回到曝气池中，以维持曝气池中活性污泥的浓度。活性污泥法的一般过程见图 29-3。

活性污泥法根据其废水在系统中运动的情况，可分为推流式和完全混合式两种，在原有曝气法的基础上又发展了其他几种生物曝气法。

a．推流式活性污泥处理法　是出现最早且现在仍被普遍使用的一种污泥处理方法。这种方法的曝气池一般为一个长条的矩形池。废水由一端进入，另一端排出。池中的曝气装置多用鼓风式，但也有机械曝气的。采用鼓风曝气一般鼓入的风沿池长在池横断面的一侧进入曝气池。由于在一侧鼓入空气造成了池的横断面两侧产生液体密度差，促使废水在横断面内形成旋流，又由于进水端和出水端存在一定的水头差 ΔH，因此推动混合液使它在池内以螺旋形的水流行进，从而使污水、污泥、空气三者充分地混合、接触，最后使废水得到净化。为了保证池内的旋流，强化混合和增加废水在池内的停留时间，使 BOD 达到指标要求，常在曝气池中加一些挡板，见图 29-4。

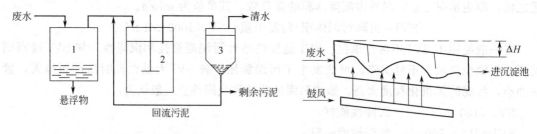

图 29-3　活性污泥法流程示意图　　　图 29-4　装有挡板的推进式曝气池

为了增强曝气效果，各种不同的推流式曝气池在曝气方法上又有所不同。最为常见的推流式为普通曝气法，此法中通气是在整个池长的范围内均匀地通入空气。在整个曝气池中，其前端一段距离以吸附凝聚作用为主，约需要 20~40 min，可吸附 BOD 85%~90%，后阶段以有机物被氧化分解和细胞原生质合成为主，此段时间较长。这种系统的污泥负荷约为 0.2~0.5 kg BOD/kg MLSS.D，曝气池混合液悬浮固体浓度在 1500~3000 mg/L，活性污泥回流比约 10%~30%，去除每 kg BOD 需要供氧 44~62 m³。

256

这种普通曝气法的优点出水质量高,经曝气 6~8 h,BOD 去除率可超过 95%。其缺点是氧利用率不高,因为在前期营养丰富,微生物代谢旺盛,需氧量大;而在后段时间内需氧量迅速降低,因此采用均匀通气势必造成电力的浪费;另外,这种方法需要的曝气时间长,池子容量大,而且在水质有变化时(如 BOD 负荷、水温、毒物含量等有变化时)其适应性较差。为了克服上述缺点,在普通活性污泥法的基础上进行了曝气流量控制和进水数量及水量控制,出现了几种改进后的推流式曝气池,如渐减曝气系统(分段供氧)、逐步曝气法(也叫逐步负荷法或分段进水法,其特点是均衡供氧而分段进水)、吸附再生法(将有机物吸附和有机物分解、活性污泥再生两个过程分别在两个设备中进行,这样可大大缩小曝气池的体积)等 10 余种推流式曝气处理。目的都在于提高氧的利用率,增加 BOD 去除量或缩短周期、提高水质。

推流式的曝气池可做成廊道式,强迫水流顺道而流。它所用的通气设备常用鼓风机,为了使气体进入曝气池后能迅速分散为小气泡,常在气体进入口装上长方形或正方形的扩散板,空气进入后冲在扩散板上而分散为小气泡。也可用"散气管"即带有小孔的空气分布管,帮助气体分散,从而提高空气利用率。

b. 完全混合式曝气处理是指流入曝气池的废水一进入曝气池就迅速与池中已有的混合液充分混匀,曝气池中各处的水质基本上相同。完全混合式曝气处理的特点:只要控制好进水流速,就能使曝气池中工作点维持在微生物生长曲线上的基本一点(即维持基本一个比生长速度),便于最优化控制,以满足处理要求。另一个特点是在曝气区内耗氧速率是均匀的。另外因废水一进入曝气池就被池中原有的混合液(已处理了一定时间,BOD 已较低的水)稀释,因此这种方法可用于 BOD 较高的废水和水质不太稳定的废水处理。

完全混合式曝气法可用鼓风机来曝气,但目前大多数是用机械进行表面曝气。在污水处理中常将叶轮装在废水表面进行表面曝气,其叶轮型式常用平叶板型、伞型和泵型,它们在废水表面旋转,把空气带入液体中,另外旋转的叶轮在中心部门有一定的负压,具有提升作用,促使水和氧在曝气池中混合、循环。因此对于较小的曝气池,机械表面曝气装置确能减少动力费,且维修管理都较方便。

c. 其他生物曝气法,由于工业废水处理的要求,在原有曝气法的基础上,又有了一些新的形式,这里略介绍几种。

a) 深水曝气活性污泥法   此法也叫深井曝气法,井内水深可达 50~150 m。主要的原理是利用水柱压头,提高氧分压,延长气泡的停留时间,从而增加空气的利用率。根据亨利定律:

$$C^* = K p_{O_2} K'(H+P)$$

式中 C^* 为氧的饱和度,mg/L;p_{O_2} 为氧分压,Pa;p 为液面上的气体总压,Pa;H 为水柱压头,Pa;K,K' 为常数,mg/(L·Pa)。

从上式可见氧溶解的饱和度随着水深的增大而增加,同时随氧饱和度的增加氧传递的推动力也增加,因而加速了氧传递速率,再加上"深井"造成了水在其中较好地湍动,其雷诺数可达 10^5 以上,液体湍动剧烈,气-液接触面更新快,而且深井大大延长了气-液接触时间,一般活性污泥曝气池中气泡约停留几秒至十几秒,而深井中气泡停留可达 2~6 min。因此深井曝气法氧利用率较高,一般活性污泥氧利用率仅为 5%~15%,而深井曝气氧利用率可达 60%~90%。除此之外,深井曝气法还具有占地面积小以及运转费用低等优点。曾应用在城市生活污水、食品工业废水、发酵废水、农药废水和化工废水等一些高浓度废水处理中。存在问题是工程费用较大，井管易腐蚀，必须采用特殊材料或严格的防腐措施，维修困难。此外还需提防渗漏而引起的地下水污染，因此目前已不使用。

深井曝气的工艺流程及装置是用一个地下深井作曝气池，其直径在 1～6 m 之间，深约 50～150 m。其流程见图 29-5。在污水进入深井前一般为了不使大颗粒杂物进入深井而造成井下堵塞，所以常用一带有格栅的预处理沉淀池，然后用水泵将废水打入深井曝气池中。

b) 纯氧曝气法　以纯氧代替空气进行生物处理称为纯氧曝气法，简称氧曝法。氧曝法的最大优点是氧传递的推动力大、氧利用率高，曝气时间短、污泥量少，无二次污染，因而引起广泛的重视。在国外此法应用于难以被生物降解的废水处理。

从亨利定律中可知氧分压增加，氧在水中的饱和度也增加，见图 29-6，而氧饱和度增加就加大了氧传递的推动力，纯氧曝气的推动力约为空气曝气推动力的 4.7 倍。正因为氧传递速度快，溶解氧浓度高，所以有机物转化速率大大加快，氧化程度也较完全，在处理程度相同的条件下，曝气时间只有空气曝气时间的 1/3，污泥量却只有空气法的 40%，而且 SVI 值低，易沉淀，不会发生污泥膨胀。

纯氧曝气池有两种基本类型：封闭式和开敞式。封闭式的池顶加有池盖，池身分为 3～4 段，如图 29-6 所示。这种纯氧曝气法最早由美国碳化物联合公司所开发，故曾称之谓碳化法（unox），它是应用最广的一种纯氧曝气系统。在此装置中氧气、废水和回流污泥都由池首进入，每一段池顶上部都装有循环吹气机，它把池上部的气体吸入，通过中心管将氧气由扩器散分散于池中。每一段的顶部还装有搅拌机，通过搅拌叶轮将鼓出的气泡打碎，并搅拌和提升混合液。由此可见此装置每一段都是完全混合式曝气池，而全部流程是属推流式曝气。池面上的氧气浓度由前向后逐渐降低，其降低程度和各池段的需氧量大体相适应，氧的利用率较大。

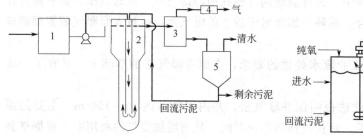

图 29-5　深井曝气工艺流程示意图
1—格栅调配池；2—深井曝气池；3—脱气塔；
4—真空泵；5—二次沉淀池

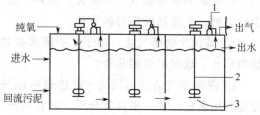

图 29-6　纯氧曝气法流程示意图
1—循环吹气机；2—中心管；3—扩散管

c) 开敞式曝气法　在国外也叫马氏氧气法（Marox）。在它的流程中池顶不加盖，池型构造和普通曝气池相似，其主要特点是曝气泡很小，直径约 0.05 mm，故亦称之谓微气泡式曝气法。

超微气泡式曝气法所以能敞开池顶而不用氧气循环，其根本原因是此法氧传递速率更快和氧利用率更好，其不仅仍保持纯氧曝气很高的推动力，而且大大增加了比表面积"α"。与一般曝气法相比，其比表面积 α 约大 40 倍。超微气泡开敞式曝气法设备结构简单、无盖、搅拌强度小、运行中无 CO_2 的积累、pH 不会下降、池面有污泥浓缩现象，不需要二次沉淀池等优点。

超微气泡由毛细管扩散板产生，该板成组地垂直安装于池中的底层水中，氧气以 $1.75\sim2.00$ kg/cm^2 的压力通向扩散板，以直径 $20\sim30\mu m$ 的微气泡放出，与循环水流接触。

d) 粉末活性炭活性污泥法　这种方法的特点是向曝气池投加粉末活性炭，使其保持一定的浓度，以强化处理过程。投加粉末活性炭具有多方面的处理效能，主要表现在：将有机物、溶解氧和微生物吸附浓缩于活性炭表面，提高生化反应几率和速率，加快 BOD 的除去；吸附那些产生色、嗅、味的溶解态和胶态的污染物，显著地改善了出水的感观质量；作为难以生化降解污染物（如色素、洗涤剂等）的载体，增加其在处理系统中循环次数和滞留时间，使其更好地被分解；吸附凝聚活性污泥颗粒，增加其密度和沉速，改善二次沉降的效果，防止污泥流失，改善出水水质。

由于具有以上功能，因而可以减少曝气池和二次沉降池的容积，扩大了活性污泥的应用范围。吸附饱和后的活性炭，可以通过微生物的氧化分解得到再生，重新循环使用于系统中，所以粉末活性炭活性污泥法不但处理效能优越，而且成本也较经济。

e) 凝聚剂活性污泥法　活性污泥中投加凝聚剂，通过化学凝聚作用，提高二次沉淀池截留于污泥中，延长停留时间，增加其降解程度。常用的化学凝聚剂有硫酸锰、铁盐等。可用于废水的深度处理。

此外目前还有用纯菌种及酶制剂的活性污泥法以及间歇式活性污泥法等许多新型活性污泥处理法。

（4）活性污泥法对废水的要求及运行　用于生化处理的废水水质要有一定的要求，若对微生物生长过分不利，则生化处理将失败。一般用于活性污泥处理的废水有如下要求：

a. pH　pH 在 $6\sim9$ 之间，不能波动太大。

b. 进水中有机物浓度的控制　如果进水中有机物绝大部分为微生物的营养物，而这些物质如过浓，会造成微生物疯长，而影响氧的供应。当然如过低会影响处理效率，一般进水中 BOD 宜取 $500\sim1000$ mg/L。

c. 水中养料　要具有微生物生长所必需的基本化合物（如碳水化合物等）和元素，根据经验，一般认为好氧性生物处理的废水中碳、氮、磷的量需满足下式 BOD：N：P=100：5：1 的要求，若碳源过多而氮源不足，则会造成球衣菌大量繁殖而引起污泥膨胀。

d. 水中有毒物的控制　对一些重金属、氰化物、砷化物等有毒物质，要求注意控制其进口水中的浓度，可参看表 29-2。当然废水中某一有害物如浓度较高时，可通过对菌种进行驯化以及用诱变育种等手段来提高菌体对该毒物的耐受力和分解利用这些物质的能力。

表 29-2　好氧生物处理时进水中毒物的允许浓度

有毒物质	允许浓度/(mg/L)	有毒物质	允许浓度/(mg/L)	有毒物质	允许浓度/(mg/L)
锌(Zn^{2+})	30	亚砷酸盐	5	氯化物(Cl^-)	10 000
铜(Cu^{2+})	$5\sim20$	砷酸盐	20	醋酸根(CH_3COO^-)	$100\sim150$
铅(Pb^{2+})	1	游离氯	$0.1\sim1$	酚	100
铬酸盐	20	氨	$100\sim1000$	甲醛	$100\sim150$
氰化物	$5\sim20$	硝酸根(NO_3^-)	5000	丙酮	9000
硫化物	$10\sim30$	硫酸根(SO_4^{2-})	5000	油脂	$30\sim50$

e. 溶解氧　在运行过程中，曝气区混合液溶解氧应维持在 $2\sim4$ mg/L。

29.2.2　生物膜法

（1）生物膜的形成　生物膜法是模拟了自然界中土壤自净的一种污水处理法，它使微生物群体附着于固体填料的表面，形成生物膜。当废水流经新设置的滤料表面，游离态的微生物及悬浮物通过吸附作用附着在滤料表面，构成了生物膜。随着污水的流入，微生物不断生长繁殖，从而使生物膜逐步增厚，经过 10 d 到一月余，就可形成成熟的工作正常的生物膜。生物膜一般呈蓬松的絮状结构，微孔较多，表面积很大，因此具有很强的吸附作用，有利于微生物进一步对这些被吸附的有机物的分解和利用。当生物膜增厚到一定程度将会受到水力的流刷作用而发生剥落。适当的剥落可使生物膜得到更新。生物膜的外表层的微生物一般为好氧菌，因而称好氧层。内层因受氧扩散的影响，而供氧不足，因而使厌氧菌大量繁殖形成厌氧层。

（2）生物膜中的微生物　生物膜中微生物群体包括好氧菌、厌氧菌和兼性菌，其中有真菌、藻类、原生动物以及蚊蝇的幼虫等较高等的动物。在生物滤池中兼性菌常占优势。无色杆菌属（Acronobacter）、假单孢菌属（Pseudomonas）、产黄菌属（Flavobacterium）以及产碱杆菌属（Alcaligenes）等是生物膜中常见的细菌。在生物黏层内，微生物生长条件差，常会出现丝状浮游球衣细菌（Sphaerotilusnatans）和白硫菌属（Beggiata），在滤池较低部位还存在着硝化菌如亚硝化单孢菌属（Nitrosomonas）和硝化菌属（Nitrobacter）。

若生物滤池中 pH 较低则真菌起重要作用。在滤池顶部有阳光照射处常有藻类生物如：席藻属（Phormidium）、小球藻属（Chlorella），藻类一般不直接参与废物降解，而只是通过它的光合作用向生物膜提供氧，但若太多则会堵塞滤池，不利于操作。

在生物膜滤池中原生动物和一些较高等的动物均以生物膜为食物，它们起着控制细菌群体量的作用，它们能促使细菌群体以较高速率产生新细胞，有利于污水净化。

（3）几种生物膜处理方法　生物膜处理技术的原理都类同，但根据其所用设备不同可分为生物滤池、塔式滤池、生物转盘、生物接触氧化和生物流化床等。

a. 生物滤池　生物滤池一般由滤池、布水装置、滤料和排水系统组成。见图 29-7。

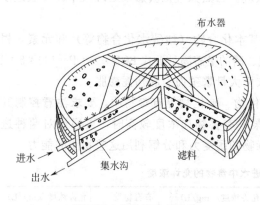

① 滤池一般用砖或混凝土构筑而成，池壁可砌成带小孔的壁或用石料自然堆放。滤池深度一般为 1.8～3 m 之间，池底应有一定坡度，处理好的水能自动流入集水沟，再汇入总排水管，其水流量应小于 0.6 m³/s。

② 布水装置　其作用是使废水均匀分散在整个池面，其设计是否合理，直接影响滤池的工作效率。它一般由进水竖管和可旋转的布水横管（也可带有分枝管）组成。在布水管的下面一侧开有直径为 10～15 mm 的小孔。

图 29-7　生物滤池的结构

③ 滤料　是作为生物膜的附着物。一般要求有一定的强度，表面积大，空隙率大，而成本低。常用碎石块、煤渣、矿渣或轧制成蜂窝型或波纹型的塑料膜片组成。滤料可分成上层工作层和下层承托层。

④ 排水系统　装在池底的排水系统除作排水用外还起着支撑滤料和保证滤池的通风作用。它由渗水装置、集水沟和排水泵组成。渗水装置可用带小孔的混凝土板或半圆形的陶土管组成，渗水装置上的小孔面积应不小于滤池面积的 20%。

生物滤池根据其承受负荷的能力可分为普通生物滤池［其处理能力为 175 g（BOD）/m³

（滤池容积/d）〕和高负荷滤池〔其处理能力为 875 g（BOD）/m³（滤池容积/d）〕。

生物滤池的优点是结构简单、基建费用低，且因生物膜的含水量比活性污泥低，所以沉降性好，这样二次沉淀池的容积就可减少。另外生物膜法不需要污泥回流系统。其缺点是占地面积大、处理量小、卫生条件差，所以限制了它的使用面。

b. 塔式滤池　塔式滤池是根据填料洗涤塔发展而来。其高可达 20 余米，故延长了污水、生物膜和空气的接触时间，因此处理废水的能力较高，有机负荷可达 2000～3000 mg（BOD）/m³/d。塔式滤池的通气大部分采用自然通风，高温季节时可采用人工通风。

塔式滤池一般均采用轻质塑料滤料，滤料上部大多附着生长着菌胶团和游离的细菌，它们能去除大部分有机物。下层多为原生动物和轮虫，它们能进一步改善水质，在下层还可进行硝化作用，进一步降解有机含氮化合物。

塔式滤池对于去除废水中的 BOD、COD 及酚、氰、丙烯氰等有毒物质均有较好的效果。

为了控制滤池的工作，使各层滤料都能发挥较大的作用，有的塔式滤池采取分层进水、分层进风的措施来提高设备效率。采用塔式滤池要注意对废水进行预处理，防止废水中的悬浮物及油脂堵塞滤料空隙，破坏滤池工作。

塔式滤池的主要优点是占地面积小，适用于大城市处理负荷大的废水。另外塔式滤池对水量和水质的突然变化适应性较强，允许的进水毒物浓度也较大，当其受到突变负荷冲击后，一般只是上层滤膜受些影响，即能较快地恢复正常工作，所以适用于水质不稳定的废水处理。但塔式滤池也有其缺点，即塔身高、运行管理不方便，且要消耗许多废水提升费用。

c. 生物转盘　也称为浸没生物滤池，它是在生物滤池的基础上发展起来的。是由许多块能旋转的圆盘代替了滤料圆盘之间留有一定空隙，见图 29-8。圆盘是用硬质聚氯乙烯塑料、酚醛树脂、玻璃钢或环氧树脂玻璃钢制成的，也可用尼龙布包在框架上制成，盘片宜用轻质材料制成。圆盘在电动机的带动下，缓慢转动，圆盘一半浸在废水中，另一半暴露在空气中，在水中部分的生物膜吸附废水中的有机物氧化分解。转盘上的生物膜生长到一定厚度时会自行脱落，所以在经转盘处理后，废水还需进入二次沉淀池。

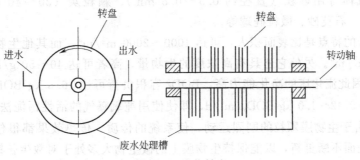

图 29-8　生物转盘

生物转盘法在正常运转前，与生物滤池一样也应有一个生物膜形成（挂膜）的过程。在生物转盘中，第一级圆盘上的生物膜最厚，随着废水中有机物的逐步减少，后几级圆盘上的生物膜也逐步减薄。当处理生活废水时，第一、二级圆盘上占优势的微生物为菌胶团和球衣细菌，第三、四级圆盘则是原生动物如钟虫以及轮虫等占优势。如阳光照射充足时，转盘上也会生成大量的藻类植物。

生物转盘的圆盘直径可为 1～4 m 之间，厚度为 2～10 mm，圆盘数可多达 100～200 片；相邻圆盘的间距应保证有良好的通风，一般为 15～25 mm；圆盘与处理槽壁间距离一般为

20～50 mm，槽内水面应在转动轴以下约 15 mm，使转盘面积的 40%～45% 浸没在水中。转盘的转速不宜过快，一般圆盘直径为 2～3 m 时，其转速为 0.013～0.05 m/s，最大线速度不大于 0.33 m/s。

由于生物转盘上的生物膜能够周期性地交替运动于空气和废水两相中，所以生化过程进行较快。转盘中生物膜生长的表面积很大，不会发生像生物滤池中滤料被堵塞的现象或活性污泥法中污泥膨胀的现象，因此容许的进水浓度较高，适宜于处理高浓度的工业废水。但废水量很大时，需要很多圆盘，因此目前只用于较小水量的高浓度废水处理中。

d. 生物接触氧化法 又称为曝气生物滤池，它实际上是生物滤池和曝气池的结合体，即在装有曝气装置的曝气池中放上滤料。废水在压缩空气或机械装置的带动下，与滤料上的生物膜广泛接触，在此过程中废水中有机物被吸附氧化分解。与其他生物膜法一样其生物膜的形成也要经过挂膜、生长、增厚和脱落等过程，一部分生物膜脱落后成为污泥，在循环流动中，可进一步吸附和氧化分解废水中的有机物，多余的污泥则在沉淀池中除去。生物接触氧化法在实际运行中有多种形式，常用的有鼓风式、洒水式，另外还有曝气式和管式等。

生物接触氧化的滤料也可选用碎石、石棉板、塑料波纹板和人造纤维软性填料、硬性填料、弹性填料，后者不仅表面积大，而且因其柔软可随废水在曝气池中飘动，进一步增加与废水的接触，效果很好。

一般若出水口 BOD 在 40～60 mg/L 时，用一级处理就能满足要求；若进水浓度高而出水口 BOD 在 40 mg/L 以下，则应选用二级处理。

生物接触氧化法 BOD 去除率高，一般在 85%～95% 之间，负荷变化适应性强（因为它的水量和空气量都可以调节），不会发生污泥膨胀现象，日常操作管理也较方便，且占地面积小，所以当前被广泛采用。

e. 生物流化床法 生物流化床是以小颗粒的固体作为生物膜的载体，因此在流化床中悬浮固体既有附着生物膜的小颗粒，又有活性污泥菌胶团，所以它是一种活性污泥和生物膜的结合形式。

流化床的载体可用砂粒（直径约 0.5～0.6 mm）、颗粒炭（30～40 目）约（425～600 μm）、浮石、石英砂、微粒硅球等。

生物流化床的特点是比表面积大，可达 1000～2000 m^2/m^3，而其他生物膜的比表面积仅为 25～200 m^2/m^3。另外它还具有高浓度的生物量，高者可达 40～50 g/L（活性污泥约为 2～4g/L），因此流化床的净化能力高，BOD$_5$ 容积负荷可达 16.6 kg BOD$_5$/m^3/d，而一般生物膜法仅为 0.42～1.0 kg BOD$_5$/m^3/d，即使使用纯氧曝气的活性污泥法也仅为 3.32 kg BOD$_5$/m^3/d。由于生物膜颗粒的剧烈运动，使系统的传质、传热效果都很佳，在这种运动状态下生物膜表面不断更新，以能保持生物膜上的微生物大多处于对数生长期，处理效率高并不需污泥回流。流化床所用设备小而简单、耐负荷变化的能力强，丝状菌在此系统中不易交联成团，因此不会产生污泥膨胀和丝状菌堵塞的现象。由于上述优点，生物流化床工艺已被广泛应用于中小型企业的废水处理。

29.3 厌氧生化处理技术

当废水中有机物浓度较高时，好氧生化处理将发生困难。因有机物多、微生物生长旺盛，随时需要大量的氧，当溶解氧不足时就会影响好氧菌生长，影响净化效率。因此一般好氧处理其进口 BOD$_5$ 需在 500～700 mg/L 的范围，才能较好地处理。但有些发酵废水如肉类加工废水和食品废水等其 BOD_5 在 5000～10 000 mg/L 以上，若用好氧处理将需在处理前加以大量稀释，这样曝气池就应设计得很大，投资费用高。因此对这种高浓度废水可先用厌氧发酵，将 BOD 降下来后再用好氧处理。这样既能保证出口水质的质量，又能节约投资。除用于高浓度废水外，进一步处理活性污泥法中产生的活性污泥也常用厌氧处理技术。

29.3.1 厌氧生化处理的一般概念

厌氧法亦称作为厌氧消化，因为最终有沼气（甲烷）产生所以又名沼气发酵。此方法最早用于处理活性污泥，因此也叫污泥消化。

用厌氧法处理有机物其作用机制可分两个阶段：

第一阶段由一些兼性及专性厌氧菌如梭状芽孢杆菌属（*Clostridium sp*）、厌氧消化球菌（*Peptococcus anaerobus*）、乳酸杆菌（*Lactobacillus*）、葡萄球菌属（*Staphylococcus*）及大肠杆菌（*Escherichia coli*）等，它们先将有机物分解为一些小分子酸（如甲酸、乙酸、丙酸、丁酸或低级醇），因此此阶段也常称之谓产酸阶段，这些菌也被称为产酸菌。

第二阶段是在完全无氧的条件下，在甲烷菌（厌氧菌）的作用下把低分子有机酸和低级醇进一步分解为甲烷和 CO_2，这一过程由于有机酸的消耗和一些含氮有机物的彻底消化而释放出 NH_3，因此这阶段 pH 是回升的，称为碱性发酵。例如葡萄糖及半胱氨酸的厌氧分解的化学反应如下：

产酸 $\qquad\qquad\qquad\qquad C_6H_{12}O_6 \longrightarrow 3CH_3COOH$

中和 $\qquad\quad CH_3COOH + NH_4HCO_3 \longrightarrow CH_3COONH_4 + H_2O + CO_2$

产甲烷 $\qquad\quad CH_3COONH_4 + H_2O \longrightarrow CH_4 + NH_4HCO_3$

半胱氨酸的厌氧分解：

$$4C_3H_7O_2NS + 8H_2O \longrightarrow 4CH_3COOH + 4CO_2 + 4NH_3 + 4H_2S + 8H^+$$

$$4CH_3COOH + 8H^+ \longrightarrow 5CH_4 + 3CO_2 + 2H_2O$$

从以上反应式中可明显看到反应分两个阶段进行，但甲烷形成速度较慢，因此碱性发酵的速率是控制整个系统的限制因素，在系统中要保持酸的形成速度与甲烷的形成速度相平衡，就必须在整个过程中维持有效的碱性发酵条件，最好维持系统中使 pH 在 6.8～7.2 之间，所以在处理系统中要有足够的缓冲物质如重碳酸盐等。一些无机盐在厌氧条件下也会相继被还原：

$$6NO_3^- + 5CH_3OH \longrightarrow 5CO_2 + 3N_2 + 7H_2O + 6OH^-$$

有机物 $\qquad\qquad (BOD) + SO_4^{2-} \longrightarrow S^{2-} + CO_2$

其中 S^{2-} 以硫化氢或硫化物形态存在。

$$CO_2 + 4H_2 \longrightarrow CH_4 + 2H_2O$$

厌氧消化过程，经研究也可采用 Mond 方程来表示即：

$$dS/dt = V_{max} \cdot S \cdot X / K_s + S$$

在一定的操作条件下，最大反应速度 V_{max} 和饱和常数 K_s 都恒定，因此从上式可知要提高基质消耗速度 dS/dt，就必须在厌氧发酵过程中力求维持基质浓度 S（BOD）和微生物浓度 X 在较高水平。

生活污水的污泥厌氧处理所产生的气体中，甲烷约占 50%～75%，CO_2 约占 20%～30%，这种混合气体是一种很好的燃料，发热量一般为 2 093 000～2 511 600 J/m³。

厌氧发酵的一般流程见图 29-9。现在大多数厌氧都采用回流污泥，也称为厌氧接触系

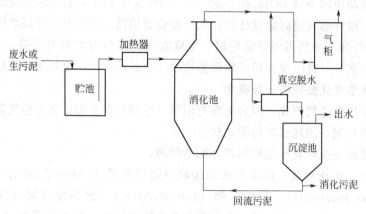

图 29-9　厌氧接触系统

统，以增加消化池的污泥浓度。

厌氧处理的主要装置为消化池，它常是一个体积较大的密闭钢筋混凝土或预应力结构的构筑物，最好此装置有⅓～½部分埋在地下，这样可以起保温作用，因为厌氧发酵热量小，因而地上部分的表面积不宜太大。消化池直径有几米的，也可大到 30～40 m 的，高径比为 1/2。一般消化池无混合装置，若能安装适当的混合装置可提高消化效率，图 29-10 为装有搅拌装置和加热器的消化池。

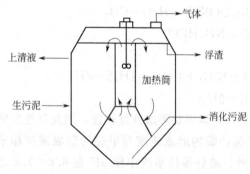

图 29-10　带有搅拌装置和加热系统的消化池

消化池中的搅拌装置可用机械搅拌器，也可借助水泵的作用使生活污泥和熟污泥均匀混合，这些方法耗能都较大，现在比较多的是用一部分在消化器中产生的气体，经压缩后不断地通过竖管或池底的扩散设备回流入池内起混合作用，但搅拌也带来一些麻烦（即消化污泥要被带出，影响出水水质），因此现在常把带混合装置的消化池作为一级消化池，其出水流入另一个不带混合装置的消化池中进一步消

化，这样处理后的水质好、效率高。消化池的盖楞做成固定式，但做成浮盖式较安全，操作较方便。

29.3.2　污泥消化

好氧生化处理废水后产生的大量活性污泥也是污染环境的废物，要将它处理掉。可用好氧法和厌氧法来处理，但前者耗氧量大，动力费用高；而后者不需要氧，且还能产生能量（沼气），它还能去除污泥中的寄生虫卵和病原微生物，因此用厌氧法来消化污泥是当前主要手段。国外常将污泥经干燥后用做肥料。

在进行消化前首先要培养甲烷细菌，它可以从已运行的消化池中直接取其熟污泥作为菌种。另一种方法是直接用污泥在厌氧条件下逐步升温到 30～55 ℃，并逐日投加一定量的污泥，当污泥量达到设计所需的污泥高度后，停止投泥。一般中温消化不加搅拌的经过 30～40 d 后，待消化池中污泥含的挥发性固体的去除率达 40%；产生大量气体而其中甲烷气占 50%～75%；稳定 pH 在 6.8～7.2 则可认为此污泥已成熟，可开始投入生污泥，厌氧发酵即开始正常运行。在污泥增殖过程中，若 pH 低于 6.8 则可加些石灰使 pH 维持在 6.8～7.4

之间。生物经过消化后再得到的消化污泥量要比原来少得多，有些消化池要几个月才排放一次污泥，这些少量污泥有的可作肥料，有的经浓缩、干燥，最后用焚烧法将其全部去除。

为了使消化过程有效地进行，还需要注意下列问题。

(1) 温度 一般来讲温度高些消化过程能加快，并可缩短消化周期。在 55 ℃左右的高温发酵条件下其处理负荷和产气量均比中温度发酵（35 ℃左右）高出近一倍，并且高温发酵几乎能够把全部病原菌杀死。但因厌氧发酵产热量低，要维持消化池温度在 50～55 ℃之间较困难，尤其是在冬季，所用加热费用较高，所以在日常运用中常采用中温发酵。

(2) 酸碱度 在消化池中，因为酸性发酵和碱性发酵是在同一池中进行，且后者为限制步骤，因此为了提高消化效率，在消化池中要为甲烷菌创造较为有利的生物条件，甲烷细菌对酸敏感，因此在运行过程中要控制挥发性酸的产生量，一般控制在 200～800 mg/L，若发现 pH 较低可适当添加石灰或碳酸钠，以满足甲烷菌最适 pH6.8～7.2 的要求。挥发性酸产生量与处理负荷有关，进水中总固体挥发物多，则产酸量就大。因此一般在厌氧消化中，中温发酵处理负荷控制在 2～3 kg（有机物）/m^3/d，高温发酵可提高到 5～6 kg（有机物）/m^3/d。

在稳定运转的消化系统中，系统本身有一定的缓冲能力。因为在消化过程中产生的 CO_2 和 NH_3 可形成 NH_4HCO_3，反应式如下：

$$CO_2 + H_2O + NH_3 \longrightarrow NH_4HCO_3$$

（HCO_3^-）和（H_2CO_3）具有缓冲作用

$$H^+ + HCO_3^- \longrightarrow H_2CO_3$$

碳酸与池中的二氧化碳量有关，而重碳酸盐（HCO_3^-）与系统中的碱度有关，对于大多数废水来讲，其重碳酸的碱度大致等于总碱度。从上式可看出，若处理过程中产酸量大，会使反应向右进行，而产生的碳酸会进一步分解为二氧化碳和水，这样就会使系统中（HCO_3^-）和（H_2CO_3）减少，起不了缓冲作用。因此为了保证系统的缓冲能力，必须保证系统有一定碱度的正常范围为 $CaCO_3$ 2500～3000 mg/L，生污泥的碱度在 1000 mg/L 之内。

(3) 营养物与抑制剂 厌氧发酵中，厌氧菌生长缓慢，合成的菌体较少，所以对氮和磷的需要量也减少，一般 BOD：N：P = 100：2.5：0.5。在过程中若氮不足会减少污泥中 HCO_3^-（以 NH_4HCO_3 形式存在）的量，从而降低了系统的缓冲能力，使 pH 容易下降。若氮太多会使铵盐量增大，使 pH 上升这对甲烷细菌的生长不利。

除氧对厌氧系统有抑制作用外，一些阴离子和重金属对甲烷细菌也有抑制作用。例如废水中 SO_4^{2-} 达 5000 mg/L、硫化物（以硫计算）达 150 mg/L 或 SO_2 超过 40 g/m^3/d 时都会抑制细菌的数量，影响产气的质量。重金属对厌氧发酵中的酶也有抑制作用，但厌氧处理过程中有 H_2S 产生，它可与一些金属离子结合形成不溶性硫化物，因此厌氧处理时金属盐浓度的承受能力比好氧处理强。表 29-3 列出了在污泥消化中对有害物的最大允许浓度。

(4) 污泥浓度 厌氧发酵正常运转时，消化液中的固体残渣称为消化污泥，它能间接代表厌氧菌的浓度。

据报道在以糖蜜为原料的酒精蒸馏废液，用中温厌氧发酵时，污泥浓度为 2%时，其有机物负荷为 2 kg（BOD）/m^3/d 和 6 kg（BOD）/m^3/d，可认为污泥浓度在 30%以下时，最大负荷与污泥呈直线关系，见图 29-11。

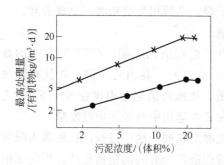

图 29-11　在酒精蒸馏废液中污泥浓度
与处理量之间的关系

—×××—高温发酵；　—●●●—中温发酵

（5）氧化还原电位　甲烷细菌是一些严格的专性厌氧菌它们受微量氧的抑制。所谓"厌氧"，即要求有一个低的氧化还原电位（ORP），甲烷细菌最适氧化还原电位 -330 mV。这样低的电位是依赖于在不产甲烷阶段的厌氧发酵将游离氧之类的受氢体耗尽，使 ORP 值下降，形成适合于甲烷发酵的浓度还原条件。

（6）气体组分和产气量　气体组分和产气量也是一个灵敏的指标，一般以 1 kg 有机物在厌氧消化中完全分解可产生 $0.3 \sim 0.7$ m³ 气体，其中甲烷含量约为 55% ～ 75%。进水中有机物的种类影响着气体的组分和产气量（表 29-3）。从气体组分的变化可以了解厌氧消化中出现的问题。例如在气体组分中，发现 CO_2 含量增高，这就表示产酸阶段代谢太旺盛，与产甲烷阶段不适应；若 NH_3 含量高，则表示反应不完全，所以在消化过程中，可通过气体量的组分的情况来调整负荷大小，使消化过程正常进行。

消化池中气体压力一般在 $392.4 \sim 490.5$ Pa，如压力过高要抑制产气。

表 29-3　有机物在厌氧消化中产气量和气体组分

有机物种类	产气量/（m³/kg 干物质）		气体组分质量百分比/%	
	总量	甲烷量	二氧化碳	甲烷
碳水化合物	0.75	0.37	73	27
脂肪类	1.44	1.04	52	48
蛋白质	0.98	0.49	73	27

（7）搅拌　在厌氧发酵中搅拌的作用是使温度均匀，又有利于反应中产生的气体逸出，促进甲烷发酵。搅拌还可便污泥均匀地悬浮在消化液中，防止污泥沉降，保证消化液中有效污泥的浓度，因此在厌氧发酵中要及时地间歇搅拌，但过度搅拌既消耗能量，又会影响产气量。

（8）安全防爆　当空气中甲烷含量达 4.9% ～ 15.4% 时，能形成爆炸混合物，有火花就会爆炸，因此在厌氧发酵的设计和操作过程中都必须注意安全。消化池周围要严禁烟火，设备管道不准有泄漏，消化池贮气柜、管道等都要维持正压，排料或回气时也要严防形成负压，防止空气进入消化池和贮气柜而引起回火爆炸。

29.3.3　高浓度废水的厌氧发酵

由于好氧生化处理的进水浓度不能太高，不然会引起氧的不足，因此目前对高浓度废水（BOD 在 $5000 \sim 10\,000$ mg/L）常用厌氧发酵来处理。

高浓度废水的厌氧处理与污泥消化的原理、过程和控制等基本相同。目前常采用带有回流污泥的厌氧接触系统，这样可增加消化池中污泥的浓度，加速处理过程。另外还发展了厌氧滤池。其实这就是一种有盖的密封生物滤池，这种处理增加了细菌平均停留时间，污泥浓度高，在 $25 \sim 35$ ℃时，用碎石等作填料其体积负荷可达 $3 \sim 5$ kgCOD/m³·d 比一般消化池的处理能力提高 $2 \sim 3$ 倍。若用塑料蜂窝作填料，其负荷可提高到 $3 \sim 10$ kg COD/m³·d。为了提高消化效率还可采用两级消化系统即将产酸阶段和产甲烷气阶段分别在两个消化池中进行，这样可分别控制各自的最适条件，提高消化效率，缩减设备的容积。最近厌氧膨胀和升流式厌氧污泥床反应器也正在受到人们的重视。

29.4 A/O 系统处理污水技术

一般经过二级处理后，废水中碳、氮、磷三种元素总的去除比例大致为 100：5：1。含氮较高的工业废水和生活污水经处理后，虽然 BOD 可去除 95% 以上，但氮仅能去除一部分，因此排放出的水氨氮的污染还很严重。因此新开发的 A/O 系统就是为了解决此矛盾。

A/O 系统是亏氧好氧系统（anoxic/oxic system）的简称。它是 20 世纪 70 年代国外开发的废水处理新工艺。它的主要作用是在原先的好氧处理曝气池的基础上，引进亏氧段或缺氧段，采取内部污泥循环，因此能同时具有脱氮、除磷和去除 BOD 的作用。

A/O 系统的工艺流程见图 29-12。污水首先进入厌氧池（溶解氧小于 0.5 mg/L），并在此池中与回流污泥完全混合，在异养型兼性厌氧菌（一种反硝化菌）的作用下，将废水中 BOD 作碳源以 NO_3^- 为电子受氢体进入无氧呼吸，NO_3^- 被还原为氮气，最后被释放到大气中。

反应式为：

$$有机碳源(BOD) + H_2O + NO_3^- \longrightarrow N_2 + OH^- + CO_2$$

因为缺氧，BOD 的存在激发了聚磷微生物放出贮藏在菌体内的多聚正磷酸盐和能量，因此，此阶段有磷回升现象，厌氧池出来的污水进入缺氧池，在这里与从好氧池来的回流混合液混合，在反硝化菌的进一步作用下，将好氧池中带来的 NO_3^- 与剩余 BOD 进一步作用，将 BOD 和氮去除掉。经过反硝化的污水再流入好氧池，BOD 已去除约 50%～60%，此时硝化菌很活跃，它把污水中的 NH_3 氧化成 NO_3^-，供亏氧阶段反硝化。反应式如下：

$$NH_4^+ + 1.5O_2 \xrightarrow{\text{亚硝化单孢菌}} NO_2^- + 2H^+ + H_2O + 能量$$

$$NO_2^- + 0.5O_2 \xrightarrow{\text{硝化杆菌}} NO_3^- + 能量$$

将上两式相加得：

$$NH_4^+ + 2O_2 \longrightarrow NO_3^- + 2H^+ + H_2O + 能量$$

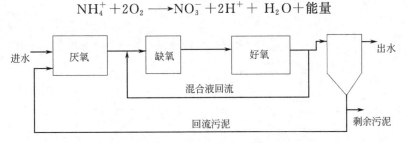

图 29-12　A/O 系统工艺流程图

与此同时由于以氧化 BOD 所提供的能量来吸收磷，这些磷最终在剩余污泥中（含磷时可达 9%～10%）被带出，而达到去磷的目的。因此通过 A/O 系统的内部循环，而使 BOD、氮和磷都得以去除。

A/O 系统工艺的特点是该系统能维持较高的 MLVSS、净化效率高，对于生活污水在 3～5 h 内，其 BOD、N、P 的去除率可达 80%～90% 以上的效果。另外由于在处理过程中硝化和反硝化交替运行,抑制了丝状菌的生长,所以不会发生污泥膨胀现象;且污泥絮凝性好,使二次沉降池有良好的泥、水分离效果,提高了出水质量。在运行过程中 A/O 系统动力消耗低,建造时投资也较少,因此是当前国内外大力推广的一种工艺。

A/O 系统可根据微生物在构筑物内生长的方式而分成悬浮污泥反硝化系统及膜法反硝化滤池两大类。此外,还可以根据反硝化过程中碳的来源及去碳、硝化、反硝反污泥是分开各自独回流还是结合起来回流,而将 A/O 系统配合成各种不同种类的工艺流程。

阅 读 材 料

1 顾夏声等编. 水处理工程. 北京:清华大学出版社,1985
2 宋仁元等. 水和废水标准检验法. 北京:中国建筑工业出版社,1985
3 余瑞宝等编. 水质污染的分析方法和仪器. 上海:上海科学技术出版社,1985
4 赵传芳等编. 有机废水的生物化学处理. 四川:四川科学出版社,1986
5 张亚杰等译. 水的净化新概念. 北京:中国建筑工业出版社,1982
6 彭天杰等编. 工业污染治理技术手册. 北京:四川科学出版社,1985